化学工业出版社"十四五"普通高等教育规划教材

大学化学

DAXUE
HUAXUE

罗 洁　郑英丽　李 平　主编

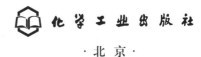

·北京·

内容简介

《大学化学》紧扣非化学化工类专业大学化学课程的教学目标要求，第1~4章论述化学反应的基本原理、溶液与离子平衡、电化学基础、物质微观结构等化学基本理论知识；第5~8章融入了与化学学科联系紧密的化学与材料、化学与能源、化学与安全、化学与环境等内容，旨在提升学生的化学素养，了解化学在社会发展和科技进步中的作用，树立学生保护环境的思想和意识；为了加深学生对理论知识的理解，教材中编入8个大学化学选做实验。本教材重视理论联系实际，突出化学基础知识的具体应用，关注化学在工程技术中应用的新成就及环境污染等问题。

《大学化学》可作为高等学校非化学化工类各专业的教材，也可供工程技术人员参考。

图书在版编目（CIP）数据

大学化学/罗洁，郑英丽，李平主编． --北京：化学工业出版社，2024.10（2025.2重印）． --（化学工业出版社"十四五"普通高等教育规划教材）． --ISBN 978-7-122-45914-5

Ⅰ.O6

中国国家版本馆CIP数据核字第2024E6U236号

责任编辑：宋林青　李翠翠　　　　　　文字编辑：刘志茹
责任校对：李　爽　　　　　　　　　　装帧设计：史利平

出版发行：化学工业出版社（北京市东城区青年湖南街13号　邮政编码100011）
印　　装：河北延风印务有限公司
787mm×1092mm　1/16　印张15½　彩插1　字数398千字　2025年2月北京第1版第2次印刷

购书咨询：010-64518888　　　　　　　　　　　　　　售后服务：010-64518899
网　　址：http://www.cip.com.cn
凡购买本书，如有缺损质量问题，本社销售中心负责调换。

定　　价：39.80元　　　　　　　　　　　　　　　　　版权所有　违者必究

前　言

根据国家对"新工科"人才的培养目标要求，针对工科非化学化工类专业"大学化学"课程学时少、内容涉及面广等特点，结合开设大学化学课程各专业的实际需求，我们编写了本教材。编写中，在内容组织上力求点面结合，体现差异，希望能为非化学化工类各专业学生提供一本适合他们自身情况的教材。

本教材包括九部分内容：化学反应的基本原理、溶液与离子平衡、电化学原理与应用、物质结构基础、化学与材料、化学与能源、化学与安全、化学与环境、大学化学选做实验。

教材的编写体现以下几个特点：

1. 着重阐明化学基本概念和基本理论，简化化学计算和实际测量，增加化学与材料、化学与能源、化学与安全、化学与环境等内容，体现教材的知识性和应用性，使学生更多地了解化学与其他学科相互交叉渗透和相互促进的密切关系。

2. 内容安排上先论述化学基础理论，随后是化学与其他相关学科专题部分，既保持了化学知识的系统性，又便于学生开拓视野、开发思维。这样的安排可使学生在学习基本化学理论知识的基础上，应用相应的化学知识、化学思维去了解学习其他学科。

3. 内容涵盖面宽，涉及多个学科知识，可供不同非化学化工类专业学生选用，也使授课教师在教学过程中具有更大的灵活性。

本书由罗洁、郑英丽和李平担任主编。第 1、4、5、6、8 章由李平、郑英丽执笔，第 2、3、7 章由罗洁、刘红宇执笔，绪论和附录由谷广娜执笔，大学化学选做实验由汪小伟执笔，全书由马军营审阅修改。

本书在出版过程中得到了河南科技大学化学化工学院的支持，教材编写时参考了兄弟院校的同类教材和其他公开出版的书籍，在此表示深切的谢意。

限于编者水平和经验，书中难免出现不妥、不足之处，敬请同行批评指正，同时欢迎广大读者多提宝贵意见和建议。

编者

2024 年 4 月于洛阳

目 录

绪 论 ··· 1
  0.1 化学的概念 ··· 1
  0.2 化学的发展 ··· 2
  0.3 学习大学化学的意义 ·· 5
  0.4 大学化学课程的内容 ·· 7
  0.5 大学化学课程的学习方法 ·· 7

第1章 化学反应的基本原理 ·· 8
  1.1 化学反应基本概述 ··· 8
    1.1.1 物质的量 ··· 8
    1.1.2 化学反应进度 ··· 9
    1.1.3 系统和环境 ·· 10
    1.1.4 相 ·· 10
    1.1.5 状态函数 ··· 11
    1.1.6 热力学能 ··· 11
  1.2 恒压热效应与焓变 ··· 12
    1.2.1 恒压热效应 ·· 12
    1.2.2 焓与焓变 ··· 13
    1.2.3 反应的标准摩尔焓变 ·· 13
    1.2.4 反应的标准摩尔焓变的计算 ··· 14
  1.3 化学反应的方向 ·· 15
    1.3.1 自发过程与非自发过程 ··· 15
    1.3.2 自发反应方向的判断标准 ·· 16
    1.3.3 熵和熵变 ··· 16
    1.3.4 吉布斯函数与吉布斯函数变 ··· 18
    1.3.5 过程自发方向的判断 ·· 18
    1.3.6 吉布斯函数变的计算 ·· 19
  1.4 化学平衡 ·· 23
    1.4.1 化学平衡和平衡常数 ·· 23
    1.4.2 化学平衡的移动 ·· 25
  1.5 化学反应速率 ··· 28
    1.5.1 浓度对反应速率的影响 ··· 29
    1.5.2 温度对反应速率的影响 ··· 30
    1.5.3 活化能 ·· 31
    1.5.4 催化剂对反应速率的影响 ·· 32
  习题 ·· 33

第2章 溶液与离子平衡 ·· 36
  2.1 溶液的通性 ·· 36

2.1.1 溶液的蒸气压下降 ··· 36
　　2.1.2 溶液的沸点升高和凝固点降低 ·· 38
　　2.1.3 渗透压 ··· 39
　　2.1.4 稀溶液的依数性 ·· 40
2.2 弱电解质的解离平衡 ··· 40
　　2.2.1 酸碱概念 ·· 40
　　2.2.2 弱电解质在水溶液中的解离平衡 ···································· 42
　　2.2.3 缓冲溶液及其应用 ··· 46
2.3 难溶电解质的多相离子平衡 ·· 51
　　2.3.1 溶度积 ··· 51
　　2.3.2 溶度积和溶解度的关系 ·· 52
　　2.3.3 溶度积规则 ·· 53
　　2.3.4 溶度积规则的应用 ··· 53
2.4 配位平衡 ·· 57
　　2.4.1 配合物的组成和命名 ··· 57
　　2.4.2 配离子的解离平衡 ··· 58
　　2.4.3 配位平衡的移动 ·· 59
2.5 表面活性剂 ··· 60
　　2.5.1 表面张力与表面活性剂 ·· 60
　　2.5.2 表面活性剂的特点和分类 ··· 61
　　2.5.3 表面活性剂的作用原理 ·· 62
　　2.5.4 表面活性剂的作用 ··· 63
　　2.5.5 表面活性剂的应用 ··· 65
习题 ··· 66

第3章 电化学原理与应用 ·· 69

3.1 氧化还原反应 ·· 69
　　3.1.1 氧化还原反应的基本概念 ··· 69
　　3.1.2 氧化还原反应的配平 ··· 70
3.2 原电池 ··· 72
　　3.2.1 原电池的组成 ··· 72
　　3.2.2 原电池的电池符号 ··· 72
　　3.2.3 电极类型 ·· 73
3.3 电极电势 ·· 74
　　3.3.1 电极电势的产生 ·· 74
　　3.3.2 标准氢电极和标准电极电势 ·· 75
　　3.3.3 能斯特方程 ·· 76
　　3.3.4 电极电势的影响因素 ··· 78
3.4 电极电势在化学上的应用 ··· 79
　　3.4.1 比较氧化剂和还原剂的相对强弱 ··································· 79
　　3.4.2 判断原电池的正负极和计算电动势 ································ 80
　　3.4.3 判断氧化还原反应进行的方向 ······································· 81
　　3.4.4 判断氧化还原反应进行的程度 ······································· 81
3.5 化学电池 ·· 82

3.5.1 化学电池的分类和组成 ·· 82
3.5.2 原电池 ·· 83
3.5.3 蓄电池 ·· 84
3.5.4 燃料电池 ·· 86
3.5.5 车载动力电池 ·· 86
3.5.6 太阳能电池 ·· 87
3.6 电解与污染治理 ·· 89
3.6.1 电解现象和电解池 ··· 89
3.6.2 电解的应用 ·· 89
3.6.3 电化学治理污染 ··· 90
3.7 金属的腐蚀和防护 ··· 91
3.7.1 金属腐蚀的分类 ··· 91
3.7.2 金属腐蚀的防护 ··· 91
习题 ··· 92

第4章 物质结构基础

4.1 原子结构 ··· 95
4.1.1 氢原子光谱 ·· 95
4.1.2 玻尔理论 ·· 96
4.2 核外电子运动的特殊性 ··· 96
4.2.1 微观粒子的波粒二象性 ··· 96
4.2.2 海森堡测不准原理 ·· 97
4.2.3 微观粒子运动的统计性规律 ··· 97
4.3 核外电子运动状态的描述 ·· 97
4.3.1 薛定谔方程 ·· 97
4.3.2 波函数与原子轨道 ·· 98
4.3.3 波函数的角度分布图 ··· 99
4.3.4 电子云的角度分布图 ··· 100
4.3.5 四个量子数 ·· 100
4.4 多电子原子结构 ·· 103
4.4.1 原子的轨道能级图 ·· 103
4.4.2 核外电子排布的原则 ··· 105
4.4.3 核外电子排布式和价电子层排布式 ································· 106
4.5 原子的电子层结构和元素周期表的关系 ································· 110
4.5.1 电子层结构与周期的关系 ··· 110
4.5.2 电子层结构与族的关系 ·· 110
4.5.3 电子层结构与元素分区的关系 ······································ 111
4.6 元素的性质与原子结构的关系 ·· 111
4.6.1 原子半径 ·· 111
4.6.2 电离能 ·· 113
4.6.3 电子亲和能 ·· 114
4.6.4 电负性 ·· 115
4.7 化学键与分子结构 ··· 116
4.7.1 离子键理论 ·· 116

  4.7.2 共价键理论 ……………………………………………………………………… 119
  4.7.3 杂化轨道理论 …………………………………………………………………… 122
  4.7.4 键参数 …………………………………………………………………………… 126
 4.8 分子间力和氢键 ……………………………………………………………………… 127
  4.8.1 分子间力 ………………………………………………………………………… 127
  4.8.2 氢键 ……………………………………………………………………………… 130
 4.9 晶体结构简介 ………………………………………………………………………… 132
  4.9.1 晶体的特征 ……………………………………………………………………… 132
  4.9.2 晶体的基本类型 ………………………………………………………………… 133
习题 ………………………………………………………………………………………… 136

第5章 化学与材料 ……………………………………………………………………… 139
 5.1 概述 …………………………………………………………………………………… 139
 5.2 金属材料 ……………………………………………………………………………… 140
  5.2.1 金属单质 ………………………………………………………………………… 140
  5.2.2 合金 ……………………………………………………………………………… 140
 5.3 无机非金属材料 ……………………………………………………………………… 143
  5.3.1 传统的无机材料 ………………………………………………………………… 143
  5.3.2 先进的无机材料 ………………………………………………………………… 145
 5.4 有机高分子材料 ……………………………………………………………………… 147
  5.4.1 高分子化合物概述 ……………………………………………………………… 147
  5.4.2 塑料 ……………………………………………………………………………… 151
  5.4.3 合成橡胶 ………………………………………………………………………… 152
  5.4.4 合成纤维 ………………………………………………………………………… 153
  5.4.5 功能高分子 ……………………………………………………………………… 155
  5.4.6 复合材料 ………………………………………………………………………… 157
  5.4.7 高分子材料的老化与防老化 …………………………………………………… 160
习题 ………………………………………………………………………………………… 161

第6章 化学与能源 ……………………………………………………………………… 162
 6.1 能源概述 ……………………………………………………………………………… 162
  6.1.1 能源的分类 ……………………………………………………………………… 162
  6.1.2 能源中的能量转化 ……………………………………………………………… 163
  6.1.3 能源利用的发展史 ……………………………………………………………… 163
 6.2 常规能源 ……………………………………………………………………………… 164
  6.2.1 煤 ………………………………………………………………………………… 164
  6.2.2 石油 ……………………………………………………………………………… 167
  6.2.3 天然气 …………………………………………………………………………… 170
 6.3 新能源 ………………………………………………………………………………… 170
  6.3.1 氢能源 …………………………………………………………………………… 171
  6.3.2 太阳能 …………………………………………………………………………… 172
  6.3.3 核能 ……………………………………………………………………………… 173
  6.3.4 其他能源 ………………………………………………………………………… 175
习题 ………………………………………………………………………………………… 176

第7章 化学与安全 ... 178
7.1 食品安全 ... 178
7.1.1 营养素 ... 178
7.1.2 膳食营养平衡 ... 181
7.1.3 食品添加剂 ... 183
7.1.4 食品中的有害物质及其预防 ... 184
7.2 用药安全 ... 185
7.2.1 药物的概念 ... 185
7.2.2 处方药与非处方药 ... 186
7.2.3 常用药物 ... 186
7.3 消防安全 ... 188
7.3.1 燃烧及其必要条件 ... 188
7.3.2 爆炸极限 ... 189
7.3.3 灭火原理 ... 189
7.3.4 常用灭火器材 ... 190
习题 ... 191

第8章 化学与环境 ... 192
8.1 大气污染与保护 ... 192
8.1.1 大气圈的结构与组成 ... 192
8.1.2 大气污染源与一次污染 ... 193
8.1.3 二次污染与四大环境问题 ... 196
8.1.4 大气污染的防治 ... 198
8.2 水体污染及保护 ... 199
8.2.1 水中的污染物 ... 199
8.2.2 水体污染的控制与治理 ... 202
8.3 土壤污染与保护 ... 204
8.3.1 土壤污染 ... 204
8.3.2 土壤污染的防治 ... 205
8.4 绿色化学 ... 205
8.4.1 绿色化学防止污染的基本原则 ... 206
8.4.2 原子经济反应 ... 206
8.4.3 绿色化学的研究内容 ... 207
8.4.4 绿色化学研究实例 ... 207
习题 ... 208

大学化学选做实验 ... 209
实验1 水的净化与水质检测 ... 209
实验2 含铬废水的处理及铬（Ⅵ）含量的测定 ... 214
实验3 食醋中总酸度的测定 ... 216
实验4 溶液中的离子平衡 ... 217
实验5 氧化还原与电化学 ... 220
实验6 金属的腐蚀与防护 ... 222
实验7 淀粉胶黏剂的制备 ... 224

实验 8　蔬菜中维生素 C 含量的测定 ……………………………………………………… 226
附录 ………………………………………………………………………………………………… 228
　附录 1　我国法定计量单位 ………………………………………………………………… 228
　　表 1　国际单位制（SI）的基本单位 …………………………………………………… 228
　　表 2　包括 SI 辅助单位在内的具有专门名称的 SI 导出单位 ……………………… 228
　　表 3　可与国际单位制单位并用的我国法定计量单位 ……………………………… 228
　　表 4　SI 词头 ……………………………………………………………………………… 229
　附录 2　一些基本物理常数 ………………………………………………………………… 229
　附录 3　一些物质的标准摩尔生成焓、标准摩尔生成吉布斯函数和标准摩尔熵数据 ……… 230
　附录 4　一些水合离子的标准摩尔生成焓、标准摩尔生成吉布斯函数和标准摩尔熵数据 … 232
　附录 5　一些弱电解质在水溶液中的解离常数 …………………………………………… 233
　附录 6　一些共轭酸碱的解离常数 ………………………………………………………… 233
　附录 7　一些配离子的稳定常数和不稳定常数 …………………………………………… 233
　附录 8　一些物质的溶度积（25 ℃）……………………………………………………… 234
　附录 9　标准电极电势（酸性介质）……………………………………………………… 235
　附录 10　标准电极电势（碱性介质）……………………………………………………… 236
参考文献 ……………………………………………………………………………………… 237

绪 论

化学是一门历史悠久而又富有活力的学科，它的成就是人类文明的重要标志。从开始用火的原始社会，到使用各种人造物质的现代社会，人类无时无处不在享用化学的成果。人类的生活能够不断提高和改善，化学在其中发挥了重要作用。从星际空间有机物的进化到地面上造化万物的聚散离合，再到地层深处矿物的生成和利用，化学的研究对象几乎包括整个物质世界。由于物质世界永远处于动态变化之中，因此化学注定会成为我们认识物质世界的重要科学工具。恩格斯说过："科学的发生和发展的过程，归根到底是由生产所决定的"，而化学正是人类实践活动的产物。从五十万年以前，原始人点亮了第一个火把，人类不但告别了茹毛饮血，更迎来了化学研究的核心——物质的变化，这种变化是科学的艺术，更是生存的光辉。现在普遍认为，化学是一门在原子、分子层面，研究物质的组成、结构、性质、变化规律和应用的科学，是自然科学的重要分支，旨在揭示物质世界的基本规律，为人类认识世界、改造世界提供重要的方法和手段。

0.1 化学的概念

化学是一门关于变化的科学，或者也可以说，化学是一门关于创造前所未有的新物质的科学。化学家所研究的化学变化具有三大特征。

化学变化是质变，是化学键的变化以及分子结构的相应变化。因为化学变化涉及旧化学键断裂和新化学键形成的过程，其实质是键的重组。比如，在电解水过程中涉及 O—H 键的断裂和 H—H 键、O=O 键的形成。因为 H_2O 与 H_2、O_2 是完全不同的物质，所以说化学变化是一种质变。

化学变化是计量的变化。化学变化发生在原子水平之上，只涉及原子核外电子在分子中的重新排布，而不涉及原子核内的变化（核化学除外）。在化学变化发生前后，参与反应的元素种类不变，即没有原有元素的消失和新元素的产生，故而物质的总质量不变，即服从质量守恒定律，参与反应的各种物质之间有确定的计量关系。并且反应物之间、反应物与生成物之间的质量关系是可以定量计算的。比如，加热 1 t $CaCO_3$ 并使它完全分解，应该得到 0.56 t CaO。

化学变化伴随着能量变化。由于各种化学键的键能不同，所以当化学键发生重组时，必然伴随着能量的变化，伴随着体系与环境的能量交换。破坏原有化学键需要吸收能量，形成新的化学键会放出能量。若一个化学变化的过程中，放出的能量多于吸收的能量，则将有净能量向环境释放；反之，若放出的能量少于吸收的能量，则需从环境吸收能量，才能维持化学变化的顺利进行。化学热力学就是研究化学反应中能量变化的化学分支。化学热力学通过分析化学变化中的能量变化，可以预测化学反应的方向和限度，从而指导具体的生产实践。此外，化学动力学是研究化学反应快慢以及反应机理的分支学科，通过揭示化学反应的机理，可以改进重要化合物的合成路线，降低生产成本，提高生产效率。化学热力学和化学动力学是化学的两大重要领域，它们之间相辅相成，是化学的重要理论支柱。

0.2 化学的发展

在作为一门科学诞生之后的 300 多年里，化学经历了深刻的变革。从燃烧的本质到把人类送入太空，从简陋的气体研究装置到高度精密的材料合成，从简单有机物到复杂的生命现象，化学的发展和应用为人类插上了梦想的翅膀。今天，当我们开始学习化学知识的时候，不应当忘记那些在漫漫长夜中为人类点燃智慧烛火的化学先行者。前人在探索中的切身体会对于后来者有着重要的借鉴价值。

（1）古代化学时期

化学的发展历史可以追溯到远古时期，人类逐渐学会利用物质的变化来生产有价值的产品，古代的化学工艺知识开始萌芽。如人类利用黏土制作陶器，从植物中提取药物、染料，利用矿石冶炼金属、谷物酿造出酒等。在公元前 5000 年左右，人类就发现天然铜的性质坚韧，用作器具不易破损。我国铜的冶炼技术发展得很早，安阳殷墟发掘出的青铜器，就是利用铜矿石（碱式碳酸铜）与燃炽的木炭接触而被分解为氧化铜，进而被还原为金属铜。在春秋战国时期，我们又掌握了从铁矿石炼铁，并由铁炼钢的技术。明朝的《天工开物》详细记录了中国古代的手工业技术，包括陶瓷器、铜、钢铁、食盐、石灰等几十种无机物的生产过程。在以化学工艺为特征的"实用时期"，积累了零星的化学知识，还不能构成一门科学，但它标志着人类开始系统地探索和利用物质的变化，为后来化学的发展提供了重要的参考依据。

炼金术和炼丹术的发展使得化学科学初具雏形。东晋葛洪的《抱朴子内篇》是一部炼丹术巨著，他发现了反应的可逆性，金属间的取代反应。比如，HgS 和 Hg 及 Pb_3O_4 和 Pb 间的互变。炼丹术士所追求的目的虽然荒诞，但是他们积累了更多化学知识，设计制造了加热炉、反应室、蒸馏器、研磨器等实验工具，提高了实验技术，这些成为化学科学的知识雏形。

随着冶金工业和实验室经验的积累，燃素时期到来。波义耳（R. F. Boyle）在 1661 年出版的《怀疑派化学家》一书中首次提出了元素的概念。在波义耳之前，炼金术士们对物质的组成持有一种不同的观念，他们认为物质是由各种不同的"金属"或"元素"组成的，但这些"元素"并不是我们现在所理解的化学元素。波义耳通过定量实验和观察，批判了炼金术士的物质组成说，并提出了自己对化学元素的理解。波义耳认为，元素是那些原始的和简单的物质，它们不由任何其他物体构成，也不能互相构成。这些元素在化学反应中是不可分割的，它们以一定的比例结合在一起，形成化合物。这个概念与我们现在对化学元素的理解非常接近，因此波义耳的元素概念被认为是化学发展史上的一个转折点。这标志着化学开始从炼金术中解放出来，人们开始从表面现象深入到化学变化的理论研究，化学逐渐脱离炼金术，走上了科学化发展的道路。这是燃素时期开始的标志，这一时期也被称为近代化学的孕育时期。其中最著名的是施塔尔（G. E. Stahl）提出的燃素学说，认为可燃物能够燃烧是因为它含有燃素，燃烧过程是可燃物中燃素放出的过程。尽管这个理论是错误的，但它把大量的化学事实统一在一个概念之下，解释了许多化学现象。在燃素学说流行的一百多年间，化学家为解释各种现象，做了大量的实验，发现多种气体的存在，积累了更多关于物质转化的新知识。燃素学说认为化学反应是一种物质转移到另一种物质的过程，化学反应中物质守恒，这些观点奠定了近代化学思维的基础。1777 年，法国化学家拉瓦锡（A. L. Lavoisier）在利用定量分析进行的大量燃烧实验的基础上，提出了科学的燃烧学说。其主要论点是：物质燃烧时都放出光和热；物质只有在氧存在时才能燃烧；空气由两种成分组成，物质在空气中燃烧时吸收了其中的氧，其增加的质量正好等于所吸收氧的质量；非金属燃烧后通常变为酸，金属煅烧后生成的锻灰是金属氧化物。拉瓦锡以大量无可争辩的实验事实，推翻了长期统治化学界的燃素学说，开创了近代化学新体系，这是化学史上的一场革命。此后，化学开始从以收集材料为特征的定性描述阶段逐渐过渡到以整理材料、寻找化学变化规律为特征的理论概括阶段，由此萌发出近代化学的萌芽。

（2）近代化学时期

从18世纪末到19世纪初，化学开始进入定量研究阶段，由此进入近代化学时期。在这个时期，化学家们开始用定量的方法来研究化学反应，确认了许多物质的组成和反应中各物质间量的关系，进而归纳出了化学中的一些基本规律。如，英国化学家道尔顿（J. Dalton）提出近代原子学说，强调各种元素的原子的质量为其最基本的特征，意大利科学家阿伏伽德罗（A. Avogadro）提出分子概念。从用原子-分子理论来研究化学，化学才真正被确立为一门科学。此外，俄国化学家门捷列夫从元素原子量的大小和原子结构的周期性，发现了元素周期律，并据此预见了一些尚未发现的元素。这一发现使得化学学科提高到了辩证唯物主义的高度，充分体现了从量变到质变的客观规律，为化学研究提供了重要的指导，使得化学学习和研究变得有规律可循。现代元素周期表是概括元素化学知识的一个宝库，且其内容随着化学知识的增加而不断丰富。对某个元素可以从周期表中直接获得元素的名称、符号、原子序数、原子量、电子结构、族数和周期数，可以从元素周期表中的位置判断元素是金属还是非金属，并可估计其电离能、密度、原子半径、原子体积和化合价等信息。元素周期律是自然科学的基本定律，这个定律使人们对化学元素的认识形成了一个完整的自然体系，使化学成为一门系统的科学。同时，化学也开始用于工业生产中，为现代工业的发展奠定了理论基础。

最初化学所研究的多为无机物，1828年，德国化学家维勒（F. Wöhler）合成了尿素，这是第一个在实验室中通过无机物合成的有机化合物。这个合成实验打破了"生命力"学说的束缚，证明了有机物可以通过人工合成得到，为有机化学的合成研究开辟了新的道路。从19世纪中叶开始，化学家们开始研究有机化合物的结构和性质，并建立了许多重要的有机化学理论。例如，1865年，德国化学家凯库勒（F. A. Kekule）提出了碳原子四价理论，为有机物结构的理解提供了基础。随后，范特霍夫（J. H. van't Hoff）和勒比尔（J. A. Le Bel）开创了立体化学，从三维空间的角度研究有机物的结构。随着化学合成技术的发展，有机化学家们开始能够合成具有特定功能的复杂分子。合成有机化学成为一个重要的研究领域，为药物合成、材料科学等领域提供了基础。19世纪末20世纪初，物理学家们开始探索原子和分子的内部结构，并发展出了量子力学理论。这个理论为化学家们提供了一种全新的视角，使他们能够从微观层面探索物质的微观结构和性质，以及化学反应的本质和规律。在这个过程中，物理学家和化学家们逐渐意识到需要一门综合性的学科来研究和描述物质在化学反应中的行为，于是物理化学应运而生。同时，在这个时期，科学家们开始使用更为精确和灵敏的分析方法，如光谱分析、电化学分析等，来研究物质的组成和性质。这些新的分析方法推动了分析化学的快速发展，使其成为一门独立的学科。随后，许多新的实验技术和仪器的出现，如光谱仪、色谱仪、核磁共振波谱仪和质谱仪等。这些仪器使得化学家们能够更精确地研究化合物的结构和成分，从而推动了现代化学研究的深入发展。

（3）现代化学时期

现代化学时期大致从20世纪初开始，并持续至今。许多重大理论进展都是在过去100多年里完成的，比如化学键理论的建立使我们认识到化学变化的实质是原子的重新排列组合，化学变化过程是旧化学键断裂和新化学键形成的过程。著名化学家鲍林（L. Pauling）

创立了价键学说和杂化轨道理论,为揭示化学键的本质和用化学键理论阐明物质结构做出了重大贡献,他为此获得 1954 年诺贝尔化学奖。化学键和量子化学理论的发展足足花了半个世纪的时间,让化学家由浅入深,认识分子的本质及其相互作用的基本原理,从而让人们进入分子的理性设计的高层次领域,创造新药物、新材料等功能分子,这是 20 世纪化学基础研究的一个重大突破。

与此同时,化学的应用领域也大大拓宽,与众多科学分支已经建立起紧密的联系,化学已经深入到能源、环境、生命、信息等与人们生活密切相关的领域之中。不同学科领域的互相渗透,化学科学又进一步分离出许多分支学科,比如高分子化学、生物化学、环境化学、材料化学、地球化学、纳米化学等。另外,当前化学发展呈现出多元化和交叉融合的趋势,在探究具体问题时,这些分支学科又相互联系相互渗透。比如,在材料科学领域,化学家们通过深入研究材料的组成、结构和性能,利用化学原理和方法,设计和制备出具有优异性能的新型材料。这些材料在能源、环保、医疗等领域有着广泛的应用前景。同时,材料科学的发展也促进了化学在纳米尺度上的研究,为纳米化学的兴起提供了重要的支撑。生物化学作为化学与生物学的交叉学科,在探究生命现象的本质和疾病的治疗方面发挥着重要作用。生物化学家们通过研究生物分子的结构和功能,揭示了生命体系中的化学过程和机制。这些研究成果不仅有助于我们更好地理解生命的奥秘,也为药物研发和疾病治疗提供了新的思路和方法。此外,随着信息技术的快速发展,数据化学正逐渐成为化学研究的新方向。通过收集、存储和分析大量的化学实验数据,数据化学家们能够更深入地了解化学反应的本质和规律,从而加速新化合物、新材料和新反应条件的发现。这种跨学科的研究方法不仅提高了化学研究的效率和准确性,也为化学的发展注入了新的活力。

(4) 化学的未来

化学家利用自己所掌握的知识和技术,发现和创造了数以千万计的化合物,以及由它们所组成的无数的制剂和材料,满足了人类社会的快速发展和人类日益增多的物质需求。目前,已拥有 3000 多万种化合物,其中绝大多数是化学家合成的。正如诺贝尔化学奖获得者 Woodward 所说:"化学家在旧的自然界旁又建起了一个新的自然界。"

展望未来,世界的人口、环境、资源和能源问题将更趋严重,解决这些问题需要化学家与其他领域的科学家共同努力。所以,未来的化学发展方向将是多元化、交叉化、绿色化和智能化的。

多元化:化学的研究领域将进一步拓宽。除了传统的无机化学、有机化学、物理化学和分析化学等领域外,化学还将更加深入地渗透到生命科学、材料科学、环境科学、能源科学等多个交叉学科中。这种交叉融合将推动化学产生更多的创新成果,为解决全球性问题如气候变化、能源危机、环境污染等提供新的思路和方法。其次,化学技术的应用也将更加广泛。随着纳米技术、生物技术、信息技术等的发展,化学技术将在这些领域发挥越来越重要的作用。例如,纳米材料、生物催化剂、智能药物等都是化学技术与其他技术结合的产物,它们将为人类的生产和生活带来革命性的变化。

交叉化:与相关学科进一步融合,吸取相关的理论和实验成果,开拓化学新领域。比如 21 世纪的很多重大课题都将是围绕生命而展开的。然而,生命科学的本质是化学,如何了解在分子层次发生的反应成为我们深入认知生命现象的关键,因为化学研究的对象就是分子和化学反应,所以化学在其中是中坚力量。深入研究生命体系中的化学问题,透彻认识生命的化学本质,包括理解活细胞中基因表达调控的机制,并用小分子来影响这一过程;揭示酶具有高效性和专一性的原因,并设计出可与酶相媲美的人工仿生催化剂;理解各种蛋白质、核酸以及生物小分子如何装配成显示化学特征和生物学功能的组装体,并真正认识活细胞中不同组分之间复杂的化学反应；探索大脑和记忆的化学本质，揭示存在于思维和记忆背后的化学因素等。化学的交叉化发展不仅有助于推动化学自身的创新和发展，也有助于培养具有多学科背景和创新能力的复合型人才。

绿色化：绿色化学和可持续发展将成为未来化学发展的重要方向。绿色化学强调在化学生产和使用过程中减少或消除对环境和健康的负面影响，优化能源利用，实现可持续发展。未来化学将致力于开发环保型化学品、清洁生产工艺和绿色能源技术，以推动化学工业的可持续发展。

智能化：随着计算机技术的快速发展，数据科学和计算化学在化学领域的应用也越来越广泛。建立智能实验室，通过集成人工智能、机器学习和自动化技术，智能实验室能够实现实验过程的自动化、数据分析和模拟预测等功能；利用计算机模拟和人工智能技术，化学家可以预测和设计化学反应过程，实现高效、精确的化学合成；通过大数据分析和模式识别技术，化学家可以从海量数据中提取有用信息，发现新的化学规律和反应机理。化学的未来发展智能化将极大地提高化学研究和应用的效率和精度，促进化学领域的创新和发展。

总之，未来的化学发展将是充满创新和挑战的。化学将继续承担认识世界、改造世界、保护世界的使命，化学家们将不断探索新的理论和方法，为人类的科学和技术进步做出重要贡献。

0.3 学习大学化学的意义

（1）我们需要化学

从自然中冲出的人类，自从与化学接触，就将这改变生活的工具带到了发展的道路之上，并且不断迎来革新。

五大洲四大洋，人类繁衍生息的共同主题，核心就是先要保证充足的粮食供给。合成氨——这个神奇的化学反应，真正将天雷变成了地肥。现在大概百分之七八十的合成氨用在了化肥上，使农作物增产百分之四十到五十，对保障世界粮食安全起到了非常大的作用。

在春秋战国时期，苎麻、葛织物等植物材料是广大劳动人民的衣着用料，丝织物只属于权贵。到了汉代，服装用料已大大丰富，织造和印染工艺更是空前发达。当时间走到现代，自然赠予我们的植物材料已经无法再满足人类高度个性化的服装要求。化学家们研究发现，一切纺织品的不同之处就在于纤维素分子以氢键结合排列的不同，他们用化学的方式把天然纤维进行改造。比如运动服装要求弹性好，恢复能力强，在棉纱里面加一些莱卡，既保持了棉面料的吸湿性、透气性，穿着比较舒适、贴体，又有莱卡的弹性，恢复力强。2022年的北京冬奥会，我国运动员的速滑竞赛服中，在大腿的部位选择一种比普通纤维弹性强数十倍的橡胶材料，可以最大程度地减少体力消耗；而为了减小空气阻力，在手脚处使用了蜂窝样式的聚氨酯材料，这些材料的选择都是为了最大限度地提高运动员成绩。

我们的建筑经历了几个划时代的历史变迁，其中也离不开化学的功劳。罗马人发现天然火山灰可以用来制造水硬性水泥，被广泛应用于19世纪到20世纪早期的欧洲建筑。现代的湖酸盐水泥由石灰质黏土和少量铁质原料按最佳比例配合后，经过粉末卷化、烘干、预热、碳酸盐分解、烧成、冷却等一系列过程制作而成。现代化学工业的发展，让建筑材料的组成变得前所未有的多姿多彩、多种多样。比如国家游泳中心水立方，它的独特外形有着别具一格的视觉效果。构成这样一种形状的是一种新型的建筑材料——乙烯-四氟乙烯共聚物，它耐腐蚀、防火透光、寿命长，还能循环利用。这种人工合成的高分子是材料领域中的后起之秀，一体成型而且经济的特点，让它在我们生活中无可取代，广泛地用于农业、建筑业、国防工业以及人们日常生活等各个领域。

药物与人体的作用本质上也是一种化学作用。19世纪初，德国药学家塞尔曼（Selman）合成了乙酰水杨酸，这是阿司匹林的前身。阿司匹林的出现标志着人类可以通过化学合成方法研制出理想的药物，由此宣告"化学药物"的诞生。20世纪60年代，由中科院生化所、中科院有机所和北京大学生物系共同完成的重大项目——人工合成牛胰岛素，是中国化学史上被世界瞩目的重大成就之一。作为世界上第一个人工合成的蛋白质，它的出现为人类认识生命、揭开生命奥秘迈出了可喜的一大步。随着科学技术的进步，研究人员开始探索更精确、有效的药物治疗方法。其中，靶向药物和基因工程药物成为研究热点。靶向药物通过针对特定的分子靶标（如蛋白质或受体）来治疗疾病，而基因工程药物则是通过改变或合成基因来产生具有治疗效果的药物。化学药物的出现极大地改变了医学领域的治疗方式，为人类战胜疾病提供了有力的武器。

（2）大学化学是新工科人才培养的基石

大学化学是高等工程教育中实施化学教育的基础课程，是培养"基础扎实、知识面宽、能力强、素质高"的现代新工科领域的应用型创新人才所必需的高等化学教育，是高等院校非化工专业必修的一门公共基础课。

通过学习大学化学，可使工科大学生了解现代化学语言，树立全面正确的化学观点，能以化学的观点观察、解释现代生活中出现的物质变化现象。

其次，大学化学是一门实践性很强的学科，有助于培养工科大学生的实践能力和创新思维，掌握实验技能和方法。

同时，大学化学是现代工业的重要基础。在新型工业化、产业化的快速发展中，需要大量的新工科领域的应用型创新人才，了解化学技术与其他科学技术的交叉渗透与相互促进的关系，可为未来的专业学习打下坚实的基础。比如，在材料科学与工程领域，大学化学为学生进行材料合成、结构和性质方面的研究打下了良好基础。大学化学知识对于开发新型材料、优化材料性能以及了解材料的失效机制至关重要。通过化学知识，工程师可以更好地理解如何通过控制材料的微观结构以获得所需的宏观性能，或者如何通过表面处理来增强材料的耐腐蚀性。在机械工程和能源领域，大学化学帮助学生理解润滑、表面涂层、燃料燃烧等过程中的化学原理。通过了解润滑油的化学性质，工程师可以选择最合适的润滑剂以减少摩擦和磨损；通过理解燃料的燃烧过程，他们可以设计出更高效的燃烧系统，对于提高机械效率、降低能耗以及开发新型能源技术具有重要意义。在电子工程和通信技术领域，大学化学为学生提供了半导体材料、集成电路制造和传感器技术等方面的知识。通过了解半导体的化学性质，工程师可以开发出具有特定功能的电子器件；通过掌握传感器的化学原理，他们可以设计出更灵敏、更可靠的传感器系统，对于推动电子设备的性能提升和通信技术的发展至关重要。在环境工程与可持续发展领域，大学化学帮助学生理解环境污染的来源、机制和治理方法。通过了解水污染的化学原理，工程师可以设计出更有效的污水处理方法；通过掌握大气污染的化学过程，他们可以提出针对性的减排措施，对于推动环境保护和可持续发展具有重要意义。

因此，工科大学生应该重视大学化学的学习，掌握更多的化学知识和技能，为未来的科学研究和技术创新打好基础，为自己和社会的发展作出努力和贡献。

0.4　大学化学课程的内容

针对非化工类专业大学生，在大学化学的内容安排上，化学基本理论部分注意内容简洁，例题丰富多样、联系实际生产、语言精练；微观物质结构部分，阐述各个物质结构时，层次分明，层层深入，图文并茂；相关学科部分，注重化学的先进性、科学性、新颖性和实用性。通过大学化学课程的学习，可全面提高学生的化学素养，为今后创新发展开拓新的思路。

（1）宏观化学反应原理

主要研究化学反应的基本规律和机制，它涉及反应的热力学和动力学过程，主要包括：通过化学热力学的简单计算，明晰化学反应中的能量变化关系；判断化学反应自发进行的方向和限度；了解外界条件对反应方向、限度以及速率的影响；掌握水溶液中几种化学反应的规律及电化学基础知识。

这些原理被广泛应用于化学工程、材料科学、环境科学、生物工程等多个领域，帮助工程师们设计、优化和控制化学反应过程。

（2）微观物质结构基础

主要研究物质的基本组成，它涉及原子结构理论，主要包括：了解原子、分子和离子等微观粒子的结构；阐述物质内部原子分子晶体结构、性质以及它们之间的相互作用；了解核外电子运动的规律以及物质发生变化的本质。

这些微观物质结构基础的概念对于理解物质的性质、反应机制和化学现象至关重要。它们在材料科学、化学工程、药物设计等领域都有广泛的应用。

（3）相关交叉学科

重点介绍化学与当今世界普遍关注、发展迅速的重大学科，比如材料、能源、环境等之间的交叉渗透与应用。这些交叉不仅推动了化学学科自身的发展，也为解决当今世界的重大挑战提供了有力支持。这种交叉融合的趋势将继续深化，为未来的科技进步和社会发展注入新的活力。

0.5　大学化学课程的学习方法

大学化学设有理论课和实验课，它们是一个整体，两者相互依存、相互促进。理论课提供化学的基本原理、概念和知识体系，而实验课则通过实践操作来验证和应用这些理论知识。实验课能够帮助学生直观地理解化学反应和现象，加深对理论知识的理解，学习中不能偏废。

大学化学课程内容涉及面广，有些内容学生可能在中学已经接触过，但是大学化学并不是简单的重复，而是着重对于基本原理、基本概念的理解和应用。另外，对于不同专业，授课内容可根据专业属性做出调整，有针对性地进行学习。

在学习中遇到的问题，除了阅读参考书外，还可以观看本校自建的工科大学化学精品课程的教学资源，在拓宽知识面和复习巩固大学化学知识方面将收到良好的效果。

我们应该在努力学习过程中把握学科发展的最新成果，用所学的知识、概念、原理和理论去理解新的事实，思索其中可能存在的矛盾和问题，设计并参与新的探索。

第 1 章 化学反应的基本原理

1.1 化学反应基本概述

化学反应是物质发生化学变化的根本原因,也是我们进行创新,制造新物质开发新能源的理论根据。在了解化学反应之前,需要了解化学反应过程中涉及的一些化学基本概念。

1.1.1 物质的量

化学反应是反应物分子化学键断裂形成新化合物分子的过程,在此过程中,反应物分子和生成物分子的量不断地发生变化,怎么计量反应物分子和生成物分子变化的量呢?这就需要选择一个基本量来进行化学计量。

1971 年,第 14 届国际计量大会确定用"物质的量"这一新的基本物理量来衡量物质所含微粒的多少。物质的量的单位为摩尔,用符号"mol"表示。国际上规定:1 mol 的物质所含微粒的数目和 0.012 kg $^{12}_{6}C$ 中所含的原子数目相等。0.012 kg $^{12}_{6}C$ 中所含的原子数叫阿伏伽德罗常数,用符号 N_A 表示,约为 6.02×10^{23} mol^{-1}。

如果物质的量用 n 表示,物质的微粒数用 N 表示,则物质的量、物质的微粒数和阿伏伽德罗常数之间有如下关系:

$$物质的量(n) = \frac{物质的微粒数(N)}{阿伏伽德罗常数(N_A)}$$

如果物质的质量用 m 表示,物质的摩尔质量用 M 表示,则物质的量、物质的质量和物质的摩尔质量的关系如下:

$$物质的量\ n(mol) = \frac{物质的质量\ m(g)}{物质的摩尔质量\ M(g \cdot mol^{-1})}$$

在化学反应中,可以根据反应方程式中反应物和生成物的物质的量,及它们相应的摩尔质量,来计算某生成物的质量。物质的量的引入在化学反应计算和应用方面给我们带来了极大的便利。例如过氧化氢是一种火箭燃料的高能氧化剂,根据下面的化学反应,很容易计算反应过程中所产生的氧气量,可以看出,34 kg 过氧化氢完全分解时产生 16 kg 的氧气。

$$H_2O_2(l) == H_2O(l) + \frac{1}{2}O_2(g)$$

物质的量/mol	1	1	0.5
摩尔质量/$g \cdot mol^{-1}$	34	18	32

虽然物质的量在化学反应计算上给我们带了很多便利,但在使用物质的量时,还需明晰其含义:

① 物质的量是衡量物质多少的基本物理量,单位是 mol,与"摩尔数"不是等同的,所以物质的量不能用"摩尔数"来代替。"物质的量"、"摩尔数"和"摩尔"是"量""数值"和"单位"的关系,即:量=数值×单位。所以,物质的量≠摩尔数。

② 用单位"摩尔"时,须表明"物质的量"所对应的物质的基本单元。这些基本单元可以是分子、原子、电子、基团或其他粒子,也可以是一些粒子的特定组合,如 H_2O_2、

H_2O、$FeSO_4$、$[Cu(NH_3)_4]^{2+}$、Ag^+、O_2 等。

试判断"氧的物质的量"这种描述正确吗？答案是不正确。因为它对物质的量的基本单元的表述不明确，氧的基本单元可以是氧分子 O_2，也可以是氧原子 O 或其他如 2O。

物质的量的基本单元也可以是"特定组合"，在实际应用时可以选择一个化学反应式作为一个特定组合。例如铁和氧气的化学反应中，以反应式"$4Fe+3O_2 \rightleftharpoons 2Fe_2O_3$"这个特定组合为一个基本单元，当 4 mol Fe 和 3 mol O_2 反应生成 2 mol Fe_2O_3 时，我们可以把整个反应看作是按 1 mol 组成的，称为"1 mol 反应"；如果以"$2Fe+\frac{3}{2}O_2 \rightleftharpoons Fe_2O_3$"这个特定组合为基本单元，仍然是 4 mol Fe 和 3 mol O_2 反应生成 2 mol Fe_2O_3，则可以说这个反应是按 2 mol 组成的，称该反应是"2 mol 反应"。

1.1.2 化学反应进度

对于一般化学反应，由于化学反应中各种物质的计量系数不同，反应物的消耗量与生成物的生成量在数值上不等同。例如铁的氧化反应：

$$4Fe+3O_2 \rightleftharpoons 2Fe_2O_3$$

当 Fe 消耗 0.4 mol，O_2 消耗 0.3 mol 时，Fe_2O_3 增加了 0.2 mol，从这些数值看不出该反应进行的情况，没有统一的数值表示该反应进行的程度。

1982 年，我国用"反应进度"定量描述化学反应进行的程度。对于任意化学反应：

$$aA+bB \rightleftharpoons dD+gG$$
$$0=dD+gG-aA-bB$$
$$0=\sum \nu_B B$$

式中，B 表示物质，ν_B 表示反应物或生成物的化学计量系数，并规定：ν_B 对于反应物取负值，生成物取正值。反应进度（extent of reaction）用 ξ 表示，单位为 mol，可表示为：

$$\xi = \frac{\Delta n(B)}{\nu_B}$$

上述铁的氧化反应 $4Fe+3O_2 \rightleftharpoons 2Fe_2O_3$，可变为：

$$0=2Fe_2O_3+(-4Fe)+(-3O_2)$$

当 Fe 消耗 0.4 mol，O_2 消耗 0.3 mol，生成 0.2 mol Fe_2O_3 时，反应进度 ξ 为：

$$\xi = \frac{\Delta n(Fe)}{\nu(Fe)} = \frac{-0.4 \text{ mol}}{-4} = 0.1 \text{ mol}$$

$$\xi = \frac{\Delta n(O_2)}{\nu(O_2)} = \frac{-0.3 \text{ mol}}{-3} = 0.1 \text{ mol}$$

$$\xi = \frac{\Delta n(Fe_2O_3)}{\nu(Fe_2O_3)} = \frac{+0.2 \text{ mol}}{2} = 0.1 \text{ mol}$$

由计算结果可知，无论用反应物还是用生成物来表示该反应的反应进度，ξ 均为 0.1 mol，即表示反应进行的程度是：当 Fe 消耗 0.4 mol，O_2 消耗量为 0.3 mol 时，此时生成 0.2 mol 的 Fe_2O_3。

当铁的氧化反应以下面反应式表示时：

$$2Fe+\frac{3}{2}O_2 \rightleftharpoons Fe_2O_3$$

则反应进度为：

$$\xi = \frac{-0.4 \text{ mol}}{-2} = \frac{-0.3 \text{ mol}}{-\frac{3}{2}} = \frac{+0.2 \text{ mol}}{+1} = 0.2 \text{ mol}$$

由上面的计算结果可知，对于同一化学反应，反应式表示形式不同，化学计量式不同，则 ν_B 数值不同。对铁的氧化反应，反应物消耗量和生成物生成量不变的情况下，用第二个反应式表示时，由化学反应进度定义式计算出反应进度 ξ 为 0.2 mol，所以反应进度 ξ 与反应式的书写形式有关，必须对应某一具体反应式反应进度才有明确意义。因此，在计算反应进度时，必须表明反应进度所对应的具体反应式。

1.1.3 系统和环境

化学是以物质为研究对象，物质和物质不是孤立存在的，物质和其周围的物质也存在着相互联系。为了方便研究，将人为划分出来的作为研究对象的那部分物质，称为系统（或体系）（system），而把系统之外并与之有联系的其他物质叫作环境（surroundings）。

系统与环境之间存在一定关联，它们常常有能量或物质的交换，根据系统和环境之间的联系情况，把系统分成三种类型：

① 敞开系统　系统与环境之间既有能量交换，又有物质交换。例如一杯开着口的热水，将水杯中的热水选作系统，则此系统就是敞开系统。

② 封闭系统　系统与环境之间只有能量交换而无物质交换。例如将上述盛热水的水杯加密封塞，仍然以热水为系统，该系统就是封闭系统。

③ 孤立系统　系统与环境之间既没有能量交换，又没有物质交换。例如将上述盛有热水的水杯外加上绝热材料，此系统即为孤立系统。

在科研中封闭系统最为常见，如无特殊说明，本书讨论的均为封闭系统。

1.1.4 相

组成系统的物质可以呈现不同的形态、性质和分布，系统中任何物理性质和化学性质都完全相同且均匀的部分称为一相（phase），根据物质的某些性状和种类的不同将系统分为单相系统和多相系统。一般相与相之间有明确的界面，为了进一步了解相的概念，还要注意以下几种情况。

① 构成同一相的物质不一定是一种物质。任何气体，无论是单组分或是多组分的混合气体，都是一相，称为气相；组成液相的物质可以是纯液态的，也可以是溶液。例如：空气、氯化钠水溶液都是一相，它们组成的系统又称单相系统。

② 聚集状态相同的物质不一定组成单相。例如，油和水都是液态，它们共存组成的系统却是两个相，硫黄粉和石灰粉虽然都属固态，它们的混合物在显微镜下可以清楚地看到硫黄粉和石灰粉的相界面，所以它们是两相。含有两相或两相以上的系统称为多相系统。

③ 晶型或晶态结构不同的物质属于不同的相。例如碳可以有三种不同的固态形式，即石墨、金刚石和固态 C_{60}，它们是三种同素异形体，将它们混合在一起则组成一个三相系统；又如具有体心立方结构的 α-Fe 和具有面心立方结构的 γ-Fe 混在一起，构成的是两相。晶型不同、相结构不同对固体材料的性能有着很大的影响。

④ 聚集状态不同的同一种物质可以组成多相。水、冰、水蒸气具有相同的分子 H_2O，属同一种物质。在不同的温度下，它们可以呈现出气、液、固三种不同的形态，三种形态的物理性质不同，故它们共存组成不相同的相。实验证明，在 0.611 kPa 和

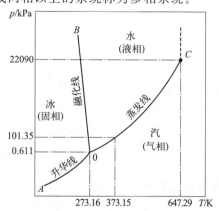

图 1-1　水的三相点示意图

273.16 K 条件下,冰、水、水蒸气三相达到平衡,可以长期共存,这个压力、温度条件称为水的三相点(见图 1-1)。

1.1.5 状态函数

选定一个化学反应为研究对象,该反应中的反应物和生成物就组成一个系统。要研究一个选定的对象,首先要确定它所处的状态,一般情况可以用系统所处条件下的物理性质和化学性质来综合表现。例如选定气体作为研究对象,则气体的物质的量 n、压力 p、温度 T、体积 V 等这些用来描述该气体的物理量就有一确定的值,根据这些物理量就可以确定此时该系统所处的状态;如果是一理想气体,理想气体符合理想气体状态方程 $pV=nRT$,这种用来描述系统状态各种性质的物理量(这些物理量之间存在相互依赖的函数关系),称为状态函数(state function),例如温度、压力、体积等都是状态函数。如果用来表述系统所处状态的性质之一发生变化,系统就会从一种状态变到另一种状态,变化前的状态称为始态;变化后的状态称为终态。每一个状态函数皆可表示为另外几个状态变量的函数,如:

$$p=f(V,n,T)=\frac{nRT}{V} \tag{1-1}$$

任何一个系统,状态确定,状态函数就有确定的数值。状态不变时,所有状态函数都保持原有的数值,状态函数的值只取决于状态。当状态改变时,状态函数也发生改变,状态函数的变化量由始态及终态决定,与变化过程的具体途径无关。例如温度是状态函数,将一杯 20 ℃ 的水变为 80 ℃ 的水,无论采用何种途径,水温的改变量皆等于 60 ℃。

1.1.6 热力学能

系统的内能也叫热力学能(thermodynamic energy),是系统内部能量的总和,指系统内部分子的平动能、转动能、振动能、分子间势能、电子运动能、核能等,用符号 U 表示。在一定条件下,系统的热力学能与系统中物质的量成正比,即热力学能具有加和性。热力学能只取决于状态,所以,热力学能是一个状态函数。

能量不会自生自灭,只能从一种形式转换为另一种形式,在转换过程中能量的总值不变,这就是能量守恒定律,即热力学第一定律。虽然参与反应的物质各种各样,并且反应条件(如 T、p、催化剂等)也千差万别,但任何化学反应都遵守自然界的这一基本规律,即能量守恒定律。在化学反应过程中,系统内部微粒(如分子、原子、电子)的运动动能和粒子间的势能都会发生改变,这必然导致系统的内能(系统微观粒子能量的总和,即热力学能 U)的变化,内能的变化常通过系统与环境之间能量的交换和传递完成,而能量的交换和传递形式有热和功,这样系统热力学能的变化就可以通过系统放热、吸热和做功的多少来确定。对于一个化学反应,系统热力学能的变化可以用热力学第一定律表达式表示:

$$\Delta U = U_2 - U_1 = Q + W \tag{1-2}$$

式中,ΔU 为热力学能变化,等于系统终态的热力学能 U_2 和系统始态热力学能 U_1 之差;Q 为热量,规定:系统吸热为正值,放热为负值;W 为功,规定:系统对环境做功取负值,环境对系统做功取正值。

功的形式有很多种,对于化学反应,一般条件下进行的化学反应,只做体积功,用 W 表示;将体积功以外的功,叫作非体积功,如机械功、电功等,用符号 W' 表示。没有特殊说明,一般功是指体积功。

相同的化学反应在不同条件下进行，其能量转换形式有所不同。热力学能是一个状态函数，确定了始态和终态，系统的热力学能就是定值。对一个化学反应亦如此，反应物和生成物的状态确定后，无论过程是如何进行的，反应的热力学能变化的值是一定的。化学反应常常有恒压过程和恒容过程，下面分别讨论恒容过程和恒压过程的能量关系。

（1）恒容过程

化学反应在密闭容器中进行，也即恒容（constant volume）条件下反应放出或吸收的热量，称为恒容热效应，用 Q_V 表示。因为系统体积没有变化，系统的体积功为零，即 $W=0$，系统的热力学能的变化全部以热量的形式表现出来，所以有

$$\Delta U = Q_V \tag{1-3}$$

式(1-3)表明，恒容条件化学反应中热力学能的变化（ΔU）可以通过测量此过程的恒容热效应来获得。

（2）恒压过程

大多数化学反应在开口容器中进行，所以恒压（constant pressure）过程对化学反应来说非常重要。恒压条件下的反应热效应称为恒压热效应，以 Q_p 表示。在恒压条件下，化学反应中如有气体存在，常伴随体积的变化，因气体的膨胀或压缩而做体积功，体积功可用下式计算：

$$W = -p\Delta V = -p(V_2 - V_1) \tag{1-4}$$

式中，ΔV 代表体积变化，规定：系统体积膨胀，$\Delta V > 0$，$p\Delta V > 0$，表示系统对环境做功；系统体积压缩，$\Delta V < 0$，$p\Delta V < 0$，表示环境对系统做功。

系统热力学能的变化为

$$\Delta U = Q_p + W = Q_p - p\Delta V \tag{1-5}$$

我们知道热力学能是状态函数，其值只取决于系统所处的状态，当反应物和生成物的状态确定后，无论是采用恒压过程还是恒容过程，其热力学能变化量 ΔU 相同，由 $\Delta U = Q_V$，则有

$$Q_p = Q_V + p\Delta V \tag{1-6}$$

1.2 恒压热效应与焓变

1.2.1 恒压热效应

化学反应在恒压条件下的热效应称为恒压热效应。1840年，俄国化学家盖斯（G. H. Hess）在总结大量化学反应热效应的实验数据基础上，得出一条经验规则：无论化学反应是一步完成还是分几步完成，其热效应只与反应系统的始态和终态有关，而与变化的途径无关，这就是盖斯定律。例如100 kPa和298.15 K下，碳完全燃烧生成 CO_2 按两种途径进行反应。

途径Ⅰ：由 C 和 O_2 直接生成 CO_2；

途径Ⅱ：由 C 和 O_2 先生成 CO，再由 CO 和 O_2 生成 CO_2。

过程如图1-2所示。

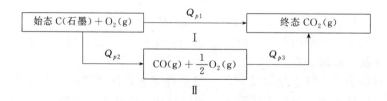

图1-2 C燃烧生成 CO_2 的两种途径示意图

根据盖斯定律计算碳完全燃烧反应的热量：$Q_{p1}=Q_{p2}+Q_{p3}$

由图 1-2 可以看出，利用盖斯定律不仅可以计算不同过程的反应热效应，还可以计算某个难于测量的反应的热效应。例如反应 $C(s)+\frac{1}{2}O_2(g)\Longrightarrow CO(g)$ 非常难控制，该反应热效应也很难通过实验测定。由图 1-2 关系，Q_{p1} 和 Q_{p3} 容易测得，Q_{p1} 和 Q_{p3} 的数值可以通过测定下面两个反应的热效应得到。

$$C(s)+O_2(g)\Longrightarrow CO_2(g) \qquad Q_{p1}=-393.50 \text{ kJ·mol}^{-1}$$

$$CO(g)+\frac{1}{2}O_2(g)\Longrightarrow CO_2(g) \qquad Q_{p3}=-282.98 \text{ kJ·mol}^{-1}$$

根据盖斯定律计算就可得 $C(s)+\frac{1}{2}O_2(g)\Longrightarrow CO(g)$ 的反应热效应，即

$$Q_{p2}=Q_{p1}-Q_{p3}=[(-393.50)-(-282.98)]\text{kJ·mol}^{-1}=-110.52 \text{ kJ·mol}^{-1}$$

1.2.2 焓与焓变

化学反应的恒压热效应可以由式 $Q_p=Q_V+p\Delta V$ 计算，其中式中涉及的 $(-p\Delta V)$ 为体积功，体积功在实际测量和计算时都非常麻烦。为了简便，引入一个状态函数——焓（enthalpy），用符号 H 表示，焓的定义式：

$$H \xrightarrow{\text{def}} U+pV$$

因为式中 U、p、V 均为系统的状态函数，故 H 也是状态函数，是一个复合状态函数。当系统的状态改变时，焓的变化量（ΔH）简称焓变（enthalpy change），可通过下式计算。

$$\Delta H=\Delta U+\Delta(pV) \tag{1-7}$$

恒压条件下，则有

$$\Delta H=\Delta U+p\Delta V=(Q_p-p\Delta V)+p\Delta V=Q_p \tag{1-8}$$

即焓变等于反应的恒压热效应。

1.2.3 反应的标准摩尔焓变

(1) 标准状态

国家标准规定：将 100 kPa 规定为标准压力，用 $p^{\ominus}$ 表示。对于有气体存在的系统，规定各种气态物质的分压均为 100 kPa 时的状态为标准状态；对于溶液系统，规定在标准压力 $p^{\ominus}$ 下，各种溶质（如水合离子或分子）的浓度均为 1 mol·L^{-1} 的状态为标准状态，即 $c^{\ominus}=$ 1 mol·L^{-1} 为标准浓度。化学中将标准状态称为热力学标准状态（thermodynamic standard state），简称标准态。标准态中不规定温度，但热力学中常以 $T=298.15$ K（近似为 298 K）作为参考温度。

(2) 反应的标准摩尔焓变

在标准状态下，一个化学反应的摩尔焓变称为该反应的标准摩尔焓变（changes in standard molar enthalpy），用 $\Delta_r H_m^{\ominus}$ 表示。热力学中，常用一个标明反应条件、各物质聚集状态和反应热效应的形式来表示化学反应，并将该反应称为热化学方程式（thermochemical equation）。以氢气和氧气化合生成水为例表示如下：

$$H_2(g)+\frac{1}{2}O_2(g)\Longrightarrow H_2O(l) \qquad \Delta_r H_m^{\ominus}(298.15 \text{ K})=-285.83 \text{ kJ·mol}^{-1}$$

上式中 $\Delta_r H_m^{\ominus}$ (298.15 K) 是该反应的反应热。其中 Δ 表示变化；r 表示反应；m 表示该反应是按 1 mol 进行反应，即反应进度为 1 mol；$\ominus$ 表示反应系统中各物质都处于标准态；

(298.15 K)表示反应系统的始态和终态的温度均为298.15 K。

除了注意反应条件外，具体书写热化学反应方程式时应当注意下面问题：

① $\Delta_r H_m^{\ominus}$（298.15 K）是反应的反应热，表示在标准压力 $p^{\ominus}=100$ kPa、温度 $T=298.15$ K 的条件下，按反应式完成 1 mol 反应的焓变。

② 反应式中各种物质的聚集状态以（g）、（l）、（s）分别表示气、液、固态；以（aq）表示水溶液。如果将上例反应中的水从液态 $H_2O(l)$ 变成气态 $H_2O(g)$，则热化学方程式应为

$$H_2(g)+\frac{1}{2}O_2(g)=\!=\!=H_2O(g) \qquad \Delta_r H_m^{\ominus}(298.15\text{ K})=-241.82 \text{ kJ·mol}^{-1}$$

③ $\Delta_r H_m^{\ominus}$ 值与反应式的写法有关。例如上述反应如果书写为

$$2H_2(g)+O_2(g)=\!=\!=2H_2O(g)$$

则热化学反应方程式为

$$2H_2(g)+O_2(g)=\!=\!=2H_2O(g) \qquad \Delta_r H_m^{\ominus}(298.15\text{ K})=-483.64 \text{ kJ·mol}^{-1}$$

因为 $\Delta_r H_m^{\ominus}$ 是反应进度为 1 mol 时反应的焓变，而反应进度与方程式中的计量系数有关。

④ $\Delta_r H_m^{\ominus}$ 的"+""−"号表示吸热或放热。$\Delta_r H_m^{\ominus}>0$ 为吸热反应，$\Delta_r H_m^{\ominus}<0$ 为放热反应。

（3）物质的标准摩尔生成焓

规定在标准压力 $p^{\ominus}$ 下和所选择的温度 T 时，由最稳定单质（磷除外）生成 1 mol 物质的量的纯物质时反应的焓变，称为该物质的标准摩尔生成焓（standard molar enthalpy of formation），通常选定温度为 298.15 K，以 $\Delta_f H_m^{\ominus}$（298.15 K）表示，$^{\ominus}$代表"标准态"，f 代表"生成"。规定最稳定单质的标准摩尔生成焓等于零。石墨和氧气都是最稳定的单质，二者反应生成二氧化碳，反应的焓变为

$$C(石墨)+O_2(g)=\!=\!=CO_2(g) \qquad \Delta_r H_m^{\ominus}(298.15\text{ K})=-393.51 \text{ kJ·mol}^{-1}$$

则 $CO_2(g)$ 的标准摩尔生成焓为 -393.51 kJ·mol^{-1}，记作

$$\Delta_f H_m^{\ominus}(CO_2,g,298.15\text{ K})=-393.51 \text{ kJ·mol}^{-1}$$

磷单质例外，虽然红磷比白磷稳定，但特别规定白磷的标准摩尔生成焓为零。

$$P(白磷)+\frac{3}{2}Cl_2(g)=\!=\!=PCl_3(g) \qquad \Delta_r H_m^{\ominus}(298.15\text{ K})=-287 \text{ kJ·mol}^{-1}$$

则
$$\Delta_f H_m^{\ominus}(PCl_3,g,298.15\text{ K})=-287 \text{ kJ·mol}^{-1}$$

水溶液中，规定水合氢离子的标准摩尔生成焓为零。即标准压力 $p^{\ominus}$ 下，温度 298.15 K 时，水合氢离子(aq)为 1 mol·L^{-1} 时，其标准摩尔生成焓为零，以 $\Delta_f H_m^{\ominus}$(H$^+$,aq,298.15 K)=0 表示。其中 aq 是拉丁文 aqua（水）的缩写，H$^+$(aq) 表示水合氢离子。以此推算出其他水合离子的标准摩尔生成焓。

附录 3 和附录 4 中列出一些化合物在空气介质中和在水溶液中的水合离子、水合分子处于 298.15 K 时的标准摩尔生成焓。

1.2.4　反应的标准摩尔焓变的计算

对于一般化学反应 $aA+bB\longrightarrow yY+zZ$，可以设计下列反应，过程如图 1-3，根据盖斯定律和物质的标准摩尔生成焓，推出反应的标准摩尔焓变的一般计算式。

图 1-3　反应的标准摩尔焓变的计算规则导出示意图

由图 1-3 可以看出：

$$\Delta_r H_{m,1}^{\ominus} + \Delta_r H_m^{\ominus}(298.15\ \text{K}) = \Delta_r H_{m,2}^{\ominus}$$

或 $\sum[\Delta_f H_m^{\ominus}(298.15\ \text{K})]_{反应物} + \Delta_r H_m^{\ominus}(298.15\ \text{K}) = \sum[\Delta_f H_m^{\ominus}(298.15\ \text{K})]_{生成物}$

$$\Delta_r H_m^{\ominus}(298.15\ \text{K}) = \sum[\Delta_f H_m^{\ominus}(298.15\ \text{K})]_{生成物} - \sum[\Delta_f H_m^{\ominus}(298.15\ \text{K})]_{反应物}$$
$$= [y \times \Delta_f H_m^{\ominus}(Y) + z \times \Delta_f H_m^{\ominus}(Z)] - [a \times \Delta_f H_m^{\ominus}(A) + b \times \Delta_f H_m^{\ominus}(B)]$$

在热力学标准状态下，某反应的热效应等于反应中各生成物标准摩尔生成焓的总和减去各反应物标准摩尔生成焓的总和。"总和"的含义是计算时需乘上各物质相应的计量数。即利用物质的标准摩尔生成焓计算反应的标准摩尔焓变。

【例 1-1】试计算铝粉和三氧化二铁反应的 $\Delta_r H_m^{\ominus}(298.15\ \text{K})$。

解　写出并配平化学方程式，查附录 3 并在各物质下面标出其标准摩尔生成焓的值，表示如下

$$2\text{Al(s)} + \text{Fe}_2\text{O}_3(\text{s}) = \text{Al}_2\text{O}_3(\text{s}) + 2\text{Fe(s)}$$

$\Delta_f H_m^{\ominus}(298.15\ \text{K})/\text{kJ}\cdot\text{mol}^{-1}$　　0　　−824.2　　−1675.7　　0

代入算式中，即得

$$\Delta_r H_m^{\ominus}(298.15\ \text{K}) = \Delta_f H_m^{\ominus}(\text{Al}_2\text{O}_3,\text{s}) + 2 \times \Delta_f H_m^{\ominus}(\text{Fe},\text{s}) - 2 \times \Delta_f H_m^{\ominus}(\text{Al},\text{s}) - \Delta_f H_m^{\ominus}(\text{Fe}_2\text{O}_3,\text{s})$$
$$= [(-1675.7) + 2 \times 0 - 2 \times 0 - (-824.2)]\ \text{kJ}\cdot\text{mol}^{-1}$$
$$= -851.5\ \text{kJ}\cdot\text{mol}^{-1}$$

计算说明该反应放出大量的热（温度可达 2000 ℃ 以上）能使铁熔化，实际中常用于钢铁的焊接。

1.3　化学反应的方向

1.3.1　自发过程与非自发过程

自然界中有很多不需要外界能量就能自动进行的过程。例如成熟的果实会自动落到地面上；在水中滴入一滴蓝墨水能自动扩散均匀；温度高的铁块一端会自动传递热量到温度低的铁块一端；电流从高电势处自动流向低电势处；放入 CuSO_4 溶液中的锌片会自动溶解；久置于潮湿环境中的铁器皿会生锈等。这种不需要外界做功而能自动进行的过程或反应称为自发过程（spontaneous process）或自发反应（spontaneous reaction）。

从自然界的许多实例中，可以得出以下规律：

① 在同一条件下，一切自发过程不能自发地向其相反方向进行，这叫作自发过程的单向性，即一个自发过程，其逆过程一定不能自发进行。

② 借助外力做功的条件下，自发过程的逆过程也可以进行。这种必须借助外力做功才能进行的过程叫作非自发过程。

③ 可以自发进行的自发过程都存在一个"推动力"，自发过程就是靠这个"推动力"完成的，自发过程是"推动力"减少的过程。当自发过程进行到一定限度时，"推动力"会消

失,自发过程就"停止"了,此刻过程就处于一个"静止状态"。自发过程的"推动力"对不同的过程表现为不同的形式。例如果实自动落下的推动力是高度差;热传导的自动进行,推动力是温度差;电子的定向移动的推动力即电势差。

人们在科研、生产和社会实践中经常遇到许多实际问题,这些实际问题往往涉及的就是过程的自发性问题,对于化学反应来说,就是反应的方向性问题。例如我们知道大气污染的原因之一就是汽车燃烧产生的尾气,其主要成分是 NO 和 CO,如果能将 NO 和 CO 变成 N_2 和 O_2,就很大程度上解决了大气污染源问题。不难想到化学反应 $NO(g) \longrightarrow \frac{1}{2}N_2(g) + \frac{1}{2}O_2(g)$ 和 $CO(g) \longrightarrow C(s) + \frac{1}{2}O_2(g)$,如果这两个反应在某条件下可以自发进行,沿着这个思路的方向,重点研究这两个化学反应发生的条件,如果能够在简单的反应条件下解决上述两个反应的问题,就可以从根本上解决燃烧废气和汽车尾气造成的大气污染的问题。

1.3.2 自发反应方向的判断标准

怎么判断自发反应的方向呢?人们在早期的实际生产过程中,发现许多能自发进行的反应都是放热反应,就有人提出用反应的焓变 ΔH 作为自发反应方向的判断标准,并提出:如果 $\Delta H < 0$,则反应为自发反应;如果 $\Delta H > 0$,反应为非自发反应。

随后在研究中人们又发现,有些吸热反应也都能自发进行,如 N_2O_5 和 NH_4Cl 的分解反应是吸热反应,KNO_3 溶于水的过程也是吸热过程。其实化学反应的反应热对其自发性影响很大,如反应 $CaCO_3(s) \Longrightarrow CO_2(g) + CaO(s)$ 在 100 kPa、298 K 时不能自发进行,但当反应温度高于 1114 K 时,该反应就可以自发进行,$CaCO_3$ 就可以自动进行分解。由这些实例可知,反应热不能作为化学反应的自发性的判断标准,但反应热是与化学反应方向性判断标准有关的量。

1.3.3 熵和熵变

(1) 系统的混乱度和熵

人们在寻找反应方向性判断标准的过程中,逐渐认识到混乱度也与反应的方向性有关。众所周知在水里滴一滴红墨水可以自动扩散均匀,室温时冰自动融化成水等自然现象都可以自发进行,又如 NH_4Cl 晶体可以自发分解为 $NH_3(g)$ 和 $HCl(g)$,$CaCO_3$ 在 1114 K 时分解为 $CaO(s)$ 和 $CO_2(g)$ 的过程也可以自动完成,不难看出这些自发过程,微观粒子的混乱度是一个增大过程。许多自发过程倾向于系统取得最大的混乱度,即系统混乱度增大的过程。

混乱度 (disorder) 是用来描述系统内部微观粒子(原子、分子、离子、电子等)排布和运动的无序程度。一个系统的有序度高,其混乱度就小;有序度低,混乱度就大。例如水分子在固态冰中比在液态水中排列整齐,所以冰的混乱度比水的小。热力学中用熵 (entropy) 来衡量系统中微观粒子的混乱程度,用符号 S 表示。系统的熵值小,所处状态的混乱度就小,系统所处混乱度大的状态其熵值就大。冰的混乱度小于水的混乱度,冰的熵值小于水的熵值。系统的状态一定,其混乱度的大小就一定,熵值也就一定,所以熵也是系统的状态函数。

根据熵的物理意义,不难看出:

① 同一物质,聚集状态不同,熵值不同,即有:

$$S(s) < S(l) < S(g)$$

因为从固态到液态,从液态到气态,粒子分布排列和运动的混乱度依次增加,熵值必然增大。

② 同一物质处于相同的聚集状态时，温度升高，粒子热运动增加，系统的混乱度增大，熵值也增大。

$$S(高温) > S(低温)$$

③ 不同分子在温度和聚集状态相同，分子或晶体内微粒数目越多，分子或晶体结构越复杂，混乱度越大，熵值也越大。

$$S(复杂分子) > S(简单分子)$$

随着降低温度，任何纯物质系统内部微粒的热运动越来越慢，微观粒子的排列也越有序，其熵值也越小。在热力学温度为零时，任何纯物质的完整晶体中的微粒热运动处于停止状态，粒子的微观状态只有一种，理想的有序状态，与之相对应的熵值等于零。即为："在热力学温度为零时，一切纯物质的完整晶体的熵值等于零"，这就是热力学第三定律，表示为：$S(0K, 完整晶体) = 0$。

熵是状态函数，熵的变化量 ΔS 由系统的始态和终态决定。如果某物体从热力学温度 0 K 开始升高到温度 T K，系统在这个过程的熵变 ΔS 就等于始态的熵值（S_{0K}）和终态熵值（S_{TK}）之差。

$$\Delta S = S_{TK} - S_{0K}$$

又因 $S_{0K} = 0$，所以 $\Delta S = S_{TK}$。

物质从热力学温度零度（0 K）到指定温度（T K）时的熵变，称为该物质在 T K 时的绝对熵（S）。

根据热力学的推导，系统的熵变等于该系统在恒温、可逆过程中吸收或放出的热量 Q_r 与其热力学温度 T 之商，式为

$$\Delta S = Q_r / T \tag{1-9}$$

熵的单位应该是能量/温度的量纲，即为 $J \cdot K^{-1}$。

（2）标准摩尔熵和标准摩尔熵变

在热力学标准状态下，1 mol 纯物质的绝对熵称为该物质的标准摩尔熵（standard molar entropy），以 $S_m^\ominus$ 表示，单位为 $J \cdot mol^{-1} \cdot K^{-1}$。附录 3 中列出了一些单质和化合物在 298.15 K 时的标准摩尔熵的数据。

与物质的标准生成焓相似，对水合离子的熵值作出规定：在标准状态，298.15 K 时，水合氢离子的标准摩尔熵值为零，从而得到一些水合离子的标准摩尔熵。书中附录 4 列出了在 298.15 K 时一些水合离子的标准摩尔熵值。

根据熵的状态函数性质，由物质的标准摩尔熵 $S_m^\ominus(B)$ 数据，可以计算化学反应的标准摩尔熵变 $\Delta_r S_m^\ominus$。即化学反应的标准摩尔熵变等于生成物标准摩尔熵的代数总和减去反应物标准摩尔熵的代数总和。对于任意反应：

$$aA + bB \Longrightarrow gG + dD$$
$$\Delta_r S_m^\ominus = \Sigma S_m^\ominus(生成物) - \Sigma S_m^\ominus(反应物)$$
$$= [g \times S_m^\ominus(G) + d \times S_m^\ominus(D)] - [a \times S_m^\ominus(A) + b \times S_m^\ominus(B)]$$

【例 1-2】计算反应 $2H_2O(l) \Longrightarrow 2H_2(g) + O_2(g)$ 的标准摩尔熵变 $\Delta_r S_m^\ominus$。

解 化学反应　　　　　$2H_2O(l) \Longrightarrow 2H_2(g) + O_2(g)$

$S_m^\ominus / J \cdot mol^{-1} \cdot K^{-1}$　　　　69.91　　　　130.573　205.03

$$\Delta_r S_m^\ominus = [2 \times S_m^\ominus(H_2, g) + S_m^\ominus(O_2, g)] - [2 \times S_m^\ominus(H_2O, l)]$$
$$= (2 \times 130.573 + 205.03 - 2 \times 69.91) J \cdot mol^{-1} \cdot K^{-1}$$

$$= 326.4 \text{ J·mol}^{-1}\text{·K}^{-1}$$

可计算出反应的标准摩尔焓变为：$\Delta_r H_m^{\ominus} = 573.66 \text{ kJ·mol}^{-1}$

该反应的 $\Delta_r S_m^{\ominus}$ 为正值，从反应中各物质的聚集状态的变化可知，反应后系统的熵值增大。从系统倾向于取得最大混乱度这一因素来看，熵值增大，有利于反应自发进行。但是该反应又是一个吸热反应，$\Delta_r H_m^{\ominus} > 0$，从系统倾向于取得最低能量这一因素来看，吸热不利于反应自发进行。另外，研究发现有些熵值减小的过程也是自发过程，单独用系统的焓变或熵变作为判断反应自发性的标准都有片面性。

1.3.4 吉布斯函数与吉布斯函数变

反应的自发性不仅与焓变有关，而且与熵变有关，有时温度也会起决定作用。1876 年，美国物理化学家吉布斯（J. W. Gibbs）把这三个因素综合起来考虑，提出了自由能概念，用它来判断系统恒温恒压条件下的自发性。吉布斯自由能也称吉布斯函数（Gibbs function），是 H、S、T 组合的一个新的状态函数，用符号 G 表示，定义为：

$$G \stackrel{\text{def}}{=\!=} H - TS$$

在恒温下，系统的状态发生变化时，吉布斯函数的变化量为

$$\Delta G = \Delta H - T\Delta S \tag{1-10}$$

系统的自发过程的特点之一是对外做非体积功 W'，根据热力学证明，自发过程系统吉布斯函数的减少，等于系统在恒温恒压下对外可能做的最大非体积功，即：

$$-\Delta G_{T,p} = -W'_{\max} \tag{1-11}$$

吉布斯提出，判断反应自发性的根据是系统做非体积功的能力，同时也证明：在恒温恒压下，如果某一反应无论在理论或实际上可被利用来做非体积功，则该反应是自发的；如果必须由外界做功才能使某一反应进行，则该反应就是非自发的。从而得出，反应系统的吉布斯函数变可作为反应自发性的判据。

自然界中有很多自发过程，在适当条件下可以对外做有用功。例如，气体由高压容器向低压容器膨胀是自发过程，做机械功；自发进行的化学反应 $Zn + CuSO_4 \rightleftharpoons Cu + ZnSO_4$ 放在原电池中进行可以做电功，这都说明自发过程具有对外做功的能力。

无论采取什么措施，系统对环境所做的最大非体积功永远小于 ΔG，在恒温、恒压下，系统不做非体积功的条件下发生的过程，有

$$\begin{aligned}
\Delta G &< 0 \quad \text{系统自发进行} \\
\Delta G &= 0 \quad \text{系统处于平衡状态} \\
\Delta G &> 0 \quad \text{系统不能自发进行}
\end{aligned} \tag{1-12}$$

1.3.5 过程自发方向的判断

恒温、恒压条件下，由吉布斯函数变定义式 $\Delta G = \Delta H - T\Delta S$ 看出，系统的吉布斯函数变 ΔG 受 ΔH、ΔS 和 T 这三个因素的影响，将系统吉布斯函数变的大小，系统吸热、放热、熵增、熵减，可能出现的情况，列于表 1-1 中。

表 1-1 恒温恒压下系统自发性的类型

类型	ΔH	ΔS	ΔG	反应（正向）的自发性
①	−	+	−	任何 T 都自发
②	+	−	+	任何 T 都不自发
③	+	+	高温时为 −	高温下利于反应自发
④	−	−	低温时为 −	低温下利于反应自发

类型① 系统是一个放热和熵增过程，此时焓变和熵变都有利于系统的自发进行，故无

论温度怎样变化，系统都能自发进行。

例如：
$$\frac{1}{2}H_2(g) + \frac{1}{2}F_2(g) =\!=\!= HF(g)$$

$\Delta H = -271.1\ \text{kJ·mol}^{-1} < 0$，$\Delta S = 7.05\ \text{J·mol}^{-1}\cdot\text{K}^{-1} > 0$

$\Delta G = \Delta H - T\Delta S < 0$，所以该反应任何温度下都能自发进行。

类型② 系统是一个吸热和熵减过程，焓变和熵变均不利于系统的自发进行，所以无论温度高低，过程都是非自发的。

例如：
$$2CO(g) =\!=\!= CO_2(g) + C(s)$$

$\Delta H = 110.52\ \text{kJ·mol}^{-1}$，$\Delta S = -89.3\ \text{J·mol}^{-1}\cdot\text{K}^{-1}$

$\Delta G = \Delta H - T\Delta S > 0$，该反应不能自发进行。

类型③ 系统的焓变和熵变是影响吉布斯函数变的主要因素，当焓变不利于自发过程进行，熵变值小的时候，不足以抵消焓变的影响，只有增大熵变值，才能改变焓变的影响。当温度由低到高时，吉布斯函数变的变化，从 $\Delta G > 0$ 到 $\Delta G = 0$，再到最终的 $\Delta G < 0$，在 $\Delta G = 0$ 的温度时，ΔG 由正值变为负值，此时的温度称为过程的转变温度，转变温度可由恒温恒压下，吉布斯函数的定义式求得。

$$\Delta G = \Delta H - T\Delta S$$

当 $\Delta G = 0$ 时，有
$$T_{\text{转}} = \frac{\Delta H}{\Delta S}$$

例如：
$$CaCO_3(s) =\!=\!= CaO(s) + CO_2(g)$$

$\Delta H = 178\ \text{kJ·mol}^{-1}$，$\Delta S = 161\ \text{J·mol}^{-1}\cdot\text{K}^{-1}$

$\Delta G = 178 - T \times 161 \times 10^{-3} \leqslant 0$

$T \geqslant 1106\ \text{K}$ 时，该反应才能发生。

类型④ 当系统的焓变有利于自发过程进行，而熵变不利于自发过程时。高温时，熵变值增大，$T\Delta S$ 起主导作用，改变了焓变对自发性的影响，不利于系统自发进行；低温时，熵变值小，降低了 $T\Delta S$ 对系统自发进行的影响，有利于系统的自发进行。

例如：
$$HCl(g) + NH_3(g) =\!=\!= NH_4Cl(s)$$

$\Delta H = -176.9\ \text{kJ·mol}^{-1}$，$\Delta S = -284.6\ \text{J·mol}^{-1}\cdot\text{K}^{-1}$

$\Delta G = -176.9 - T \times (-284.6) \times 10^{-3} \geqslant 0$

$T \leqslant 621.6\ \text{K}$ 时，该反应才能发生。

1.3.6 吉布斯函数变的计算

1.3.6.1 标准状态反应吉布斯函数变的计算

与反应的标准摩尔焓变相似，在标准条件和任一温度 T 下，反应进度为 1 mol 时反应的吉布斯函数变，称为该反应的标准摩尔吉布斯函数变（standard molar changes in Gibbs），用 $\Delta_r G_m^{\ominus}$ 表示。反应的吉布斯函数变 $\Delta_r G_m^{\ominus}$ 的计算方法如下。

（1）利用物质的标准摩尔生成吉布斯函数计算

物质在标准条件下，由稳定单质（磷除外）生成 1 mol 纯物质时反应的吉布斯函数变，称为该物质的标准摩尔生成吉布斯函数（standard molar Gibbs function of formation），稳定单质的标准摩尔生成吉布斯函数为零，并规定水合氢离子的标准摩尔生成吉布斯函数为零。物质的标准摩尔生成吉布斯函数以 $\Delta_f G_m^{\ominus}$ 表示，单位为 kJ·mol^{-1}。附录 3 和附录 4 中列出一些化合物在空气介质中和在水溶液中的水合离子、水合分子处于 298.15 K 时的标准

摩尔生成吉布斯函数。

与反应的标准摩尔焓变的计算相似,可以利用附录 3 和附录 4 中数据计算反应的标准摩尔吉布斯函数变,反应的标准摩尔吉布斯函数变等于生成物的标准摩尔生成吉布斯函数的代数和减去反应物的标准摩尔生成吉布斯函数的代数和。

$$a\text{A} + b\text{B} = g\text{G} + d\text{D}$$

$$\Delta_r G_m^{\ominus} = \sum (\Delta_f G_m^{\ominus})_{生成物} - \sum (\Delta_f G_m^{\ominus})_{反应物}$$
$$= [g \times \Delta_f G_m^{\ominus}(\text{G}) + d \times \Delta_f G_m^{\ominus}(\text{D})] - [a \times \Delta_f G_m^{\ominus}(\text{A}) + b \times \Delta_f G_m^{\ominus}(\text{B})] \quad (1\text{-}13)$$

此算式只适用于 298.15 K,其他温度需用 $\Delta G^{\ominus}$ 与 $\Delta H^{\ominus}$、$\Delta S^{\ominus}$ 的关系式计算。

(2) 用关系式 $\Delta_r G_m^{\ominus} = \Delta_r H_m^{\ominus} - T \Delta_r S_m^{\ominus}$ 计算

根据吉布斯函数的定义式 $G = H - TS$,恒温条件下

$$\Delta G = \Delta H - T \Delta S$$

在标准状态时,1 mol 反应进度的化学反应

$$\Delta_r G_m^{\ominus} = \Delta_r H_m^{\ominus} - T \Delta_r S_m^{\ominus} \quad (1\text{-}14)$$

【例 1-3】 计算反应 $\text{C(s)} + \text{CO}_2(\text{g}) = 2\text{CO(g)}$ 在 298.15 K 时的标准摩尔吉布斯函数变。

算法 I:从附录 3 中查出各种物质的 $\Delta_r G_m^{\ominus}$ (298.15 K),如下所列。

解 对于反应   C(s) + CO$_2$(g) = 2CO(g)
$\Delta_f G_m^{\ominus}$/kJ·mol^{-1} 0 -394.36 -137.15

$$\Delta_r G_m^{\ominus} = \sum (\Delta_f G_m^{\ominus})_{生成物} - \sum (\Delta_f G_m^{\ominus})_{反应物}$$
$$= 2 \times \Delta_f G_m^{\ominus}(\text{CO}) - [\Delta_f G_m^{\ominus}(\text{CO}_2) + \Delta_f G_m^{\ominus}(\text{C})]$$
$$= [2 \times (-137.5) - (-394.36)] \text{kJ·mol}^{-1}$$
$$= 119.36 \text{ kJ·mol}^{-1}$$

算法 II:从附录 3 中查出各物质的 $\Delta_f H_m^{\ominus}$(298.15 K) 和 $S_m^{\ominus}$(298.15 K),如下所列。

     C(s) + CO$_2$(g) = 2CO(g)
$\Delta_f H_m^{\ominus}$/kJ·mol^{-1} 0 -393.50 -110.52
$S_m^{\ominus}$/J·mol^{-1}·K^{-1} 5.74   213.64   197.56

解 先用所列数据分别算得

$$\Delta_r H_m^{\ominus}(298.15 \text{ K}) = 172.46 \text{ kJ·mol}^{-1}$$
$$\Delta_r S_m^{\ominus}(298.15 \text{ K}) = 175.74 \text{ J·mol}^{-1} \cdot \text{K}^{-1}$$

再用关系式 $\Delta_r G_m^{\ominus}(298.15 \text{ K}) = \Delta_r H_m^{\ominus}(298.15 \text{ K}) - T \Delta_r S_m^{\ominus}(298.15 \text{ K})$
$$= (172.46 - 298.15 \times 175.74 \times 10^{-3}) \text{kJ·mol}^{-1}$$
$$= 120.06 \text{ kJ·mol}^{-1}$$

(3) 任意温度下标准摩尔吉布斯函数变的计算

由于反应的 $\Delta_r G_m^{\ominus}(T)$ 值随温度的变化而变化,任意温度下反应的吉布斯函数变 $\Delta_r G_m^{\ominus}(T)$ 不能用 $\Delta_r G_m^{\ominus}(298.15 \text{ K})$ 数据计算。在没有相变的条件下,反应的 $\Delta_r H_m^{\ominus}$ 和 $\Delta_r S_m^{\ominus}$ 随温度变化不大,可近似将 $\Delta_r H_m^{\ominus}(298.15 \text{ K})$ 和 $\Delta_r S_m^{\ominus}(298.15 \text{ K})$ 视为常数,近似计算任意温度下反应的标准摩尔吉布斯函数变。

$$\Delta_r G_m^{\ominus}(T) = \Delta_r H_m^{\ominus}(T) - T \Delta_r S_m^{\ominus}(T)$$
$$\Delta_r H_m^{\ominus}(T) \approx \Delta_r H_m^{\ominus}(298.15 \text{ K}), \Delta_r S_m^{\ominus}(T) \approx \Delta_r S_m^{\ominus}(298.15 \text{ K})$$
$$\Delta_r G_m^{\ominus}(T) \approx \Delta_r H_m^{\ominus}(298.15 \text{ K}) - T \Delta_r S_m^{\ominus}(298.15 \text{ K})$$

【例 1-4】 已知下列反应在 298.15 K 时的热力学数据

	2CO(g)	+	2H$_2$(g)	=	CH$_4$(g)	+	CO$_2$(g)
$\Delta_f H_m^{\ominus}$/kJ·mol^{-1}	−110.52		0		−74.85		−393.50
$S_m^{\ominus}$/J·mol^{-1}·K^{-1}	197.56		130.574		186.27		213.64

求该反应在 600 K 时的 $\Delta_r G_m^{\ominus}$。

解 $\Delta_r H_m^{\ominus}(298.15\ \text{K}) = [(-74.85) + (-393.50) - 2 \times (-110.52) - 2 \times 0]\ \text{kJ·mol}^{-1}$

$$= -247.31\ \text{kJ·mol}^{-1}$$

$\Delta_r S_m^{\ominus}(298.15\ \text{K}) = (186.27 + 213.64 - 2 \times 197.56 - 2 \times 130.574)\ \text{J·mol}^{-1}·\text{K}^{-1}$

$$= (399.91 - 395.12 - 261.148)\ \text{J·mol}^{-1}·\text{K}^{-1}$$

$$= -256.358\ \text{J·mol}^{-1}·\text{K}^{-1}$$

$\Delta_r G_m^{\ominus}(600\ \text{K}) \approx \Delta_r H_m^{\ominus}(298.15\ \text{K}) - T\Delta_r S_m^{\ominus}(298.15\ \text{K})$

$$= [-247.31 - 600 \times (-256.358) \times 10^{-3}]\ \text{kJ·mol}^{-1}$$

$$= -93.49\ \text{kJ·mol}^{-1}$$

该反应在 600 K 时的 $\Delta_r G_m^{\ominus}$ 为 −93.49 kJ·mol^{-1}。

1.3.6.2 非标准状态吉布斯函数变的计算

许多反应系统是在非标准态下进行的，要判断任意状态下反应的自发性，必须用非标准态时反应的吉布斯函数判断其自发方向。根据系统所处的压力或浓度条件，计算出非标准状态的吉布斯函数变 $\Delta_r G_m(T)$ 再进行判断。

对于任一化学反应：

$$a\text{A}(g) + b\text{B}(g) \Longleftrightarrow g\text{G}(g) + d\text{D}(g)$$

在恒温恒压下，任意状态的 $\Delta_r G_m(T)$ 与标准态的 $\Delta_r G_m^{\ominus}(T)$ 之间的关系，可由热力学导出的等温方程式来表示：

$$\Delta_r G_m(T) = \Delta_r G_m^{\ominus}(T) + RT \ln Q_p \tag{1-15}$$

式中，R 是摩尔气体常数；Q_p 称任意分压商，是生成物分压与标准压力之比以反应方程式中的化学计量数为指数的幂乘积和反应物分压与标准压力之比以化学计量数为指数的幂乘积之比值。

$$Q_p = \frac{[p(\text{G})/p^{\ominus}]^g [p(\text{D})/p^{\ominus}]^d}{[p(\text{A})/p^{\ominus}]^a [p(\text{B})/p^{\ominus}]^b} \tag{1-16}$$

如果反应物或生成物是固体或液态纯物质，在分压商中它们的相对分压 $p(\text{B})/p^{\ominus}$ 不出现。

水溶液中的反应，上述分压商式中 $[p(\text{B})/p^{\ominus}]$ 以各反应物和生成物的水合离子（或分子）的相对浓度 $[c(\text{B})/c^{\ominus}]$ 来计量。

$$a\text{A}(aq) + b\text{B}(aq) \Longleftrightarrow g\text{G}(aq) + d\text{D}(aq)$$

$$\Delta_r G_m(T) = \Delta_r G_m^{\ominus}(T) + RT \ln Q_c$$

$$Q_c = \frac{[c(\text{G})/c^{\ominus}]^g [c(\text{D})/c^{\ominus}]^d}{[c(\text{A})/c^{\ominus}]^a [c(\text{B})/c^{\ominus}]^b} \tag{1-17}$$

式中，Q_c 称任意浓度商；$c^{\ominus}$ 为标准浓度，$c^{\ominus} = 1\ \text{mol·L}^{-1}$，相对浓度 $c(\text{B})/c^{\ominus}$ 是一个比值，没有单位，Q_p 和 Q_c 统称为任意商。

对于混合气体反应系统来说，测量的是混合气体的总压力，各组分气体的分压很难测量。混合气体各组分分压通常用道尔顿分压定律来计算，道尔顿分压定律的内容为：混合气体中各组分气体的分压力，等于该组分气体在相同温度下单独占有与混合气体相同体积时所产生的压力。

只要不发生化学反应，各组分气体和混合气体均适用气态方程式，即
$$p(B)V=n(B)RT,\ p(总)V=n(总)RT \tag{1-18}$$
由此可得出下列两个关系式：

① 混合气体的总压力（p）等于各组分气体（A、B……）的分压力之和。
即
$$p(总)=p(A)+p(B)+\cdots \tag{1-19}$$

② 某组分气体的分压力与混合气体的总压力之比，等于该组分气体物质的量与混合气体总的物质的量之比（即该组分气体的摩尔分数）。即
$$\frac{p(A)}{p(总)}=\frac{n(A)}{n(总)}$$
$$p(A)=\frac{n(A)}{n(总)}\times p(总)$$

【例 1-5】 298 K 时，纯金属银制件置于干燥的大气中，此时氧在空气中的分压力为 21 kPa。试问银制件能否被空气氧化？

解 有关的热力学数据如下：

$$4Ag(s)+O_2(g)\Longrightarrow 2Ag_2O(s)$$

$\Delta_f H_m^\ominus/kJ\cdot mol^{-1}$	0	0	-30.59
$S_m^\ominus/J\cdot K^{-1}\cdot mol^{-1}$	42.55	205.03	121.71

$$\Delta_r H_m^\ominus = 2\times(-30.59\ kJ\cdot mol^{-1})=-61.18\ kJ\cdot mol^{-1}$$
$$\Delta_r S_m^\ominus = (2\times 121.71-4\times 42.55-205.03)\ J\cdot mol^{-1}\cdot K^{-1}$$
$$=-131.81\ J\cdot mol^{-1}\cdot K^{-1}$$
$$\Delta_r G_m^\ominus = \Delta_r H_m^\ominus - T\Delta_r S_m^\ominus$$
$$=[-61.18-298\times(-131.81)\times 10^{-3}]\ kJ\cdot mol^{-1}$$
$$=-21.90\ kJ\cdot mol^{-1}$$
$$\Delta_r G_m = \Delta_r G_m^\ominus + RT\ln[p(O_2)/p^\ominus]^{-1}$$
$$=[-21.90+8.314\times 298\times 10^{-3}\ln(0.21)^{-1}]\ kJ\cdot mol^{-1}$$
$$=-18.03\ kJ\cdot mol^{-1}$$

计算 $\Delta_r G_m<0$，所以银制件在空气中可以被氧化。

【例 1-6】 298.15 K 时，$N_2(g)+O_2(g)\Longrightarrow 2NO(g)$ 中物质的量之比为：$N_2:O_2:NO=1:1:2$，该混合气体的总压为 101 kPa。试求此时反应的任意分压商 Q_p 和反应的摩尔吉布斯函数变 $\Delta_r G_m$，并判断反应自发进行的方向。

解 查书末附录 3 得 $\Delta_f G_m^\ominus(NO,g,298.15\ K)=86.57\ kJ\cdot mol^{-1}$，则该反应在 298.15 K 时
$$\Delta_r G_m^\ominus(298.15\ K)=2\times 86.57=173.14\ (kJ\cdot mol^{-1})$$
反应系统中各组分气体的分压力为：
$$p(NO)=\frac{n(NO)}{n(总)}\times p(总)=\frac{2}{1+1+2}\times 101\ kPa=50.5\ kPa$$
$$p(N_2)=p(O_2)=\frac{1}{1+1+2}\times 101\ kPa=25.25\ kPa$$
反应的分压商为：
$$Q_p=\frac{[p(NO)/p^\ominus]^2}{[p(N_2)/p^\ominus][p(O_2)/p^\ominus]}=\frac{(50.5/100)^2}{(25.25/100)\times(25.25/100)}=4$$

$$\Delta_r G_m = \Delta_r G_m^{\ominus} + RT\ln Q_p$$
$$= (173.14 + 8.314 \times 10^{-3} \times 298.15 \times \ln 4) \text{kJ} \cdot \text{mol}^{-1}$$
$$= 176.58 \text{ kJ} \cdot \text{mol}^{-1}$$

因为 $\Delta_r G_m > 0$，所以反应逆向进行。

1.4 化学平衡

1.4.1 化学平衡和平衡常数

1.4.1.1 化学平衡

在相同条件下，既能向一个方向进行，又能向其反方向进行的反应称为可逆反应（reversible reaction）。通常表示为：

$$a\text{A} + b\text{B} \rightleftharpoons g\text{G} + d\text{D}$$

几乎所有的化学反应都具有可逆性，不同的化学反应可逆的程度不同，可逆反应有一个共性：反应到达一定程度，反应物和生成物的浓度不再改变，此时反应达到了平衡状态（equilibrium state），化学反应达到了最大限度。反应系统处在平衡状态时，外观上好像反应停止了，实际上反应仍在进行，只是正反应和逆反应速率相等，化学平衡（equilibrium）是一种动态平衡。

从热力学角度看，化学平衡状态下反应的吉布斯函数变为零，即 $\Delta_r G = 0$。

1.4.1.2 标准平衡常数 $K^{\ominus}$

（1）标准平衡常数 $K^{\ominus}$ 的表达式

可逆反应的平衡常数可以从化学热力学的等温方程式 $\Delta_r G_m(T) = \Delta_r G_m^{\ominus}(T) + RT\ln Q$ 推导得出。从热力学推导出的平衡常数称为热力学平衡常数或标准平衡常数，以 $K^{\ominus}$ 表示。

在一定温度下，对于理想气体反应达到平衡时

$$a\text{A}(g) + b\text{B}(g) \rightleftharpoons g\text{G}(g) + d\text{D}(g)$$

若以平衡时各气态物质的分压力表示该反应的平衡常数，则有

$$K_p^{\ominus} = \frac{[p^{eq}(\text{G})/p^{\ominus}]^g [p^{eq}(\text{D})/p^{\ominus}]^d}{[p^{eq}(\text{A})/p^{\ominus}]^a [p^{eq}(\text{B})/p^{\ominus}]^b} \tag{1-20}$$

式中，$K_p^{\ominus}$ 称为分压标准平衡常数。

若以平衡时各气态物质的浓度表示该反应的平衡常数，则有

$$K_c^{\ominus} = \frac{[c^{eq}(\text{G})/c^{\ominus}]^g [c^{eq}(\text{D})/c^{\ominus}]^d}{[c^{eq}(\text{A})/c^{\ominus}]^a [c^{eq}(\text{B})/c^{\ominus}]^b} \tag{1-21}$$

式中，$K_c^{\ominus}$ 称为浓度标准平衡常数。

在书写标准平衡常数表达式时，应当注意以下几点：

① 不论反应过程的具体途径如何，可根据总的化学方程式，写出平衡常数表达式。
② 标准平衡常数表达式中的浓度 $c(\text{B})$ 和分压 $p(\text{B})$ 均为平衡时的浓度和分压。
③ 在标准平衡常数表达式中，凡气态物质都应以相对分压 $[p^{eq}(\text{B})/p^{\ominus}]$ 表示，溶液都应以相对浓度 $[c^{eq}(\text{B})/c^{\ominus}]$，标准压力 $p^{\ominus} = 100$ kPa，标准浓度 $c^{\ominus} = 1$ mol·L^{-1}。固态或液态的纯物质，其浓度或分压在平衡常数表达式中不出现。

例如： $\text{CaCO}_3(\text{s}) \rightleftharpoons \text{CaO}(\text{s}) + \text{CO}_2(\text{g})$

标准平衡常数表达式为 $K^{\ominus} = p^{eq}(\text{CO}_2)/p^{\ominus}$

酸碱中和反应： $\text{HAc}(\text{aq}) + \text{OH}^-(\text{aq}) \rightleftharpoons \text{Ac}^-(\text{aq}) + \text{H}_2\text{O}(\text{l})$

标准平衡常数表达式为

$$K^{\ominus} = \frac{[c^{eq}(Ac^-)/c^{\ominus}]}{[c^{eq}(HAc)/c^{\ominus}][c^{eq}(OH^-)/c^{\ominus}]}$$

④ 平衡常数表达式必须与化学反应式相对应。反应式中的计量数，即为平衡常数表达式中各物质的相对分压或相对浓度项的指数。

例如：合成氨反应 $N_2(g) + 3H_2(g) \rightleftharpoons 2NH_3(g)$

$$K^{\ominus} = \frac{[p^{eq}(NH_3)/p^{\ominus}]^2}{[p^{eq}(N_2)/p^{\ominus}][p^{eq}(H_2)/p^{\ominus}]^3}$$

$$\frac{1}{2}N_2(g) + \frac{3}{2}H_2(g) \rightleftharpoons NH_3(g)$$

$$K^{\ominus} = \frac{[p^{eq}(NH_3)/p^{\ominus}]}{[p^{eq}(N_2)/p^{\ominus}]^{\frac{1}{2}}[p^{eq}(H_2)/p^{\ominus}]^{\frac{3}{2}}}$$

⑤ 标准平衡常数是一个无量纲的量。

系统在平衡时，可以通过测定平衡系统的组成，计算反应在某温度下的平衡常数，但这种计算方法比较繁杂，通常反应的平衡常数可用热力学方法从一些热力学数据直接计算得出。

(2) $\Delta_r G_m^{\ominus}$ 与 $K^{\ominus}$ 的关系

由热力学等温方程式 $\Delta_r G_m(T) = \Delta_r G_m^{\ominus}(T) + RT \ln Q$，反应商 Q 的表达式与标准平衡常数 $K^{\ominus}$ 的表达式完全一致，不同之处在于 Q 表达式中的浓度或分压为任意状态的（包括平衡状态），而 $K^{\ominus}$ 表达式中的浓度或分压为平衡状态的。因为平衡状态时 $\Delta_r G = 0$，此时的任意商 Q 就是平衡常数 $K^{\ominus}$，因此可以推导出化学反应标准平衡常数与标准摩尔吉布斯函数变的关系为：

$$\Delta_r G_m^{\ominus}(T) = -RT \ln K^{\ominus} \tag{1-22}$$

利用这一关系式，可求出某温度下反应的标准平衡常数 $K^{\ominus}$。

【例1-7】已知钢铁渗碳反应

$$3Fe(s) + 2CO(g) \rightleftharpoons Fe_3C(s) + CO_2(g)$$

的 $\Delta_r H_m^{\ominus}(1000\ K) = -154.4\ kJ \cdot mol^{-1}$，$\Delta_r S_m^{\ominus}(1000\ K) = -152.6\ J \cdot mol^{-1} \cdot K^{-1}$。计算此反应在 1000 K 时的标准平衡常数。

解 $\Delta_r G_m^{\ominus}(1000\ K) = \Delta_r H_m^{\ominus}(1000\ K) - T \Delta_r S_m^{\ominus}(1000\ K)$

$= [-154.4 \times 1000 - 1000 \times (-152.6)]\ J \cdot mol^{-1}$

$= -1800\ J \cdot mol^{-1}$

$\ln K^{\ominus} = \dfrac{-\Delta_r G_m^{\ominus}}{RT} = \dfrac{1800}{8.314 \times 1000} = 0.2165$

$K^{\ominus} = 1.24$

(3) 有关平衡常数的运算规则

根据化学反应平衡概念，可以推导出有关平衡常数的运算规则，具体如下：

① 某一可逆反应式乘以系数 n，所得反应的标准平衡常数 $K_n^{\ominus}$ 与原反应式的标准平衡常数 $K^{\ominus}$ 的关系为：$K_n^{\ominus} = (K^{\ominus})^n$。

② 某一反应的标准平衡常数为 $K_{正}^{\ominus}$，则其可逆反应的标准平衡常数为：$K_{逆}^{\ominus} = 1/K_{正}^{\ominus}$。

③ 如果一个反应式可由几个反应式相加（或相减）所得，则其平衡常数等于这几个反

应的平衡常数的乘积（或商）。

$$如果反应III = 反应I + 反应II，则 K_{III}^{\ominus} = K_{I}^{\ominus} \times K_{II}^{\ominus}$$
$$如果反应III = 反应I - 反应II，则 K_{III}^{\ominus} = K_{I}^{\ominus}/K_{II}^{\ominus} \tag{1-23}$$

这也称多重平衡法则，常用这一法则，计算未知反应的平衡常数。

1.4.1.3 平衡常数的有关计算

平衡常数表述的是达到平衡时生成物分压或浓度与反应物分压或浓度的比，它可以表述化学反应的特性，一般平衡常数 $K^{\ominus}$ 越大，正反应进行得越彻底。

一定条件下利用平衡常数可以计算所需反应物的量，达到平衡时各物质的浓度或分压，反应的最大产量，以及某反应物的转化率（percent conversion）。

$$某反应物的转化率 = \frac{达到平衡时已转化的量}{该反应物的起始总量} \times 100\% \tag{1-24}$$

利用化学平衡计算时，需要配平反应式，平衡计算的一般步骤如下：
① 写出配平的化学方程式，并注明各物质的聚集状态；
② 在反应式各物质下方分别写出各物质的起始浓度（或物质的量）、平衡浓度（或物质的量），如有未知量可设符号表示之；
③ 写出正确的平衡常数表达式；
④ 将平衡时各物质的浓度（或分压）代入平衡常数表达式中，即得一个含有未知数的方程式，求解即得；
⑤ 各物质在反应中变化的量（浓度或物质的量）之比等于它们在化学方程式中的计量系数之比。

【例 1-8】 工业上常用水煤气制取氢气的反应

$$CO(g) + H_2O(g) \underset{Fe_2O_3}{\stackrel{673\ K}{\rightleftharpoons}} CO_2(g) + H_2(g)$$

如果在 673 K 时用 2.00 mol 的 $CO(g)$ 和 2.00 mol 的 $H_2O(g)$ 在密闭容器中反应，已知该温度下 $K^{\ominus} = 9.94$，估算该温度时 CO 的最大转化率。

解 设 $CO(g)$ 在反应中转化的量为 x(mol)，转化率为 α，平衡时总压力为 p。

	$CO(g)$	+	$H_2O(g)$	$\rightleftharpoons$	$CO_2(g)$	+	$H_2(g)$
起始时物质的量/mol	2.00		2.00		0		0
反应中物质的量变化/mol	$-x$		$-x$		$+x$		$+x$
平衡时物质的量/mol	$2.00-x$		$2.00-x$		x		x

平衡时总的物质的量
$$n = n(CO) + n(H_2O) + n(CO_2) + n(H_2)$$
$$= (2.00-x) + (2.00-x) + x + x$$
$$= 4.00 \text{(mol)}$$

$$K^{\ominus} = \frac{[p^{eq}(CO_2)/p^{\ominus}][p^{eq}(H_2)/p^{\ominus}]}{[p^{eq}(CO)/p^{\ominus}][p^{eq}(H_2O)/p^{\ominus}]} = 9.94$$

$$9.94 = \frac{[(x/4.00) \times (p/p^{\ominus})][(x/4.00) \times (p/p^{\ominus})]}{[(2.00-x)/4.00 \times (p/p^{\ominus})][(2.00-x)/4.00 \times (p/p^{\ominus})]} = \frac{x^2}{(2.00-x)^2}$$

解之得 $x \approx 1.52$(mol)

CO 的最大转化率 $\alpha = \frac{1.52}{2.00} \times 100\% = 76\%$。

1.4.2 化学平衡的移动

任何平衡都是建立在一定条件之上的，平衡是相对的、暂时的。化学平衡也是如此，一定条件下才能建立和保持，维持平衡的条件发生改变，化学平衡就会被破坏，各物质的浓度或分压就会发生变化，直到新的条件下，系统又达到新的平衡。这种因条件改变，原来旧的化学平衡被破坏，建立新的化学平衡的过程，叫作化学平衡的移动。

1988 年，法国化学家勒·夏特列（Le Chartelier）从实验中总结得出平衡移动遵循的规律，称勒·夏特列原理：假如改变平衡系统的条件之一，如浓度、压力或温度等，平衡就向能减弱这个改变的方向移动。例如，在一个平衡系统内，增加反应物的浓度，平衡就会向着减少反应物浓度的方向移动，即向着增加生成物的方向移动。同样压力和温度的变化也会对化学平衡有影响，可以使化学平衡发生移动，这些条件怎么影响化学平衡移动？化学平衡向哪个方向移动？下面就具体谈论不同条件对化学平衡移动的影响。

(1) 可逆反应的方向性判据

对于一个可逆的化学反应：

$$a\mathrm{A} + b\mathrm{B} \rightleftharpoons g\mathrm{G} + d\mathrm{D}$$

在一定温度下，由热力学等温方程式 $\Delta_r G_m(T) = \Delta_r G_m^{\ominus}(T) + RT\ln Q$ 以及标准平衡常数与标准摩尔吉布斯函数变的关系 $\Delta_r G_m^{\ominus}(T) = -RT\ln K^{\ominus}$。

可得：

$$\Delta_r G_m(T) = -RT\ln K^{\ominus} + RT\ln Q$$

$$\Delta_r G_m(T) = RT\ln \frac{Q}{K^{\ominus}} \tag{1-25}$$

根据 Q 与 $K^{\ominus}$ 的相对大小，可得出可逆反应的方向性判据，又称为反应商判据：

$Q < K^{\ominus}$ 时，$\Delta_r G_m < 0$，反应将向正反应方向进行，或平衡正向移动（右移）；

$Q = K^{\ominus}$ 时，$\Delta_r G_m = 0$，反应处于平衡状态，或平衡不移动；

$Q > K^{\ominus}$ 时，$\Delta_r G_m > 0$，反应将向逆反应方向进行，或平衡逆向移动（左移）。

【例 1-9】 反应 $3\mathrm{Fe}(s) + 2\mathrm{CO}(g) \rightleftharpoons \mathrm{Fe_3C}(s) + \mathrm{CO_2}(g)$，某温度下 $K^{\ominus} = 1.24$，若气体 $p(\mathrm{CO_2}) = 120$ kPa，$p(\mathrm{CO}) = 60$ kPa，判断此时反应进行的方向。

解 此时

$$Q = \frac{p(\mathrm{CO_2})/p^{\ominus}}{[p(\mathrm{CO})/p^{\ominus}]^2} = \frac{120/100}{[60/100]^2} = 3.33 > K^{\ominus}$$

所以反应将向逆反应方向移动。

(2) 浓度对化学平衡的影响

对于一个在一定温度下已达到化学平衡的反应系统，此时 $Q = K^{\ominus}$，$\Delta G = 0$。如果反应物浓度增加或生成物浓度减少后，结果会使 $Q < K^{\ominus}$，则 $\Delta G < 0$，反应就会向正向进行，即平衡正向移动。随着化学反应不断进行，反应物浓度减少，生成物浓度增加，最终 $Q = K^{\ominus}$，$\Delta G = 0$，化学反应又重新建立了新平衡，新平衡状态和旧平衡状态不同，反应温度没有改变，所以化学平衡常数不变，只是新平衡条件下各物质浓度和旧平衡时各物质浓度不相同。如果反应物浓度减少或生成物浓度增加，结果和上述情况相反，化学平衡逆向移动。

在考虑浓度对化学平衡的影响问题时，应该注意以下内容：

① 在实际反应时，人们为了尽可能地利用某一种原料，往往使用过量的另一种原料（廉价、易得）与其反应，以使平衡尽可能向正反应方向移动，提高反应物的转化率。

② 如果从平衡系统中不断降低生成物的浓度，则平衡将不断向生成物方向移动，直至某反应物基本上被消耗完全，使可逆反应进行得比较完全。

(3) 压力对化学平衡的影响

改变压力的实质是改变浓度，压力变化对平衡的影响实质上是通过浓度的变化起作用。

由于固、液相浓度几乎不随压力而变化,因而,系统无气体参与时,平衡受压力的影响甚微。

在有气体参与的化学反应中,改变反应系统总压会引起反应各组分气体分压同等程度的变化,可能引起化学平衡的移动。

首先研究下列反应

$$CO(g) + H_2O(g) \rightleftharpoons CO_2(g) + H_2(g)$$

当反应达到平衡时

$$Q = \frac{[p(CO_2)/p^{\ominus}][p(H_2)/p^{\ominus}]}{[p(CO)/p^{\ominus}][p(H_2O)/p^{\ominus}]} = K^{\ominus}$$

不难发现上述反应,反应前和反应后气体分子总数相等,系统总压增加一倍,系统中各组分分压相应都增加一倍,即 $p(CO) \to 2p(CO)$,$p(H_2O) \to 2p(H_2O)$,$p(CO_2) \to 2p(CO_2)$,$p(H_2) \to 2p(H_2)$,将各组分分压代入反应商表达式中:

$$Q = \frac{[2p(CO_2)/p^{\ominus}][2p(H_2)/p^{\ominus}]}{[2p(CO)/p^{\ominus}][2p(H_2O)/p^{\ominus}]} = K^{\ominus}$$

由上式可知,新条件下 Q 依然等于 $K^{\ominus}$,所以对反应前后气体分子总数没有改变的反应来说,反应总压力的改变不会使系统的平衡发生移动。

如果反应前和反应后气体分子总数不同,可以有两种情况,一种是反应前后气体分子总数增加,另一种是反应前后气体分子总数减少。

例如:在碳和二氧化碳的反应式中,反应后气体分子总数增加。

$$C(s) + CO_2(g) \rightleftharpoons 2CO(g)$$

反应达到平衡,设系统平衡分压为:$p(CO_2)$、$p(CO)$。

$$Q = \frac{[p(CO)/p^{\ominus}]^2}{[p(CO_2)/p^{\ominus}]} = K^{\ominus}$$

反应温度不变,平衡系统气体总压增加一倍,则各组分气体分压也将增加一倍,即 $p(CO_2) \to 2p(CO_2)$,$p(CO) \to 2p(CO)$,此时系统的反应商为:

$$Q = \frac{[2p(CO)/p^{\ominus}]^2}{[2p(CO_2)/p^{\ominus}]} = 2K^{\ominus}$$

温度不变平衡常数不变,此时反应的 $Q > K^{\ominus}$,旧平衡被破坏后反应逆向进行,即平衡逆向移动。如果反应总压减小,则化学平衡正向移动。

例如:反应气体分子总数减少的合成氨反应

$$N_2(g) + 3H_2(g) \rightleftharpoons 2NH_3(g)$$

平衡时,

$$Q = \frac{[p(NH_3)/p^{\ominus}]^2}{[p(N_2)/p^{\ominus}][p(H_2)/p^{\ominus}]^3} = K^{\ominus}$$

反应温度不变,平衡系统气体总压增加一倍,各组分气体分压也将增加一倍,有 $p(N_2) \to 2p(N_2)$,$p(H_2) \to 2p(H_2)$,$p(NH_3) \to 2p(NH_3)$,此时系统反应商表示:

$$Q = \frac{[2p(NH_3)/p^{\ominus}]^2}{[2p(N_2)/p^{\ominus}][2p(H_2)/p^{\ominus}]^3} = \frac{1}{4}K^{\ominus}$$

当总压增加一倍时,$Q < K^{\ominus}$,则平衡正向移动。如果反应总压减小,则平衡逆向移动。

(4) 温度对化学平衡的影响

化学反应平衡常数不受反应中各物质浓度和反应压力的影响,改变浓度或压力,只是改

变反应的 Q 值，从而改变平衡状态。而温度变化对化学平衡的影响，在于平衡常数发生了变化，从而发生平衡的移动。

由平衡时
$$\Delta_r G_m^{\ominus}(T) = -RT\ln K^{\ominus} = -2.303RT\lg K^{\ominus}$$
$$\Delta_r G_m^{\ominus}(T) = \Delta_r H_m^{\ominus} - T\Delta_r S_m^{\ominus}$$

可得
$$-RT\ln K^{\ominus} = \Delta_r H_m^{\ominus} - T\Delta_r S_m^{\ominus}$$

$$\ln K^{\ominus} = -\frac{\Delta_r H_m^{\ominus}}{RT} + \frac{\Delta_r S_m^{\ominus}}{R}$$

在温度变化不大时，$\Delta_r H_m^{\ominus}$ 和 $\Delta_r S_m^{\ominus}$ 可看作不随温度变化的常数。若反应在 T_1 和 T_2 时的平衡常数分别为 $K_1^{\ominus}$ 和 $K_2^{\ominus}$，则近似地有

$$\ln K_1^{\ominus} = -\frac{\Delta_r H_m^{\ominus}}{RT_1} + \frac{\Delta_r S_m^{\ominus}}{R}$$

$$\ln K_2^{\ominus} = -\frac{\Delta_r H_m^{\ominus}}{RT_2} + \frac{\Delta_r S_m^{\ominus}}{R}$$

两式相减得：

$$\ln \frac{K_2^{\ominus}}{K_1^{\ominus}} = \frac{\Delta_r H_m^{\ominus}}{R}\left(\frac{T_2 - T_1}{T_1 T_2}\right) \tag{1-26}$$

或

$$\lg \frac{K_2^{\ominus}}{K_1^{\ominus}} = \frac{\Delta_r H_m^{\ominus}}{2.303R}\left(\frac{T_2 - T_1}{T_1 T_2}\right) \tag{1-27}$$

上式中，如果 $\Delta_r H_m^{\ominus} > 0$，为吸热反应，温度升高（$T_2 > T_1$），平衡常数变大（$K_2^{\ominus} > K_1^{\ominus}$），平衡正向移动；如果 $\Delta_r H_m^{\ominus} < 0$，为放热反应，温度升高（$T_2 > T_1$），平衡常数变小（$K_2^{\ominus} < K_1^{\ominus}$），平衡逆向移动。

1.5 化学反应速率

在化学热力学中，我们解决了反应的自发方向和可能性问题。大家熟知 H_2 与 O_2 反应可以生成水，并且反应的 $\Delta_r G_m^{\ominus} \ll 0$，说明反应自发进行的趋势很大，但是室温条件下，将 H_2 和 O_2 的混合气体长期放置却觉察不到它们的反应发生。这说明 $\Delta_r G_m^{\ominus} \ll 0$ 只是解决了反应的可能性，一个反应实际能不能进行，还要解决现实性问题，这就是我们要讨论的化学动力学问题。

化学反应有快有慢，如上述室温时 H_2 和 O_2 可以长期放置，说明它们反应非常慢，大多有机反应也很慢；但也有的反应非常快，如酸碱中和、炸药爆炸等，瞬间就能完成。怎样衡量和表示化学反应的快慢呢？

常用化学反应速率（rate of chemical reaction）来衡量一个反应的快慢，根据 IUPAC 的推荐和我国法定计量单位的规定，化学反应的速率可以表示为：

$$J = \frac{\xi}{\Delta t} = \frac{\Delta n_B}{\nu_B \Delta t} \tag{1-28}$$

如果反应在恒容条件下进行，则可用单位体积中反应进度随时间的变化率来表示化学反应的速率。即

$$v = \frac{J}{V} = \frac{\Delta n_B}{V\nu_B \Delta t} = \frac{\Delta c_B}{\nu_B \Delta t} \tag{1-29}$$

式中，ν_B 为反应中物质 B 的化学计量系数（反应物为负，生成物为正）；$\Delta c_B/\Delta t$ 表示化学反应中物质 B 的浓度随时间的变化率。

一般随着反应的进行，反应物浓度会逐渐减小，反应速率也会越来越小。反应速率可以用平均反应速率来表示，即在某段时间间隔内的平均反应速率。时间间隔越小，平均反应速率越能反映真实反应情况。反应速率也可用瞬时反应速率来表示，即某一时刻的反应速率，瞬时反应速率能更真实反映一个反应的速率大小。

工程中为了使用方便，常用一些特殊方法来表示化学反应速率。例如，钢铁材料在大气中的腐蚀速率，常用质量随时间的变化率来表示，单位记为：$g \cdot d^{-1}$、$g \cdot m^{-1}$，$g \cdot y^{-1}$ 等；金属工件在热处理炉中加热时，用金属表面氧化速率来表示，单位常记作：$mm \cdot min^{-1}$ 或 $mm \cdot h^{-1}$ 等。

化学反应速率主要取决于反应物的本性，还受反应条件的影响，如浓度（或压力）、温度、有无催化剂等因素。

1.5.1 浓度对反应速率的影响

（1）反应物浓度对反应速率的影响

大量实验事实表明，反应物浓度增大，反应速率也增大。例如，浓盐酸与锌反应比稀盐酸与锌反应快得多，镁条在纯氧中燃烧比在空气中燃烧剧烈。1807 年，古德堡（G. M. Guldberg）和瓦格（P. Waage）由实验得出一条规律：在一定温度下，对于基元反应的反应速率与反应物浓度以反应式中的计量系数为指数的乘积成正比。这个定量关系称为质量作用定律（law of mass action）。由此可得到反应速率与浓度的关系式，称为反应速率方程式（equation of reaction rate）。

对于一般反应 $aA+bB \longrightarrow gG+dD$

若为基元反应，则反应速率方程式为：$v=k[c(A)]^a[c(B)]^b$ (1-30)

式中，k 是比例常数，称反应速率常数（reaction rate constant）。

当 $c(A)=1\ mol \cdot L^{-1}$，$c(B)=1\ mol \cdot L^{-1}$ 时，上式变为 $v=k$。所以，k 的物理意义是各反应物浓度都为单位浓度时的反应速率，k 值的大小反映了反应的本性。对于某一给定的反应，k 值的大小与反应物的浓度无关，而与反应的温度、催化剂和反应接触面积等因素有关。在一定条件下，k 值大的反应，其反应速率就快。因此，对于相同类型的化学反应，只要比较 k 值的大小就可以比较化学反应的快慢。

一步完成的简单反应称为基元反应（elementary reaction），由几个基元反应组成的复杂反应称为非基元反应。实验证明，质量作用定律只适用于基元反应。

例如，城市空气中 NO_2 污染物，主要来自汽车尾气的氧化反应：

$$2NO(g)+O_2(g) \Longrightarrow 2NO_2(g)$$

实验证明该反应为基元反应，其反应速率方程式为：

$$v=k[c(NO)]^2 c(O_2)$$

绝大多数反应都不是基元反应，往往要经历若干个基元反应才能转化为最终产物。对于某非基元反应，总反应是由多个基元反应组成的，质量作用定律不适用于总反应，但是适用于其中每一个基元反应。化学反应速率是由最慢的基元反应的反应速率控制的，这样总反应的反应速率方程就是最慢的基元反应的质量作用定律。

例如，对于反应 $2NO+2H_2 \Longrightarrow N_2+2H_2O$

经过研究发现反应 $2NO+2H_2 \Longrightarrow N_2+2H_2O$ 是一个非基元反应，是通过两个基元反应完成的两步反应，具体反应如下：

① $2NO + H_2 \rightleftharpoons N_2 + H_2O_2$　　（反应慢）

② $H_2O_2 + H_2 \rightleftharpoons 2H_2O$　　（反应快）

第一步为慢反应，这一步反应控制总反应速率，即总的反应速率取决于慢反应，由实验确定的反应速率方程为：

$$v = k[c(NO)]^2 c(H_2)$$

由此可见，总化学反应只能表明反应物和最终生成物之间的关系，不能反映一个反应的真实历程。因此，不能仅根据反应式来书写速率方程，而速率方程中浓度的指数，只能根据实验来确定。

（2）反应级数

反应速率方程式中各反应物浓度的指数之和称为反应级数（reaction order），以 n 表示。

对于一般反应　　　　　$aA + bB \longrightarrow gG + dD$

浓度与反应速率的关系可表示为：$v = k[c(A)]^x [c(B)]^y$

反应级数 $n = x + y$，其中 x、y 必须由实验确定，x、y 不一定等于反应式中的计量系数 a 和 b。

当 $n = 0$ 时，该反应为零级反应，表示反应速率与反应物浓度变化无关，反应以匀速进行，例如，乙烯和氢气在催化剂镍作用下的反应就是一个零级反应，反应物乙烯和氢气的量的多少对反应速率没有影响；$n = 1$ 为一级反应，表明反应速率与反应物浓度成直线关系；式 $v = k[c(NO)]^2 c(H_2)$ 表明 $2NO + 2H_2 \rightleftharpoons N_2 + 2H_2O$ 为三级反应。反应级数不一定都是整数，也有分数。反应级数表示出浓度对反应速率的影响程度，级数越大，反应速率受浓度的影响也就越大。

1.5.2　温度对反应速率的影响

温度对反应速率的影响特别显著，无论是吸热还是放热反应，温度升高，反应速率都会显著增加。例如，在室温下氢气和氧气的反应极慢，以致几年都难以觉察；如果升高温度到 873 K，反应速率极快，甚至以爆炸的速率瞬时完成。由此可见，当反应物浓度一定时，温度改变，反应速率随之改变，反应速率常数 k 也随之改变。

1889 年，瑞典化学家阿仑尼乌斯（S. A. Arrhenius）在总结大量实验结果的基础上，提出了反应速率常数-温度关系式，是一个较准确的经验式，如下：

$$k = Ae^{-E_a/RT} \tag{1-31}$$

此式称为阿仑尼乌斯公式，其对数关系式为

$$\ln k = (-E_a/RT) + \ln A = \alpha/T + \beta \tag{1-32}$$

式中　E_a——反应的活化能；

　　　A——指前因子；

　　　T——热力学温度；

　　　R——摩尔气体常数，8.314 J·mol^{-1}·K^{-1}。

对于一个给定的反应来说，E_a 和 A 均为定值，可由实验求得。从阿仑尼乌斯公式可以得出以下结论：

① 对一个化学反应，当温度 T 升高，$-E_a/RT$ 值增大，$e^{-E_a/RT}$ 也变大，则反应速率常数 k 值增大，因此反应速率 v 也就增大，反之亦然。

② 由于 k 与 T 呈指数关系，故 T 的微小变化对 k 产生很大影响。有经验指出：温度升高 10 ℃，反应速率将增为原速率的 2～4 倍。

③ 反应速率常数 k 还与活化能 E_a 有关。对指前因子 A 相近的化学反应，相同温度下，

活化能 E_a 小的反应，k 值就大，反应速率就快，反之，反应速率就慢。

④ 利用阿仑尼乌斯公式，可以推导温度变化与反应速率变化的关系。

若以 k_1、k_2 分别表示温度 T_1、T_2 的 k 值，则

$$\ln k_1 = \frac{\alpha}{T_1} + \beta$$

$$\ln k_2 = \frac{\alpha}{T_2} + \beta$$

两式相减可得：

$$\ln \frac{k_2}{k_1} = \frac{\alpha}{T_2} - \frac{\alpha}{T_1} = \alpha \left(\frac{1}{T_2} - \frac{1}{T_1} \right)$$

根据反应速率方程式，浓度不变时，可以得出

$$\ln \frac{v(T_2)}{v(T_1)} = \ln \frac{k_2}{k_1} = \alpha \left(\frac{1}{T_2} - \frac{1}{T_1} \right) = \frac{-E_a}{R} \left(\frac{1}{T_2} - \frac{1}{T_1} \right) = \frac{E_a(T_2 - T_1)}{RT_1T_2}$$

如果已知反应的活化能 E_a，由上式就可求出反应温度变化（$T_2 - T_1$）时反应速率的变化率 $v(T_2)/v(T_1)$。

应当注意，不是所有的反应都符合上述规律。例如，$2NO + O_2 \Longrightarrow 2NO_2$ 温度升高时反应速率反而下降。再如，爆炸类型的反应，温度达到燃点时，反应速率突然急剧增大。这些都属于温度对反应速率影响的特殊情况。

1.5.3 活化能

经大量实验测定，一般化学反应的活化能在 $40 \sim 120 \text{ kJ} \cdot \text{mol}^{-1}$ 之间，许多溶液中的反应如酸碱反应、沉淀反应，活化能小于 $40 \text{ kJ} \cdot \text{mol}^{-1}$，其反应速率很大，可瞬间完成；还有一些反应如合成氨反应、氢气与氧气化合成水的反应、大多数有机反应等，活化能大于 $120 \text{ kJ} \cdot \text{mol}^{-1}$，反应速率非常慢，在常温下不能觉察到它们的变化。活化能在阿仑尼乌斯公式的指数项，可知它对反应速率影响非常大。它对反应速率的影响为什么这么大？活化能的本质是什么？

化学反应是反应物分子的化学键断裂，形成新化学键的过程。根据气体分子运动理论，一定温度下，系统分子具有一定的平均动能，不同的分子其平均动能也不相同，有的分子平均动能高，有的分子平均动能低。化学反应中，那些平均动能高的反应物分子之间碰撞才有可能发生化学反应。这种能够发生化学反应的碰撞叫作有效碰撞（effective collision），将发生有效碰撞的分子称为活化分子（activated molecule），活化分子的最低能量与反应物分子平均能量的差值，就称为活化能（activation energy），以 E_a 表示。活化能越高，活化分子占整个分子总数的百分比越低，发生有效碰撞的次数越少，化学反应速率就越慢。

过渡状态理论认为：反应物分子发生有效碰撞，不仅需要分子具有足够高的能量，而且还要考虑分子碰撞时的空间取向等因素。具有足够能量的分子彼此以适当的空间取向相互靠近到一定程度时，其碰撞才会引起分子或原子内部结构的连续性变化，使原来以化学键结合的原子间的距离变长，形成能量较高的不稳定的过渡状态，即活化状态。

设有一反应：$A + BC \Longrightarrow AB + C$，反应过程可能为

$$A + B—C \Longrightarrow A \cdots B \cdots C \longrightarrow A—B + C$$
反应物　　　活化状态　　　生成物
　　　　　（过渡态）

反应物 A 首先沿直线方向和 BC 分子中的 B 原子靠近，碰撞形成过渡态 $[A \cdots B \cdots C]$，过渡态是能量很高的状态，不稳定，一旦形成很快分解为生成物分子 AB 和 C。反应过程中

的能量变化如图 1-4 所示。

由图可见，若反应正向进行，反应物分子必须先吸收 E_a(正) 的能量，才能达到活化状态 [A⋯B⋯C]，反应后与反应前的能量差 $E_{II} - E_{I} > 0$，故为吸热反应。如果反应逆向进行，反应物分子也要先吸收能量 E_a(逆) 达到能量为 $E^{\neq}$ 的活化状态，然后立即分解变为产物 A 和 BC，反应后与反应前的能量差 $E_{I} - E_{II} < 0$，故逆反应为放热反应。显然，反应活化能越大，能垒就越高，可以越过能垒的反应物分子（活化分子）就越少，反应速率就越慢；反之，反应速率就快。这就是活化能的意义和它对反应速率产生显著影响的本质。

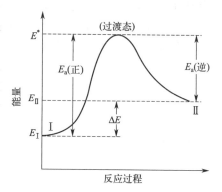

图 1-4　正、逆反应活化能示意图
E_{I}—反应物分子的平均能量；
E_{II}—生成物分子的平均能量；
$E^{\neq}$—活化状态所具有的能量；
E_a(正)$=E^{\neq}-E_{I}$，正反应的活化能；
E_a(逆)$=E^{\neq}-E_{II}$，逆反应的活化能

从活化分子和活化能来看，增加单位体积内活化分子总数可加快反应速率。这样通过增大反应物浓度、升高反应温度和降低活化能等措施都可以提高反应速率。降低活化能，不能改变反应物总分子数，但能使更多分子成为活化分子，活化分子数可显著增加，从而增大单位体积内活化分子总数。通过使用催化剂可以达到降低活化能，加大反应速率的目的，事实上加入催化剂也是提高反应速率的重要途径。

1.5.4　催化剂对反应速率的影响

（1）催化剂

19 世纪初化学家在研究中发现，化学反应中加入某些少量化合物，可加快原来反应的反应速率，这种可以改变化学反应速率的物质就是催化剂（catalyst）。催化剂在反应过程中不被消耗，反应完成后，大多数催化剂可以完全恢复它原来的质量和组成，因此，催化剂可以再生和循环使用。

催化剂分为正催化剂和负催化剂两类。正催化剂能加速化学反应速率；负催化剂能减慢反应速率，常常也称为抑制剂或防老剂。负催化剂在材料保护中起着重要作用，如为了减缓钢铁的氧化常用的缓蚀剂，防止塑料、橡胶老化的防老剂等都是负催化剂。本节所讨论的催化剂，为正催化剂，简称催化剂。在反应系统中加入催化剂可以改变反应速率的现象称为催化作用，催化作用常指正催化剂的作用。

通常催化剂具有专一性，即对某一个反应的类型、反应方向和产物的结构具有选择性。例如 V_2O_5 可加速 SO_2 氧化成 SO_3，对 H_2 和 N_2 合成 NH_3 的反应却毫无催化作用。再例如乙烯氧化反应，一般条件下很容易完全氧化成 CO_2 和 H_2O，用钯作催化剂可得乙醛（CH_3CHO），如果采用银催化剂而且控制乙烯与催化剂的接触时间，就能得到以环氧乙烷为主的产品。因此选择使用不同的催化剂，可以使反应有选择地朝某一个方向进行，得到所需的目的产品。催化剂的选择性还可以从根本上减少或消除副产物的产生，这也是目前人们最大限度地利用资源，减少污染，保护生态环境常采用的化学措施。

催化剂既能加快正反应速率，同样也可以加快其逆反应速率。也就是催化剂只能缩短化学反应达到平衡的时间，而不能改变化学反应达到平衡状态的组分。例如在 H_2 与 N_2 的初始比例为 3∶1 时，控制温度、压力在 500 ℃、30 MPa 下，反应达平衡时 NH_3 的物质的量分数为 27%。利用不同的催化剂催化该反应，平衡时 NH_3 的浓度都保持该值不变。

(2) 催化剂的催化机理

催化剂为什么能加快反应速率呢？经研究发现，在反应系统中加入催化剂后，催化剂在反应初期参与反应，与反应物作用生成活化中间体，这样就改变了原有反应的历程，使反应沿着有催化剂参与的反应方向进行。在新的反应过程中，反应活化能会大大降低，这就是加入催化剂能加快反应速率的原因。以合成氨反应为例，其反应式如下：

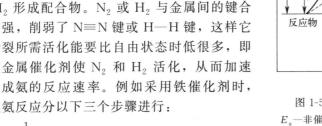

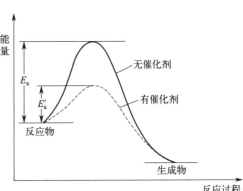

图 1-5　催化剂降低活化能的示意图
E_a—非催化反应活化能；E_a'—催化反应活化能

当加入 Fe、Ru、Os、Mo 等催化剂后，因为这些过渡金属元素都有许多空 d 轨道，与 N_2 或 H_2 形成配合物。N_2 或 H_2 与金属间的键合作用强，削弱了 N≡N 键或 H—H 键，这样它们断裂所需活化能要比自由状态时低很多，即过渡金属催化剂使 N_2 和 H_2 活化，从而加速了生成氨的反应速率。例如采用铁催化剂时，合成氨反应分以下三个步骤进行：

① $\frac{1}{2}N_2 + xFe \longrightarrow Fe_xN$

② $Fe_xN + \frac{1}{2}H_2 \longrightarrow Fe_xNH$

③ $Fe_xNH + H_2 \Longleftrightarrow Fe_xNH_3 \Longleftrightarrow xFe + NH_3$

其中，步骤①所需活化能最大，是最慢的一步，也是决定反应速率的关键步骤。

总之，在反应体系中加入催化剂，改变了反应途径，大大降低了反应的活化能，见图 1-5，催化剂的这种作用非常明显。例如，H_2O_2 分解为 H_2O 和 O_2 反应的 $E_a = 75.3\ kJ\cdot mol^{-1}$，用铂作催化剂，其 E_a 降低为 $49\ kJ\cdot mol^{-1}$，当用过氧化氢酶催化时，活化能仅为 $8\ kJ\cdot mol^{-1}$，此时 H_2O_2 的分解速率可提高 10^9 倍。

在很多化学反应的工业应用中催化剂起着关键作用。现代化学及化工生产中，使用催化剂的反应占 80% 以上，而催化剂在简化工艺、消除污染等方面所创造的经济价值，更是难以用数字估算。当前解决能源和生态环境危机，需要人们研究更多种类更多新型的催化剂。

习题

1. 判断题

(1) 系统的状态发生改变时，至少有一个状态函数发生了改变。　　　　　　　　　　(　　)

(2) 各部分的物质组分均相同的体系，一定是单相体系。　　　　　　　　　　　　　(　　)

(3) 反应放出的热量不一定是该反应的焓变。　　　　　　　　　　　　　　　　　　(　　)

(4) 利用盖斯定律计算反应热效应时，其热效应与过程无关。这表明任何情况下，化学反应的热效应只与反应的起止状态有关，而与反应途径无关。　　　　　　　　　　　　　　　　　(　　)

(5) 因为物质的绝对熵随温度的升高而增大，故温度升高可使各种化学反应的 ΔS 大大增加。(　　)

(6) 某反应的 $\Delta_r H_m^\ominus (298\ K) > 0$，$\Delta_r S_m^\ominus (298\ K) > 0$，说明该反应在任何条件下都不能自发进行。

(　　)

(7) 正向不能自发进行的过程，其逆向一定能自发进行。　　　　　　　　　　　　　(　　)

(8) 标准平衡常数受浓度影响，反应物浓度降低，平衡常数减小。　　　　　　　　　(　　)

(9) 反应级数等于反应物在反应方程式中的系数之和。( )
(10) 催化剂只能使正反应活化能降低，因此仅能增大正反应速率。( )

2. 选择题

(1) 室温下，下列数值等于零的是( )。
A. $\Delta_f G_m^{\ominus}$(金刚石,s)　B. $\Delta_f H_m^{\ominus}$(Br_2,g)　C. $S_m^{\ominus}$(N_2,g)　D. $\Delta_f H_m^{\ominus}$(白磷,s)

(2) 下列反应 $4HCl(g)+O_2(g)\Longrightarrow 2H_2O(g)+2Cl_2(g)$，在 298 K 时的 $\Delta_r H_m^{\ominus}$ 和 $\Delta_r G_m^{\ominus}$ 分别为 $-114.42\ kJ\cdot mol^{-1}$ 和 $-76.12\ kJ\cdot mol^{-1}$，据此可以推断( )。
A. 此反应为吸热反应
B. 在 25 ℃、标准态时，该反应是个自发反应
C. 标准态时，此反应低温自发而高温非自发
D. 此反应永远是个自发反应

(3) 判断下列过程的 ΔH、ΔS 的正、负号，( )过程的自发性与温度高低有关。
A. 铁水凝固为铁块
B. 食盐溶于水制成饱和溶液
C. $2SO_2(g)+O_2(g)\longrightarrow 2SO_3(g)$
D. $CaSO_4\cdot 2H_2O(s)\longrightarrow CaSO_4(s)+2H_2O(l)$

(4) 已知下列反应的标准摩尔吉布斯函数变和标准平衡常数：

$C(石墨)+O_2(g)\Longrightarrow CO_2(g)$　　$\Delta_r G_{m,1}^{\ominus},K_1^{\ominus}$

$CO_2(g)\Longrightarrow CO(g)+\dfrac{1}{2}O_2(g)$　　$\Delta_r G_{m,2}^{\ominus},K_2^{\ominus}$

$C(石墨)+\dfrac{1}{2}O_2(g)\Longrightarrow CO(g)$　　$\Delta_r G_{m,3}^{\ominus},K_3^{\ominus}$

下列关系式正确的是( )。
A. $\Delta_r G_{m,3}^{\ominus}=\Delta_r G_{m,1}^{\ominus}+\Delta_r G_{m,2}^{\ominus}$
B. $\Delta_r G_{m,3}^{\ominus}=\Delta_r G_{m,1}^{\ominus}-\Delta_r G_{m,2}^{\ominus}$
C. $K_3^{\ominus}=K_1^{\ominus}/K_2^{\ominus}$
D. $K_3^{\ominus}=K_1^{\ominus}K_2^{\ominus}$

(5) 升高同样的温度，反应速率增加较大的是( )。
A. 活化能较小的反应
B. 活化能较大的反应
C. 双分子反应
D. 多分子反应

3. 某乙醇溶液的质量为 196.07 g，其中 H_2O 为 180 g，求所含 C_2H_5OH 物质的量。

4. 已知化学反应方程式：$CaCO_3(s)\Longrightarrow CaO(s)+CO_2(g)$，求 1 t 含 95% 碳酸钙的石灰石在完全分解时最多能得到氧化钙和二氧化碳各为多少千克？

5. 已知铝氧化反应方程式：$4Al(s)+3O_2(g)\Longrightarrow 2Al_2O_3(s)$，试问：当反应过程中消耗掉 2 mol Al 时，该反应的反应进度为多少？分别用 Al、O_2、Al_2O_3 进行计算。

6. 水分解反应方程式：$2H_2O(l)\Longrightarrow 2H_2(g)+O_2(g)$，反应进度 $\xi=3\ mol$ 时，问消耗掉多少 mol H_2O，生成了多少 mol O_2？

7. 甲烷是天然气的主要成分，试利用标准摩尔生成焓的数据，计算甲烷完全燃烧时反应的标准摩尔焓变 $\Delta_r H_m^{\ominus}$(298.15 K)，1 mol CH_4 完全燃烧时能释放多少热能？

8. N_2H_4(l) 和 N_2O_4(g) 在 298.15 K 时的标准摩尔生成焓分别为 50.63 $kJ\cdot mol^{-1}$ 和 9.66 $kJ\cdot mol^{-1}$。计算火箭燃料联氨和氧化剂四氧化二氮反应：
$$2N_2H_4(l)+N_2O_4(g)\Longrightarrow 3N_2(g)+4H_2O(l)$$
的标准摩尔焓变。计算 32 g 液态联氨完全氧化时所放出的热量。

9. 比较在同样的压力、温度下，下列物质的熵值大小。

(1) He(l) 和 He(g)

(2) $H_2O(l)$ 和 $H_2O_2(l)$

(3) 金刚石和石墨

10. CaC_2 与 H_2O 作用生成用于焊接的乙炔气，其反应为：
$$CaC_2(s) + 2H_2O(l) \Longrightarrow Ca(OH)_2(s) + C_2H_2(g)$$
利用附录3的热力学数据计算该反应在298.15 K时的标准摩尔焓变和标准摩尔熵变，用计算结果说明该反应是吸热还是放热反应？是熵增还是熵减过程？该反应的自发性是否与温度有关？已知 CaC_2 的 $\Delta_f H_m^{\ominus} = -62.76$ kJ·mol^{-1}, $S_m^{\ominus} = 70.09$ J·K^{-1}·mol^{-1}。

11. 用两种方法计算反应 $Cu(s) + H_2O(g) \Longrightarrow CuO(s) + H_2(g)$ 在 25 ℃ 的标准摩尔吉布斯函数变。如果 $p(H_2O):p(H_2)=2:1$，判断该反应能否自发进行。

12. 近似计算下列反应在 1800 K 时的 $\Delta_r G_m^{\ominus}$ 值：
$$TiO_2(金红石,s) + C(石墨) \Longrightarrow Ti(s) + CO_2(g)$$
当反应处在 $p(CO_2)=80$ kPa 的气氛中时，能否自发进行？

13. 写出下列反应的标准平衡常数 $K^{\ominus}$ 的表达式：

(1) $H_2(g) + S(s) \Longrightarrow H_2S(g)$

(2) $C_2H_2(g) + 2H_2(g) \Longrightarrow C_2H_6(g)$

(3) $4NH_3(g) + 7O_2(g) \Longrightarrow 4NO_2(g) + 6H_2O(l)$

(4) $SiO_2(s) + 2H_2(g) \Longrightarrow Si(s) + 2H_2O(l)$

14. 利用热力学数据，计算下列反应在 298.15 K 时的 $K^{\ominus}$ 值：

(1) $CH_4(g) + 2H_2O(g) \Longrightarrow CO_2(g) + 4H_2(g)$

(2) $SiO_2(s) + 2C(s) \Longrightarrow Si(s) + 2CO_2(g)$

15. 已知反应 $N_2(g) + O_2(g) \Longrightarrow 2NO(g)$ 在 500 K 时的 $K^{\ominus} = 2.74 \times 10^{-18}$, $p(N_2) = 8.0$ kPa, $p(O_2) = 2.0$ kPa, $p(NO) = 1.0$ kPa。通过计算说明该反应自发进行的方向如何？

16. 已知 973 K 时下列反应的标准平衡常数 $K^{\ominus}$：

(1) $SO_2(g) + \frac{1}{2}O_2(g) \Longrightarrow SO_3(g)$ $K_1^{\ominus} = 20$

(2) $NO_2(g) \Longrightarrow NO(g) + \frac{1}{2}O_2(g)$ $K_2^{\ominus} = 0.012$

求反应 (3) $SO_2(g) + NO_2(g) \Longrightarrow SO_3(g) + NO(g)$ 的 $K_3^{\ominus}$。

17. 反应 $CO_2(g) + H_2(g) \Longrightarrow CO(g) + H_2O(g)$ 在 973 K、1073 K、1173 K、1273 K 时的平衡常数分别为 0.618、0.905、1.29、1.66，试问此反应是吸热反应还是放热反应？

18. 某温度时 8.0 mol SO_2 和 4.0 mol O_2 在密闭容器中进行反应生成 SO_3 气体，测得起始时和平衡时（温度不变）系统的总压力分别为 300 kPa 和 220 kPa。试求该温度时反应：$2SO_2(g) + O_2(g) \Longrightarrow 2SO_3(g)$ 的平衡常数和 SO_2 的转化率。

19. 已知下列反应：$Ag_2S(s) + H_2(g) \Longrightarrow 2Ag(s) + H_2S(g)$ 在 740 K 时的 $K^{\ominus} = 0.36$。若在该温度下，在密闭容器中将 1.0 mol Ag_2S 还原为 Ag，试计算最少需用 H_2 的物质的量。

20. 在下列平衡系统中，采取以下措施时，平衡将向哪一方向移动？
$$PCl_3(g) + Cl_2(g) \Longrightarrow PCl_5(g) \quad \Delta_r H_m^{\ominus} = -9.29 \text{ kJ·mol}^{-1}$$

(1) 通入 Cl_2；(2) 降低温度；(3) 增加系统总压；(4) 加入催化剂。

21. 根据实验，下列反应为基元反应：$2NO(g) + Cl_2(g) \Longrightarrow 2NOCl(g)$

(1) 写出反应速率方程式；

(2) 反应级数是多少？

(3) 其他条件不变，如果将容器的体积增加到原来的 1 倍，反应速率如何变化？

(4) 如果容器体积不变而将 NO 的浓度增加到原来的 3 倍，反应速率又将怎样变化？

22. 根据实验结果，在高温时焦炭中碳与二氧化碳的反应为：$C(s) + CO_2(g) \Longrightarrow 2CO(g)$，其活化能为 167.36 kJ·mol^{-1}，计算温度由 900 K 升高到 1000 K 时，反应速率增大多少倍？

第 2 章　溶液与离子平衡

2.1　溶液的通性

溶液由溶质和溶剂组成，大家知道由不同的溶质和不同的溶剂组成的溶液，可以使溶液具有不同的颜色、密度、导电能力以及其他不同的化学性质。但是由不同的溶质和不同的溶剂构成的溶液还有一些共同的性质，主要包括溶液的蒸气压下降、沸点升高、凝固点降低以及渗透压。这些共性与溶质和溶剂本身的性质无关，因而这些共性称为溶液的通性。

2.1.1　溶液的蒸气压下降
2.1.1.1　饱和蒸气压

自然界中的物质一般有三种状态：气态、液态和固态。当液态物质吸收热量时，液体表面的能量较大的分子会克服液体分子间的引力从表面逸出成为蒸汽分子，这个过程叫作蒸发或汽化（evaporation），是一个吸热和熵值增大的过程。某些蒸气分子可能撞到液面，被液体分子所吸引而重新进入液体中，这个过程叫作凝聚（condensation），是一个放热和熵值减小的过程。

在某一温度下，当液体分子的蒸发速率和其蒸气分子凝聚速率相等时，液体和它的蒸气就处于平衡状态。此时，蒸气所具有的压力叫作该温度下液体的饱和蒸气压，简称蒸气压（vapor pressure）。

一般来说，纯液体在一定温度下都有一定的饱和蒸气压，且蒸气压随温度的升高而增大。

固体可以升华（sublimation），也具有蒸气压。一般情况下，固体的蒸气压较小，但冰、萘、碘、樟脑等有较大的蒸气压。

2.1.1.2　蒸气压下降

在纯溶剂（如水）中加入难挥发的溶质时，所得溶液的蒸气压比纯溶剂蒸气压低，这种现象叫蒸气压下降。在同一温度下，两者之差称为溶液的蒸气压下降值，用 Δp 表示，如图 2-1 所示。

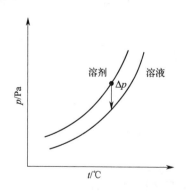

图 2-1　溶液的蒸气压下降

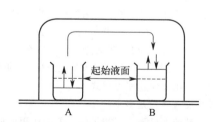

图 2-2　水从蒸气压高处向低处的转移

溶液的蒸气压下降可通过以下实验进行演示，如图 2-2 所示，在一密闭的钟罩内放 A、

B两只烧杯，分别盛有等体积的纯水和含难挥发物质的溶液。经过一段时间后，可观察到烧杯 A（纯水）中液面下降，而烧杯 B（溶液）中液面相应上升。这是由于溶液的蒸气压下降，两只烧杯上面的蒸气压不等，从而引起了水从蒸气压较高的区域（烧杯 A）不断向蒸气压较低的区域（烧杯 B）转移。而溶液的蒸气压为什么会下降呢？

在纯溶剂中加入难挥发溶质组成的溶液，由于溶质是难挥发的，其蒸气压可忽略不计，此时溶液的蒸气压实际上就是溶剂的蒸气压。进一步考察溶液表面层情况，溶液表面层有不挥发的溶质分子和易挥发的溶剂分子，溶质分子占据一部分表面积，这样逸出溶液表面的溶剂分子数相对要比纯溶剂少。因此，达到平衡时，溶液的蒸气压必然低于纯溶剂的蒸气压。

溶液的浓度越大，溶液的蒸气压下降越多。1887 年法国化学家拉乌尔（F. M. Raoult）根据大量实验结果指出，在一定温度下，难挥发性非电解质稀溶液的蒸气压等于纯溶剂的蒸气压与溶剂的摩尔分数的乘积，这一规律称为拉乌尔定律。

表示为：
$$p = p^* \cdot x_A \tag{2-1}$$

式中，p 为难挥发性非电解质稀溶液的蒸气压；p^* 为纯溶剂的蒸气压；x_A 为溶液中溶剂的摩尔分数。

对于只含有一种溶质的稀溶液，溶液由溶剂 A 和溶质 B 组成，则 $x_A = 1 - x_B$

$$p = p^*(1 - x_B) = p^* - p^* \cdot x_B$$

则
$$\Delta p = p^* - p = p^* \cdot x_B = p^* \cdot \frac{n_B}{n_A + n_B} \tag{2-2}$$

式中，Δp 为溶液蒸气压下降值；x_B 为溶质的摩尔分数；n_A 为溶剂的物质的量；n_B 为溶质的物质的量。

当溶液很稀时，因 $n_A \gg n_B$，所以 $n_A + n_B \approx n_A$。

则
$$x_B = \frac{n_B}{n_A + n_B} \approx \frac{n_B}{n_A} = \frac{n_B}{m_A/M_A} \tag{2-3}$$

式中，$\frac{n_B}{m_A}$ 为溶质 B 的质量摩尔浓度，记作 b_B；M_A 为溶剂 A 的摩尔质量。

则
$$x_B = b_B M_A$$

得
$$\Delta p = p^* M_A b_B$$

在一定温度下，对于一定溶剂，p^* 和 M_A 均为常数，二者的乘积用 K 表示。

则
$$\Delta p = K b_B \tag{2-4}$$

即在一定温度下，难挥发性非电解质稀溶液的蒸气压下降值与溶质的质量摩尔浓度成正比，而与溶质的本性无关。拉乌尔定律适用的范围是：溶质是非电解质，并且是非挥发性的，溶液必须是稀溶液。如果溶质是电解质或溶液浓度较大，溶液的蒸气压也会下降，但不符合拉乌尔定律的定量关系。

溶液的蒸气压下降原理具有实际意义。我们常用的许多干燥剂如无水氯化钙（$CaCl_2$）、五氧化二磷（P_2O_5）、浓硫酸等就是根据这个道理吸收空气中的水分，使周围空气得到干燥。"盐的潮解"亦是如此，物质表面具有吸附空气中水分子的能力，并在表面形成局部饱和溶液，它的水蒸气压若低于大气中的水蒸气压，由于蒸气压的不平衡，水分子则向物质表面移动，盐发生潮解现象。

饱和溶液的水蒸气压总是低于相同温度下纯水的饱和蒸气压，而大气中的水分压则随气候条件而变化。如在 25 ℃时，$MgCl_2$ 饱和溶液的蒸气压为 1.05 kPa，当空气中的水分压大于 1.05 kPa，或者空气的相对湿度（大气中的水分压与纯水的饱和蒸气压的百分比）大于

33.0%时，$MgCl_2 \cdot 6H_2O$ 就会潮解：$MgCl_2 \cdot 6H_2O(s) + (x-6)H_2O(g) \Longrightarrow MgCl_2 \cdot xH_2O$(aq)。

反之，有些水合物的水蒸气压大于空气中的水蒸气压，就会失去水分，称为风化。如 $Na_2SO_4 \cdot 10H_2O$ 在 25 ℃ 蒸气压为 2.5 kPa，当相对湿度低于 79% 即发生风化，变成无水硫酸钠：$Na_2SO_4 \cdot 10H_2O(s) \Longrightarrow Na_2SO_4(s) + 10H_2O(g)$。

2.1.2 溶液的沸点升高和凝固点降低

当液体的蒸气压和外界气压相等时，在此温度下液体很容易变成气体，此时的温度就是该液体的沸点（boiling point）。

图 2-3 中，FB、AF 和 $F'B'$ 分别表示水、冰和溶液的蒸气压随温度变化的曲线。纯水的沸点为 100 ℃，此温度下水的蒸气压为 101.3 kPa，正是外界大气压的值。

当水中加入难挥发溶质，形成的溶液蒸气压降低，同温度时溶液蒸气压小于水的蒸气压，所以在 100 ℃ 时，溶液的蒸气压必然低于 101.3 kPa，只有升高温度至 t'_b，溶液的蒸气压达到 101.3 kPa 时，溶液才沸腾。因此，难挥发物质的溶液的沸点总比纯溶剂的要高，常用 Δt_b 表示溶液沸点升高值。溶液浓度越大，蒸气压下降越显著，其沸点 t'_b 越高。

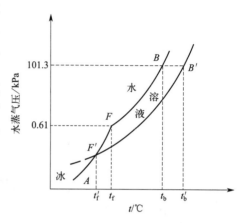

图 2-3 水溶液的沸点升高和凝固点降低示意图

纯溶剂的沸点是恒定的，在拉乌尔定律适用的范围内，溶液沸点的升高值 Δt_b 与溶质的质量摩尔浓度成正比。

$$\Delta t_b = K_b \cdot b_B \tag{2-5}$$

式中，K_b 为纯溶剂的沸点升高常数（boiling point elevation constant），与溶剂的摩尔质量、沸点、汽化热有关，单位为 $K \cdot kg \cdot mol^{-1}$。

溶液的凝固点变化也可从图 2-3 中得出。在外界大气压 101.3 kPa 下，液态纯物质与它的固态物质平衡共存时的温度就是该液体的凝固点（freezing point），在此温度下液相的蒸气压与固相的蒸气压相等。当曲线 FB 和 AF 相交于 F 点时，水和冰的蒸气压相等，为 0.61 kPa，此时温度为 0 ℃，即为水的凝固点。因为溶液的蒸气压低于溶剂的蒸气压，曲线 $F'B'$ 和 AF 相交于 F' 点，此时的温度 t'_f 为溶液的凝固点，0 ℃ 与 t'_f 之间的差值 Δt_f 为其凝固点降低值。

溶液浓度越大，Δt_f 值越大。溶液凝固点的降低值，也与溶质的质量摩尔浓度成正比。

$$\Delta t_f = K_f \cdot b_B \tag{2-6}$$

溶液的凝固过程是溶液中溶剂的凝固。例如水溶液中，在达到溶液的凝固点时水开始凝固，随着冰的析出，溶液的浓度逐渐增大，凝固点也不断降低，直到某一温度时，溶质和溶剂都为固体。通常，溶液的凝固点是指溶液开始析出固态溶剂的温度。

凝固点降低的特性具有非常广泛的应用。例如，加入低沸点的金属将难熔金属制成低沸点合金；汽车的散热器（水箱）以水作为冷却介质，为了防止水箱在冬天结冰，常加入一定量的非挥发性物质，如乙二醇、甘油等，降低水的冻结温度，保证汽车的正常运行；在白雪皑皑的寒冬，松树叶子却能常青而不冻，这是因为入冬之前树叶内已储存了大量的糖分，使叶液冰点大为降低。

2.1.3 渗透压

淡水鱼与海鱼不能互换生活环境；人在淡水中游泳，会觉得眼球胀痛；施过化肥的农作物，需要立即浇水，否则化肥会"烧死"植物；因失水而发蔫的花草，浇水后又可重新复原。这些现象都与细胞膜的渗透现象有关。

许多天然或人造的薄膜对物质的透过具有选择性。将只能允许某种分子通过而不允许另外一些物质通过的膜叫作半透膜（semi-permeable membrane）。半透膜是一种多孔性薄膜，有多种类型，如细胞膜、毛细血管壁、肠衣等生物膜，人工合成的火棉胶膜、玻璃纸、羊皮纸等。半透膜的种类不同，渗透性也不同。人工制备的火棉胶膜、羊皮纸等不仅允许溶剂分子通过，溶质小分子、离子也可透过，但高分子化合物不能透过；人体中的细胞膜和毛细血管壁的渗透性也有差异，细胞膜只允许水分子通过，但毛细血管壁除了水分子可以通过外，各种小分子盐类的离子（如 K^+、Na^+ 等）也能透过，蛋白质等大分子或离子不能透过。

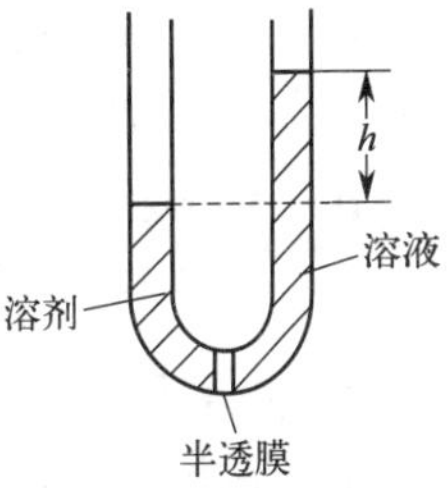

若将浓度不等的溶液用半透膜隔开，则可发生渗透现象。如图 2-4 所示，用半透膜将 U 形管两端等高的水和蔗糖溶液隔开，经过一段时间后，U 形管右边蔗糖溶液的液面升高，说明 U 形管左边的水进入了右边的蔗糖溶液。这种溶剂分子通过半透膜向溶液单向扩散的过程称为渗透（osmosis）。

图 2-4　溶液渗透现象

发生渗透时，作为溶剂的水分子是以两个相反方向通过半透膜而扩散的。但因为溶质不能通过半透膜，单位体积中，左边的纯溶剂的水分子数比右边的蔗糖溶液多。所以在静水压相等的条件下，单位时间内由纯水通过半透膜进入溶液的水分子数目要比由溶液进入纯水的多，经过一段时间后溶液的液面会升高。随着右边液面逐渐上升，管内的静液压逐渐增大，也增大了溶液中的水分子通过半透膜向纯水中扩散的速率。当液面静压达到一定时，向纯水方向和向蔗糖溶液方向扩散的水分子数量相等时，系统达到一种动态平衡，纯水的液面不再下降，溶液的液面不再上升，称为达到渗透平衡，而此时被半透膜隔开的两液面间的静压差就是溶液的渗透压。

欲阻止渗透现象发生而直接达到渗透平衡，就必须在溶液上方施加一定压力，这种为维持被半透膜所隔开的溶液与纯溶剂之间的渗透平衡而需要的额外压力叫该温度下溶液的渗透压（osmotic pressure），用 Π 表示，SI 单位为 Pa。其大小可由高为 h 的液柱的压力来衡量，也可由图 2-5 所示的装置来测定。

在一只耐压容器里，溶液与纯水间以半透膜隔开。加压于溶液上方的活塞上，使观察不到溶剂的转移（即维持溶液和纯溶剂的液面相平）。这时所必须施加

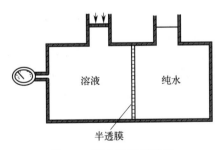

图 2-5　测定渗透压装置

的压力就是该溶液的渗透压，可以从与溶液相连接的压力计读出。

渗透压是引起水在生物体中运动的重要推动力，渗透压在生物学中具有重要意义。一般植物细胞液的渗透压约可达 2000 kPa，所以水分可以从植物根部运送到数十米高的树顶端的树叶中。人体血液的渗透压约为 780 kPa，因此在对人体注射或静脉输液时，应使用渗透压与之相当的溶液，在生物学和医学上称为等渗溶液，否则会由于渗透作用而产生严重

后果。

如果外加在溶液上的压力超过了渗透压,则会使溶液中的溶剂向纯溶剂方向流动,使纯溶剂的体积增加,这个过程称为反渗透。例如把淡水和海水用半透膜隔开,在海水的一侧施加比海水渗透压 $2.5×10^5$ Pa 大一些的外压,海水中的水分子就能通过半透膜反渗到淡水一侧,而无机盐等杂质则不能通过,从而使海水脱盐、淡化。利用反渗透可以进行海水淡化、工业废水处理、重金属盐的回收和溶液浓缩等。

1886 年,范特霍夫给出了非电解质稀溶液的渗透压与浓度、温度的关系式,此即范特霍夫方程式:

$$\Pi V = n_B RT \quad 或 \quad \Pi = \frac{n_B RT}{V} = c_B RT \tag{2-7}$$

式中,Π 为溶液的渗透压,Pa;V 为溶液的体积,m^3;R 为摩尔气体常量,$R=8.314$ J·mol^{-1}·K^{-1} 或 8.314 Pa·m^3·mol^{-1}·K^{-1}。

在一定体积和温度下,溶液的渗透压只与溶液中所含溶质的物质的量有关,而与溶质本性无关。溶液越稀,Π 的计算值越接近实验值。

2.1.4 稀溶液的依数性

上述讨论的溶液的蒸气压下降、沸点升高、凝固点降低及渗透压等性质是所有溶液具有的通性,这些性质与溶质和溶剂的种类无关,只与溶液的浓度有关,即与单位体积溶液中溶质的粒子数有关,因此溶液的通性也称为溶液的依数性。

如果溶液中加入少量难挥发的非电解质物质,形成稀溶液,溶液的依数性就和溶液的浓度成正比,这一定量规律称为稀溶液定律 (law of dilute solution),又称依数定律 (law of colligative properties)。

依数定律仅适用于难挥发非电解质稀溶液。浓溶液中,由于溶质粒子浓度大,粒子间相互作用强,而使这些性质与浓度之间不存在正比关系。对于电解质溶液由于溶质在溶液中发生解离,正、负离子之间又存在着相互作用,这些性质与浓度也不成正比关系。如果溶质为易挥发物质,其蒸气压变得复杂,则溶液熔沸点变化也非常复杂,本书不再讨论。

2.2 弱电解质的解离平衡

2.2.1 酸碱概念

酸和碱是两类重要的化合物,在活的有机体和生产实践中,酸和碱起着重要的作用。酸碱平衡的应用也极其广泛,对于维持体液的正常渗透压,尤其是维持体液 pH 值是必不可少的。人们在研究酸碱物质的性质、组成及结构的关系时,提出了各种不同的酸碱理论。其中比较重要的是酸碱电离理论和酸碱质子理论。

2.2.1.1 酸碱电离理论

阿仑尼乌斯在 1884 年提出酸碱电离理论,其中对酸和碱的定义是:溶于水并且解离时所生成的正离子全部都是 H^+ 的化合物叫作酸;溶于水并且解离时生成的负离子全部是 OH^- 的化合物叫作碱。酸碱反应是 H^+ 和 OH^- 中和生成 H_2O 的反应。这也是中学阶段所学习的酸碱的概念。

电离理论使人们对酸、碱有了本质的认识,是酸碱理论发展的里程碑,至今仍被广泛应用。但是电离理论却有一定的局限性,电离理论把酸碱物质的密切关系完全分开,它将酸碱概念限制在以水为溶剂的系统中,同时把酸碱限制为分子形态,把碱限制为氢氧化物。因此，按该理论在解释 $NH_3 \cdot H_2O$ 是碱时，认为 NH_3 溶于 H_2O 生成了氢氧化铵，但实验证明氢氧化铵这种物质是不存在的。又如 NH_3 气体具有碱性，HCl 气体具有酸性，NH_3（气）和 HCl（气）不仅在水溶液中生成 NH_4Cl，而且在气相或非水溶剂（甲苯）中，都会得到 NH_4Cl，反应的本质是一样的。但 NH_3（气）并未解离出 OH^-，HCl（气）也未解离出 H^+，反应后也无 H_2O 生成，这是电离理论无法解释的。

2.2.1.2 酸碱质子理论

为了克服电离理论的局限性，1923 年丹麦化学家布朗斯特（J. N. Bronsted）和英国化学家劳莱（T. M. Lowry）同时提出了酸碱质子理论（acid-base proton theory），扩大了酸、碱范围。

该理论将酸碱定义为：凡能给出质子的物质（分子或离子）都是酸；凡能与质子结合的物质（分子或离子）都是碱；酸碱反应是质子传递反应。简而言之，酸是质子的给予体，而碱是质子的接受体。酸碱质子理论把酸碱的概念扩展到不限于以水为溶剂的系统中，而且酸碱的定义也超出了分子的范畴，既有分子酸碱，又有离子酸碱。

根据酸碱质子理论的定义，酸给出质子后，余下的部分能接受质子，它们都是碱。碱接受质子后生成的部分又能给出质子，它们都是酸。即酸给出质子或碱接受质子的过程都是可逆的，酸与对应的碱存在如下相互依赖的关系：

$$酸 \rightleftharpoons 质子 + 碱$$
$$HCl \rightleftharpoons H^+ + Cl^-$$
$$NH_4^+ \rightleftharpoons H^+ + NH_3$$
$$H_2PO_4^- \rightleftharpoons H^+ + HPO_4^{2-}$$
$$H_2SO_4 \rightleftharpoons H^+ + HSO_4^-$$
$$HSO_4^- \rightleftharpoons H^+ + SO_4^{2-}$$

酸碱这种相互依存、相互转化的关系称为酸碱的共轭关系。酸失去质子后形成的碱叫作该酸的共轭碱（conjugate base）。碱结合质子后形成的酸叫作该碱的共轭酸（conjugate acid），酸与它的共轭碱（或碱与它的共轭酸）一起叫作共轭酸碱对（conjugate acid-base pair），它们通过传递一个质子相互转化，其质子得失变化的关系式称为酸碱半反应。

例如 NH_3 是 NH_4^+ 的共轭碱，NH_4^+ 是 NH_3 的共轭酸。上边列出的就是一些共轭酸碱对，其可表示为：HCl-Cl^-、NH_4^+-NH_3、$H_2PO_4^-$-HPO_4^{2-}。

在理解酸碱质子理论时，需要注意以下问题：

① 酸和碱可以是分子，也可以是阳离子或阴离子；

② 有些物质在某个共轭酸碱对中是碱，但在另一个共轭酸碱对中却是酸，这种既能给出质子又能接受质子的物质是两性物质（amphoteric substance），如 HSO_4^-、HPO_4^{2-} 等；

③ 质子理论中没有盐的概念，电离理论中的盐，在质子理论中都是离子酸或离子碱。例如，NH_4Cl 中的 NH_4^+ 是酸，Cl^- 是碱，同时盐的水溶液的酸碱性主要由离子酸和离子碱的相对强弱来决定；

④ 酸越强，即酸给出质子的能力越强，正反应进行的趋势越大，则其共轭碱接受质子的能力就越弱，即其共轭碱就越弱。如 HCl 是强酸，其共轭碱 Cl^- 是极弱的碱。

从酸碱质子理论来看，酸碱反应的实质是两对共轭酸碱对之间质子传递和相互转换的过程，只有两个酸碱半反应才能完成一个完整的酸碱反应。

例如：

$$\overset{\text{共轭酸碱对 2}}{\text{NH}_3(\text{碱 1}) + \text{HCl}(\text{酸 2}) \rightleftharpoons \text{Cl}^-(\text{碱 2}) + \text{NH}_4^+(\text{酸 1})}$$
共轭酸碱对 1

酸碱半反应 1　　　　　$\text{NH}_3(\text{碱 1}) + \text{H}^+ \rightleftharpoons \text{NH}_4^+(\text{酸 1})$

酸碱半反应 2　　　　　$\text{HCl}(\text{酸 2}) \rightleftharpoons \text{H}^+ + \text{Cl}^-(\text{碱 2})$

NH_3 和 HCl 的反应，实质是酸 HCl 给出质子转变为它的共轭碱 Cl^-，而碱 NH_3 接受质子转变为它的共轭酸 NH_4^+，质子在两个共轭酸碱对之间传递。

$$\overset{\text{H}^+}{\text{NH}_3(\text{碱 1}) + \text{HCl}(\text{酸 2}) \rightleftharpoons \text{Cl}^-(\text{碱 2}) + \text{NH}_4^+(\text{酸 1})}$$

酸碱反应总是由较强的酸和较强的碱作用，向生成较弱的酸和较弱的碱的方向进行。相互作用的酸和碱越强，反应进行得越完全。

酸碱质子理论不仅扩大了酸碱的范围，而且把电离理论中的中和作用、解离作用、水解作用等，都包括在酸碱反应的范畴中，即它们都是质子传递反应。在酸碱质子理论中，溶剂间的质子传递反应称为自耦反应，溶质和溶剂间的质子传递反应称为解离反应，溶质之间的质子传递反应称为中和反应。

2.2.2　弱电解质在水溶液中的解离平衡

2.2.2.1　水的质子自递平衡

水是很重要的溶剂，许多化学过程和生命现象都与水溶液中的反应有关。根据酸碱质子理论，水是两性物质，既有接受质子又有提供质子的能力，因此在水中存在水分子间的质子传递反应，称为水的质子自递反应（autoionization），即水的自耦反应，也就是水的解离反应：

$$\overset{\text{H}^+}{\text{H}_2\text{O}(\text{碱 1}) + \text{H}_2\text{O}(\text{酸 2}) \rightleftharpoons \text{OH}^-(\text{碱 2}) + \text{H}_3\text{O}^+(\text{酸 1})}$$

为了书写方便，通常将 H_3O^+ 简写成 H^+，因此上述反应式可简写为：

$$\text{H}_2\text{O} \rightleftharpoons \text{H}^+ + \text{OH}^-$$

一定温度下，水的质子自递反应达到平衡时，根据化学平衡原理，存在如下关系：

$$K_w^\ominus = \frac{c(\text{H}^+)}{c^\ominus} \times \frac{c(\text{OH}^-)}{c^\ominus}$$

不论溶液是酸性、碱性，还是中性，只要有 H_2O、H^+、OH^- 三者共存，就一定存在这样的关系。它们相对浓度的乘积为常数，其中任何一个离子浓度随另一个浓度增大而减小，但不会等于零。平衡常数 $K_w^\ominus$ 称为水的离子积常数，简称水的离子积（ionization product of water），也可用 K_w 表示。与一般的平衡常数一样，K_w 受温度影响，不同温度下水的离子积常数见表 2-1。

表 2-1　不同温度下水的离子积常数

T/K	273	283	293	298	313	323	363	373
K_w	1.1×10^{-15}	2.9×10^{-15}	6.8×10^{-15}	1.0×10^{-14}	2.9×10^{-14}	5.5×10^{-14}	3.8×10^{-13}	5.5×10^{-13}

在一定温度下 K_w 是一个常数，298.15 K 时，$K_w = 1.0\times10^{-14}$。

当酸碱溶液的浓度较低时，溶液的酸度通常用 pH 表示：

$$\mathrm{pH} = -\lg \frac{c(\mathrm{H}^+)}{c^{\ominus}} \tag{2-8a}$$

碱度则用 pOH 表示：

$$\mathrm{pOH} = -\lg \frac{c(\mathrm{OH}^-)}{c^{\ominus}} \tag{2-8b}$$

同一溶液中，298.15 K 时　　　$\mathrm{pH} + \mathrm{pOH} = \mathrm{p}K_\mathrm{w} = 14$ 　　　(2-8c)

pH 值和 pOH 值使用范围一般在 0~14 之间。在这个范围以外，用浓度（mol·L^{-1}）表示酸度和碱度更为方便。室温条件下，溶液 pH<7 为酸性，pH>7 为碱性，pH=7 为中性。

2.2.2.2 弱酸、弱碱在水溶液中的解离平衡

根据酸碱质子理论，酸、碱在水溶液中的解离实质上是酸碱与水发生的质子传递反应。在水溶液中，酸解离时放出质子给水，并产生其共轭碱，而水接受质子转变为其共轭酸（$\mathrm{H_3O^+}$）；碱的解离即碱接受质子转变为其共轭酸，而水给出质子转变为其共轭碱（OH^-）。

强酸给出质子的能力很强，则其共轭碱很弱，几乎不能结合质子，因此，强酸的质子传递反应几乎完全进行（相当于电离理论的完全解离）。

$$\mathrm{HCl + H_2O \Longrightarrow H_3O^+ + Cl^-}$$

弱酸给出质子的能力相对较弱，其共轭碱具有接受质子的能力，因此，弱酸在水溶液中的反应为可逆反应（相当于电离理论中的部分解离）。

以一元弱酸醋酸（HAc）为例，其在水溶液中解离时的质子传递反应为：

$$\mathrm{HAc + H_2O \Longrightarrow H_3O^+ + Ac^-}$$

为了方便起见，上述解离反应常可简化为

$$\mathrm{HAc \Longrightarrow H^+ + Ac^-}$$

当达到解离平衡时其平衡常数为

$$K_\mathrm{a} = \frac{[c^{\mathrm{eq}}(\mathrm{H}^+)/c^{\ominus}][c^{\mathrm{eq}}(\mathrm{Ac}^-)/c^{\ominus}]}{[c^{\mathrm{eq}}(\mathrm{HAc})/c^{\ominus}]} \tag{2-9}$$

弱酸的解离平衡常数，用 K_a 表示，也称为弱酸的解离常数（acid dissociation constant），其反映了酸给出质子的能力，K_a 越大，表明平衡时弱酸给出质子的能力越强，酸性就越强；反之，K_a 越小，酸给出质子的能力就越弱，酸性就越弱。

同理，一元弱碱在水中的解离，也是可逆反应。

如 $\mathrm{NH_3}$ 在水溶液中解离的质子传递反应（相当于 $\mathrm{NH_3 \cdot H_2O}$ 在水中的解离过程）

$$\mathrm{NH_3 + H_2O \Longrightarrow NH_4^+ + OH^-}$$

其解离平衡常数为

$$K_\mathrm{b} = \frac{[c^{\mathrm{eq}}(\mathrm{NH_4^+})/c^{\ominus}][c^{\mathrm{eq}}(\mathrm{OH}^-)/c^{\ominus}]}{[c^{\mathrm{eq}}(\mathrm{NH_3})/c^{\ominus}]} \tag{2-10}$$

即弱碱的解离平衡常数，用 K_b 表示，也称为弱碱的解离常数（base dissociation constant）。

平衡常数表达式中各物质平衡浓度为相对于标准态的浓度，因此 K_a、K_b 为量纲为 1

的量，K_a、K_b 的数值可由热力学数据算得，也可由实验测定。共轭酸碱对的 K_a 和 K_b 存在以下关系，也可以进行相互计算，如：

$$Ac^- + H_2O \rightleftharpoons OH^- + HAc$$

$$K_b(Ac^-) = \frac{[c^{eq}(OH^-)/c^\ominus][c^{eq}(HAc)/c^\ominus]}{[c^{eq}(Ac^-)/c^\ominus]} \times \frac{[c^{eq}(H^+)/c^\ominus]}{[c^{eq}(H^+)/c^\ominus]}$$

$$= \frac{[c^{eq}(HAc)/c^\ominus]}{[c^{eq}(Ac^-)/c^\ominus][c^{eq}(H^+)/c^\ominus]} \times [c^{eq}(OH^-)/c^\ominus][c^{eq}(H^+)/c^\ominus] = \frac{K_w}{K_a(HAc)}$$

即 $K_a(HAc) \cdot K_b(Ac^-) = K_w$

附录 5 和附录 6 列出了一些弱电解质及其共轭酸（碱）的解离常数 K_a 和 K_b，可用于计算溶液的 pH 值。

2.2.2.3 一元弱酸溶液 pH 值的计算

若以 HA 表示一元弱酸，则有如下通式

$$HA + H_2O \rightleftharpoons H_3O^+ + A^-$$

或简写为

$$HA \rightleftharpoons H^+ + A^-$$

一元弱酸的解离常数为

$$K_a = \frac{[c^{eq}(H^+)/c^\ominus][c^{eq}(A^-)/c^\ominus]}{[c^{eq}(HA)/c^\ominus]}$$

在计算弱酸和弱碱的 pH 值时，常用到解离度（α）来定量弱电解质解离的程度。解离度是弱电解质在溶液中达到解离平衡时，已经解离的电解质分子数占原来总分子数（包括已解离和未解离的分子）的百分数，可表示为：

$$\alpha = \frac{\text{已解离的弱电解质分子数}}{\text{弱电解质的起始分子总数}} \times 100\% \tag{2-11}$$

解离度相当于转化率，其与弱电解质的浓度有关。在温度、浓度相同的条件下，解离度越大，表示该弱电解质解离程度越大。

设一元弱酸的浓度为 c，解离度为 α，因 $c^\ominus = 1 \text{ mol} \cdot \text{L}^{-1}$，$c/c^\ominus$ 在数值上等于 c，则

$$HA \rightleftharpoons H^+ + A^-$$

起始时的相对浓度 c 0   0
平衡时的相对浓度 $c(1-\alpha)$ $c\alpha$ $c\alpha$

将平衡时的相对浓度代入一元弱酸解离常数的表达式中：

$$K_a = \frac{c\alpha \cdot c\alpha}{c(1-\alpha)} = \frac{c\alpha^2}{1-\alpha}$$

当 α 很小时，$1-\alpha \approx 1$，则

$$K_a \approx c\alpha^2$$

$$\alpha = \sqrt{\frac{K_a}{c}} \tag{2-12a}$$

$$c^{eq}(H^+) = c\alpha = \sqrt{cK_a} \tag{2-12b}$$

解离度的公式表明：溶液的解离度与其浓度的平方根成反比。即浓度越稀，解离度越大，这个关系叫作稀释定律。但需要注意溶液的解离度增大，并不代表溶液的酸性增强。

【例 2-1】 计算 $0.10 \text{ mol} \cdot \text{L}^{-1}$ HAc 溶液中 H^+ 的浓度、pH 值及 HAc 的解离度。

解 从附录 6 查得 HAc 的 $K_a = 1.76 \times 10^{-5}$

方法 I 设 $0.10\ \mathrm{mol\cdot L^{-1}}$ HAc 溶液中 $\mathrm{H^+}$ 的平衡浓度为 $x\ \mathrm{mol\cdot L^{-1}}$，则

$$\mathrm{HAc} \rightleftharpoons \mathrm{H^+} + \mathrm{Ac^-}$$

平衡时相对浓度 $\quad\quad\quad 0.10-x \quad\quad x \quad\quad\quad x$

$$K_\mathrm{a}(\mathrm{HAc}) = \frac{[c^\mathrm{eq}(\mathrm{H^+})/c^\ominus][c^\mathrm{eq}(\mathrm{Ac^-})/c^\ominus]}{[c^\mathrm{eq}(\mathrm{HAc})/c^\ominus]} = \frac{x^2}{0.10-x}$$

由于 $K_\mathrm{a}(\mathrm{HAc})$ 很小，所以 x 很小，$0.10-x \approx 0.10$，得

$$\frac{x^2}{0.10} \approx 1.76 \times 10^{-5}$$

$$x \approx 1.33 \times 10^{-3}$$

即 $\quad\quad\quad\quad\quad c^\mathrm{eq}(\mathrm{H^+}) \approx 1.33 \times 10^{-3}\ \mathrm{mol\cdot L^{-1}}$

方法 II 直接代入公式

$$c^\mathrm{eq}(\mathrm{H^+}) \approx \sqrt{K_\mathrm{a}\cdot c} = \sqrt{1.76 \times 10^{-5} \times 0.10} = 1.33 \times 10^{-3}\ (\mathrm{mol\cdot L^{-1}})$$

从而可得 $\mathrm{pH} = -\lg(1.33\times 10^{-3}) = 2.88$

HAc 的解离度 α 为

$$\alpha = \frac{x}{c(\mathrm{HAc})} \times 100\% = \frac{1.33\times 10^{-3}}{0.10} \times 100\% = 1.33\%$$

【例 2-2】计算 $0.10\ \mathrm{mol\cdot L^{-1}}$ $\mathrm{NH_4Cl}$ 溶液中 $\mathrm{H^+}$ 的浓度及 pH 值。

解 $\mathrm{NH_4Cl}$ 在水溶液中以离子酸 $\mathrm{NH_4^+}$ 和离子碱 $\mathrm{Cl^-}$ 存在。由于 $\mathrm{Cl^-}$ 是强酸 HCl 的共轭碱，因而它接受质子的能力极弱，可以认为不与 $\mathrm{H_2O}$ 发生质子传递反应（电离理论认为是不水解）。因而 $\mathrm{NH_4Cl}$ 的水溶液只考虑 $\mathrm{NH_4^+}$ 的质子传递反应（离子酸 $\mathrm{NH_4^+}$ 的解离）即可。

$$\mathrm{NH_4^+ + H_2O \rightleftharpoons H_3O^+ + NH_3}$$

简写为 $\quad\quad\quad\quad \mathrm{NH_4^+ \rightleftharpoons H^+ + NH_3}$

查附录 6 得 $\mathrm{NH_4^+}$ 的 $K_\mathrm{a} = 5.65 \times 10^{-10}$，所以

$$c^\mathrm{eq}(\mathrm{H^+}) \approx \sqrt{K_\mathrm{a}\cdot c} = \sqrt{5.65 \times 10^{-10} \times 0.10} = 7.52 \times 10^{-6}\ (\mathrm{mol\cdot L^{-1}})$$

$$\mathrm{pH} = -\lg(7.52 \times 10^{-6}) = 5.12$$

2.2.2.4 一元弱碱溶液 pH 值的计算

弱碱在水中和水反应，弱碱接受水给出的质子，但是弱碱接受质子的能力较弱，所以其反应程度较小，是一个可逆反应。

若以 B 表示弱碱，则有如下通式

$$\mathrm{B + H_2O \rightleftharpoons HB^+ + OH^-}$$

$$K_\mathrm{b} = \frac{[c^\mathrm{eq}(\mathrm{HB^+})/c^\ominus][c^\mathrm{eq}(\mathrm{OH^-})/c^\ominus]}{[c^\mathrm{eq}(\mathrm{B})/c^\ominus]}$$

与一元弱酸相仿，一元弱碱的解离平衡中：

$$K_\mathrm{b} = c\alpha^2/(1-\alpha)$$

当 α 很小时 $\quad\quad\quad\quad\quad K_\mathrm{b} \approx c\alpha^2$

$$\alpha = \sqrt{\frac{K_\mathrm{b}}{c}} \tag{2-13a}$$

$$c^\mathrm{eq}(\mathrm{OH^-}) = c\cdot\alpha = \sqrt{c\cdot K_\mathrm{b}} \tag{2-13b}$$

由 $K_\mathrm{w} = c^\mathrm{eq}(\mathrm{H^+})c^\mathrm{eq}(\mathrm{OH^-})$，得

$$c^{eq}(H^+) = K_w / c^{eq}(OH^-)$$

利用上述公式既可以计算分子碱如 $NH_3·H_2O$ 溶液的 pH 值，也可用来计算 Ac^-、CO_3^{2-} 等离子碱的 pH 值。

【**例 2-3**】 计算 $0.10\ mol·L^{-1}$ NaAc 溶液的 pH 值。

解 NaAc 的水溶液只考虑 Ac^- 的质子传递反应。查附录 6，$K_b(Ac^-) = 5.68 \times 10^{-10}$，则

$$c^{eq}(OH^-) = \sqrt{cK_b} = \sqrt{0.10 \times 5.68 \times 10^{-10}} = 7.54 \times 10^{-6}\ (mol·L^{-1})$$

$$c^{eq}(H^+) = K_w / c^{eq}(OH^-) = 10^{-14} / 7.54 \times 10^{-6} = 1.33 \times 10^{-9}\ (mol·L^{-1})$$

$$pH = -\lg(1.33 \times 10^{-9}) = 8.88$$

2.2.2.5 多元弱酸弱碱的解离平衡

凡是在水溶液中释放出两个或两个以上质子的弱酸称为多元弱酸（如 H_2CO_3、H_2S、H_3PO_4 等）。多元弱酸在水溶液中释放质子是分步进行的（称逐级解离），每一步反应都有相应的解离平衡常数。

如：H_2CO_3 的一级解离为

$$H_2CO_3 \rightleftharpoons H^+ + HCO_3^-$$

$$K_{a1} = \frac{[c^{eq}(H^+)/c^{\ominus}][c^{eq}(HCO_3^-)/c^{\ominus}]}{[c^{eq}(H_2CO_3)/c^{\ominus}]} = 4.30 \times 10^{-7}$$

二级解离为

$$HCO_3^- \rightleftharpoons H^+ + CO_3^{2-}$$

$$K_{a2} = \frac{[c^{eq}(H^+)/c^{\ominus}][c^{eq}(CO_3^{2-})/c^{\ominus}]}{[c^{eq}(HCO_3^-)/c^{\ominus}]} = 5.61 \times 10^{-11}$$

式中，K_{a1} 和 K_{a2} 分别表示 H_2CO_3 的一级解离常数和二级解离常数。一般情况下，二元酸的 $K_{a1} \gg K_{a2}$，所以在 H_2CO_3 的二级解离反应中，HCO_3^- 进一步给出 H^+，这一步比 H_2CO_3 给出 H^+ 要困难很多。又因为一级解离所产生的 H^+ 对二级解离出的 H^+ 是一个抑制，另外 CO_3^{2-} 与 H^+ 的结合比 HCO_3^- 与 H^+ 的结合强烈，结果是二级解离的解离程度比一级解离的要小得多。

在计算多元弱酸的 H^+ 浓度时，若 $K_{a1} \gg K_{a2}$，则可忽略二级解离平衡，与计算一元弱酸 H^+ 浓度的方法相同，但要将公式中的 K_a 改为 K_{a1}。

多元弱碱的解离与多元弱酸的解离相似，也是分级进行的，每一级有一个解离常数，通常用 K_{b1} 表示多元弱碱的一级解离常数，用 K_{b2} 表示二级解离常数，在计算多元弱碱的 pH 值时，若 $K_{b1} \gg K_{b2}$，可以不考虑二级解离平衡，与计算一元弱碱的方法相似。

2.2.3 缓冲溶液及其应用

2.2.3.1 同离子效应

弱电解质在水溶液中的解离平衡与其他化学平衡一样，是一种暂时的、相对的动态平衡。当温度、浓度等外界条件改变时，平衡就会发生移动。就浓度的改变来说，除用稀释的方法外，还可以在弱电解质溶液中加入与弱电解质具有相同离子的强电解质，从而改变某种离子的浓度，则原先的平衡就会遭到破坏，平衡将向着解离的相反方向，即结合成弱电解质的方向移动，这种现象称为同离子效应（common ion effect），最终使弱电解质的解离度降低。

例如：HAc 溶液中，存在解离平衡：$HAc \rightleftharpoons H^+ + Ac^-$，当向 HAc 溶液中加入具有相同离子的强电解质 NaAc 后，溶液中 Ac^- 的浓度增大，HAc 的解离平衡向左移动。达到新的平衡时，HAc 的解离度因 NaAc 的加入而降低。这种情况还有很多，如在 $NH_3 \cdot H_2O$ 溶液中加入 NH_4Cl，NH_4^+ 浓度的增加使 $NH_3 \cdot H_2O$ 的解离度降低。

【例 2-4】 往 $0.10 \text{ mol} \cdot L^{-1}$ HAc 溶液中加入固体 NaAc 使得 $c(NaAc) = 0.10 \text{ mol} \cdot L^{-1}$，忽略体积变化，计算溶液的 pH 值和 HAc 的解离度 α。已知 HAc 的 $K_a = 1.76 \times 10^{-5}$。

解： 设加入 NaAc 后 HAc 溶液中 H^+ 的平衡浓度为 $x \text{ mol} \cdot L^{-1}$，则

$$HAc \rightleftharpoons H^+ + Ac^-$$

初始的相对浓度　　　　　0.10　　0　　0.10
平衡时相对浓度　　　　$0.10-x$　x　$0.10+x$

$$K_a(HAc) = \frac{[c^{eq}(H^+)/c^{\ominus}][c^{eq}(Ac^-)/c^{\ominus}]}{[c^{eq}(HAc)/c^{\ominus}]} = \frac{x(0.10+x)}{0.10-x}$$

加入 NaAc 后，由于同离子效应的存在，HAc 的解离度会更小，$x \ll 0.10$，则有：

$$c^{eq}(HAc) = 0.10 - x \approx 0.10 \text{ mol} \cdot L^{-1}$$
$$c^{eq}(Ac^-) = 0.10 + x \approx 0.10 \text{ mol} \cdot L^{-1}$$

$$\frac{x(0.10+x)}{0.10-x} \approx \frac{x \cdot 0.10}{0.10} = 1.76 \times 10^{-5}$$

$$x = 1.76 \times 10^{-5}$$

$$pH = 4.76$$

$$\alpha = \frac{c(H^+)}{c} \times 100\% = \frac{1.76 \times 10^{-5}}{0.10} \times 100\% = 1.76 \times 10^{-2}\%$$

计算结果与【例 2-1】相比，加入 NaAc 后，HAc 的解离度 α 大大降低了。

同离子效应从酸碱质子理论来看，加入的同离子是弱电解质的共轭酸或共轭碱。如 HAc 溶液中加入的同离子 Ac^- 是 HAc 的共轭碱，而 $NH_3 \cdot H_2O$ 溶液中加入的同离子 NH_4^+ 是 $NH_3 \cdot H_2O$ 的共轭酸。因此，弱酸、弱碱的同离子效应的本质就是在弱电解质溶液中加入该弱电解质的共轭酸或共轭碱，而使弱电解质的解离度降低。

如果在弱电解质溶液中，加入不含有相同离子的强电解质，如在 HAc 溶液中加入 NaCl，由于溶液中离子总浓度增大，离子间相互牵制作用增强，使得弱电解质解离的阴、阳离子结合形成分子的机会减小，从而使弱电解质分子浓度减小，离子浓度相应增大，解离度增大，此现象称为盐效应（salt effect）。同离子效应的同时必然有盐效应，相比之下同离子效应对弱电解质解离度的影响要比盐效应大得多，所以常常忽略盐效应，只考虑同离子效应。

2.2.3.2 缓冲溶液

上述弱电解质与其共轭酸或碱组成的溶液有一种重要特性，就是其溶液的 pH 值能在一定范围内不因稀释或外加少量的酸或碱而发生显著变化，即对外加的少量酸和碱具有缓冲作用（buffer action）。这种对酸和碱具有缓冲作用的溶液叫作缓冲溶液（buffer solution）。

如在室温下，若向 1 L pH 值为 7.00 的纯水中，加入 0.010 mol HCl 或 0.010 mol NaOH，则溶液的 pH 值分别为 2.00 或 12.00，即改变了 5 个单位；若向 1 L 含有 $0.10 \text{ mol} \cdot L^{-1}$ HCN 和 $0.10 \text{ mol} \cdot L^{-1}$ NaCN 的混合溶液（pH 值为 9.40）中，加入 0.010 mol HCl 或 0.010 mol NaOH，则溶液的 pH 值分别为 9.31 和 9.49，只改变了 0.09 个单位。即 $0.10 \text{ mol} \cdot L^{-1}$ HCN 和 $0.10 \text{ mol} \cdot L^{-1}$ NaCN 组成的混合溶液具有缓冲作用，是缓冲溶液。

(1) 缓冲溶液的作用机理

缓冲溶液为什么具有缓冲作用呢？这是因为当弱酸与其共轭碱共存时，解离平衡会受到同离子效应的影响，可用通式来表示缓冲溶液中这种共轭酸碱对之间存在的平衡：

$$\text{弱酸} \rightleftharpoons \text{H}^+ + \text{共轭碱}$$
$$\text{(大量)} \qquad\qquad \text{(大量)}$$

在缓冲溶液中存在着大量弱酸及大量共轭碱，它们保护着少量存在的 H^+。当外加少量酸时，溶液中 H^+ 浓度增大，平衡向左移动，此时共轭碱与加入的 H^+ 结合生成弱酸，抵消了 H^+ 的增加，保证 pH 值基本不变；当外加少量碱时，溶液中 H^+ 与加入的 OH^- 结合生成 H_2O，溶液中 H^+ 浓度减小，平衡向右移动，弱酸进一步释放出 H^+，保持溶液中 H^+ 浓度基本不变。

组成缓冲溶液的一对共轭酸碱对也称为缓冲对（buffer pair），其中弱酸称为抗碱成分，共轭碱称为抗酸成分。正是由于在缓冲溶液中弱酸及其共轭碱浓度比较大，且存在弱酸及其共轭碱之间的解离平衡，抗酸时消耗共轭碱并转变为弱酸，抗碱时消耗弱酸并转变为它的共轭碱，从而维持溶液的 pH 值基本不变。

(2) 缓冲溶液 pH 值的计算

缓冲溶液 pH 值的计算方法也是根据共轭酸碱对之间的平衡，与同离子效应下溶液的 pH 值计算方法相似。

$$\text{弱酸} \rightleftharpoons \text{H}^+ + \text{共轭碱}$$

平衡时，

$$K_a = \frac{[c^{eq}(\text{H}^+)/c^{\ominus}][c^{eq}(\text{共轭碱})/c^{\ominus}]}{[c^{eq}(\text{弱酸})/c^{\ominus}]}$$

因为 $c^{\ominus} = 1\ \text{mol·L}^{-1}$，为了方便，代入简化后，解离平衡的公式为：

$$K_a = \frac{c^{eq}(\text{H}^+)c^{eq}(\text{共轭碱})}{c^{eq}(\text{弱酸})}$$

缓冲溶液中 H^+ 浓度为：

$$c^{eq}(\text{H}^+) = K_a \times \frac{c^{eq}(\text{弱酸})}{c^{eq}(\text{共轭碱})} \tag{2-14}$$

式中，K_a 为弱酸的解离常数，如在 $HAc\text{-}Ac^-$ 缓冲对中，K_a 为 HAc 的解离常数；在 $NH_3\text{-}NH_4^+$ 缓冲对中，K_a 为 NH_4^+ 的解离常数。

【例 2-5】(1) 计算含有 $0.10\ \text{mol·L}^{-1}\ NH_3$ 和 $0.10\ \text{mol·L}^{-1}\ NH_4Cl$ 的缓冲溶液中 H^+ 的浓度及 pH 值。

(2) 若往 100 mL 上述缓冲溶液中加入 1.00 mL $1.00\ \text{mol·L}^{-1}$ HCl 溶液后，溶液的 pH 值变为多少？

解 (1) 缓冲溶液中，$NH_3\text{-}NH_4^+$ 缓冲对存在平衡：

$$NH_4^+ \rightleftharpoons NH_3 + H^+$$

根据公式：

$$c^{eq}(\text{H}^+) = K_a \times \frac{c^{eq}(NH_4^+)}{c^{eq}(NH_3)}$$

由于 $K_a(NH_4^+) = 5.65 \times 10^{-10}$，缓冲溶液中同离子效应的影响下：

$$c^{eq}(NH_4^+) = c(NH_4^+) - c^{eq}(\text{H}^+) \approx c(NH_4^+) = 0.10\ \text{mol·L}^{-1}$$

$$c^{eq}(NH_3) = c(NH_3) + c^{eq}(\text{H}^+) \approx c(NH_3) = 0.10\ \text{mol·L}^{-1}$$

则在缓冲溶液中

$$c^{eq}(H^+) = K_a \times \frac{c(NH_4^+)}{c(NH_3)}$$

$$c^{eq}(H^+) = 5.65 \times 10^{-10} \times \frac{0.10}{0.10} = 5.65 \times 10^{-10}$$

$$pH = 9.25$$

(2) 加入 1.00 mL 1.00 mol·L^{-1} 的 HCl 溶液后，由于体积发生变化，HCl 的浓度变为

$$\frac{1.00 \text{ mL}}{(100+1.00) \text{ mL}} \times 1.00 \text{ mol·L}^{-1} = 0.01 \text{ mol·L}^{-1}$$

因 HCl 在溶液中完全解离，即加入 $c(H^+) = 0.01$ mol·L^{-1}。加入 H$^+$ 的量相对于缓冲溶液中 NH$_3$ 的量来说较小，可以认为加入的 H$^+$ 与 NH$_3$ 完全结合生成 NH$_4^+$，从而使溶液中 NH$_3$ 浓度减小，NH$_4^+$ 浓度增大。若忽略溶液体积微小改变的影响，则加入 HCl 后各物质的浓度为：

$$c(NH_4^+) \approx (0.10 + 0.01) \text{mol·L}^{-1} = 0.11 \text{ mol·L}^{-1}$$

$$c(NH_3) \approx (0.10 - 0.01) \text{mol·L}^{-1} = 0.09 \text{ mol·L}^{-1}$$

此时缓冲溶液中

$$c^{eq}(H^+) = K_a \times \frac{c(NH_4^+)}{c(NH_3)}$$

$$c^{eq}(H^+) = 5.65 \times 10^{-10} \times \frac{0.11}{0.09} = 6.91 \times 10^{-10}$$

$$pH = 9.16$$

上述缓冲溶液中不加盐酸时，pH 值为 9.25，加入 1.00 mL 1.00 mol·L^{-1} HCl 后，pH 值为 9.16。两者仅相差 0.08，说明 pH 值基本不变。若加入 1.00 mL 1.00 mol·L^{-1} NaOH 溶液，则 pH 值变为 9.34（怎样计算？），也基本不变。

从上面的计算可看出，在缓冲溶液中同离子效应的影响下，平衡时共轭酸碱对的浓度近似等于起始未解离时酸碱的浓度 [即 c^{eq}(弱酸) ≈ c(弱酸)，c^{eq}(共轭碱) ≈ c(共轭碱)]，因此关于缓冲溶液的 pH 值，可用以下公式直接计算。

弱酸-共轭碱缓冲溶液　　　　弱酸 $\rightleftharpoons$ H$^+$ + 共轭碱

$$c^{eq}(H^+) = K_a(\text{弱酸}) \times \frac{c(\text{弱酸})}{c(\text{共轭碱})}$$

$$pH = pK_a(\text{弱酸}) - \lg\frac{c(\text{弱酸})}{c(\text{共轭碱})} \tag{2-15a}$$

进一步也可以推导得出，如果是弱碱-共轭酸缓冲溶液，溶液中的解离平衡式写为：

$$\text{弱碱} + H_2O \rightleftharpoons \text{共轭酸} + OH^-$$

则缓冲溶液中 OH$^-$ 浓度的计算式为：

$$c^{eq}(OH^-) = K_b(\text{弱碱}) \times \frac{c(\text{弱碱})}{c(\text{共轭酸})}$$

$$pOH = pK_b(\text{弱碱}) - \lg\frac{c(\text{弱碱})}{c(\text{共轭酸})} \tag{2-15b}$$

(3) 缓冲容量与缓冲溶液的应用

从缓冲溶液 pH 值计算的公式可看出，缓冲溶液的 pH 值由 pK_a 和缓冲对的浓度比（称为缓冲比）两项决定。任何缓冲溶液的缓冲能力都是有限度的，当加入了大量的强酸或强

碱，使溶液中的抗酸成分或抗碱成分消耗殆尽时，缓冲溶液就不再具有缓冲能力了。

1922 年，范斯莱克（van Slyke）提出缓冲容量 β（buffer capacity）的概念。β 是衡量缓冲溶液缓冲能力大小的尺度。缓冲容量越大，缓冲溶液的缓冲能力越强。影响缓冲容量的因素有缓冲溶液的总浓度 [即 c（弱酸）$+c$（共轭碱）] 和缓冲比 [即 c（弱酸）$/c$（共轭碱）]。当缓冲溶液的缓冲比一定时，缓冲溶液总浓度越大，缓冲容量越大，缓冲溶液的缓冲能力越强；当缓冲溶液的总浓度一定时，缓冲比越接近 1:1，缓冲容量越大。当缓冲比为 1:1 时，缓冲容量最大，缓冲溶液的缓冲能力最强。当缓冲比大于 10:1 或小于 1:10 时，可以认为缓冲溶液丧失了缓冲作用。通常把缓冲溶液能发挥缓冲作用（缓冲比为 1:10～10:1）的 pH 值范围称为缓冲范围，所以缓冲溶液的缓冲范围为

$$\text{pH} = \text{p}K_a(\text{弱酸}) \pm 1 \tag{2-16}$$

在实际工作中，常常要配制一定 pH 值的缓冲溶液，应遵循以下原则：
① 要配制的缓冲溶液 pH 值在所选择缓冲对的缓冲范围内，且尽量接近弱酸的 $\text{p}K_a$；
② 在配制缓冲溶液时，弱酸和共轭碱的浓度之比尽量接近 1；
③ 配制时弱酸和共轭碱的浓度尽可能大些，缓冲溶液的总浓度一般为 0.1～2 $\text{mol} \cdot \text{L}^{-1}$；
④ 根据具体计算结果配制。

例如，要配制 pH$=10$ 的缓冲溶液，应选择 $\text{NH}_3\text{-NH}_4^+$ 缓冲对来配制，因为该缓冲对中弱酸 NH_4^+ 的 $\text{p}K_a = 9.25$，最接近要求的 pH 值；配成的缓冲溶液 $c(\text{NH}_4^+)/c(\text{NH}_3)$ 越接近于 1，缓冲能力越大；另外在具体配制过程中缓冲对的浓度尽量大些。

【例 2-6】 欲配制 0.50 L pH$=9.0$ 的缓冲溶液，其中 $c(\text{NH}_3) = 1.0$ $\text{mol} \cdot \text{L}^{-1}$，求需用浓氨水（密度为 0.91 $\text{g} \cdot \text{mL}^{-1}$，含氨质量分数为 28%）的体积和加入的固体氯化铵的质量。

解 由题中条件可计算得浓氨水的浓度为

$$\frac{0.91 \text{ g} \cdot \text{mL}^{-1} \times 1000 \text{ mL} \times 28\%}{17 \text{ g} \cdot \text{mol}^{-1} \times 1 \text{ L}} = 14.99 \text{ mol} \cdot \text{L}^{-1}$$

则配制缓冲溶液时需加入的浓氨水的体积为

$$\frac{0.50 \text{ L} \times 1.0 \text{ mol} \cdot \text{L}^{-1}}{14.99 \text{ mol} \cdot \text{L}^{-1}} = 0.033 \text{ L}$$

因为 NH_3 的 $K_b = 1.77 \times 10^{-5}$，pH$=9.0$，则 pOH$=5.0$

由缓冲溶液的公式 $\quad c^{\text{eq}}(\text{OH}^-) = K_b(\text{NH}_3) \times \dfrac{c(\text{NH}_3)}{c(\text{NH}_4^+)}$

$$c(\text{NH}_4^+) = \frac{K_b(\text{NH}_3) c(\text{NH}_3)}{c^{\text{eq}}(\text{OH}^-)}$$

$$c(\text{NH}_4^+) = \frac{1.77 \times 10^{-5} \times 1.0}{10^{-5}} = 1.77 (\text{mol} \cdot \text{L}^{-1})$$

需要固体 NH_4Cl 的质量为 1.77 $\text{mol} \cdot \text{L}^{-1} \times 0.50$ L $\times 53.5$ $\text{g} \cdot \text{mol}^{-1} = 47.35$ g

配制方法：称取 NH_4Cl 固体 47.35 g，然后加入 33 mL 浓氨水，用水稀释至 500 mL 即可。

缓冲溶液在工业、农业、医学、药学等方面都有重要意义。当有些化学反应进行时，往往伴随着 H^+ 的产生或消耗，而使反应受到影响。例如用 $\text{K}_2\text{Cr}_2\text{O}_7$ 作为沉淀剂分离 Ba^{2+} 和 Sr^{2+} 时，反应如下：

$$2\text{Ba}^{2+}(\text{aq}) + \text{Cr}_2\text{O}_7^{2-}(\text{aq}) + \text{H}_2\text{O}(\text{l}) \rightleftharpoons 2\text{BaCrO}_4(\text{s}) + 2\text{H}^+(\text{aq})$$

溶液中 H^+ 的增加将使 Ba^{2+} 沉淀不完全，而用加碱的方法降低溶液酸度，控制不当时，

将会增高 CrO_4^{2-} 的浓度而引起 Sr^{2+} 沉淀,在此情况下若采用醋酸及醋酸钠混合液作为缓冲溶液,控制溶液 pH 值在 5 左右就能很好地分离 Ba^{2+} 和 Sr^{2+}。

在电子工业的硅半导体器件加工过程中,需要用氢氟酸腐蚀以除去硅表面没有用胶膜保护的那部分氧化膜 SiO_2。如果单独用 HF 作腐蚀液,H^+ 的浓度会随着反应的进行而发生变化,造成后期腐蚀不均匀。因此需用 HF 和 NH_4F 组成的缓冲溶液进行腐蚀,才能达到工艺的要求。此外,金属器件进行电镀时的电镀液也常用缓冲溶液来控制一定的 pH 值。在农业上,土壤中含有 H_2CO_3-$NaHCO_3$、NaH_2PO_4-Na_2HPO_4 和其他有机酸及其盐类组成的复杂缓冲系统,能使土壤维持一定的 pH 值,从而保证植物的正常生长。

在动植物体内也都有复杂和特殊的缓冲体系在维持体液的 pH 值,以保证生命的正常活动。超出这个 pH 值范围,就会不同程度地导致"酸中毒"或"碱中毒"。如人体各体液中存在许多缓冲对,能抵抗摄入体内的酸和碱,或人体代谢产生的酸和碱。

人体血液能维持 pH 值恒定在 7.40 ± 0.05 范围内,其中的缓冲对在血浆中主要有 H_2CO_3-$NaHCO_3$、NaH_2PO_4-Na_2HPO_4、血浆蛋白质-血浆蛋白质的钠盐;在红细胞中的缓冲对主要有血红蛋白质及其盐(HHb-KHb)、氧合血红蛋白质及其盐($HHbO_2$-$KHbO_2$)、H_2CO_3-$KHCO_3$、KH_2PO_4-K_2HPO_4 等。血液中对体内代谢生成或摄入的非挥发性酸缓冲作用最大的是 H_2CO_3-HCO_3^- 缓冲对,其存在如下平衡:

$$H^+(aq) + HCO_3^-(aq) \rightleftharpoons H_2CO_3(aq)$$
$$H_2CO_3(aq) \rightleftharpoons H_2O(l) + CO_2(g)$$

上述缓冲体系对于血液的吸氧-放氧平衡有直接影响:

$$HbH^+ + O_2 \rightleftharpoons HbO_2 + H^+$$

式中,Hb 代表血红蛋白。当血液中氧含量上升时,推动上述体系的平衡向右移动,会产生 H^+,释放 CO_2;反之,当血液中 CO_2 浓度上升时,则推动上述平衡向左移动,H_2CO_3 释放 H^+,H^+ 会促进血红蛋白放氧。通过上述体系的平衡移动,血液可以精巧地调控生命体的吸氧-放氧功能,并维持血液的 pH 值相对稳定。

2.3 难溶电解质的多相离子平衡

根据电解质在水中溶解度的不同,可将电解质分为易溶电解质、微溶电解质和难溶电解质。一般将溶解度小于 $0.01\ \text{g} \cdot (100\ \text{g}\ H_2O)^{-1}$ 的电解质称为难溶电解质。可见,"难溶"并不意味着绝对不溶,即使最难溶的电解质,在溶液中还是有少量离子存在。

难溶电解质的生成与溶解是一类常见并且实用的化学反应,在科研和生产中,常利用该反应来制备材料、分离杂质、处理污水以及鉴定离子等。这类反应的特征是在反应过程中总是伴随着一种固相物质的生成或消失。怎样判断沉淀能否生成?如何使沉淀析出更趋完全?又如何使沉淀溶解?这些都是在含有难溶电解质和水的系统中所存在的固相与液相中离子之间的平衡问题,即多相系统的离子平衡及其移动。

2.3.1 溶度积

任何难溶电解质在水中总是或多或少地溶解,绝对不溶的物质是不存在的。

将难溶电解质放入水中,则会有一定数量的难溶电解质的离子进入水中,难溶电解质的溶解和生成是一个可逆过程,可建立起固体与溶液中的离子之间的沉淀-溶解平衡(precipitation-dissolution equilibrium),这种动态平衡称为多相离子平衡:

$$A_nB_m(s) \rightleftharpoons nA^{m+}(aq) + mB^{n-}(aq)$$

其平衡常数表达式为:

$$K^{\ominus} = K_{sp}(A_nB_m) = [c^{eq}(A^{m+})/c^{\ominus}]^n [c^{eq}(B^{n-})/c^{\ominus}]^m \tag{2-17}$$

为了与一般的平衡常数区别开来，通常用 K_{sp} 表示难溶电解质的沉淀-溶解平衡的平衡常数，并把难溶电解质的分子式标注其后，称 K_{sp} 为溶度积常数，简称溶度积（solubility product）。它表明在一定温度时，难溶电解质的饱和溶液中，其离子相对浓度（以该离子在平衡关系中的化学计量数为指数）的乘积为一常数。

可简写为：
$$K_{sp}(A_nB_m) = [A^{m+}]^n [B^{n-}]^m$$

$[A^{m+}]$ 为 A^{m+} 的平衡相对浓度，$[B^{n-}]$ 为 B^{n-} 的平衡相对浓度。

因为 $c^{\ominus} = 1.0$ mol·L^{-1}，也可简写为：
$$K_{sp}(A_nB_m) = [c^{eq}(A^{m+})]^n [c^{eq}(B^{n-})]^m$$

不同的物质具有不同的溶度积常数，其数值的大小与难溶电解质的本性有关。不同温度条件下，平衡体系中实际解离的有关离子的浓度不同，溶度积的数值也不同。K_{sp} 的数值可由实验测定，也可由热力学数据计算。附录 8 给出了一些难溶电解质的溶度积。

2.3.2 溶度积和溶解度的关系

溶解度表示在一定温度下溶质在溶剂中的溶解程度。易溶物质常用 100 g 水在达到饱和时所能溶解的溶质的质量（g）来表示，而对难溶电解质则用每升饱和溶液中溶解的溶质的物质的量（mol）来表示。溶度积和溶解度都能反映难溶电解质在一定温度下的溶解能力，在特定条件下，它们之间可以相互换算。

对于同类型的难溶电解质（如 AgCl 和 AgBr、CaSO$_4$ 和 BaSO$_4$ 等），在相同温度下，溶度积 K_{sp} 越大，则溶解度 s 也越大，可以用溶度积来比较其溶解度的大小。例如，K_{sp}(AgCl) = 1.77×10^{-10} 大于 K_{sp}(AgBr) = 5.35×10^{-13}，因而可知 AgBr 的溶解度比 AgCl 的溶解度小。但对不同类型的难溶电解质（如 AgCl 与 Ag$_2$CrO$_4$），不能用 K_{sp} 直接比较其溶解度的大小，溶度积小的，其溶解度不一定小，必须通过具体计算来比较。

【例 2-7】 在 25 ℃ 时，AgCl 的溶度积为 1.77×10^{-10}，Ag$_2$CrO$_4$ 的溶度积为 1.12×10^{-12}，试比较 AgCl 和 Ag$_2$CrO$_4$ 溶解度的大小。

解 (1) 设 AgCl 的溶解度为 s_1 mol·L^{-1}，则根据

$$AgCl(s) \rightleftharpoons Ag^+ + Cl^-$$

起始相对浓度　　　　　　　　　　　0　　　0
平衡相对浓度　　　　　　　　　　　s_1　　s_1

可得　　$c^{eq}(Ag^+) = c^{eq}(Cl^-) = s_1$

$$K_{sp}(AgCl) = c^{eq}(Ag^+) c^{eq}(Cl^-) = s_1 s_1 = s_1^2$$

$$s_1 = \sqrt{K_{sp}(AgCl)} = \sqrt{1.77 \times 10^{-10}} = 1.33 \times 10^{-5}$$

(2) 设 Ag$_2$CrO$_4$ 的溶解度为 s_2 mol·L^{-1}，则根据

$$Ag_2CrO_4(s) \rightleftharpoons 2Ag^+ + CrO_4^{2-}$$

起始相对浓度　　　　　　　　　　　0　　　0
平衡相对浓度　　　　　　　　　　　$2s_2$　　s_2

可得　　$c^{eq}(CrO_4^{2-}) = s_2$，$c^{eq}(Ag^+) = 2s_2$

$$K_{sp}(Ag_2CrO_4) = [c^{eq}(Ag^+)]^2 c^{eq}(CrO_4^{2-}) = (2s_2)^2 s_2 = 4s_2^3$$

$$s_2 = \sqrt[3]{\frac{K_{sp}(Ag_2CrO_4)}{4}} = \sqrt[3]{\frac{1.12 \times 10^{-12}}{4}} = 6.54 \times 10^{-5}$$

计算结果表明，虽然 Ag_2CrO_4 的 K_{sp} 小于 $AgCl$ 的 K_{sp}，但 Ag_2CrO_4 的溶解度却大于 $AgCl$ 的溶解度。

2.3.3 溶度积规则

难溶电解质的多相离子平衡是暂时的、有条件的动态平衡。当条件改变时，可以使溶液中的离子生成沉淀，也可以使沉淀溶解解离成离子。因为溶度积 K_{sp} 也是一种平衡常数，所以可以用反应商 Q 和 K_{sp} 的比较来判断沉淀溶解反应进行的方向。

难溶电解质溶液中，反应商为离子浓度幂的乘积，因此称为离子积（ion product）。它表示体系在任何状态（不一定是饱和状态）下的离子浓度幂的乘积。

对于难溶电解质 A_nB_m，任意时刻，其离子积的表达式为 $Q = [c(A^{m+})]^n [c(B^{n-})]^m$（注意 c 没有上标 eq）。Q 和 K_{sp} 虽然具有相同的表达式，但一定温度下 K_{sp} 为一常数，而 Q 的数值不定。

在任一给定的溶液中，Q 与 K_{sp} 间的大小关系有以下三种情况：

$Q > K_{sp}$，溶液过饱和，会有新的沉淀析出，直至建立平衡；

$Q = K_{sp}$，溶液饱和，沉淀与溶解处于平衡状态；

$Q < K_{sp}$，溶液不饱和，若体系中有沉淀，沉淀溶解，直至达到饱和建立平衡。

根据离子积 Q 与溶度积 K_{sp} 的相对大小来判断沉淀生成和溶解的关系称为溶度积规则（solubility product principle），它是难溶电解质多相离子平衡移动规律的总结。

2.3.4 溶度积规则的应用

2.3.4.1 沉淀的生成和同离子效应

根据溶度积规则，当溶液中 $Q = [c(A^{m+})]^n [c(B^{n-})]^m > K_{sp}(A_mB_n)$ 时，则会生成 A_mB_n 沉淀。

【例 2-8】 已知 $BaSO_4$ 的 $K_{sp} = 1.07 \times 10^{-10}$，将 0.01 mol·L^{-1} 的 $BaCl_2$ 溶液与 0.01 mol·L^{-1} H_2SO_4 溶液等体积混合，是否有 $BaSO_4$ 沉淀生成？

解 两种溶液等体积混合

$$c(Ba^{2+}) = 1/2 \times 0.01 = 0.005 \text{ mol·L}^{-1}$$
$$c(SO_4^{2-}) = 1/2 \times 0.01 = 0.005 \text{ mol·L}^{-1}$$

离子积 $Q = c(Ba^{2+}) c(SO_4^{2-}) = 0.005 \times 0.005 = 2.5 \times 10^{-5} > K_{sp}(BaSO_4)$

故有 $BaSO_4$ 沉淀生成，离子方程式为：

$$Ba^{2+} + SO_4^{2-} \rightleftharpoons BaSO_4(s)$$

达到平衡时，该溶液为 $BaSO_4$ 的饱和溶液，此时 $c(Ba^{2+}) c(SO_4^{2-}) = K_{sp}(BaSO_4)$。

与其他化学平衡一样，难溶电解质的多相离子平衡也是相对的，有条件的。如果向上述平衡系统中加入 Na_2SO_4 溶液，由于 SO_4^{2-} 的浓度增大，使 $c(Ba^{2+}) \cdot c(SO_4^{2-}) > K_{sp}(BaSO_4)$，平衡向生成 $BaSO_4$ 沉淀的方向移动，直至溶液中的离子积重新等于溶度积为止。

$$\text{平衡左移} \longleftarrow \frac{BaSO_4(s) \rightleftharpoons Ba^{2+} + \boxed{SO_4^{2-}}}{Na_2SO_4 \rightleftharpoons 2Na^+ + \boxed{SO_4^{2-}}}$$

当达到新平衡时，溶液中 Ba^{2+} 的浓度相对于原来平衡时减小了，即沉淀更完全了。同时也意味着，在新的条件下，$BaSO_4$ 的溶解度降低了。

这种在难溶电解质的饱和溶液中加入含有相同离子的强电解质，而使难溶电解质溶解度降低的现象叫作同离子效应（common-ion effect）。

【例 2-9】 试求室温下 AgCl 在 $0.010\ mol\cdot L^{-1}$ NaCl 溶液中的溶解度。已知 $K_{sp}(AgCl)=1.77\times10^{-10}$。

解 设 AgCl 溶解度为 $s\ mol\cdot L^{-1}$，则由 AgCl 溶解而得到的 $c(Ag^+)$、$c(Cl^-)$ 均为 $s\ mol\cdot L^{-1}$。溶液中 Cl^- 的总浓度为 $(s+0.010)\ mol\cdot L^{-1}$。

$$AgCl(s) \rightleftharpoons Ag^+ + Cl^-$$

起始相对浓度　　　　　　　　　　　　　0　　　0.010

平衡相对浓度　　　　　　　　　　　　　s　　　$0.010+s$

代入溶度积的表达式中：$K_{sp}(AgCl)=c^{eq}(Ag^+)\cdot c^{eq}(Cl^-)=s(0.010+s)=1.77\times10^{-10}$

由于 s 很小，所以 $s+0.010\approx0.010$，上式解得

$$s=1.77\times10^{-8}$$

即 AgCl 在 $0.010\ mol\cdot L^{-1}$ NaCl 溶液中的溶解度为 $1.77\times10^{-8}\ mol\cdot L^{-1}$。

与【例 2-7】相比，AgCl 的溶解度由纯水中 $1.33\times10^{-5}\ mol\cdot L^{-1}$ 降到 $1.77\times10^{-8}\ mol\cdot L^{-1}$，二者之比约为 746∶1。由此可知，在洗涤 AgCl 沉淀时，选用含相同离子的电解质 NaCl 溶液比用水作洗涤剂好，可减少因沉淀溶解而造成的损失。

同离子效应在工业生产、污水处理及分析化学中应用广泛。例如，氧化铝的生产通常是由 Al^{3+} 与 OH^- 反应生成 $Al(OH)_3$，再经焙烧制得 Al_2O_3。在制取 $Al(OH)_3$ 的过程中加入过量的沉淀剂 $Ca(OH)_2$ 可使溶液中的 Al^{3+} 沉淀更完全。在用 $BaSO_4$ 重量法测定 Ba^{2+} 时，就需要加入过量的 SO_4^{2-}，利用 SO_4^{2-} 的同离子效应使 Ba^{2+} 沉淀完全。

2.3.4.2 沉淀的溶解

根据溶度积规则，当溶液中 $Q=[c(A^{m+})]^n[c(B^{n-})]^m<K_{sp}$，难溶电解质就会溶解。常用的方法如下：

(1) 生成弱电解质

在难溶电解质中加强酸或强碱，利用酸碱反应，生成 H_2O、H_2CO_3、H_2S 等弱电解质或气体，使沉淀-溶解平衡向溶解的方向移动，导致难溶电解质溶解。

如：金属氢氧化物易溶于酸，生成盐和水。

$$\begin{array}{c}Fe(OH)_3(s) \rightleftharpoons Fe^{3+} + 3OH^- \\ \xrightarrow{\text{平衡右移}} \quad + \\ 3HCl = 3Cl^- + 3H^+ \\ \updownarrow \\ 3H_2O\end{array}$$

反应的实质为利用酸碱反应使 OH^- 的浓度不断降低，溶液中 $Q=[c(Fe^{3+})][c(OH^-)]^3<K_{sp}[Fe(OH)_3]$，平衡向右移动，因而使 $Fe(OH)_3$ 沉淀溶解。

又如：碳酸盐沉淀溶于酸，生成弱电解质水和二氧化碳，反应如下：

$$BaCO_3(s) \rightleftharpoons Ba^{2+} + CO_3^{2-}$$

平衡右移 →

$$2HCl \rightleftharpoons 2Cl^- + 2H^+$$

$$H_2CO_3 \rightleftharpoons H_2O + CO_2\uparrow$$

某些硫化物溶于酸，生成弱电解质硫化氢。

$$FeS(s) + 2H^+ \rightleftharpoons Fe^{2+} + H_2S\uparrow$$

(2) 利用氧化还原反应

有些硫化物如 Ag_2S、CuS、PbS 等不溶于非氧化性酸，这是由于它们的溶度积太小，饱和溶液中的 S^{2-} 浓度太小，不能与 H^+ 结合形成 H_2S，但加入氧化性酸可使之溶解。

例如，CuS 不溶于盐酸，但可溶于稀 HNO_3 中，反应如下：

$$3CuS(s) + 8H^+ + 2NO_3^- \rightleftharpoons 3Cu^{2+} + 3S(s) + 2NO\uparrow + 4H_2O$$

由于发生氧化还原反应，HNO_3 将 S^{2-} 氧化成单质 S，有效地降低了 S^{2-} 的浓度，使溶液中 $Q = c(Cu^{2+})c(S^{2-}) < K_{sp}(CuS)$，CuS 溶解。

(3) 生成配离子

在难溶电解质的饱和溶液中加入一定量的配位剂，使之与难溶电解质中某离子形成配离子，溶液中离子浓度降低，沉淀溶解。

例如，AgCl 可溶于氨水中，配位剂 NH_3 可与 Ag^+ 生成配离子，使 Ag^+ 浓度降低，AgCl 的沉淀溶解平衡向溶解方向移动。

$$AgCl(s) + 2NH_3 \rightleftharpoons [Ag(NH_3)_2]^+ + Cl^-$$

总之，使沉淀溶解的方法虽然不同，但有共同的规律：凡是能有效降低难溶电解质中的有关离子浓度，就可使难溶电解质溶解。

2.3.4.3 沉淀的转化

在含有某种沉淀的溶液中，加入适当的沉淀剂，可使一种沉淀转化为另一种沉淀，这个过程称为沉淀的转化（inversion of precipitation）。如锅炉内的锅垢含有 $CaSO_4$，它是一种致密而附着力很强的沉淀，既不溶于水又不易溶于酸，因而难以去除。但如用足够量的 Na_2CO_3 溶液处理，会使 $CaSO_4$ 全部转化为疏松的、可溶于酸的 $CaCO_3$，这样锅垢的清除就容易多了。

$$CaSO_4(s) \rightleftharpoons Ca^{2+} + SO_4^{2-}$$

$$+ CO_3^{2-}$$

$$\updownarrow$$

$$CaCO_3(s)$$

该转化反应之所以发生，是由于 $K_{sp}(CaSO_4) = 7.10 \times 10^{-5} > K_{sp}(CaCO_3) = 4.96 \times 10^{-9}$，在溶液中与 $CaSO_4(s)$ 平衡的 Ca^{2+} 与加入的 CO_3^{2-} 结合生成溶度积更小的 $CaCO_3$，从而降低了溶液中的 Ca^{2+} 浓度，破坏了 $CaSO_4$ 的沉淀溶解平衡，使 $CaSO_4$ 不断溶解并转化为 $CaCO_3$。

转化反应式为:$CaSO_4(s) + CO_3^{2-} \rightleftharpoons CaCO_3(s) + SO_4^{2-}$

沉淀能否转化及转化的程度,取决于两种沉淀溶度积的相对大小。一般同类型的难溶电解质 K_{sp} 大的沉淀容易转化为 K_{sp} 小的沉淀,而且两者 K_{sp} 相差越大,则转化越完全。其转化程度可由转化反应的平衡常数来衡量。

上面转化反应的平衡常数为:

$$K = \frac{c^{eq}(SO_4^{2-})}{c^{eq}(CO_3^{2-})} = \frac{c^{eq}(SO_4^{2-})}{c^{eq}(CO_3^{2-})} \times \frac{c^{eq}(Ca^{2+})}{c^{eq}(Ca^{2+})} = \frac{K_{sp}(CaSO_4)}{K_{sp}(CaCO_3)} = \frac{7.10 \times 10^{-5}}{4.96 \times 10^{-9}} = 1.43 \times 10^4$$

平衡常数值较大,表明沉淀转化的程度较大。

沉淀的转化在实际生产中有广泛的应用,如污水的处理和固体物质的分离等。自然界锶矿石(天青石)的主要成分是 $SrSO_4$,它的 $K_{sp} = 3.44 \times 10^{-7}$。工业上生产其他锶盐时,就是先用热的饱和 Na_2CO_3 溶液使难溶于酸的 $SrSO_4$ 转化为溶解度更小、但可溶于酸的 $SrCO_3$($K_{sp} = 5.60 \times 10^{-10}$),然后溶解在 HCl、$HNO_3$ 等强酸中,也能溶于乙酸中,从而制得 $SrCl_2$、$Sr(NO_3)_2$ 和 $Sr(OAc)_2$ 等。

2.3.4.4 分步沉淀

若溶液中有几种离子共存,且都能与某一试剂(称为沉淀剂)生成难溶电解质时,逐滴加入沉淀剂,不同离子发生先后沉淀的现象称为分步沉淀(fractional precipitation)。分步沉淀的顺序为离子积先达到其难溶电解质的溶度积的离子先沉淀,即产生沉淀所需的沉淀剂量最少的离子最先析出沉淀。一般,当一种离子在溶液中的残留量小于 10^{-5} mol·L^{-1} 时,可以认为已沉淀完全。若一种离子已沉淀完全,另一种离子还未开始沉淀,则称这两种离子可以完全分离。

【例 2-10】在含有等浓度(均为 0.01 mol·L^{-1})的 I$^-$ 和 Cl$^-$ 的混合溶液中,逐滴加入 $AgNO_3$ 溶液,哪种沉淀先析出?能否将两种离子完全分离?

解 计算时忽略加入 $AgNO_3$ 溶液引起的体积变化。由附录 8 查出 AgCl 和 AgI 的溶度积分别为 $K_{sp}(AgCl) = 1.77 \times 10^{-10}$、$K_{sp}(AgI) = 8.51 \times 10^{-17}$。

要沉淀 Cl$^-$ 需要 Ag$^+$ 的最低浓度为:

$$c(Ag^+)_{AgCl} = \frac{K_{sp}(AgCl)}{c(Cl^-)} = \frac{1.77 \times 10^{-10}}{0.01} = 1.77 \times 10^{-8}$$

要沉淀 I$^-$ 需要 Ag$^+$ 的最低浓度为:

$$c(Ag^+)_{AgI} = \frac{K_{sp}(AgI)}{c(I^-)} = \frac{8.51 \times 10^{-17}}{0.01} = 8.51 \times 10^{-15}$$

因 AgI 开始沉淀时所需要的 Ag$^+$ 浓度低,故 AgI 先沉淀出来,然后才会析出 AgCl 沉淀。

由于 $AgNO_3$ 溶液是逐滴不断地加入混合离子溶液中的,因此 Ag$^+$ 在不断增加。随着 AgI 沉淀的不断析出,I$^-$ 也在不断减少。当 Ag$^+$ 增大到 1.77×10^{-8} mol·L^{-1} 时 AgCl 开始沉淀。此时的溶液对 AgI 和 AgCl 都是饱和溶液,由 $c(Ag^+)_{AgCl}$ 可得此时溶液中残留的 I$^-$ 浓度为:

$$c(I^-) = \frac{K_{sp}(AgI)}{c(Ag^+)_{AgCl}} = \frac{8.51 \times 10^{-17}}{1.77 \times 10^{-8}} = 4.81 \times 10^{-9} < 1.0 \times 10^{-5}$$

表明此时溶液中的 I$^-$ 已沉淀得相当完全了。可见,通过逐滴加入 $AgNO_3$ 溶液可以分离 I$^-$ 和 Cl$^-$。

利用分步沉淀的原理,可以使多种离子有效分离。分步沉淀的次序与 K_{sp} 的大小及沉淀的类型有关，沉淀类型相同且被沉淀离子浓度相同时，K_{sp} 小者先沉淀，K_{sp} 大者后沉淀，而且两种沉淀的溶度积相差越大，分离得越彻底；但如果被沉淀离子的初始浓度相差较大，或沉淀类型不同，不能通过比较 K_{sp} 大小来判断沉淀生成的先后顺序，必须计算出各被沉淀离子所需要的沉淀剂的浓度，从而进行判断。

2.4 配位平衡

配位化合物（coordination compound）（简称配合物）是一类组成比较复杂、涉及面极为广泛的化合物，元素周期表中几乎所有元素都能形成配合物，它广泛应用于工业、农业、国防和航天等领域，特别是在医学、生物等方面有着特殊的重要性。人体必需的金属离子许多都是以配合物的形式存在，体内的有害金属，可选择合适的配体与其结合而排出体外。在分析化学中，利用配位剂乙二胺四乙酸与大多数金属离子能形成稳定的配合物来进行滴定分析，产生了配位滴定法，能测定多种金属离子的含量。在环境保护方面，可以利用生成配合物处理工业废水，使废水中的剧毒物转变为毒性小的配合物。

2.4.1 配合物的组成和命名

由一个简单正离子（金属离子）和几个中性分子或阴离子配位结合而成的复杂离子或分子称为配位个体或配离子（络离子）。带正电荷的配位个体叫配正离子，如 $[Ag(NH_3)_2]^+$、$[Cu(NH_3)_4]^{2+}$；带负电荷的配位个体叫配负离子，如 $[Fe(CN)_6]^{3-}$、$[HgI_4]^{2-}$ 等；也有中性的配位分子，如 $Ni(CO)_4$ 和 $Fe(CO)_5$。

含有配离子的化合物称为配位化合物，简称配合物。如 $[Ag(NH_3)_2]Cl$、$[Cu(NH_3)_4]SO_4$、$K_3[Fe(CN)_6]$ 等。配合物的组成可划分为内界和外界两部分，内界（inner sphere）为配离子，是方括号 [ ] 内的部分，内界以外的部分称为外界（outer sphere），如上述配合物中的 Cl^-、SO_4^{2-}、K^+。外界的离子与内界（配离子）以静电引力相结合，在水溶液中，配合物内外界之间全部解离。中性配位分子无外界，如 $[Co(NH_3)_2Cl_3]$，金属离子和负离子形成了电中性内界。另外，有些配合物是由中心原子与配体（一般是中性分子）构成，如 $Ni(CO)_4$，配体是 CO 的配合物，又称羰合物。

在配合物内界中，金属离子位于配离子几何结构的中心，所以称为中心离子（central ion），如配合物 $[Cu(NH_3)_4]SO_4$ 和 $K_3[Fe(CN)_6]$ 内界中的 Cu^{2+}、Fe^{3+}。与中心离子配位结合的中性分子或阴离子称为配位体（ligand），上述内界中，NH_3、CN^- 是配位体（见图 2-6）。

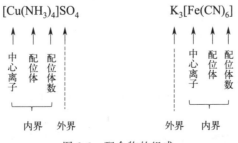

图 2-6 配合物的组成

在配位体中与中心离子直接结合的原子叫配位原子（coordination atom），配位原子能提供孤对电子，NH_3 分子中的配位原子是 N 原子，CN^- 中的配位原子是 C 原子。与中心离子结合的配位原子总数叫作中心离子的配位数（coordination number）。所以在 $[Cu(NH_3)_4]^{2+}$ 中，Cu^{2+} 的配位数与 NH_3 分子数相同，为 4；在 $[Fe(CN)_6]^{3-}$ 中，Fe^{3+} 的配位数与 CN^- 离子数也相同，为 6。但是，如果配位体中具有不止一个配位原子，此时配位数与配位体数就不再相同了。

常见的配位原子为电负性较大的非金属原子 N、O、S、C 和卤素等原子。若一个配位体只能提供一个配位原子，称为单齿配位体（monodentate ligand），如 NH_3、F^-、CN^-、H_2O 等；若一个配位体能提供两个及以上配位原子则叫多齿配位体（polydentate ligand），如乙二胺（en）、草酸根（$C_2O_4^{2-}$）、乙二胺四乙酸（EDTA）等。多齿配位体中，中心离子的配位数不等于配位体的数目。

配合物的命名与一般无机化合物的命名原则类似，阴离子在前，阳离子在后。若为配正离子化合物，则叫某化某或某酸某；若为配负离子化合物，则配负离子与外界阳离子之间用"酸"字连接。

内界配离子中，以"合"字将配位体与中心离子连接起来，按如下格式命名：

配位体数—配位体名称—"合"—中心离子名称（中心离子氧化数）

其中配位体数用一、二、三、四……数字表示，氧化数用罗马数字表示。几种不同配位体之间要用"·"隔开。

各配位体命名的顺序按以下规则进行：

① 无机配体名称在前，有机配体在后；阴离子名称在前，中性分子在后；简单阴离子名称在前，复杂离子（原子数多）在后；在最后一个配体名称之后加"合"字。

② 同类配体的名称按配位原子元素符号的英文字母顺序排列。

例如：$[Cu(NH_3)_4]SO_4$　　　　硫酸四氨合铜(Ⅱ)

　　　$[Co(NH_3)_6]Cl_3$　　　　三氯化六氨合钴(Ⅲ)

　　　$K_4[Fe(CN)_6]$　　　　六氰合铁(Ⅱ)酸钾

　　　$[CoCl(NH_3)_5]Cl_2$　　　　二氯化一氯·五氨合钴(Ⅲ)

　　　$[Cr(OH)_3(H_2O)(en)]$　　　　三羟基·一水·乙二胺合铬(Ⅲ)

　　　$[Co(NH_3)_5H_2O]Cl_3$　　　　三氯化五氨·一水合钴(Ⅲ)

2.4.2　配离子的解离平衡

配位化合物类似强电解质，在水溶液中解离时，全部解离成内界配离子和外界离子。如：

$$[Ag(NH_3)_2]Cl \Longrightarrow [Ag(NH_3)_2]^+ + Cl^-$$

解离出来的配离子在水溶液中有一小部分会解离成中心离子和配位体，与弱电解质相似，存在解离平衡。

配离子 $[Ag(NH_3)_2]^+$ 总的解离平衡可简单表达为：

$$[Ag(NH_3)_2]^+ \Longrightarrow Ag^+ + 2NH_3$$

该解离平衡的平衡常数为：

$$K_i = \frac{[c^{eq}(Ag^+)/c^{\ominus}][c^{eq}(NH_3)/c^{\ominus}]^2}{c^{eq}([Ag(NH_3)_2]^+)/c^{\ominus}} \tag{2-18}$$

式中，K_i 称为不稳定常数（unstability constant），对同一类型（配位数相同）的配离子来说，K_i 越大，表明配离子越易解离，即配离子越不稳定。

配离子解离反应的逆反应为配位反应，配位反应的平衡常数称为稳定常数（stability constant），用 K_f 表示。

配位反应：$\quad Ag^+ + 2NH_3 \rightleftharpoons [Ag(NH_3)_2]^+$

$$K_f = \frac{c^{eq}([Ag(NH_3)_2]^+)/c^{\ominus}}{[c^{eq}(Ag^+)/c^{\ominus}][c^{eq}(NH_3)/c^{\ominus}]^2} = \frac{1}{K_i} \tag{2-19}$$

配离子的稳定常数可以用来表征配离子的稳定性。K_f 越大，配离子越稳定，在水溶液中越难解离，配离子的稳定性是人们应用配合物时需要首先考虑的因素。附录 7 列出了一些常见配离子的 K_f 值。

2.4.3 配位平衡的移动

配位平衡 (coordination equilibrium) 也是一种动态平衡。因此，当平衡的条件（浓度、温度等）发生变化时，平衡也将被破坏而移动。

(1) 酸效应

有时改变配离子溶液的酸度，会引起配离子的平衡移动。如在深蓝色的 $[Cu(NH_3)_4]^{2+}$ 溶液中加入少量稀 H_2SO_4，溶液会变为浅蓝色。这是由于加入的 H^+ 与 $[Cu(NH_3)_4]^{2+}$ 解离出的 NH_3 结合，形成 NH_4^+，促使 $[Cu(NH_3)_4]^{2+}$ 进一步解离。

$$[Cu(NH_3)_4]^{2+} \rightleftharpoons Cu^{2+} + \boxed{\begin{array}{c} 4NH_3 \\ + \\ 4H^+ \\ \updownarrow \\ 4NH_4^+ \end{array}}$$

反应方程式为：$\quad [Cu(NH_3)_4]^{2+} + 4H^+ \rightleftharpoons Cu^{2+} + 4NH_4^+$

这种由于酸的加入而导致配离子稳定性降低的作用称为酸效应（acid effect）。配位体的碱性越强，溶液的 pH 值越小时，配离子越易被破坏。

(2) 生成沉淀

在配离子 $[Ag(NH_3)_2]^+$ 的溶液中加入 KI 溶液，则会生成黄色沉淀，这是由于中心离子 Ag^+ 与 I^- 生成 AgI 沉淀，使配离子受到破坏，从而配位平衡向配离子解离的方向移动。

$$[Ag(NH_3)_2]^+ \rightleftharpoons \boxed{\begin{array}{c} Ag^+ + 2NH_3 \\ + \\ I^- \\ \updownarrow \\ AgI(s) \end{array}}$$

总反应式 $\quad [Ag(NH_3)_2]^+ + I^- \rightleftharpoons AgI(s) + 2NH_3$

反应的平衡常数为

$$\begin{aligned} K^{\ominus} &= \frac{[c^{eq}(NH_3)/c^{\ominus}]^2}{[c^{eq}([Ag(NH_3)_2]^+)/c^{\ominus}][c^{eq}(I^-)/c^{\ominus}]} \\ &= \frac{[c^{eq}(NH_3)/c^{\ominus}]^2}{[c^{eq}([Ag(NH_3)_2]^+)/c^{\ominus}][c^{eq}(I^-)/c^{\ominus}]} \times \frac{c^{eq}(Ag^+)/c^{\ominus}}{c^{eq}(Ag^+)/c^{\ominus}} \\ &= \frac{K_i([Ag(NH_3)_2]^+)}{K_{sp}(AgI)} = \frac{8.93 \times 10^{-8}}{8.51 \times 10^{-17}} = 1.05 \times 10^9 \end{aligned}$$

$K^{\ominus}$ 很大，表明转化反应进行得很完全。

配离子向难溶电解质的转化，实质上是沉淀剂和配位剂在共同争夺金属离子。沉淀剂与金属离子生成的沉淀溶解度越小，争夺金属离子的能力越强，越能使配离子破坏而生成沉淀。反之，当配离子争夺金属离子的能力大于沉淀剂争夺金属离子的能力，可使沉淀溶解转化为配离子。

从废定影液中回收银就是应用上述原理。废定影液是冲洗胶卷的废液，在胶片的冲洗加工过程中，除一部分感光的银盐成为银留在胶片上以外，其余未感光的银盐与定影液中的 $Na_2S_2O_3$ 作用生成 $[Ag(S_2O_3)_2]^{3-}$ 而溶解，再用 Na_2S 处理废液使之生成 Ag_2S 沉淀，沉淀再经过处理可以得到 $AgNO_3$。

(3) 配离子之间的转化

在配离子反应中，一种配离子可以转化为另一种更稳定的配离子，即平衡向生成更难解离的配离子的方向移动。如果是配位数相同的配离子之间，其转化方向可用 K_f 的大小来判断，反应趋向于生成更稳定、K_f 更大的配离子。

如： $[HgCl_4]^{2-} + 4I^- \rightleftharpoons [HgI_4]^{2-} + 4Cl^-$

因为 $K_f([HgCl_4]^{2-}) = 1.17 \times 10^{15} \ll K_f([HgI_4]^{2-}) = 6.76 \times 10^{26}$，即 $[HgCl_4]^{2-}$ 更不稳定，若往含有 $[HgCl_4]^{2-}$ 的溶液中加入足够的 I^-，则 $[HgCl_4]^{2-}$ 将解离而转化生成 $[HgI_4]^{2-}$。

在化学检测中往往可以利用配离子之间的转化来除去干扰离子的影响。如在 Co^{2+} 溶液中，若含有少量的 Fe^{3+}，当加入 NH_4SCN 鉴定时，血红色的 $[Fe(SCN)]^{2+}$ 就会对蓝紫色 $[Co(SCN)_4]^{2-}$ 的测定产生干扰。为消除这种干扰，可加入 NH_4F 使 Fe^{3+} 与 F^- 生成更稳定的无色配离子 $[FeF_6]^{3-}$，把 Fe^{3+} 掩蔽起来。

2.5 表面活性剂

2.5.1 表面张力与表面活性剂

密切接触的两相之间的过渡区（大约几个分子层厚度）称为界面，通常有液-气、固-气、固-液、液-液、固-固等界面。一般把与气体接触的界面称为表面，如气-液界面常称为液体表面，气-固界面常称为固体表面。一般情况下，表面的分子和内部的分子所受力是不同的。例如，水与水面上方的空气，水内部的分子受到它周围水分子的作用是一样的，合力为零；表面层的水分子，因上层与空气接触，空气分子对水分子的吸引力小于内部液相分子对它的吸引力，所以表面层的水分子所受合力不等于零，其合力方向垂直指向液体内部，结果导致液体表面具有自动缩小的趋势，这种使液体表面尽量缩小的力称为表面张力（surface tension），见图 2-7。水滴、油滴自动呈球形就是这个原因。表面张力是物质的特性，其大小与物质的本性有关。常温下，水的表面张力为 $72.75 \times 10^{-3} \mathrm{N \cdot m^{-1}}$，苯的表面张力为 $29.8 \times 10^{-3} \mathrm{N \cdot m^{-1}}$。

根据各种物质的水溶液的表面张力和浓度的关系，可将物质分为三种类型。第一种是溶液表面张力随浓度增加而稍有上升，且大于水的表面张力，这类物质为无机盐、非挥发性的酸、碱等，如氯化钠、硝酸钾、盐酸等；第二种是溶液表面张力随浓度的增加而逐渐下降，这类物质有低级脂肪酸、醇、醛等，如乙醇、丁醇、乙酸等；第三种是溶液表面张力在低浓度时，随浓度急剧下降，到某一浓度后，溶液浓度增加，表面张

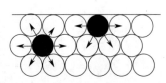

图 2-7 液体表面分子受力示意图

力几乎不再发生变化,这类物质是具有长链的脂肪酸盐,如硬脂酸钠、油酸钠等。一般来说,凡能降低溶液表面张力的物质均称为表面活性物质,但习惯上,只把那些溶入少量就能显著降低溶液表面张力的物质称为表面活性剂(surfactant)。

2.5.2 表面活性剂的特点和分类

(1) 特点

表面活性剂之所以能降低液体的表面张力,是由其自身的结构特征决定的。所有的表面活性剂都具有"双亲结构",一端具有易溶于水的亲水基团,即极性基团,而另一端具有不溶于水却易溶于油的亲油基团(疏水基团)。

表面活性剂具有的极性基团常有羧基、磺酸基、羟基、氨基等亲水性基团。亲油基团包括烷基和芳香基等非极性基团,烷基和芳香基链越长,亲油性往往越强,带支链脂肪烃基的比不带支链的亲油性强。在水中加入少量的表面活性剂时,其亲水基强烈水化,而亲油基则与水相互排斥,从而使表面活性剂分子富集于表面,使亲水基指向水内而亲油基指向空气(见图2-8)。这种排列方式改变了表面分子的受力状况,从而起到降低表面张力的作用。

(2) 分类

构成表面活性剂的亲油基团主要是长链烃基,烃基碳-碳链的不同连接方式造成亲油基团的差异,但是对表面活性剂的性质影响不大。组成表面活性剂的亲水基团种类繁多,性质差异较大,所以表面活性剂的分类一般以亲水基结构为主要依据,可分为离子型表面活性剂(溶于水能解离出离子)和非离子型表面活性剂,而离子型又可进一步分为阴离子型、阳离子型和两性型。

图 2-8 表面活性剂分子在界面上的分布

阴离子型表面活性剂在水中解离出简单的阳离子,其余部分则成为带负电的阴离子。由于真正起表面活性作用的是这种具有表面活性的阴离子,故得名,主要是羧酸盐类、烷基磺酸盐类、烷基芳基磺酸盐类、烷基硫酸酯盐类。

阳离子型表面活性剂在水中解离出简单的阴离子,其余部分成为阳离子,一般是氨基盐类和季铵盐类,其分子结构的主要部分是一个四价氮基团。其特点是水溶性大,在酸性与碱性溶液中较稳定,具有良好的表面活性作用和杀菌作用。

两性型表面活性剂的亲水基团既具有阴离子部分又具有阳离子部分。在水溶液中,按水溶液酸度的变化,可分别呈现阳离子型表面活性剂和阴离子型表面活性剂的特性。

非离子型表面活性剂在水溶液中不产生离子,其亲水基是由一定数量的含氧基团(一般为醚基和羟基)构成。这使得非离子型表面活性剂在某些方面比离子型表面活性剂更优越,因为在溶液中不是离子状态,所以稳定性高,不易受强电解质无机盐类存在的影响,也不易受溶液pH值的影响,与其他类型表面活性剂相容性好。表2-2列出了一些常见的表面活性剂的种类、特点及用途。

表 2-2 一些表面活性剂的特点及用途

类型	特点	亲水基的种类		性能	用途
阴离子型表面活性剂	亲水基为阴离子	脂肪羧酸盐类	R—COONa	润湿性好,去污力强	洗涤剂、乳化剂、增溶剂
		脂肪醇硫酸盐类	R—OSO$_3$Na		
		烷基磺酸盐类	R—SO$_3$Na		
		烷基芳基磺酸盐类	R—⌬—SO$_3$Na		
		磷酸酯类	R—OPO$_3$Na$_2$		

续表

类型	特点	亲水基的种类		性能	用途
阳离子型表面活性剂	亲水基为阳离子	伯胺盐	R—NH$_2$·HCl	杀菌力强,洗涤性差,优良的抗静电性和柔软作用	杀菌消毒剂、织物抗静电剂和柔软剂
		仲胺盐	R—N(CH$_3$)H·HCl		
		叔胺盐	R—N(CH$_3$)$_2$·HCl		
		季铵盐	R—N$^+$(CH$_3$)$_3$·Cl$^-$		
两性型表面活性剂	兼有阴、阳离子基团	氨基酸型	R—NHCH$_2$CH$_2$COOH	良好的润湿性,洗涤性、乳化性,优良的杀菌性,对皮肤刺激小	与食品接触器具的消毒洗涤剂、洗发香波、化妆品、织物柔软剂和抗静电剂
		甜菜碱型	R—N$^+$(CH$_3$)$_2$CH$_2$COO$^-$		
			R—N$^+$(CH$_3$)$_2$·SO$_3^-$		
非离子型表面活性剂	在水中不产生离子	脂肪醇聚氧乙烯醚	R—O—(CH$_2$CH$_2$O)$_n$H	优异的润湿和洗涤功能,不受硬水的影响,可与其他表面活性剂兼容	家用重垢洗涤剂、金属表面清洗剂、润湿剂、乳化剂等
		烷基酚聚氧乙烯醚	RO—⟨C$_6$H$_4$⟩—(CH$_2$CH$_2$O)$_n$H		
		多元醇酯型	R—COOCH$_2$C(CH$_2$OH)$_3$		
		脂肪醇酰胺型	R—CON(CH$_2$CH$_2$CH$_2$OH)$_2$		

2.5.3 表面活性剂的作用原理

向水中加入表面活性剂,表面活性剂的浓度不同,在水中的分布状态也有所不同。表面活性剂在水中的分布随浓度变化可由图 2-9 所示。表面活性剂浓度极稀时[见图 2-9(a)],绝大部分表面活性剂分子集中于溶液表面,亲水基在水中而亲油基背离水面;随着浓度的增加[见图 2-9(b)(c)],表层的表面活性剂分子不断增加,溶液中也有少许表面活性剂分子;当其浓度增加至一定时[见图 2-9(d)],水表面层完全被表面活性剂分子所覆盖,由于表面活性剂具有双亲结构,亲水基与水结合,同时水表面层形成了一层由亲油基构成的表面层,从而降低了溶液的表面张力;再增加表面活性剂的浓度[见图 2-9(e)],表面张力不再下降,增加的表面活性剂分子将在溶液内形成胶束。

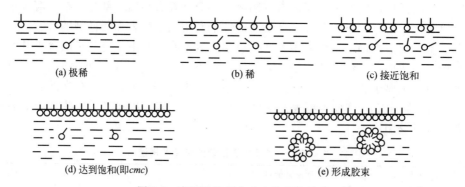

图 2-9 表面活性剂在水中的分布状态

表面张力不再随表面活性剂浓度增大而降低时的浓度称为表面活性剂的临界胶束浓度(critical micelle concentration, cmc)。表面活性剂的临界胶束浓度都很低(见表 2-3),一般为 10^{-1} mol·L^{-1} 以下。cmc 是一个重要界限,溶液中的表面活性剂浓度只有大于 cmc 时,才能在溶液中形成胶束。当浓度小于 cmc 时,由于未形成胶束而不能发挥表面活性剂的作用，只有当浓度大于 cmc 时才能起到表面活性剂的作用。因此，临界胶束浓度是表面活性剂表面活性效率的一个重要指标。

表 2-3 一些表面活性剂的临界胶束浓度

名称	分子式	$cmc/mol \cdot L^{-1}$
十二烷基硫酸钠	$C_{12}H_{25}OSO_3Na$	8.7×10^{-3}
十二烷基磺酸钠	$C_{12}H_{25}SO_3Na$	9.7×10^{-3}
十四烷基-N-三甲基溴化铵	$C_{14}H_{29}N(CH_3)_3Br$	4.1×10^{-3}
十六烷基聚氧乙烯(6)醚	$C_{16}H_{33}(OC_2H_4)_6OH$	1.0×10^{-6}

2.5.4 表面活性剂的作用

(1) 润湿作用

润湿也称浸润。固体表面的润湿性能与固体、液体的结构及相互间作用力有关。当液体与固体接触时，在接触处形成一液体薄层，称附着层。附着层里的分子既受固体粒子的吸引，又受液体内部分子的吸引。如果受到固体粒子的吸引力比较弱，在附着层里就出现像表面张力一样的表面收缩力，形成不润湿现象；如果受到固体粒子的吸引力较强，甚至超过液体内部分子的吸引力，则附着层就能在固体表面扩展而出现润湿现象。

水是极性化合物，对极性固体表面（如玻璃、水泥、金属等）结合力较强，呈润湿现象；对极性较弱或非极性固体表面（如石蜡、塑料等）结合力较弱，呈不润湿现象。加入表面活性剂能改变液体与固体表面的结合力。水不能润湿石蜡，只要在水中加入少量表面活性剂就变得极易浸湿，我们把表面活性剂的有助于润湿的作用叫作润湿作用。在水中加入表面活性剂后，表面活性剂的憎水基与固体石蜡表面分子结合，表面活性剂的亲水基排列在石蜡表层，可与水较好地结合，表现为润湿。而亲水的织物经甲基氯硅烷处理后，可变成憎水性表面而不被水润湿。这种能显著改善固体表面润湿性的表面活性剂常称为润湿剂。不同固体表面，不同液体，应选用不同的润湿剂。

(2) 乳化作用

一种液体以细小液珠形式分散在与它不相混溶的另一种液体中而形成的分散体系称为乳状液，如牛奶、冰激凌、雪花膏、橡胶乳汁、原油等都是乳状液。其组成中的一种液体多半是水，另一种液体是不溶于水的有机化合物，如煤油、苯等，习惯上通称为"油"。若水为分散剂而油为分散质，即油分散在水中，称为水包油型乳状液，以符号 O/W 表示。例如，牛奶就是奶油分散在水中形成的 O/W 型乳液。若水分散在油中，则称为油包水型乳状液，以符号 W/O 表示。例如，新开采出来的含水原油就是细小水珠分散在石油中形成的 W/O 型乳状液（见图 2-10）。

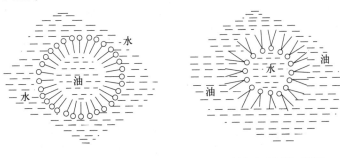

(a) 水包油型乳状液(O/W)　　(b) 油包水型乳状液(W/O)

图 2-10 乳状液的类型

乳状液系统很不稳定，稍置片刻便可分层。因此，要使乳液变得稳定，需加入第三种物质——乳化剂。最常用的乳化剂是表面活性剂，其主要作用就是在油水界面层以一定取向排列形成一层牢固的乳化膜将液滴包住，阻止液滴相互碰撞凝聚。例如煤油和水混合振荡，短时间内形成乳状液，静置片刻又分成两层。如果在煤油和水组成的乳状液中加入少量肥皂，再振荡，就能得到稳定的乳状液。

表面活性剂起乳化作用的范围相当广泛。在纤维工业方面，纺织油剂、柔软整理剂、疏水剂等乳液制品几乎都使用乳化剂；在食品方面，主要利用天然乳化剂如卵磷脂。在工程技术中有时乳化状态会带来十分不良的影响。例如，开采的原油是 W/O 型乳状液，这使原油的运输和加工产生极大困难，必须进行破乳处理。常在原油乳状液中加入某些表面活性剂，使乳状液的界面稳定性下降，达到破乳的目的。

(3) 增溶作用

对于水溶性较差的物质，加入表面活性剂使其在水中的溶解量达到溶解度以上的溶解现象称为增溶，起增溶作用的表面活性剂称为增溶剂。增溶作用在表面活性剂临界胶束浓度以上时表现得较为显著。增溶是乳化的极限阶段，此时液体外观完全透明，像真溶液一样。

增溶作用是由胶束引起的。在溶解度很小物质的水溶液中，加入浓度超过 cmc 的表面活性剂时，这些难溶的溶质可钻入表面活性剂胶束中心被亲油基所吸附，这样就增加了溶解度很小物质的溶解度。如在医药方面，为了使不溶于水的药品增溶溶解，就常利用增溶剂。

(4) 起泡和消泡作用

水不易起泡，但在水中加入肥皂搅拌，就可以形成稳定的气泡。泡沫（foam）是不溶性气体分散于液体或固体中形成的分散系。能使泡沫形成并稳定存在的表面活性剂称为起泡剂（foaming agent）。

气体进入溶液后被液膜包围会形成气泡。若无表面活性剂，气泡会很快上升、破灭。当有表面活性剂存在时，液膜中的双亲分子以疏水基伸向泡内，亲水基伸向溶液，这种单分子膜由于降低了表面张力而成为热力学稳定状态。又由于表面活性剂的解离而使液膜带有电荷，从而阻止气泡碰撞变大。而当气泡在溶液中上浮到液面并逸出时，泡膜会形成双分子膜，使气泡在空气中也能稳定存在（见图 2-11）。

起泡剂常用来制造泡沫灭火器、浮选剂等，但工业中有时要尽量少产生泡沫，或者要破坏已形成的泡沫，例如在电镀、印染、涂刷等生产过程中，泡沫的存在会产生影响产品质量等一系列问题，甚至危及安全。洗涤织物时，大量泡沫给漂洗带来困难。蒸馏、萃取中泡沫的形成影响两相分离。要消除泡沫可通过控制一些条件，如搅拌，改变温度、压力条件可以消泡，也可以使用表面活性剂来消泡。能消除泡沫的活性物质，称为消泡剂，常用的消泡剂有庚醇、辛醇、壬醇等高级脂肪醇，动、植物油，硅油等。这些活性物质分子能把泡沫中的起泡剂分子替代出来，使得气泡膜的强度降低，泡沫的稳定性被破坏。

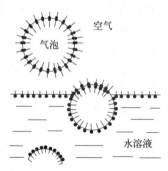

图 2-11 气泡生成示意图

(5) 洗涤作用

表面活性剂与人们日常生活关系最密切的莫过于其洗涤作用，从肥皂开始，发展到现在的各种各样的合成洗涤剂，它们都是以表面活性剂为主体成分。从固体表面除掉污渍的过程称为洗涤。洗涤的作用是基于表面活性剂降低了界面的表面张力而产生润湿、乳化、增溶等多种作用综合的结果。污物在洗涤剂溶液中浸泡一定时间后，由于表面活性剂明显降低了水的表面张力,故使油污易被湿润。表面活性剂夹带着水润湿并渗透到污物表面,经揉洗及搅拌等机械作用,污物发生乳化、分散和增溶而进入洗涤液中,部分还随着产生的泡沫浮上液面,经清水反复漂洗,达到洗涤效果。洗涤作用与表面活性剂的全部性能有关。一种去污效果好的表面活性剂,并不表明它的各种性能都好,只是由于上述各种性能协同配合的效果好。

2.5.5 表面活性剂的应用

生活中表面活性剂应用最多的是洗涤剂。人们最早用的洗涤剂是从皂荚中提取出来的皂素,皂素是具有类固醇糖苷结构的复杂化合物,后来采用较为容易制得的肥皂,肥皂是含 12~18 个碳的饱和或不饱和的脂肪酸钠盐,如硬脂酸钠($C_{17}H_{35}COONa$)等,肥皂水溶液呈碱性,在中性或酸性环境中,会游离出脂肪酸;在硬水中,会生成脂肪酸钙沉淀而降低洗涤效果。为此人们合成了高效的洗涤剂,如十二烷基苯磺酸钠,它的水溶性、浸润性更好,洗涤力更强,并且可以在酸性溶液中使用。后来又合成出了非离子型表面活性剂,洗涤力更强,形成泡沫较少,可在硬水、酸性或碱性溶液中使用。人们常将阴离子型和非离子型表面活性剂混合使用,起到协同效应,增加洗涤力。为了增强洗涤剂的洗涤效果,在洗涤剂中添加相当数量的碳酸钠作为碱性组分以及相当数量的三聚磷酸钠作为软化硬水组分。含磷洗涤剂的使用会造成河流湖泊营养成分过多,使水草生长过于繁茂,破坏水中的生态平衡,引起磷公害。之后人们又研制出了无磷洗衣粉,常用硅酸钠、硅铝酸钠(沸石)代替三聚磷酸钠,以消除钙离子的影响。

对于厨房洗涤剂和洗发香波,除了要有高效去污能力外,还要求液态、无毒,不损伤皮肤、毛发,易于冲洗。常用高级醇环氧乙烯醚硫酸酯油作为其主要成分之一。

表面活性剂作为乳化剂在生产技术中应用非常广泛。例如工业锅炉以喷射重油为燃料,由于重油黏度大,操作困难,常在重油中加入一定量的水及乳化剂,制成乳化重油,这样既便于操作,又提高了燃料效率。乳化剂主要是阴离子型表面活性剂,如烷基磺酸盐、环烷酸盐以及非离子型表面活性剂。阳离子表面活性剂更多地用作纤维柔软剂,可降低摩擦系数,改善纤维平滑性,阳离子表面活性剂还可作抗静电剂和杀菌消毒剂。

此外,金属切削加工时,常用的金属切削液在加工过程中主要起冷却和润湿作用,其组成通常包括矿物油、乳化剂、防锈剂、耐磨损剂等添加剂。金属电镀液中加入表面活性剂,可使镀层均匀、致密、牢固、平整、光亮等。按加入表面活性剂的作用可分为光亮剂、分散剂、防蚀剂、烟雾防止剂等(见表 2-4)。其作用概括如下:

表 2-4 表面活性剂在电镀工业中的应用实例

电镀类型	电镀液添加剂	作用	参考用量/%
镀铜	硬脂酸聚氧乙烯酯 十二烷基硫酸钠 十二烷基聚氧乙烯醚	增光作用 减少极化,防止针孔,改善镀速 提高镀液稳定性	0.005~0.01
镀锌	平平加 OP 乳化剂	润湿,防碱雾,光亮剂	0.03~0.5
镀镍	十二烷基硫酸钠 2-乙基己基硫酸钠	防止凸痕,光亮剂 提高镀层覆盖力,柔软性	0.005~0.04
镀铬	全氟辛基磺酸盐(如 $C_8F_{17}SO_3K$)	抑制铬酸烟雾,增光,防凸	0.003~0.01
镀锡	OP 乳化剂	润湿,增光,防毛剂	0.1~0.4

① 均镀作用,使镀层均匀;

② 整平作用，避免镀层出现针孔和毛刺或密集麻点；

③ 增光作用，促使电沉积结晶致密，定向沉积，使镀层表面平滑，不乱反射可见光；

④ 消泡作用，防止烟雾产生，特别在镀铬时尤为明显；

⑤ 改善镀层结合力，影响沉积反应超电势，提高润湿、乳化、分散作用，使镀层致密，结合牢固。

另外，润滑油中添加表面活性剂作为缓蚀剂及清洁分散剂使油泥不致沉淀影响机器运转。化肥或灭火粉末填料中需要添加表面活性剂以防止结块。冶炼中用表面活性剂作为捕集剂和起泡剂。喷洒液体化肥、农药时，为了加强作物或虫体对其的吸收，通常都加入一定的表面活性剂作为润湿剂，以提高肥效和药效，等等。

表面活性剂在工农业生产、科学研究及日常生活的各个领域中，直接或作为助剂被广泛应用。根据用途不同，表面活性剂有不同的名称，尽管在使用时其添加量很少，但却能起到其他物质不能替代的作用。

习题

1. 判断题

(1) 两种分子酸 HX 溶液和 HY 溶液具有同样的 pH 值，则这两种酸的浓度（$mol·L^{-1}$）相同。（　　）

(2) $0.10\ mol·L^{-1}$ NaCN 溶液的 pH 值比相同浓度的 NaF 溶液的 pH 值要大，这表明 CN^- 的 K_b 值比 F^- 的 K_b 值要大。（　　）

(3) 由 HAc-Ac^- 组成的缓冲溶液，若溶液中 $c(HAc) > c(Ac^-)$，则该缓冲溶液抵抗外来酸的能力大于抵抗外来碱的能力。（　　）

(4) PbI_2 和 $CaCO_3$ 的溶度积均近似为 10^{-9}，从而可知两者的饱和溶液中 Pb^{2+} 的浓度与 Ca^{2+} 的浓度近似相等。（　　）

2. 选择题

(1) 往 $0.1\ L\ 0.10\ mol·L^{-1}$ HAc 溶液中加入一些 NaAc 晶体并使之溶解，会发生的情况是（　　）。

A. HAc 的 K_a 值增大　　　　　　　B. HAc 的 K_a 值减小

C. 溶液的 pH 值增大　　　　　　　D. 溶液的 pH 值减小

(2) 设氨水的浓度为 c，若将其稀释 1 倍，则溶液中 $c^{eq}(OH^-)$ 为（　　）。

A. $\frac{1}{2}c$　　　B. $\frac{1}{2}\sqrt{K_b·c}$　　　C. $\sqrt{K_b·\frac{c}{2}}$　　　D. $2c$

(3) 设 AgCl 在水中、在 $0.01\ mol·L^{-1}\ CaCl_2$ 中、在 $0.01\ mol·L^{-1}$ NaCl 中以及在 $0.05\ mol·L^{-1}\ AgNO_3$ 中的溶解度分别为 s_0，s_1，s_2，s_3，这些量之间的正确关系是（　　）。

A. $s_0 > s_1 > s_2 > s_3$　　　　　　　B. $s_0 > s_2 > s_1 > s_3$

C. $s_0 > s_1 = s_2 > s_3$　　　　　　　D. $s_0 > s_2 > s_3 > s_1$

(4) 下列物质在同浓度 $Na_2S_2O_3$ 溶液中的溶解度（以 1 L $Na_2S_2O_3$ 溶液中能溶解该物质的物质的量计）最大的是（　　）。

A. Ag_2S　　　B. AgBr　　　C. AgCl　　　D. AgI

（提示：考虑 K_{sp}）

3. 填空题

在下列各系统中，各加入约 1.00 g NH_4Cl 固体并使其溶解，对所指定的性质（定性地）影响如何？并简单指出原因。

(1) 10.0 mL $0.10\ mol·L^{-1}$ HCl 溶液，其 pH 值_____。

(2) 10.0 mL $0.10\ mol·L^{-1}\ NH_3$ 水溶液，氨在水溶液中的解离度_____。

(3) 10.0 mL 纯水，其 pH 值_____。

(4) 10.0 mL 带有 $PbCl_2$ 沉淀的饱和溶液，$PbCl_2$ 的溶解度_____。

4. 为什么水中加入乙二醇可以防冻？比较在内燃机水箱中使用乙醇或乙二醇的优缺点。（提示：查阅

溶质的沸点，乙二醇的沸点为 470 K)

5. 什么是渗透压？什么是反渗透？盐碱土地上栽种植物难以生长，试以渗透原理解释该现象。

6. 为什么氯化钙和五氧化二磷可作为干燥剂？而食盐和冰的混合物可以作为冷冻剂？

7. 为什么某酸越强，则其共轭碱越弱，或某酸越弱，其共轭碱越强？

8. 下列说法是否正确？若不正确，请予以更正。
   (1) 根据 $K_a \approx c\alpha^2$，弱酸的浓度越小，则解离度越大，因此酸性越强（pH 值越小）。
   (2) 在相同浓度的一元弱酸溶液中，$c^{eq}(H^+)$ 都相等，因为中和同体积同浓度的醋酸溶液和盐酸溶液所需的碱是等量的。

9. 往氨水中加入少量下列物质时，NH_3 的解离度和溶液的 pH 值将发生怎样的变化？
   (1) $NH_4Cl(s)$ (2) $NaOH(s)$ (3) $HCl(aq)$ (4) $H_2O(l)$

10. 写出下列各种物质的共轭酸。
    (1) CO_3^{2-} (2) HS^- (3) H_2O (4) HPO_4^{2-} (5) NH_3 (6) S^{2-}

11. 写出下列各种物质的共轭碱。
    (1) $H_2PO_4^-$ (2) HAc (3) HS^- (4) HNO_2 (5) $HClO$ (6) H_2CO_3

12. 在某温度下 0.10 mol·L^{-1} 氢氰酸（HCN）溶液的解离度为 0.010%，试求在该温度时 HCN 的解离常数。

13. 计算 0.050 mol·L^{-1} 次氯酸（HClO）溶液中的 H^+ 浓度和次氯酸的解离度。

14. 已知氨水溶液的浓度为 0.20 mol·L^{-1}。
    (1) 求该溶液中 OH^- 的浓度、pH 值和氨的解离度。
    (2) 在上述溶液中加入 NH_4Cl 晶体，使其溶解后 NH_4Cl 的浓度为 0.20 mol·L^{-1}。求所得溶液中 OH^- 的浓度、pH 值和氨的解离度。
    (3) 比较上述 (1)、(2) 两小题的计算结果，说明了什么？

15. 将下列化合物的 0.10 mol·L^{-1} 溶液按 pH 值由小到大的顺序排列。
    (1) HAc   (2) NaAc   (3) H_2SO_4 (4) NH_3 (5) NH_4Cl (6) NH_4Ac

16. 下列几组等体积混合物溶液中哪些是较好的缓冲溶液？哪些是较差的缓冲溶液？哪些根本不是缓冲溶液？
    (1) 10^{-5} mol·L^{-1} HAc + 10^{-5} mol·L^{-1} NaAc；
    (2) 1.0 mol·L^{-1} HCl + 1.0 mol·L^{-1} NaCl；
    (3) 0.5 mol·L^{-1} HAc + 0.7 mol·L^{-1} NaAc；
    (4) 0.1 mol·L^{-1} NH_3 + 0.1 mol·L^{-1} NH_4Cl；
    (5) 0.2 mol·L^{-1} HAc + 0.0002 mol·L^{-1} NaAc。

17. 取 50.0 mL 0.100 mol·L^{-1} 某一元弱酸溶液，与 20.0 mL 0.100 mol·L^{-1} KOH 溶液混合，将混合溶液稀释至 100 mL，测得此溶液的 pH 值为 5.25。求此一元弱酸的解离常数。

18. 在烧杯中盛放 20.00 mL 0.100 mol·L^{-1} 氨的水溶液，逐步加入 0.100 mol·L^{-1} HCl 溶液。试计算：
    (1) 当加入 10.00 mL HCl 后，混合液的 pH 值；
    (2) 当加入 20.00 mL HCl 后，混合液的 pH 值。

19. 现有 1.0 L 由 HF 和 F^- 组成的缓冲溶液。试计算
    (1) 当该缓冲溶液中含有 0.10 mol HF 和 0.30 mol NaF 时，其 pH 值为多少？
    (2) 往缓冲溶液 (1) 中加入 0.40 g NaOH(s)，并使其完全溶解（设溶解后溶液的总体积仍为 1.0 L），问该溶液的 pH 值等于多少？
    (3) 当缓冲溶液 pH = 6.9 时，$c(HF)$ 与 $c(F^-)$ 的比值为多少？

20. 欲配制 pH = 3 的缓冲溶液，已知有下列物质的 K_a 数值：
    (1) HCOOH $K_a = 1.77 \times 10^{-4}$ (2) HAc $K_a = 1.76 \times 10^{-5}$ (3) NH_4^+ $K_a = 5.65 \times 10^{-10}$
    选择哪一种弱酸及其共轭碱较合适？

21. 现有 125 mL 1.0 mol·L^{-1} NaAc 溶液，欲配制 250 mL pH 值为 5.0 的缓冲溶液，需加入 6.0 mol·L^{-1} HAc 溶液多少毫升？

22. 在 1 L 0.10 mol·L^{-1} HAc 溶液中，需加入多少克的 NaAc·3H$_2$O 才能使溶液的 pH 值为 5.5（假设 NaAc·3H$_2$O 的加入不改变溶液的体积）。

23. 根据 PbI$_2$ 的溶度积，计算（在 25 ℃时）：
(1) PbI$_2$ 在水中的溶解度（mol·L^{-1}）；
(2) PbI$_2$ 饱和溶液中的 Pb^{2+} 和 I$^-$ 的浓度；
(3) PbI$_2$ 在 0.010 mol·L^{-1} KI 饱和溶液中 Pb^{2+} 的浓度；
(4) PbI$_2$ 在 0.010 mol·L^{-1} Pb(NO$_3$)$_2$ 溶液中的溶解度（mol·L^{-1}）。

24. 将 Pb(NO$_3$)$_2$ 溶液与 NaCl 溶液混合，设混合液中 Pb(NO$_3$)$_2$ 的浓度为 0.20 mol·L^{-1}，问：
(1) 当混合溶液中 Cl$^-$ 的浓度等于 5.0×10^{-4} mol·L^{-1}时，是否有沉淀生成？
(2) 当混合溶液中 Cl$^-$ 的浓度为多大时，开始生成沉淀？
(3) 当混合溶液中 Cl$^-$ 的浓度为 6.0×10^{-2} mol·L^{-1}时，残留于溶液中 Pb^{2+} 的浓度为多少？

25. 如何从化学平衡的观点来理解溶度积规则？试用溶度积规则解释下列事实：
(1) CaCO$_3$ 溶于稀 HCl 溶液；
(2) Mg(OH)$_2$ 溶于 NH$_4$Cl 溶液中；
(3) ZnS 能溶于 HCl 和稀 H$_2$SO$_4$ 中，而 CuS 不溶于 HCl 和稀 H$_2$SO$_4$ 中，却能溶于 HNO$_3$ 中；
(4) BaSO$_4$ 不溶于盐酸中。

26. (1) 在 0.01 L 浓度为 0.0015 mol·L^{-1} 的 MnSO$_4$ 溶液中，加入 0.005 L 浓度为 0.15 mol·L^{-1} 的氨水，能否生成 Mn(OH)$_2$ 沉淀？
(2) 若在上述 MnSO$_4$ 溶液中，先加入 0.495 g (NH$_4$)$_2$SO$_4$ 固体，然后加入 0.005 L 浓度为 0.15 mol·L^{-1} 的氨水，能否生成 Mn(OH)$_2$ 沉淀？（假设加入固体后，体积不变）

27. 在含有 Cl$^-$ 和 CrO$_4^{2-}$ 的混合溶液中，各离子浓度均为 0.10 mol·L^{-1}。若向混合溶液中逐滴加入 AgNO$_3$ 溶液，通过计算判断哪种离子先沉淀？当第二种沉淀开始生成时，第一种离子是否沉淀完全？

28. 往草酸（H$_2$C$_2$O$_4$）溶液中加入 CaCl$_2$ 溶液，得到 CaC$_2$O$_4$ 沉淀。将沉淀过滤后，往滤液中加入氨水，又有 CaC$_2$O$_4$ 沉淀产生。试从离子平衡的观点予以说明。

29. 判断下列反应进行的方向，并作简单说明（设各物质的浓度均为 1 mol·L^{-1}）。
(1) [Cu(NH$_3$)$_4$]$^{2+}$ + Zn^{2+} ⇌ [Zn(NH$_3$)$_4$]$^{2+}$ + Cu^{2+}
(2) PbCO$_3$(s) + S^{2-} ⇌ PbS(s) + CO$_3^{2-}$
(3) [Cu(CN)$_2$]$^-$ + 2NH$_3$ ⇌ [Cu(NH$_3$)$_2$]$^+$ + 2CN$^-$
(4) [FeF$_6$]$^{3-}$ + 3C$_2$O$_4^{2-}$ ⇌ [Fe(C$_2$O$_4$)$_3$]$^{3-}$ + 6F$^-$
已知：K_f([FeF$_6$]$^{3-}$) = 1.0×10^{16}，K_f([Fe(C$_2$O$_4$)$_3$]$^{3-}$) = 1.6×10^{20}。

30. 表面活性剂的分子结构特点是什么？它是怎样发挥表面活性作用的？

31. 按表面活性剂在水溶液中的解离情况，可分成哪几类？各举例说明。

32. 乳化剂为什么能增加乳状液的稳定性？

33. 为什么使用表面活性剂可以改变固液表面的润湿现象？

34. 乳状液的两种类型 W/O 型与 O/W 型，这两种符号各有什么意义？

35. 什么是增溶作用？在什么条件下才能达到增溶效果？

第 3 章　电化学原理与应用

化学反应一般可以分为两大类：一类是在反应过程中反应物之间没有电子转移的反应，如酸碱反应、沉淀反应等，这类反应称为非氧化还原反应（non-redox reaction）；另一类是在反应过程中反应物之间有电子转移，这类反应称为氧化还原反应（redox reaction）。在氧化还原反应中，发生了电子转移，若氧化还原反应的反应物间不直接接触，而是通过导体来实现电子的转移，这样就使电子定向移动，从而使电流与氧化还原反应相联系起来，这样的氧化还原反应称为电化学反应。电化学就是研究化学能与电能之间相互转换的一门学科，根据作用机理可分为两大类：一类是在反应过程中，系统吉布斯函数变减小（$\Delta_r G_m < 0$）的自发反应，即借助原电池可将其化学能转变为电能，利用氧化还原反应产生电流；另一类是反应过程中，系统吉布斯函数变增加（$\Delta_r G_m > 0$）的非自发反应，即借助电解池由外界对系统做电功，在电流作用下发生氧化还原反应，将电能转变成化学能。

电化学作为化学的一门重要分支学科，广泛应用于工农业生产、国防建设、人们的日常生活和科学研究等领域。金属的冶炼、金属材料的防腐、众多化工产品的制造等都涉及电化学理论。本章将重点讨论氧化还原反应及阐述电化学的一些基本原理和应用。

3.1　氧化还原反应

3.1.1　氧化还原反应的基本概念

人们最早把与氧结合的过程叫氧化，这一直观的定义迄今仍然有用，但其覆盖范围显然比较窄。随着对化学反应的深入研究，人们认识到氧化反应实质上是失去电子的过程，还原反应是得到电子的过程，氧化与还原是同时发生的。这样一类有电子转移（或电子得失）的反应，称为氧化还原反应。此新定义不但揭示了反应过程的实质，而且扩大了覆盖范围，不再局限于与氧结合的反应。

但该定义对形成共价型分子的氧化过程而言，"失电子"概念受到质疑。如磷（P）与氯气（Cl_2）反应生成 PCl_3。在 PCl_3 分子结构中，P—Cl 键是极性共价键。尽管共用电子对偏向电负性较大的 Cl 原子一侧，但 P 原子并未完全失去对自身价电子的控制。为了让氧化还原反应的定义能覆盖这类氧化过程，人们提出了氧化数的概念。

1970 年，IUPAC 对氧化数做了定义：氧化数（oxidation number），又称为氧化值，是某元素一个原子的荷电数，这种荷电数通过假设把每个键中的电子指定给电负性更大的原子而求得。

元素的氧化数按以下规则确定：

① 在单质中，元素的氧化数为零。如白磷 P_4、硫 S_8 中的 P、S 氧化数均为 0。

② 在正常氧化物中，氧的氧化数一般为 -2，而在过氧化物（如 H_2O_2、Na_2O_2）中为 -1，在超氧化物（如 KO_2）中为 $-1/2$。在二氟化氧中，氧的氧化数为正值（+2）。

③ 氢在化合物中的氧化数一般为 +1，而在与活泼金属生成的氢化物（如 NaH、CaH_2）中为 -1。

④ 在单原子离子中，元素的氧化数等于离子所带的电荷数；在多原子离子中，各元素

原子的氧化数代数和等于离子所带的电荷数。

⑤ 在共价化合物中，将属于两原子的共用电子对指定给电负性更大的原子后形成的电荷数就是其氧化数。

⑥ 在结构未知的化合物中，分子或离子的总电荷数等于各元素氧化数的代数和。分子的总电荷为0。

按以上规则，可求出各种化合物中不同元素的氧化数。例如：硫代硫酸钠 $Na_2S_2O_3$ 中，配位硫原子的氧化数为-2，中心硫原子的氧化数为+6，其平均氧化数为+2；四氧化三铁中，有2个Fe(Ⅲ)和1个Fe(Ⅱ)，铁的平均氧化数为+8/3。氧化数是按一定规则指定的形式电荷的数值，它可以是正数和负数，也可以是分数。

氧化数的概念是定义氧化还原反应的主要依据，凡是有元素氧化数升降的化学反应均是氧化还原反应，如下面的反应：

$$Zn + CuSO_4 \rightleftharpoons ZnSO_4 + Cu$$

在反应中，Zn给出电子而使自己的氧化数由0升高到+2，这个过程称为氧化（oxidation）；Cu^{2+}从Zn中获得电子而使其氧化数由+2降低到0，这个过程称为还原（reduction）。失去电子的物质称为还原剂（reducing agent），获得电子的物质称为氧化剂（oxidizing agent），这里Cu^{2+}被称为氧化剂，Zn被称为还原剂。氧化剂使还原剂氧化，而本身发生了还原反应，即被还原。还原剂使氧化剂还原，而本身发生了氧化反应，即被氧化。

整个氧化还原反应由氧化和还原两个半反应构成：

氧化半反应： $Zn \rightleftharpoons Zn^{2+} + 2e^-$

还原半反应： $Cu^{2+} + 2e^- \rightleftharpoons Cu$

在半反应中，同一种元素的不同氧化态物质可构成一个氧化还原电对（简称电对，redox couple）。在电对中，高氧化态物质称为氧化型（Ox），低氧化态物质称为还原型（Red），氧化还原电对通式为氧化型/还原型（Ox/Red），如Zn^{2+}/Zn、Cu^{2+}/Cu、MnO_4^-/Mn^{2+}等。

氧化半反应与还原半反应相加为整个氧化还原反应，因此氧化还原反应一般可写为：

$$还原型(Ⅰ) + 氧化型(Ⅱ) \rightleftharpoons 氧化型(Ⅰ) + 还原型(Ⅱ)$$

式中，Ⅰ和Ⅱ表示所对应的不同的氧化还原电对。

3.1.2 氧化还原反应的配平

配平氧化还原反应方程式的主要方法有氧化数法和离子-电子法。氧化数法适用范围比较广，可以不限于水溶液。离子-电子法仅适用于水溶液，但其优点是方便，尤其对于有复杂物质参与的反应。

(1) 氧化数法

利用氧化数法（the oxidation number method）在配平氧化还原反应方程式时，基本原则是反应中还原剂元素氧化数的总升高值等于氧化剂元素氧化数的总降低值，即得失电子数相等。用此方法配平氧化还原反应方程式的具体步骤如下：

① 正确书写反应物和生成物的分子式或离子式。

$$S + HNO_3 \longrightarrow SO_2 + NO + H_2O$$

② 确定还原剂分子中元素氧化数的总升高值和氧化剂分子中元素氧化数总降低值。

$$\overset{升(+4)}{S + HNO_3 \longrightarrow SO_2 + NO + H_2O}\\ \underset{降(-3)}{}$$

③ 按照最小公倍数原则对各氧化数的变化值乘以相应的系数，使氧化数降低值和升高值相等。

$$\underset{\text{降}(-3)\times 4}{\overset{\text{升}(+4)\times 3}{3S+4HNO_3 \longrightarrow 3SO_2+4NO+H_2O}}$$

④ 根据质量守恒定律，检查在反应中不发生氧化数变化的元素数目，使方程式两边所有元素相等。上式中左边比右边多 2 个 H 原子和 1 个 O 原子，所以右边的 H_2O 分子前要乘以系数 2。

$$3S+4HNO_3 \rightleftharpoons 3SO_2+4NO+2H_2O$$

（2）离子-电子法

离子-电子法（ion-electron method）又称半反应法（half-reaction method），它是依据每个半反应两边的电荷数与电子数的代数和相等，原子数相等，在此基础上来完成反应的配平。

由于一般反应是在水溶液中进行的，因此，H^+、OH^- 和 H_2O 可能参与反应，在配平中可利用它们。对于酸性溶液可使用 H^+ 和 H_2O，对于碱性溶液可使用 OH^- 和 H_2O，对于中性溶液，任选一种都可以。

例如，配平反应方程式

$$KMnO_4+K_2SO_3 \longrightarrow MnSO_4+K_2SO_4 \text{（酸性溶液）}$$

① 将主要反应物和生成物以离子形式列出

$$MnO_4^-+SO_3^{2-} \longrightarrow Mn^{2+}+SO_4^{2-}$$

② 将氧化还原反应分成两个半反应

还原反应： $MnO_4^- \longrightarrow Mn^{2+}$

氧化反应： $SO_3^{2-} \longrightarrow SO_4^{2-}$

③ 配平两个半反应式

在酸性介质中，配平半反应是在多氧的一边加 H^+，少氧的一边加 H_2O，加 H^+ 的个数等于多氧的两倍，加 H_2O 的个数与多氧个数相同。因此在还原半反应式中：MnO_4^- 被还原成 Mn^{2+}，Mn 的氧化数降低了 5，需在左边加 5 个电子，同时左边比右边多了 4 个 O 原子，反应在酸性介质中进行，应在左边加 8 个 H^+，相应右边加 4 个 H_2O。

$$MnO_4^-+8H^++5e^- \longrightarrow Mn^{2+}+4H_2O \tag{3-1}$$

在氧化反应中，S 的氧化数升高了 2，在反应式右边加 2 个电子，反应式左边比右边少 1 个氧原子，在酸性介质中左边加 1 个 H_2O 分子，右边加 2 个 H^+。

$$SO_3^{2-}+H_2O \longrightarrow SO_4^{2-}+2H^++2e^- \tag{3-2}$$

④ 根据氧化剂和还原剂得失电子数相等的原则，将两个半反应式各自乘以相应的系数，然后相加消去电子就可得到配平的离子方程式。

式(3-1)×2+式(3-2)×5

$$2MnO_4^-+5SO_3^{2-}+6H^+ \rightleftharpoons 2Mn^{2+}+5SO_4^{2-}+3H_2O$$

⑤ 在离子方程式中添上不参加反应的反应物和生成物的正负离子，写出相应的分子式，就可得到配平的方程式（注意：在选用酸时，以不引入其他杂质为原则，上述反应物中有 SO_4^{2-}，所以用 H_2SO_4 为好），最后核对各种元素的原子个数在方程式两边是否相等。

$$2KMnO_4+5K_2SO_3+3H_2SO_4 \rightleftharpoons 2MnSO_4+6K_2SO_4+3H_2O$$

3.2 原电池

3.2.1 原电池的组成

将银白色的锌片放入蓝色的硫酸铜溶液中，就会观察到在锌片表面有红色的金属铜析出，溶液蓝色逐渐消失，溶液温度升高。这表明发生了锌置换铜的化学反应：

$$Zn + CuSO_4 \rightleftharpoons ZnSO_4 + Cu$$

由于锌片直接与 Cu^{2+} 接触，电子便由锌直接传递给 Cu^{2+}，电子的流动是无序的，因此氧化还原反应中释放出的化学能转变成热能。若利用一种装置，使锌片中的电子不是直接传递给 Cu^{2+}，而是通过导线来传递，则电子沿导线定向流动而产生电流，这样就使反应过程中所释放出的化学能转变成电能。这种利用自发氧化还原反应产生电流，而使化学能转变为电能的装置称为原电池（voltaic cell）。

如图 3-1，在放入硫酸锌溶液的烧杯中插入锌片，在硫酸铜溶液的烧杯中插入铜片。将两电解质溶液用一个倒置的 U 形管连接，U 形管中装满用饱和 KCl 溶液和琼脂做成的冻胶，称作盐桥（salt bridge）。当用导线连接锌片和铜片时，串联的检流计的指针发生偏转，说明导线上有电流通过，即组成铜锌原电池。

上述原电池由两部分组成：一部分是铜片和硫酸铜溶液，另一部分是锌片和硫酸锌溶液，这两个部分都称为半电池或电极，称为铜电极和锌电极，分别对应着 Cu^{2+}/Cu 电对和 Zn^{2+}/Zn 电对。在电极的金属和溶液界面上发生的反应（半反应）称为电极反应或半电池反应。电极的正负可由电子的流向确定。输出电子的电极为负极（negative electrode），发生氧化反应，输入电子的电极为正极（positive electrode），发生还原反应。将两个电极反应合并即得原电池的总反应，又叫电池反应。

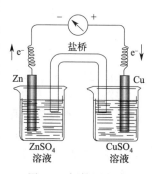

图 3-1 铜锌原电池

锌电极（负极）：$Zn(s) \rightleftharpoons Zn^{2+}(aq) + 2e^-$ 氧化反应

铜电极（正极）：$Cu^{2+}(aq) + 2e^- \rightleftharpoons Cu(s)$ 还原反应

电池反应：$Zn(s) + Cu^{2+}(aq) \rightleftharpoons Cu(s) + Zn^{2+}(aq)$

反应进行时，金属锌不断溶解，金属铜不断析出，$CuSO_4$ 溶液的特征蓝色逐渐消失。与此同时，在锌电极中，由于反应而增多的 Zn^{2+} 聚集在 Zn 片附近，对 Zn 片上的电子产生吸引力，从而阻碍 Zn 继续氧化；在铜电极中，Cu^{2+} 反应后留下过剩的 SO_4^{2-} 也会聚集在 Cu 片附近，排斥由锌片传输来的电子，阻碍了 Cu^{2+} 的还原，从而使电池反应逐渐停止，电流中断。而当有盐桥存在时，盐桥中的 Cl^- 会比 K^+ 更多地进入 $ZnSO_4$ 溶液，以中和过剩的正电荷，盐桥中的 K^+ 则会比 Cl^- 更多地进入 $CuSO_4$ 溶液，中和过剩的负电荷。这样就可以保持两盐溶液的电中性，使反应持续进行，电流不断产生。

3.2.2 原电池的电池符号

在化学中，原电池的装置可用简单的符号来表示，称为电池符号。

书写电池符号应遵守下列规则：

① 负极写在左边，正极写在右边，以双垂线"∥"表示盐桥，以单垂线"｜"表示两个相之间的相界面。

② 正、负极中的电解质溶液紧靠盐桥左、右两侧，左、右两端以导电的电极材料表示。

若电极反应中无固体导电材料参与反应,此电极应附加 Pt、C 等惰性导电材料作为电极载体。

③ 通常在电解质溶液(或气体)后面以符号"c"(或"p")表示其浓度(或分压)。

④ 纯液体、固体和气体写在电极中,用单垂线"|"分隔。

⑤ 同种电解质溶液中的不同离子,应加逗号","分隔,如$|Fe^{2+},Fe^{3+}|$。

⑥ 当介质如 H^+、OH^- 等参加电极反应时,会影响电池反应的进行,应随有关的半电池表示其中。

按照上述的书写规则,铜锌原电池可用下面符号表示:

$$(-)Zn|Zn^{2+}(c_1)\|Cu^{2+}(c_2)|Cu(+)$$

【例 3-1】 写出下面氧化还原反应组成的原电池的符号。

(1) $Cu(s)+Cl_2(p) \rightleftharpoons Cu^{2+}(c_1)+2Cl^-(c_2)$

(2) $Sn^{2+}(c_1)+Hg^{2+}(c_2) \rightleftharpoons Sn^{4+}(c_3)+Hg(l)$

(3) $Cr_2O_7^{2-}(c_1)+6Fe^{2+}(c_2)+14H^+(c_3) \rightleftharpoons 2Cr^{3+}(c_4)+6Fe^{3+}(c_5)+7H_2O(l)$

解 (1) 电极反应:负极 $Cu(s) \rightleftharpoons Cu^{2+}(c_1)+2e^-$

正极 $Cl_2(p)+2e^- \rightleftharpoons 2Cl^-(c_2)$

电池符号表示为:$(-)Cu|Cu^{2+}(c_1)\|Cl^-(c_2)|Cl_2(p)|Pt(+)$

(2) 电极反应:负极 $Sn^{2+}(c_1) \rightleftharpoons Sn^{4+}(c_3)+2e^-$

正极 $Hg^{2+}(c_2)+2e^- \rightleftharpoons Hg(l)$

电池符号表示为:$(-)Pt|Sn^{2+}(c_1),Sn^{4+}(c_3)\|Hg^{2+}(c_2)|Hg(l)|Pt(+)$

(3) 电极反应:负极 $Fe^{2+}(c_2) \rightleftharpoons Fe^{3+}(c_5)+e^-$

正极 $Cr_2O_7^{2-}(c_1)+14H^+(c_3)+6e^- \rightleftharpoons 2Cr^{3+}(c_4)+7H_2O(l)$

电池符号表示为:$(-)Pt|Fe^{2+}(c_2),Fe^{3+}(c_5)\|Cr_2O_7^{2-}(c_1),Cr^{3+}(c_4),H^+(c_3)|Pt(+)$

3.2.3 电极类型

任何一个原电池都是由两个电极构成的,电极的分类可以有不同的方法。根据电极材料是否参与电极反应,可将电极分为活性电极和惰性电极。活性电极(active electrode)指电极材料除起导电作用外,还参与电极反应的一类电极,如 Cu-Zn 原电池中的铜电极和锌电极。而有的电极反应中没有可导电的固体材料,根据电极反应设计成电极时需添加电极材料。选择的电极材料不应改变电极反应的热力学性质,只起导电作用,不参与电极反应,一般选取铂和石墨这类惰性导体,此类电极称作惰性电极(inert electrode),如铁离子电极、氢电极等。

另外,根据电极的组成,可分为以下三类。

(1) 第一类电极

指电极物质插入含有该物质离子的溶液中所形成的电极,这类电极又分为两种。

① 金属电极

指将金属浸入含有该金属离子的溶液中构成的电极,电极符号为 $M|M^{n+}$。

电极反应通式为 $\qquad M^{n+}+ne^- \rightleftharpoons M(s)$

如:$Zn|Zn^{2+}$ $\qquad Zn^{2+}+2e^- \rightleftharpoons Zn$

$\quad Ag|Ag^+$ $\qquad Ag^++e^- \rightleftharpoons Ag$

② 非金属电极

这类电极是由非金属与其离子组成的。构成此类电极需要有铂、石墨等惰性电极材料,常用的该类电极有氢电极、氧电极、氯电极等。

电极符号和电极反应为：

氢电极　　$Pt|H_2|H^+$　　　　$2H^+ + 2e^- \rightleftharpoons H_2(g)$

氯电极　　$Pt|Cl_2|Cl^-$　　　　$Cl_2(g) + 2e^- \rightleftharpoons 2Cl^-$

氧电极　　$Pt|O_2|OH^-$　　　$O_2(g) + 2H_2O + 4e^- \rightleftharpoons 4OH^-$

（2）第二类电极

此类电极有难溶盐电极和难溶氧化物电极，是将金属表面覆盖一薄层该金属的难溶盐（或氧化物），然后浸入含有该难溶物负离子的溶液中构成的。常见的是氯化银电极和甘汞电极。

电极符号及电极反应为：

氯化银电极　$Ag|AgCl(s)|Cl^-$　　　　$AgCl(s) + e^- \rightleftharpoons Ag(s) + Cl^-$

甘汞电极　　$Pt|Hg(l)|Hg_2Cl_2(s)|Cl^-$　　$Hg_2Cl_2(s) + 2e^- \rightleftharpoons 2Hg(l) + 2Cl^-$

（3）零类电极

将惰性材料（Pt、石墨等）插入含有两种不同氧化态的同种离子的溶液中构成零类电极，也称为氧化还原电极。例如，Pt 插入含有 Sn^{4+}、Sn^{2+} 的溶液中，构成的电极符号和反应为：

$$Pt|Sn^{4+}, Sn^{2+} \qquad\qquad Sn^{4+} + 2e^- \rightleftharpoons Sn^{2+}$$

3.3　电极电势

在原电池中，把两个电极用导线连接，并用盐桥将电解质溶液相连，导线中就有电流通过，这说明在两电极之间有电势差，也就是说两个电极上都有电势存在且是不相等的，这种电极上所具有的电势就称为电极电势。那么电极电势是如何产生的呢？

3.3.1　电极电势的产生

现代理论认为，任何两种不同的物体相互接触时，在界面上都会产生电势差。以金属-金属离子电极为例，金属晶体是由金属原子、金属正离子和自由电子组成的统一体。当将金属浸入水中或其离子所构成的盐溶液中时，有两个过程同时发生：一方面，金属表面的一些金属正离子由于自身的热运动和受极性溶剂水分子的吸引，有离开金属以水合离子的形式进入溶液的倾向。金属正离子进入溶液后，将剩余电子留在金属上而使其带负电，此即金属的溶解过程。另一方面，溶液中的金属正离子也有与金属表面上的自由电子结合而沉积到金属表面的倾向，这时金属表面由于自由电子的缺乏而带正电，此为金属离子的沉积过程。两个过程可表示为：

$$M(s) \underset{沉积}{\overset{溶解}{\rightleftharpoons}} M^{n+}(aq) + ne^-（电极上）$$

在一定温度下，溶解和沉积两个过程所进行的程度，与金属活泼性、溶液中金属离子的浓度等因素有关。金属越活泼，溶液中金属离子的浓度越小，溶解过程占主导地位，金属离子进入溶液的速率大于沉积速率。当溶解与沉积达到动态平衡时，金属表面带负电，而由于异性电荷相吸，金属正离子会聚集在金属表面附近与金属表面的负电荷形成双电层（electrostatic double layer），如图 3-2 所示。此时在金属表面与其盐溶液之间就会产生一定的电势差。反之，金属越不活泼，溶液中金属离子的浓度越大，越有利于沉积过程的进行，金属离子沉积的速率大于金属溶解的速率，达到平衡时，在金属与溶液的界面上也形成了双电层,但这时金属带正电而溶液带负电。

无论形成哪种双电层,在金属与其盐溶液之间都产生电势差,这种电势差叫金属的平衡电极电势,也叫可逆电极电势,简称电极电势(electrode potential),用符号 $\varphi_{Ox/Red}$ 表示,其单位为 V。由于金属的活泼性不同,各种金属的电极电势不同。

电极电势的绝对值是无法直接测量的,但两个电极的电极电势之差——电势差,是可以测量的,将两个电极组成一个原电池,测定原电池的电动势(electromotive force)即可。为了使电极电势的大小有一个统一的比较标准,通常选择标准氢电极作为基准,规定

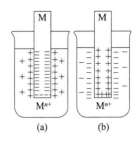

图 3-2 双电层结构

标准氢电极的电极电势为"零",其他电极相对于它的电势差即为该电极的电极电势。

3.3.2 标准氢电极和标准电极电势

(1) 标准氢电极

作为基准电极的标准氢电极(standard hydrogen electrode),其组成和结构如图 3-3 所示,将镀有海绵状蓬松铂黑的铂片插入 $c(H^+)=1.0\ mol·L^{-1}$ 的硫酸溶液中,在 298.15 K 下不断通入压力为 100 kPa 的高纯氢气流,氢气被铂黑所吸附,溶液中的氢离子与被铂黑吸附的氢气建立起平衡:

$$2H^+(1.0\ mol·L^{-1})+2e^- \rightleftharpoons H_2(100\ kPa)$$

此时氢离子 H^+ 与氢气 H_2 间就构成了氢电极电对 H^+/H_2。

由于电极反应中各物质均处于标准状态,故上述装置就构成了标准氢电极。标准氢电极的电极电势用符号 $\varphi^{\ominus}_{H^+/H_2}$ 表示,其中 φ 表示电极电势,右上角

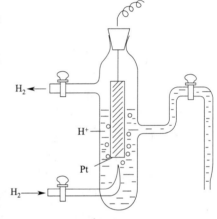

图 3-3 标准氢电极结构

标 $\ominus$ 表示标准状态。标准氢电极作为比较基准,通常规定它在 298.15 K 下的标准电极电势为零,即:

$$\varphi^{\ominus}_{H^+/H_2}=0.0000\ V$$

(2) 标准电极电势

想要确定某电极(电对)的电极电势,可把该电极和标准氢电极组成一个原电池,测定此原电池的电动势,即可求该电极的电极电势。

与标准氢电极构成的原电池如下:

标准氢电极 ‖ 待测电极

如果待测电极中各物质均处于标准状态,则根据上述方法可以测得待测电极的标准电极电势。这里需要注意,在电化学的标准状态当中,除了热力学中的标准分压和标准浓度以外,特别强调测量温度是 298.15 K。因为电化学是一种能量的转换过程,化学能和电能的转换在不同的温度下会有不同的能量变化。所以要特别注意,电化学的标准状态包括了温度的参数,而热力学的标准态没有包括温度的参数。

如想要测铜电极的标准电极电势,根据电流方向知铜电极为正极,氢电极为负极,则组成的原电池表示为:

$$(-)Pt|H_2(100\ kPa)|H^+(1.0\ mol·L^{-1}) \| Cu^{2+}(1.0\ mol·L^{-1})|Cu(+)$$

此时，原电池的电动势就等于铜电极的标准电极电势 $\varphi^{\ominus}_{Cu^{2+}/Cu}=0.3419\ V$。

若测定锌电极的标准电极电势，根据电流方向知锌电极为负极，氢电极为正极，则组成的原电池表示为：

$$(-)Zn|Zn^{2+}(1.0\ mol \cdot L^{-1}) \| H^{+}(1.0\ mol \cdot L^{-1})|H_2(100\ kPa)|Pt(+)$$

此时，锌电极的标准电极电势 $\varphi^{\ominus}_{Zn^{2+}/Zn}=\varphi^{\ominus}_{H^{+}/H_2}-E^{\ominus}=-0.7618\ V$，其中 $E^{\ominus}$ 为原电池的标准电动势。

在实际测定中，由于标准氢电极的制备与操作均较困难，使用极不方便，往往使用其他稳定的电极作为参比电极。甘汞电极是常用的参比电极之一，它是由 Hg、糊状 Hg_2Cl_2 和 KCl 溶液构成的，KCl 溶液的浓度不同，其电极电势也不同。当 KCl 为饱和溶液时，电极电势为 0.2415 V。

将各种电极的标准电极电势按大小排列，可得标准电极电势表（附录9）。其中像 F_2、Li 等易与水作用的活泼元素电对的电极电势，无法在水溶液中测定，其数值是根据热力学方法计算得到的。

对标准电极电势表的使用，需注意以下几点：

① 表中半电池反应即电极反应，全部按还原反应书写，即氧化态 $+ne^{-} \rightleftharpoons$ 还原态。

② 表中以标准氢电极为基准，排在 H^{+}/H_2 上方的，其标准电极电势为负值；排在 H^{+}/H_2 下方的，其标准电极电势为正值。标准电极电势值的大小，反映了电对的氧化态与还原态的氧化还原能力或倾向。标准电极电势数值越大，则氧化态得电子能力越强。即表中自上而下，氧化态物质得电子倾向增加，而还原态物质失电子倾向减弱。

③ 标准电极电势是系统的一个强度量，其值与氧化还原电对的本性有关，而与发生电极反应的物质的量无关。发生电极反应的物质的量只会影响原电池的电量。例如：

$$Cu^{2+}+2e^{-} \rightleftharpoons Cu(s) \qquad \varphi^{\ominus}_{Cu^{2+}/Cu}=0.3419\ V \qquad (a)$$

$$2Cu^{2+}+4e^{-} \rightleftharpoons 2Cu(s) \qquad \varphi^{\ominus}_{Cu^{2+}/Cu}=0.3419\ V \qquad (b)$$

两个电极反应从左到右反应进度为 1 mol 时，(a) 转移 2 mol 电子，(b) 转移 4 mol 电子，电量不同，但其标准电极电势却相等。

④ 表中数值是在温度为 298.15 K 水溶液中测量的，因此不适用于非水溶剂、高温和固相反应。

3.3.3 能斯特方程

（1）电动势与吉布斯函数的关系

在化学热力学中，已知判断反应自发性的判据是非体积功，一个反应产生非体积功的能力可用反应的 $\Delta_r G_m$ 来衡量。一个能自发进行的氧化还原反应，可以设计成一个原电池，把化学能转变为电能，即非体积功为电功。则在恒温、恒压条件下，反应的摩尔吉布斯函数变等于原电池可能做的最大电功，即

$$\Delta_r G_m = W'_{max} = W_e \qquad (3-3a)$$

$$电功\ W_e = -QE \qquad (3-3b)$$

式中，Q 为电子从原电池的负极移到正极的电荷总量；E 为电池的电动势，负号表示系统向环境做功。当原电池的两极在氧化还原反应中有单位物质的量的电子发生转移时，就产生 1 法拉第(F)的电量。如果氧化还原反应中有 n(mol) 电子得失，则产生 nF 电量，此时

$$\Delta_r G_m = W'_{max} = -QE = -nFE \qquad (3-4a)$$

当原电池处于标准状态时，即电池反应中离子浓度为 $1.0\ mol \cdot L^{-1}$，气体分压为 100

kPa，温度为 298.15 K，此时原电池的电动势就是标准电动势 $E^{\ominus}$，则

$$\Delta_r G_m^{\ominus} = -nFE^{\ominus} \tag{3-4b}$$

式中，$E^{\ominus}$ 的单位是 V；n 为电池反应的电子转移数；F 为法拉第常数，$F=96485$ C·mol^{-1}；$\Delta_r G_m^{\ominus}$ 的单位为 J·mol^{-1}。

由此根据原电池的电动势即可计算电池反应的吉布斯函数变。这是联系热力学和电化学的主要桥梁，使人们可以通过电池电动势的测定等电化学方法求得反应的 $\Delta_r G_m$，并进而解决热力学问题。也揭示了化学能转变为电能的最高限度，为改善电池性能或研制新的化学能源提供了理论依据。

(2) 能斯特方程

标准电动势是在标准状态（各离子浓度为 1.0 mol·L^{-1}，各气体分压为标准压力 100 kPa）及温度为 298.15 K 时测得的，但很多氧化还原反应往往是在非标准状态下进行的，当浓度和温度改变时，电极电势也随之改变，其定量关系可由热力学关系式——范特霍夫等温方程式进行推导。

设电池反应为

$$a\mathrm{A}(aq) + b\mathrm{B}(aq) \rightleftharpoons g\mathrm{G}(aq) + d\mathrm{D}(aq)$$

根据热力学等温方程式，上述反应的 $\Delta_r G_m$

$$\Delta_r G_m = \Delta_r G_m^{\ominus} + RT \ln Q \tag{3-5}$$

式中，Q 为此反应的反应商。

将式(3-4a)和式(3-4b)代入，得

$$E = E^{\ominus} - \frac{RT}{nF} \ln Q \tag{3-6}$$

$$E = E^{\ominus} - \frac{RT}{nF} \ln \frac{[c_G/c^{\ominus}]^g [c_D/c^{\ominus}]^d}{[c_A/c^{\ominus}]^a [c_B/c^{\ominus}]^b} \tag{3-7a}$$

此关系式是由德国化学家能斯特（W. Nernst）首先得出的，因此称为能斯特方程（Nernst equation），表示组成原电池的各种物质的浓度（对气态物质，用压力代替浓度）、温度与原电池电动势的关系。

以电池反应 $\mathrm{Sn}^{2+} + 2\mathrm{Fe}^{3+} \rightleftharpoons \mathrm{Sn}^{4+} + 2\mathrm{Fe}^{2+}$ 为例，组成的原电池中 $\mathrm{Sn}^{4+}/\mathrm{Sn}^{2+}$ 为负极，$\mathrm{Fe}^{3+}/\mathrm{Fe}^{2+}$ 为正极。

若将电极电势代入电动势：$E = \varphi_+ - \varphi_-$，$E^{\ominus} = \varphi_+^{\ominus} - \varphi_-^{\ominus}$

$$\varphi_+ - \varphi_- = \varphi_+^{\ominus} - \varphi_-^{\ominus} - \frac{RT}{2F} \ln \frac{[c(\mathrm{Sn}^{4+})/c^{\ominus}] [c(\mathrm{Fe}^{2+})/c^{\ominus}]^2}{[c(\mathrm{Sn}^{2+})/c^{\ominus}] [c(\mathrm{Fe}^{3+})/c^{\ominus}]^2}$$

分别将相关项组合在一起，则有：

负极反应 $\mathrm{Sn}^{4+} + 2e^- \rightleftharpoons \mathrm{Sn}^{2+}$

$$\varphi_- = \varphi_-^{\ominus} + \frac{RT}{2F} \ln \frac{[c(\mathrm{Sn}^{4+})/c^{\ominus}]}{[c(\mathrm{Sn}^{2+})/c^{\ominus}]}$$

正极反应 $2\mathrm{Fe}^{3+} + 2e^- \rightleftharpoons 2\mathrm{Fe}^{2+}$

$$\varphi_+ = \varphi_+^{\ominus} + \frac{RT}{2F} \ln \frac{[c(\mathrm{Fe}^{3+})/c^{\ominus}]^2}{[c(\mathrm{Fe}^{2+})/c^{\ominus}]^2}$$

因此，针对电极反应的能斯特方程的表达式为：

电极反应 $a(\mathrm{Ox}) + ne^- \rightleftharpoons b(\mathrm{Red})$

$$\varphi_{\mathrm{Ox/Red}} = \varphi_{\mathrm{Ox/Red}}^{\ominus} + \frac{RT}{nF} \ln \frac{[c(\mathrm{Ox})/c^{\ominus}]^a}{[c(\mathrm{Red})/c^{\ominus}]^b}$$

这是一个常用公式,如果没有特殊说明,一般是指 298.15 K 的情况下,将 $R=8.314$ J·mol^{-1}·K^{-1},$F=96485$ C·mol^{-1},$c^{\ominus}=1.0$ mol·L^{-1} 代入,并将自然对数变换为以 10 为底的常用对数,则电极反应的能斯特方程可写为:

298.15 K 时

$$\varphi_{Ox/Red}=\varphi^{\ominus}_{Ox/Red}+\frac{0.0592 \text{ V}}{n}\lg\frac{[Ox]^a}{[Red]^b} \tag{3-7b}$$

式中,$\varphi^{\ominus}_{Ox/Red}$ 为电对的标准电极电势;n 为电极反应中转移的电子数;[Ox] 为氧化态物质的相对浓度;[Red] 为还原态物质的相对浓度;a、b 分别表示电极反应式中氧化态、还原态物质前面的系数。

书写能斯特方程式时,应注意以下问题:

① 电极反应要配平。

② 参与电极反应的某一物质若是固体或纯液体(如液态 Br_2,纯 H_2O),则它们的相对浓度可视为"1"而不列入方程式中,若是气体则用相对分压表示。

如:电极反应 $\qquad Br_2(l)+2e^-\rightleftharpoons 2Br^-$

$$\varphi_{Br_2/Br^-}=\varphi^{\ominus}_{Br_2/Br^-}+\frac{0.0592 \text{ V}}{2}\lg\frac{1}{[Br^-]^2}$$

电极反应 $\qquad 2H^++2e^-\rightleftharpoons H_2(g)$

$$\varphi_{H^+/H_2}=\varphi^{\ominus}_{H^+/H_2}+\frac{0.0592 \text{ V}}{2}\lg\frac{[H^+]^2}{p(H_2)/p^{\ominus}}$$

③ 电极反应中,若除了氧化态、还原态物质外,还有其他物质,如 H^+、OH^- 等,也需将这些物质列在能斯特方程中。

如:电极反应 $\qquad Cr_2O_7^{2-}+14H^++6e^-\rightleftharpoons 2Cr^{3+}+7H_2O$

$$\varphi_{Cr_2O_7^{2-}/Cr^{3+}}=\varphi^{\ominus}_{Cr_2O_7^{2-}/Cr^{3+}}+\frac{0.0592 \text{ V}}{6}\lg\frac{[Cr_2O_7^{2-}][H^+]^{14}}{[Cr^{3+}]^2}$$

④ 电极电势的数值与电极反应式的写法无关。

如:电极反应 $\qquad Cu^{2+}+2e^-\rightleftharpoons Cu$

$$\varphi_{Cu^{2+}/Cu}=\varphi^{\ominus}_{Cu^{2+}/Cu}+\frac{0.0592 \text{ V}}{2}\lg[Cu^{2+}]$$

将上述电极的化学计量数扩大 2 倍,则电极反应为 $2Cu^{2+}+4e^-\rightleftharpoons 2Cu$

与此同时,$\xi=1$ mol 时电子的计量系数也扩大 2 倍,则

$$\varphi_{Cu^{2+}/Cu}=\varphi^{\ominus}_{Cu^{2+}/Cu}+\frac{0.0592 \text{ V}}{4}\lg[Cu^{2+}]^2$$

$$=\varphi^{\ominus}_{Cu^{2+}/Cu}+\frac{0.0592 \text{ V}}{2}\lg[Cu^{2+}]$$

可见,电极电势数值不因化学计量系数而改变。

3.3.4 电极电势的影响因素

在电极反应中,离子浓度的改变、沉淀的生成、弱电解质的生成、酸度等对电极电势都有影响,这里仅讨论浓度和酸度对电极电势的影响。

(1) 浓度对电极电势的影响

由能斯特方程可知,电对中的氧化态或还原态物质的浓度改变时,会改变电对的电极电势,氧化态物质浓度增大,电极电势也增大,还原态物质浓度增大,电极电势将减小。

【例 3-2】 已知 $\varphi^{\ominus}_{Ag^+/Ag} = +0.799$ V，求 $c(Ag^+) = 0.001$ mol·L^{-1} 时，电对 Ag^+/Ag 的电极电势。

解 电极反应为 $Ag^+ + e^- \rightleftharpoons Ag$

$$\varphi_{Ag^+/Ag} = \varphi^{\ominus}_{Ag^+/Ag} + \frac{0.0592 \text{ V}}{1} \lg[Ag^+]$$
$$= 0.799 \text{ V} + 0.0592 \text{ V} \lg(0.001)$$
$$= 0.6214 \text{ V}$$

(2) 酸度对电极电势的影响

对于有 H^+ 或 OH^- 参加的电极反应，溶液酸度的变化会对电极电势产生影响。

【例 3-3】 298.15 K 时，电极反应 $MnO_4^- + 8H^+ + 5e^- \rightleftharpoons Mn^{2+} + 4H_2O$，当 MnO_4^-、Mn^{2+} 浓度皆为 1 mol·L^{-1}，pH=5 时，电对 MnO_4^-/Mn^{2+} 的电极电势为多少？

解 已知 $MnO_4^- + 8H^+ + 5e^- \rightleftharpoons Mn^{2+} + 4H_2O$ $\varphi^{\ominus}_{MnO_4^-/Mn^{2+}} = 1.507$ V

$$c(MnO_4^-) = c(Mn^{2+}) = 1 \text{ mol·L}^{-1}, c(H^+) = 10^{-5} \text{ mol·L}^{-1}$$

则 298.15 K 时电对 MnO_4^-/Mn^{2+} 的电极电势为：

$$\varphi_{MnO_4^-/Mn^{2+}} = \varphi^{\ominus}_{MnO_4^-/Mn^{2+}} + \frac{0.0592 \text{ V}}{5} \lg \frac{[MnO_4^-][H^+]^8}{[Mn^{2+}]}$$
$$= 1.507 \text{ V} + \frac{0.0592 \text{ V}}{5} \lg(10^{-5})^8$$
$$= 1.033 \text{ V}$$

可以看出，由于电极反应中 H^+ 的化学计量数为 8，当 H^+ 的浓度由标准浓度降至 10^{-5} mol·L^{-1} 时，电对 MnO_4^-/Mn^{2+} 的电极电势从标准状态的 1.507 V 降至 1.033 V，MnO_4^- 的氧化能力也降低，即此类含氧酸盐的氧化性随酸度的降低而减弱，或随酸度的增大而增强。

对于没有 H^+ 或 OH^- 参加的电极反应，如 $Fe^{3+} + e^- \rightleftharpoons Fe^{2+}$ 和 $Cl_2 + 2e^- \rightleftharpoons 2Cl^-$ 等，酸度的改变对其电极电势的影响很小。除了酸度，凡是能引起溶液中离子浓度改变的其他因素，如生成沉淀、配离子等都会对电极电势产生影响。

有关问题归纳如下：

① 当系统的温度一定时，离子浓度对电极电势有影响，但影响一般不大。如【例 3-2】中当金属离子浓度减小到 10^{-3} mol·L^{-1} 时，电极电势改变不到 0.2 V。

② 溶液的酸碱性对电极电势的影响显著。

③ 当氧化态物质的浓度增大或还原态物质的浓度减少时，电极电势值增大，则氧化态物质的氧化能力增强；当氧化态物质的浓度减少或还原态物质的浓度增加时，电极电势的值减小，则还原态物质的还原能力增强。

3.4 电极电势在化学上的应用

电极电势数值是电化学中很重要的数据，可用于比较氧化剂和还原剂的相对强弱，计算原电池的电动势，判断氧化还原反应进行的方向和限度。

3.4.1 比较氧化剂和还原剂的相对强弱

根据双电层理论，电极电势的高低代表了氧化态和还原态物质得失电子的难易程度，不同的电极具有不同的电极电势,电极电势的大小与电对的性质有着直接的关系,因此利用电极电势可以定量地衡量氧化剂和还原剂的相对强弱,准则如下:

① 电极电势越高的电对,其氧化态物质的氧化能力越强,是强的氧化剂;而电对中还原态物质的还原能力越弱,是弱的还原剂。

② 电极电势越低的电对,其还原态物质的还原能力越强,是强的还原剂;而电对中氧化态物质的氧化能力弱,是弱的氧化剂。

例如:已知四个电对的标准电极电势分别为:

$$\varphi^{\ominus}_{F_2/F^-} = 2.866 \text{ V}$$

$$\varphi^{\ominus}_{Cl_2/Cl^-} = 1.358 \text{ V}$$

$$\varphi^{\ominus}_{Br_2/Br^-} = 1.066 \text{ V}$$

$$\varphi^{\ominus}_{I_2/I^-} = 0.536 \text{ V}$$

则在标准状态下,氧化剂 F_2、Cl_2、Br_2、I_2 的氧化能力,从强到弱的顺序为 $F_2 > Cl_2 > Br_2 > I_2$;而还原剂 F^-、Cl^-、Br^-、I^- 的还原能力,从强到弱的顺序为 $I^- > Br^- > Cl^- > F^-$。

3.4.2 判断原电池的正负极和计算电动势

电极电势的高低,可用于判断一个原电池的正负极。在组成原电池的两个半电池中,电极电势值较大的半电池是原电池的正极,电极电势值较小的半电池是原电池的负极,原电池的电动势等于正极的电极电势减去负极的电极电势,当电动势大于零时,才能发生原电池反应。

$$E = \varphi_+ - \varphi_- \tag{3-8a}$$

标准状态时

$$E^{\ominus} = \varphi^{\ominus}_+ - \varphi^{\ominus}_- \tag{3-8b}$$

另外,也可以根据能斯特方程计算非标准状态下的电动势。

【例 3-4】 根据氧化还原反应 $Pb^{2+} + Sn \rightleftharpoons Pb + Sn^{2+}$,分别计算:(1) 在标准状态时原电池的电动势;(2) $c(Pb^{2+}) = 0.001 \text{ mol·L}^{-1}$,$c(Sn^{2+}) = 1.0 \text{ mol·L}^{-1}$ 时,原电池的电动势。

解 (1) 在标准状态时

查表可得 $\varphi^{\ominus}_{Sn^{2+}/Sn} = -0.138 \text{ V}$;$\varphi^{\ominus}_{Pb^{2+}/Pb} = -0.126 \text{ V}$。

因为 $\varphi^{\ominus}_{Sn^{2+}/Sn} < \varphi^{\ominus}_{Pb^{2+}/Pb}$,所以 Pb^{2+}/Pb 为正极,Sn^{2+}/Sn 为负极。

$$E^{\ominus} = \varphi^{\ominus}_{Pb^{2+}/Pb} - \varphi^{\ominus}_{Sn^{2+}/Sn} = -0.126 \text{ V} - (-0.138 \text{ V}) = 0.012 \text{ V}$$

(2) $c(Pb^{2+}) = 0.001 \text{ mol·L}^{-1}$,$c(Sn^{2+}) = 1.0 \text{ mol·L}^{-1}$ 时,电极 Sn^{2+}/Sn 为标准状态,电极 Pb^{2+}/Pb 为非标准状态。

电极反应 $\quad Pb^{2+} + 2e^- \rightleftharpoons Pb$

$$\varphi_{Pb^{2+}/Pb} = \varphi^{\ominus}_{Pb^{2+}/Pb} + \frac{0.0592 \text{ V}}{2} \lg[Pb^{2+}]$$

$$= -0.126 \text{ V} + \frac{0.0592 \text{ V}}{2} \lg(0.001)$$

$$= -0.2148 \text{ V}$$

因为 $\varphi_{Pb^{2+}/Pb} < \varphi^{\ominus}_{Sn^{2+}/Sn}$

此时所组成的原电池 Sn^{2+}/Sn 为正极,Pb^{2+}/Pb 为负极。

$$E = \varphi^{\ominus}_{Sn^{2+}/Sn} - \varphi^{\ominus}_{Pb^{2+}/Pb} = -0.138\ V - (-0.2148\ V) = 0.0768\ V$$

3.4.3 判断氧化还原反应进行的方向

在恒温、恒压下，化学反应能否自发进行的热力学判据为：$\Delta_r G_m < 0$，正反应自发进行；$\Delta_r G_m > 0$，逆反应自发进行。

则由 $\Delta_r G_m = -nFE$，得：

$\varphi_+ > \varphi_-$，$E > 0$，$\Delta_r G_m < 0$ 氧化还原反应自发正向进行；

$\varphi_+ < \varphi_-$，$E < 0$，$\Delta_r G_m > 0$ 氧化还原反应自发逆向进行。

由此根据组成氧化还原反应的两电对的电极电势可判断氧化还原反应进行的方向。即电极电势值大的电对中的氧化态物质可以和电极电势值小的电对中的还原态物质自发进行反应。

【例 3-5】 判断反应 $2Fe^{3+} + 2I^- \rightleftharpoons 2Fe^{2+} + I_2(s)$ 在以下状态下可否自发正向进行？

（1）标准状态下；

（2）当 $c(I^-)$ 从 $1\ mol \cdot L^{-1}$ 降至 $0.01\ mol \cdot L^{-1}$，而其他物质均处于标准状态时。

解 （1）查表可知 $\varphi^{\ominus}_{Fe^{3+}/Fe^{2+}} = 0.771\ V > \varphi^{\ominus}_{I_2/I^-} = 0.536\ V$

所以，Fe^{3+}/Fe^{2+} 做正极，Fe^{3+} 为氧化剂，I_2/I^- 做负极，I^- 为还原剂，即电对 Fe^{3+}/Fe^{2+} 的氧化态 Fe^{3+} 可以氧化电对 I_2/I^- 的还原态 I^-，即在标准状态下反应向正方向自发进行。

（2）对于非标准状态下的反应，则应该用 $\varphi_{Ox/Red}$ 来判断反应的方向。

当 $c(I^-)$ 从 $1\ mol \cdot L^{-1}$ 降至 $0.01\ mol \cdot L^{-1}$

电极反应 $\qquad I_2(s) + 2e^- \rightleftharpoons 2I^-$

$$\varphi_{I_2/I^-} = \varphi^{\ominus}_{I_2/I^-} + \frac{0.0592\ V}{2} \lg \frac{1}{[I^-]^2}$$

$$= 0.536\ V + \frac{0.0592\ V}{2} \lg \frac{1}{(0.01)^2}$$

$$= 0.6544\ V$$

$$\varphi_{Fe^{3+}/Fe^{2+}} = \varphi^{\ominus}_{Fe^{3+}/Fe^{2+}} = 0.771\ V$$

因为 $\varphi_{Fe^{3+}/Fe^{2+}} > \varphi_{I_2/I^-}$，即在此状态下反应依然向正方向自发进行。

对于简单的电极反应，由于离子浓度对电极电势影响不大，如果两电对的标准电极电势相差较大 $[\varphi^{\ominus}_+ - \varphi^{\ominus}_- > 0.2\ V]$，则很难依靠改变浓度而使反应逆转。当氧化剂电对与还原剂电对的标准电极电势值相差较小时，各物质的浓度对氧化还原反应方向起着决定性的作用。但对于有 H^+ 或 OH^- 参加的反应，由于酸度对电极电势影响较大，必须用 $E = \varphi_+ - \varphi_- > 0$ 来进行判断。

这里必须指出，用电极电势预测氧化还原反应进行的方向，是仅从热力学方面考虑的，而实际上反应能否发生，还要考虑反应速率的快慢。

3.4.4 判断氧化还原反应进行的程度

热力学中，已知化学反应的标准平衡常数 $K^{\ominus}$ 与标准摩尔吉布斯函数变 $\Delta_r G^{\ominus}_m$ 存在如下关系：

$$\Delta_r G^{\ominus}_m = -RT \ln K^{\ominus}$$

结合电化学中 $\qquad \Delta_r G^{\ominus}_m = -nFE^{\ominus}$

所以

$$\ln K^{\ominus} = \frac{nFE^{\ominus}}{RT}$$

当 $T = 298.15$ K 时，自然对数转换为常用对数

$$\lg K^{\ominus} = \frac{nE^{\ominus}}{0.0592 \text{ V}} = \frac{n[\varphi_+^{\ominus} - \varphi_-^{\ominus}]}{0.0592 \text{ V}} \tag{3-9}$$

可见，只要测得原电池的标准电动势 $E^{\ominus}$，就可以求出在该温度 T 时电池反应的标准平衡常数 $K^{\ominus}$。由于电动势能够精确测量，因此用这种方法计算出的反应平衡常数，比用测量平衡浓度而得出的结果要准确得多。

【例 3-6】 反应 $MnO_4^- + 5Fe^{2+} + 8H^+ \rightleftharpoons Mn^{2+} + 5Fe^{3+} + 4H_2O$ 在 298.15 K 时，求当各物质均处于标准状态时反应进行的方向和平衡常数 $K^{\ominus}$。

解 查表得：$\varphi_{MnO_4^-/Mn^{2+}}^{\ominus} = 1.507$ V，$\varphi_{Fe^{3+}/Fe^{2+}}^{\ominus} = 0.771$ V

因为 $\varphi_{MnO_4^-/Mn^{2+}}^{\ominus} > \varphi_{Fe^{3+}/Fe^{2+}}^{\ominus}$，所以，电对 MnO_4^-/Mn^{2+} 构成的电极为原电池的正极，电对 Fe^{3+}/Fe^{2+} 构成的电极为原电池的负极，反应向正反应方向进行。

$$\lg K^{\ominus} = \frac{n[\varphi_+^{\ominus} - \varphi_-^{\ominus}]}{0.0592 \text{ V}} = \frac{5 \times (1.507 - 0.771) \text{ V}}{0.0592 \text{ V}} = 62.16$$

$$K^{\ominus} = 1.45 \times 10^{62}$$

$K^{\ominus}$ 值很大，表示反应会进行得很完全。

3.5 化学电池

任何自发的氧化还原反应都可构成化学电池，但要开发为商用电池，却受到诸多条件的限制。前面介绍的原电池由电极、盐桥和导线所组成，称为盐桥电池，不适于商用。这是因为其内阻太高，这种高内阻的产生是由电流在电池室和盐桥中以正、负离子为载体的流动方式所造成。高内阻导致的结果是，如果试图引出大电流，电压将会急剧下降。此外，盐桥电池缺乏便携性所要求的简洁性和牢固性，也是影响其商用价值的重要原因。因此，电池的开发是科学领域一个重要的研究方向。以下介绍几种常见的化学电池和新型化学电池。

3.5.1 化学电池的分类和组成

（1）化学电池的分类

电池是储存电能并可输出电能的装置。将化学能转变成直流电能的装置称为化学电池（或化学电源）。化学电池通常分为以下三类。

① 原电池 又称一次电池，放电后不能用充电方法使之复原，因此两电极的活性物质只利用一次。原电池的特点是小型、携带方便，但放电电流不大，一般用于仪器及各种电子器件，常用的原电池如锌锰电池、锂电池。

② 蓄电池 又称二次电池，充电可使之复原，能多次充放电，循环使用。常见的蓄电池如铅酸蓄电池、镉镍电池。铅酸蓄电池的产量很大，而且多数用在汽车启动、照明和点火中。

③ 燃料电池 又称连续电池，其正、负极本身不包含活性物质，将燃料（电极活性物质）输入电池就能长期放电。例如，氢氧燃料电池、肼空气燃料电池。

目前，广泛使用或已投产的化学电池是锌锰电池、铅酸蓄电池、镉镍电池、氢镍电池、锌银电池、碱性锌锰电池、空气湿电池等。

(2) 化学电池的组成

任何化学电池都包括四个基本部分。

① 正极和负极 由活性物质和导电材料以及添加剂等组成,其主要作用是参与电极反应和导电,决定电池的电性能。原则上正极与负极的电极电势相差越大越好,参加反应的物质的电化当量越小越好(电化当量指通过 1 F 的电量后,在电极上产生的物质的质量)。例如:负极活性物质为锂,正极活性物质为氟,室温下两极 $E^{\ominus}$ 之差高达 5.9 V,而它们的电化当量又很小,用很少的活性物质便可得到相当多的电量。除考虑电极电势和电化当量外,还需考虑活性物质的稳定性及材料来源。

② 电解质 保证正、负极之间离子导电作用,有的参与反应,如铅酸蓄电池中的 H_2SO_4;有的只起导电作用,如镍电池中的 KOH。电解质通常是水溶液,也有用有机溶剂、熔融盐和固体电解质的。要求电解质的化学性质稳定和电导率高。

③ 隔膜 又叫隔离物,防止正、负极短路,但允许离子顺利通过。例如,石棉纸、微孔橡胶、微孔塑料、尼龙、玻璃纤维等。

④ 外壳 除干电池由锌极兼作容器外,其他都不用活性物质做容器。要求外壳具有良好的机械强度、抗冲击强度、耐腐蚀、耐震动。

3.5.2 原电池

原电池指经一次放电(连续或间歇)到电池容量耗尽后,不能再有效地用充电方法使其恢复到放电前状态的电池,又称一次性电池(primary battery)。其特点是携带方便、不需维护、可长期储存或使用。常见的一次性电池有锌锰干电池、碱性锌锰电池、锌汞电池、锌银电池、锂电池等。

(1) 锌锰干电池

锌锰干电池(图 3-4),其正极为二氧化锰和炭粉导电材料的混合物,负极是金属锌筒,电解质是氯化铵、氯化锌的水溶液。用淀粉糊做电解液保持层,即所谓糊式电池。后改

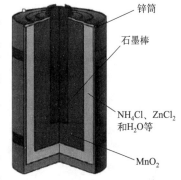

图 3-4 锌锰干电池示意图

用浆层纸(厚 0.10~0.20 mm 的牛皮纸上涂以合成糊等物质)夹在正、负极之间,防止互相接触,代替了淀粉糊,并且以氯化锌为主要成分,这种电池称为纸板电池或氯化锌电池,其改善了漏液情况,增大了容纳活性物的空间。因此,糊式电池逐渐为纸板电池所取代。锌锰干电池的符号和反应如下:

电池符号　　$(-)Zn|ZnCl_2, NH_4Cl(糊状)|MnO_2|C(+)$

负极　　　　$Zn + 2NH_4Cl \rightleftharpoons Zn(NH_3)_2Cl_2 + 2H^+ + 2e^-$

正极　　　　$2MnO_2 + 2H^+ + 2e^- \rightleftharpoons 2MnO(OH)$

锌锰干电池的电动势为 1.5 V,与电池的大小无关。由反应式可见,Zn 和 MnO_2 都随放电过程而消耗,这也是化学能转化为电能的过程,消耗到一定程度电池不能再供电,但废电池中的锌筒、碳棒等并未完全耗尽。所以从资源的利用和环境保护等方面考虑,废电池不应该乱扔,应予回收,集中处理,加以再利用。

随着对原电池高容量、体积小的要求,将锌极表面汞齐化,使表面均匀,可提高电容量、延缓腐蚀,但汞有害,因此人们的注意力又转向开发碱性锌锰电池,其用高导电的糊状 KOH 电解质代替锌锰电池中的 NH_4Cl,正极的导电材料改用钢筒,MnO_2 层紧靠钢筒,与锌锰干电池相比放电性能和储存性能都更好。

电池符号　　　(−)Zn|KOH|MnO$_2$|C(+)

电池反应　　　2MnO$_2$(s)+Zn(s)+2H$_2$O(l)+2OH$^-$(aq)⇌

$\qquad\qquad\qquad\qquad\qquad$ 2MnO(OH)(s)+[Zn(OH)$_4$]$^{2-}$(aq)

(2) 锌汞电池和锌银电池

锌汞电池和锌银电池作为纽扣式电池，多应用于电子计算器、照相机、助听器、电子手表、小型收音机等设备。它们具有放电电压平稳、储存性能好、比能量高等优点。

锌汞电池（图 3-5）是以锌汞齐为负极材料，HgO 和炭粉为正极材料，电解质为含有饱和 ZnO 和 KOH 的糊状物。

电池符号　　(−)Zn|Hg|KOH,ZnO(糊状)|HgO|Hg|C(+)

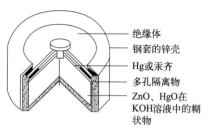

图 3-5　锌汞电池示意图

负极　　Zn(汞齐)+2OH$^-$⇌ZnO(s)+H$_2$O+2e$^-$

正极　　HgO(s)+H$_2$O+2e$^-$⇌Hg(l)+2OH$^-$

电池反应　Zn(汞齐)+HgO(s)⇌ZnO(s)+Hg(l)

锌汞电池的特点是电动势和工作电压均稳定，在整个放电过程中电压变化不大，保持在 1.34 V 左右，在 20 ℃下存放 3~5 年只损失容量的 10%~15%。

锌银电池既可以用 Ag$_2$O 作正极，也可用 AgO 作正极。

电池符号　　Zn(含少量汞)|30%~40%KOH(ZnO 饱和)|Ag$_2$O 或 AgO(C)

负极　　　　Zn+4OH$^-$⇌[Zn(OH)$_4$]$^{2-}$+2e$^-$

$\qquad\qquad\quad$ [Zn(OH)$_4$]$^{2-}$⇌ZnO+H$_2$O+2OH$^-$

正极　　　　Ag$_2$O+H$_2$O+2e$^-$⇌2Ag+2OH$^-$

电池反应　　Zn+Ag$_2$O⇌ZnO+2Ag

锌银电池其放电电压极平稳，即使在 −10 ℃下放电，电压下降也很小。

(3) 锂碘电池

锂碘电池是 1972 年研制成功的一次性高能电池，它的负极为金属锂，正极是聚(2-乙烯吡啶)(简写 P$_2$VP)和 I$_2$ 的复合物，电解质是固态薄膜状的碘化锂，电极反应为：

负极　　　　　　　　Li⇌Li$^+$+e$^-$

正极　　P$_2$VP·nI$_2$+2Li$^+$+2e$^-$⇌P$_2$VP·(n−1)I$_2$+2LiI

该电池电势较高（约为 3 V），寿命较长。优质的锂碘电池用于心脏起搏器植入体内，可用 10 年，甚至 10 年以上，这对心脏病患者延续生命堪称无价之宝。

(4) 锂-铬酸银电池

锂-铬酸银电池是以锂为负极材料，铬酸银为正极的氧化剂，其导电介质为含有高氯酸锂的碳酸丙烯酯。原电池的电极反应为：

负极　　　　　　　　Li⇌Li$^+$+e$^-$

正极　　Ag$_2$CrO$_4$+2Li$^+$+2e$^-$⇌2Ag+Li$_2$CrO$_4$

电池反应　　2Li+Ag$_2$CrO$_4$⇌Li$_2$CrO$_4$+2Ag

锂-铬酸银电池是一种采用有机电解质的新型电池，可用于微电流工作的仪器设备中。它的优点是单位体积所含能量高，体积很小，稳定性好，能长期储存。

3.5.3　蓄电池

蓄电池又称二次电池（secondary battery）。它不仅能使化学能转变成电能，而且可借助其他电源使反应逆转,让反应系统恢复到放电前的状态,因而可以再放电。它是一种可逆电池(reversible battery)。蓄电池的电解质若为酸液,则称为酸性蓄电池;如果是碱液,则称为碱性蓄电池。

(1) 铅蓄电池

最常用的二次电池是铅-酸蓄电池(lead-acid battery),简称铅蓄电池。它的正极是二氧化铅,负极以海绵状铅为活性物质,电解液为硫酸水溶液,为酸性蓄电池。电池充放电时发生的化学反应如下:

负极 $\quad Pb(s)+SO_4^{2-}(aq) \rightleftharpoons PbSO_4(aq)+2e^-$

正极 $\quad PbO_2(s)+4H^+(aq)+SO_4^{2-}(aq)+2e^- \rightleftharpoons PbSO_4(aq)+2H_2O(l)$

电池反应 $\quad PbO_2(s)+Pb(s)+2H_2SO_4(aq) \underset{充电}{\overset{放电}{\rightleftharpoons}} 2PbSO_4(aq)+2H_2O(l)$

铅蓄电池的充放电可逆性好,稳定可靠,温度及电流密度适应性强,充放电循环次数为 300~500 次,价格便宜,因此使用广泛,主要用作汽车和柴油机车的启动电源,搬运车辆、矿山车辆和潜艇的动力电源以及电站的备用电源。其主要缺点是笨重、抗震性差、比能量低,而且浓 H_2SO_4 有腐蚀性,对环境有一定的污染。

(2) 镍镉电池

镍镉电池是近年来取得广泛用途的碱性蓄电池。以金属镉为负极,氧化镍为正极,氢氧化钾、氢氧化钠的水溶液为电解液。

负极 $\quad Cd(s)+2OH^-(aq) \rightleftharpoons Cd(OH)_2(s)+2e^-$

正极 $\quad NiO_2(s)+2H_2O(l)+2e^- \rightleftharpoons Ni(OH)_2(s)+2OH^-(aq)$

电池反应 $\quad Cd(s)+NiO_2(s)+2H_2O(l) \underset{充电}{\overset{放电}{\rightleftharpoons}} Cd(OH)_2(s)+Ni(OH)_2(s)$

该电池的电动势为 1.4 V,稍低于干电池,但应用广泛。首先,它的使用寿命比铅蓄电池长。其次,它可像普通干电池一样制成封闭式的体积很小的电池,并可反复充电。这些优点使它可以作为电源用于多种电器,可用来制造充电式电器,如充电台灯、电动剃须刀等。

(3) 锂离子电池

锂是自然界最轻的金属元素,同时又具有很低的电负性,所以选择适当的正极与之匹配,可以获得较高的电动势。锂电池可制成一次电池,也可制成二次电池。锂离子蓄电池是指分别用两个能可逆地嵌入与脱嵌锂离子的化合物作为正、负极构成的二次电池。一般采用嵌锂过渡金属氧化物作正极,如 $LiCoO_2$、$LiNiO_2$、$LiMn_2O_4$、$LiFePO_4$、Li_2FePO_4F 等。作为负极的材料则选择电位尽可能接近锂电位的可嵌入锂的化合物,包括天然石墨、合成石墨、碳纳米管等。电解质采用 $LiPF_6$ 和乙烯碳酸酯(EC)、丙烯碳酸酯(PC)和低黏度二乙基碳酸酯(DEC)等烷基碳酸酯搭配的高分子材料。

当对电池进行充电时,电池的正极上有锂离子生成,生成的锂离子经过电解质运动到负极。而作为负极的碳呈层状结构,有很多微孔,达到负极的锂离子就嵌入碳层的微孔中。嵌入的锂离子越多,充电容量就越高。放电时,插入石墨晶体中的锂原子从内部向负极表面移动,并在负极表面电离成锂离子和电子,分别通过电解质流向正极,在正极表面形成锂原子,嵌入到钴酸锂的晶体层中。充放电反应如下:

负极 $\quad Li_xC_6 \rightleftharpoons xLi^+ + 6C + xe^-$

正极 $\quad Li_{1-x}CoO_2 + xLi^+ + xe^- \rightleftharpoons LiCoO_2$

电池反应 $\quad Li_xC_6 + Li_{1-x}CoO_2 \underset{充电}{\overset{放电}{\rightleftharpoons}} 6C + LiCoO_2$

锂离子电池目前广泛应用于笔记本电脑、相机、移动电话等，其优点是比能量高，有宽广的温度使用范围，放电电压平稳，电压随放电时间缓慢下降，可以预示电池寿命。但在短路或某些重负荷条件下，有发生爆炸的可能性，这是锂电池的一大缺点。

3.5.4 燃料电池

燃料电池是一种不需要经过卡诺循环的电化学发电装置，能量转化率高。其从外表上看有正、负极和电解质等，像一个蓄电池，但实质上它不能"储电"而只能"发电"。由于燃料电池在能量转换过程中几乎不产生污染环境的氮硫氧化物，被认为是一种环境友好的能量转换装置。

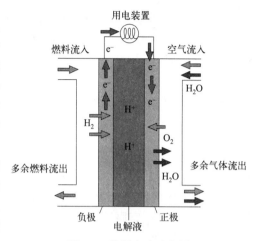

图 3-6　燃料电池示意图

燃料电池的组成与一般电池相同。其单体电池由燃料（如氢、甲烷等）、氧化剂（如氧和空气等）、电极和电解液四部分构成（图 3-6）。电极具有催化性能，且是多孔结构，以保证较大的活性面积，可用多孔炭、多孔镍和铂、银等贵金属作电极材料。电解质溶液常用 KOH 溶液等。不同的是一般电池的活性物质储存在电池内部，因此限制了电池容量。而燃料电池的正、负极本身不包含活性物质，只是个催化转换元件。因此燃料电池是名副其实地把化学能转化为电能的能量转换机器。电池工作时，燃料和氧化剂由外部供给，进行反应。原则上只要反应物不断输入，反应产物不断排除，燃料电池就能连续地发电。

氢-氧燃料电池表示为：$(-)C|H_2(p_1)|KOH(30\%)|O_2(p_2)|C(+)$

负极　　　　　　$2H_2(g)+4OH^-(aq) \rightleftharpoons 4H_2O(l)+4e^-$

正极　　　　　　$O_2(g)+2H_2O(l)+4e^- \rightleftharpoons 4OH^-(aq)$

电池反应　　　　$2H_2(g)+O_2(g) \rightleftharpoons 2H_2O(l)$

3.5.5 车载动力电池

目前随处可见各式各样的电动汽车，主要包括纯电动汽车（BEV）、混合动力汽车（PHEV）和燃料电池汽车（FCEV）三种类型。其中，纯电动汽车完全依靠车载动力电池，商业化的车载动力电池有铅酸、锌碳、锂电池等。车的时速快慢、启动速度取决于驱动电机的功率和性能，其续行里程的长短取决于车载动力电池容量的大小，车载动力电池的容量取决于选用何种动力电池，它们的体积、相对密度、比功率、比能量、循环寿命都各异。

燃料电池汽车是指以燃料电池作为动力电源的汽车。氢燃料电池和甲醇燃料电池均可以作为燃料电池汽车的电源。燃料电池的化学反应过程不会产生有害产物，因此燃料电池汽车是无污染汽车，而且燃料电池的能量转换效率比内燃机要高 2~3 倍。

从能源的利用和环境保护方面来看，燃料电池汽车是一种理想的车辆。然而，其目前还处于研发阶段，没有产业化，已商业化的电动汽车大多依靠蓄电池，还存在续行里程短、电池成本高、需要规模化的充电网点等缺点，这些都是与汽油车相比所不及的。如果让电动车拥有和汽油车同样的续行里程，那么电动车的电池就需要存储比现在多得多的能量。虽然科学家们早就已经从理论上找到了更好的解决办法，即发展锂-空气（或锂-氧气）电池，该电池也被称为"呼吸电池"（breathing battery），但其研发一直面临难以逾越的障碍。从原理上讲，这类电池利用锂金属与空气中的氧反应产生的能量转化为电能。因为这些电池无须携带其主要成分——氧气,而且锂金属具有较低的密度,所以其在理论上每千克材料存储的能量与汽油发动机相当。这意味着,这种电池可能会比当前电动车中最好的电池组的能量密度还要高 10 倍。研究人员希望这样可以让车辆一次充电后能连续行驶 800 公里。

然而,如此诱人的概念却一直存在一个关键问题,即电池的化学反应会产生有害的副产物,会堵塞电极,破坏电池材料或使装置短路,从而使得电池通常经过几十次充放电后就会失去功能。但目前英国剑桥大学的化学家 C. Grey 及其研究团队设计的锂-空气电池克服了这一技术难题,从而使电池更加耐用。

如图 3-7 所示,在 Grey 发明的电池中,锂离子从锂金属的负极释放,通过电解质流到碳的正极,这个过程会产生电流,同时电子通过一个闭合电路从负极流到正极。这个电池所用的电解质为碘化锂(LiI)的二甲氧基乙烷溶液,在这种电解质中,锂离子与氧气在正极发生反应,产生氢氧化锂(LiOH)晶体,后者在充电时很容易通过可逆过程而除去,这是解决问题的关键之一。因为许多早期的电池在这一过程中产生的是过氧化锂(Li_2O_2),这种白色固体会堆积在电极上并且难以在充电过程中除去。

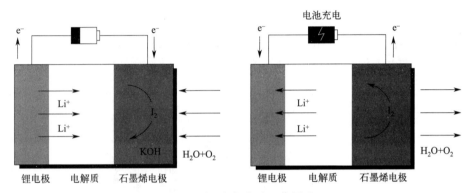

图 3-7　锂-空气电池工作原理

早期锂-空气电池设计的另一个问题是反应性高的锂金属负极会与电解液反应并遭到破坏,而且反应产物会覆盖在锂电极上并使其失活。但这个问题并没有在 Grey 的电池中发生,在充放电数百次后,电池性能仅略有下降。

Grey 的电池另一个创新之处,即所用的正极材料为还原态石墨烯氧化物,其是一种通过氧化再还原石墨烯而获得的高度多孔的材料。还原态石墨烯氧化物电极有韧性,有助于提高电池的多次充放电循环性能。此电池还有很多基础性的研究要进行,如果最终获得成功,或许会引爆技术革命。

3.5.6　太阳能电池

太阳能电池(solar cell)又称为太阳能芯片或光电池,是一种利用太阳光直接发电的光电半导体薄片,是通过光电效应(即光化学反应)直接把光能转化成电能的装置。它只要被光照到,瞬间就可输出电压及在有回路的情况下产生电流。物理学上,太阳能电池也被称为太阳能光伏(photovoltaic,PV),简称光伏。

根据所用材料不同,太阳能电池一般有硅系太阳能电池、CdTe 和 $CuInSe_2$ 薄膜无机太阳能电池、TiO_2 有机染料敏化太阳能电池和有机/聚合物太阳能电池等。硅系太阳能电池主要以晶体硅(包括单晶硅、多晶硅和无定性硅)为主要材料构成,自 20 世纪 50 年代问世以来,得到了迅速发展。到目前为止,硅系太阳能电池依然占市场主体,约占太阳能电池的 90% 以上。无机半导体太阳能电池已实现了商品化,其能量转化效率(PCE)为 8%~

20%。由于无机半导体太阳能电池的材料和器件生产成本高、污染大、能耗高且较重,大大限制了它们的推广应用,寻找新型太阳能电池材料和低成本制造技术便成为人们研究太阳能电池技术的目标。

聚合物薄膜太阳能电池具有成本低、重量轻、制造工艺简单的优点,尤其是可以大面积卷对卷印刷制造的柔性聚合物薄膜太阳能电池,更是具备了薄、轻、柔等无机半导体太阳能电池不可替代的优点。聚合物材料种类繁多、结构可设计性强,可以通过化学改性调整各自的能级、能带间隙、电荷输送、相容性和改变器件结构等途径提高太阳能电池的性能。

聚合物薄膜这一类有机太阳能电池的工作原理主要分为以下几个步骤:①给体吸收太阳光后,HOMO 轨道的电子激发到 LUMO 轨道形成激子;②激子扩散至给体-受体界面;③给体-受体界面的激子经过电荷转移形成电荷转移激子;④电荷转移激子分裂成自由电子和空穴,分别传输到正极和负极。每一步骤的效率都与能量转化效率密切相关。有机太阳能电池的关键材料是电子给体和电子受体光伏材料(图3-8)。最重要的给体材料是 p 型共轭聚合物,其中具有代表性的是聚(3-己基噻吩)(P3HT)。可溶液加工的共轭有机分子给体光伏材料近年来也受到重视,主要是由于其具有纯度高、分子量确定和光伏性能可重复性好等优点。最重要的受体材料是可溶性富勒烯衍生物,其中最具有代表性的是一种苯基酯基加成的 C_{60} 衍生物 $PC_{60}BM$。除了给体和受体材料,具有代表性的空穴传输层材料(导电聚合物 PEDOT:PSS)和电子传输层材料(PFN 和 PCBDAN)对于改善空穴和电子注入也发挥着十分重要的作用。

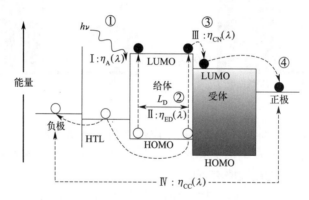

图 3-8 有机太阳能电池的工作原理
HTL—空穴传输层;LUMO—最低空轨道;HOMO—最高占据轨道

聚合物薄膜太阳能电池发展迅速。可溶液加工的共轭聚合物/可溶性富勒烯(C_{60} 或 C_{70})衍生物共混型"本体异质结"(bulk heterojunction, BHJ)聚合物太阳能电池的能量转化效率从 2.5% 提高至将近 11%。与硅系太阳能电池相比其效率仍比较低,主要是目前使用的共轭聚合物仍然存在吸收光谱与太阳光谱不能完全匹配、电荷载流子迁移率较低以及给体和受体电子能级匹配性不好,器件的电荷传输和收集效率及填充因子小等问题。在深入探明光-电转换机制、开发新结构器件和新材料的基础上,有望进一步提高能量转化效率和延长使用寿命,从而实现太阳能电池的大面积可溶液加工和商业化。

此外,近几年异军突起的钙钛矿太阳能电池已成为光伏领域的新成员。2013 年英国牛津大学报道了由钙钛矿的晶体作为光吸收层制成的太阳能电池的能量转化效率高达 13%。此后全球众多研究小组相继投入钙钛矿太阳能电池的研制开发中。与其他的太阳能电池不同,钙钛矿是由现成材料制成的,廉价而且容易产生,但存在器件性能不稳定、重现性差等问题,这种电池还有许多改进空间。

3.6 电解与污染治理

3.6.1 电解现象和电解池

对一些不能自发进行的氧化还原反应，可利用外加电压迫使其自发进行反应，这样电能就转变成化学能。这种利用外加电压迫使氧化还原反应进行的过程称为电解。实现电解过程的装置称为电解池。

在电解池中，与直流电源正极相连的电极是阳极，与直流电源负极相连的电极是阴极。阳极是电子流出的电极，发生的是氧化反应；阴极是电子流入的电极，发生的是还原反应。由于阳极带正电，电解液中的负离子必将向阳极迁移；阴极带负电，电解液中的正离子必将向阴极迁移。离子移至电极并在其上给出或获取电子、发生氧化或还原反应的过程称为离子的放电（discharge）。

例如，以铂电极，电解 $0.1\ mol \cdot L^{-1}$ NaOH 溶液

阴极 $\qquad\qquad 2H^+ + 2e^- \Longleftrightarrow H_2(g)$

阳极 $\qquad\qquad 4OH^- \Longleftrightarrow 2H_2O(l) + O_2(g) + 4e^-$

总反应 $\qquad\qquad 2H_2O(l) \Longleftrightarrow 2H_2(g) + O_2(g)$

因此，以铂电极电解 NaOH 溶液，实际上是电解水，NaOH 的作用是增加溶液的导电性。

3.6.2 电解的应用

（1）电镀

为使金属或金属合金制品美观，不受侵蚀，常用电镀的方法，将其表面镀一薄层的其他金属，这一过程称为电镀。例如电镀锌，以被镀件为阴极，金属锌为阳极，将两电极浸入 $Na_2[Zn(OH)_4]$ 溶液中，并接直流电源。选择 $Na_2[Zn(OH)_4]$ 溶液，是因为溶液中有 $[Zn(OH)_4]^{2-}$ 的存在，使 Zn^{2+} 的浓度不大，锌在镀件上不会有太快的晶核生长速率，可以使镀层细致光滑。同时 Zn^{2+} 放电时，$[Zn(OH)_4]^{2-}$ 解离，以保持镀液中 Zn^{2+} 浓度稳定。

（2）电抛光

电抛光是在电解过程中，利用金属表面凸出部分的溶解速率大于金属表面凹入部分的溶解速率，从而使金属表面平滑光亮。电抛光时，工作件作阳极，铅板作阴极，两极浸入含有磷酸、硫酸和铬酐（CrO_3）的电解液中进行电解。

（3）电解加工

电解加工是利用金属在电解液中可发生溶解的原理，将工件加工成型。电解加工时，工件为阳极，模件为阴极，两极间距很小（0.1~1 mm），使高速流动的电解液通过，以达到输送电解液和带走电解产物的作用，阳极金属能较大量地溶解，最后成为与阴极模件表面相吻合的形状。

（4）熔盐电解

不少重要的活泼金属是由熔盐电解的方法生产的。例如，电解熔融 NaCl 的方法使其分解为它的组成元素 Na 和 Cl_2。该过程是在电解池中实现的，电解池由浸在 NaCl 熔体中的两个电极组成。

阴极 $\qquad\qquad 2Na^+(l) + 2e^- \Longleftrightarrow 2Na(l)$

阳极 $\qquad\qquad 2Cl^-(l) \Longleftrightarrow Cl_2(g) + 2e^-$

总反应 $$2Na^+(l)+2Cl^-(l) \Longrightarrow 2Na(l)+Cl_2(g)$$

3.6.3 电化学治理污染

随着人口增长和技术进步，自然资源和自然环境受到日益严重的破坏，环境保护已成为举世瞩目的问题。人们采取了物理的、化学的、生物的方法来处理污水和废气，其中电化学方法因其突出的优点而得到迅速发展。

电化学处理污染物的方法包括：①不溶性阳极电氧化法，通过阳极反应，氧化分解氰、酚、染料等杂质，或者通过阳极反应生成的中间体间接分解有毒物质或杀灭细菌；②阴极还原法，主要作用是重金属离子在阴极上还原析出；③铁阳极电还原法，通过铁阳极溶解生成亚铁离子还原剂，二次反应生成氢氧化铁凝聚剂除杂质，适用于水中有氧化剂和胶体物质的废水，如含铬、含蛋白质、含染料的废水；④铝阳极电凝聚法，利用铝阳极溶解生成的氢氧化铝凝聚剂，凝聚水中的胶体物质；⑤电解气浮法，电解过程中，阳极产生氧气和阴极产生氢气，气泡与悬浮物结合后浮力增大，使悬浮物易于从废水中分离；⑥隔膜电解法，电解回收和净化浓废液，处理对象主要是离子和低分子范围的水中杂质；⑦电渗析法，利用离子交换膜的选择透过特性，分离浓缩和净化水中离子和低分子范围的杂质。以下介绍两种电化学处理污染物的实例。

(1) 电解氧化除氰

含氰化物的废水处理，通常在碱性溶液中加入次氯酸钠或通入氯气，使氰化物氧化成氮气。用药品处理浓度较高的氰化物溶液，从经济和安全方面来考虑都是不可取的。电解氧化法适用于处理高浓度的含氰溶液。

电解氧化时，在阳极上的反应为 $CN^- + 2OH^- \Longrightarrow H_2O + CNO^- + 2e^-$

CNO^- 在碱性溶液中可水解为 NH_4^+ 及 CO_3^{2-} 或进一步阳极氧化，生成 N_2，即

$$CNO^- + 2H_2O \Longrightarrow NH_4^+ + CO_3^{2-}$$

或 $$2CNO^- + 4OH^- \Longrightarrow 2CO_2 + N_2 \uparrow + 2H_2O + 6e^-$$

在碱性溶液中，在阳极上也常发生析出氧的反应

$$4OH^- \Longrightarrow 2H_2O + O_2 \uparrow + 4e^-$$

在处理过程中，电解槽用钢板制作，在钢板上铺了一层橡胶或合成材料以便绝缘。电极宜采用耐碱的材料，可用石墨或二氧化铅做阳极，用石墨或碳钢做阴极。当 CN^- 浓度降到 $200\ mg \cdot L^{-1}$ 以下，再用 NaClO 氧化分解余下的 CN^-。

(2) 电解氧化除酚

酚能使人中毒，出现头晕、贫血等症状，水体中酚浓度高时会引起鱼类中毒死亡。因此我国工业废水排放规定挥发酚不得超过 $0.5\ mg \cdot L^{-1}$，饮用水不得超过 $0.002\ mg \cdot L^{-1}$。

含酚废水处理时在其中投加一定量的食盐，在敞开式阳极电解氧化槽中，发生以下反应：

阴极 $$2H^+ + 2e^- \Longrightarrow H_2$$

阳极 $$2Cl^- \Longrightarrow Cl_2 + 2e^-$$

$$Cl_2 + H_2O \Longrightarrow HClO + HCl$$

次氯酸钠在阳极放电而获得初生态氧：

$$12ClO^- + 6H_2O \Longrightarrow 4HClO_3 + 8HCl + 6[O] + 12e^-$$

初生态氧能氧化水中的酚：

$$14[O] + C_6H_5OH \Longrightarrow 6CO_2 \uparrow + 3H_2O$$

此外，在阳极上还可能发生 OH^- 氧化为氧气，以破坏苯环而生成有机酸。

3.7 金属的腐蚀和防护

当金属和周围介质接触时，由于发生化学作用或电化学作用而引起的材料性能的退化与破坏，称为金属的腐蚀（metallic corrosion）。从热力学观点看，金属腐蚀是冶炼的逆过程。大多数金属在自然界中以化合物状态存在，冶炼是人们通过做功使金属从能量较低的化合物状态转变为能量较高的单质状态，而金属腐蚀的过程则是一个能量降低的过程，是自发的普遍存在的自然现象。

3.7.1 金属腐蚀的分类

金属腐蚀的过程可以按化学反应和电化学反应两种不同的机理进行，因而可将其分为化学腐蚀和电化学腐蚀两类。

(1) 化学腐蚀

单纯由化学作用引起的腐蚀叫化学腐蚀（chemical corrosion）。其特点是介质为非电解质溶液或干燥的气体，腐蚀过程中无电流产生。例如润滑油、液压油及干燥空气中的 O_2、H_2S、SO_2、Cl_2 等物质与金属接触时，在金属表面形成相应的化合物都属于化学腐蚀。

(2) 电化学腐蚀

电化学腐蚀（electrochemical corrosion）指金属表面由于局部电池的形成而引起的腐蚀。所谓局部电池（partial cell）是指在电解质溶液存在下，金属本体与金属中的微量杂质构成的一个短路小电池。

金属的电化学腐蚀与原电池的作用在原理上没有本质区别。但通常把发生腐蚀的原电池称为腐蚀电池（rust cell）。在腐蚀电池中发生氧化反应的负极称为阳极；发生还原反应的正极称为阴极。

在腐蚀电池中，阳极发生氧化反应，金属被腐蚀（溶解），如 Zn 作为阳极，碳或其他比铁不活泼的杂质作为阴极。

阳极反应：
$$Zn \rightleftharpoons Zn^{2+} + 2e^-$$

而阴极反应则有两种情况：在酸性较强的介质中，发生 H^+ 得电子的还原反应：
$$2H^+ + 2e^- \rightleftharpoons H_2(g)$$

由于析出氢气，称为析氢腐蚀（corrosion by hydrogen release）。

在弱酸性或中性介质中，发生 O_2 得电子的还原反应：
$$O_2 + 2H_2O + 4e^- \rightleftharpoons 4OH^-$$

此种腐蚀称为吸氧腐蚀（corrosion by oxygen absorption）。

在 pH=7 时，$\varphi_{O_2/OH^-} > \varphi_{H^+/H_2}$，加之大多数金属的电极电势低于 φ_{O_2/OH^-}，所以大多数金属都可能发生吸氧腐蚀，甚至在酸性介质中，金属发生析氢腐蚀的同时，若有氧存在也会发生吸氧腐蚀。

3.7.2 金属腐蚀的防护

金属和周围介质接触，除少数贵金属（如 Au、Pt）外，都会发生腐蚀。解决金属材料腐蚀的问题，除从材料本身着手外，还必须兼顾材料所处的环境。

(1) 选择合适的金属材料

纯金属的耐蚀性能一般比含有杂质或少量其他元素的金属好。选材时还应考虑介质种类、所处条件（如空气的湿度、溶液的浓度、温度等）。例如，对接触还原性或非氧化性的酸和水溶液的材料，通常使用镍、铜及其合金；对于氧化性极强的环境，采用钛和钴合金；除了氢氟酸和烧碱溶液外，金属钽几乎耐所有介质的腐蚀，钽已被认为是一种"完全"耐蚀的材料。

设计金属构件时，应注意避免两种电势差很大的金属直接接触。例如，镁合金、铝合金不应和铜、镍、钢铁等电极电势值较大的金属直接连接。当必须把这些不同的金属装配在一起时，应使用隔离层，如喷绝缘漆，衬塑料或橡胶垫，或用适当的金属镀层过渡。当铝合金与钢铁组合时，先将铝合金进行阳极氧化处理，将钢铁镀锌或镀镍，然后再组装，这样可有效地避免二者的直接接触。

(2) 覆盖层保护法

金属的腐蚀发生在金属与周围介质的接界面上，因此，只要在金属表面覆盖一层薄层保护层，将金属表面与周围介质隔开，就能保护金属避免腐蚀。保护层有非金属材料保护层和金属或合金保护层。可将耐腐蚀的非金属材料（如涂料、塑料、橡胶、陶瓷、玻璃等）覆盖在要保护的金属表面上；另外，可用耐腐蚀性较强的金属或合金覆盖欲保护的金属，覆盖的主要方法是电镀、喷镀、浸镀、真空镀等。

(3) 缓蚀剂法

在腐蚀介质中，加入少量能减小腐蚀速率的物质以防止腐蚀，这种物质称为缓蚀剂（corrosion inhibitor）。缓蚀剂的添加量一般为 0.1%～1%（质量分数）。常用的无机缓蚀剂有铬酸盐、重铬酸盐、磷酸盐、碳酸氢盐等，它们在溶液中能使钢铁钝化形成钝化膜，使金属表面与腐蚀介质隔开，从而减缓腐蚀。有机缓释剂，一般则是含有 S、N、O 的有机物，如琼脂、糊精、动物胶、胺类以及含 N、S 叁键的有机物质。有机缓蚀剂对金属的缓蚀作用是由于金属刚开始溶解时，表面带负电，能将缓蚀剂的离子或分子吸附在表面上，形成一层难溶而腐蚀介质又很难透过的保护膜，阻碍 H^+ 放电，从而起到保护金属的作用。而有机缓蚀剂在金属氧化物的表面不会被吸附，除锈剂就是利用这个特性，在酸性溶液中，既达到除去金属表面氧化皮或铁锈的目的，又可减缓金属被酸腐蚀。

(4) 电化学保护法

电化学保护法有阴极保护法和阳极保护法。所谓阴极保护法（cathodic protection），就是将被保护的金属作为腐蚀电池的阴极；阳极保护法则相反，将被保护的金属与外加电源的阳极相连接。

阴极保护法可通过两种途径来实现。一是牺牲阳极（sacrificial anode）。将较活泼的金属或合金连接在被保护金属上，构成原电池。这时较活泼的金属作为腐蚀电池的阳极而被腐蚀，被保护的金属得到电子作为阴极而被保护。一般常用的牺牲阳极材料有 Mg、Al、Zn 及其合金等。此法常用于锅炉内壁、海轮的外壳和海底设备等，牺牲的阳极与被保护金属的面积比例通常为 1%～5%，分散布置在被保护金属的表面上。二是外加电流，又称为强制电流阴极保护。其是通过外部电源来改变周围环境的电位，使得需要保护的设备的电位一直处在低于周围环境的状态下，从而成为整个环境中的阴极，这样需要保护的设备就不会因为失去电子而发生腐蚀。外加直流电的负极接被保护金属，附加电极作阳极，在直流电的作用下，阴极发生还原反应而受到保护。此法适用于防止土壤、海水及河水中设备的腐蚀，尤其是对地下管道（水管、煤气管）、电缆的保护。

阳极保护法是一种利用外加电源，给被保护的金属通以阳极电流，使其表面生成耐蚀的钝化膜以达到保护目的。此法只适于易钝化金属的保护。

习题

1. 选择题

(1) 下列物理量与离子浓度有关的是（　　）。

A. φ B. $\varphi^{\ominus}$ C. $K^{\ominus}$ D. $\Delta_r G_m^{\ominus}$

(2) 已知电极反应 $Cu^{2+}+2e^- \longrightarrow Cu$ 的标准电极电势为 0.342 V,则电极反应 $2Cu \longrightarrow 2Cu^{2+}+4e^-$ 的标准电极电势应为（   ）。

A. 0.684 V   B. -0.684 V   C. 0.342 V   D. -0.342 V

(3) 有一种含 Cl^-、Br^- 和 I^- 的溶液,要使 I^- 被氧化而 Cl^-、Br^- 不被氧化,则在下列氧化剂中选择哪一种比较适宜？（   ）

A. $KMnO_4$ 酸性溶液   B. $K_2Cr_2O_7$ 酸性溶液
C. 氯水   D. $Fe_2(SO_4)_3$ 溶液

(4) 在标准态时,往 H_2O_2 酸性溶液中加入适量的 Fe^{2+},其反应产物可能是（   ）。

A. Fe、O_2 和 H^+ B. Fe^{3+} 和 O_2 C. Fe^{3+} 和 H_2O D. Fe 和 H_2O

(5) 对于由反应 $Zn+Cd^{2+} \rightleftharpoons Zn^{2+}+Cd$ 组成的原电池,欲使其电动势增加,可采取的措施有（   ）。

A. 降低 Zn^{2+} 浓度   B. 增加 Cd^{2+} 的浓度
C. 加大锌电极   D. 降低 Cd^{2+} 的浓度

2. 判断题

(1) 在 25 ℃ 及标准状态下测定氢的电极电势为零。   （   ）

(2) 已知某电池反应为 $A+\frac{1}{2}B^{2+} \longrightarrow A^+ + \frac{1}{2}B$,而当反应式改为 $2A+B^{2+} \longrightarrow 2A^+ + B$ 时,则此反应的 $E^{\ominus}$ 不变,而 $\Delta_r G_m^{\ominus}$ 改变。   （   ）

(3) 在电池反应中,电动势越大的反应速率越快。   （   ）

(4) 在原电池中,增加氧化态物质的浓度,必使原电池的电动势增加。   （   ）

(5) 标准电极电势 $\varphi^{\ominus}$ 较小的电对中的氧化态物质,都不可能氧化 $\varphi^{\ominus}$ 较大的电对中的还原态物质。   （   ）

3. 将下列各氧化还原反应组成原电池,写出其电极反应式和电池符号。

(1) $Fe+Ni^{2+} \rightleftharpoons Fe^{2+}+Ni$

(2) $2Ag(s)+Cl_2(g) \rightleftharpoons 2Ag^+ + 2Cl^-$

(3) $Sn^{2+}+I_2(s) \rightleftharpoons Sn^{4+}+2I^-$

(4) $2MnO_4^- + 5SO_3^{2-} + 6H^+ \rightleftharpoons 2Mn^{2+} + 5SO_4^{2-} + 3H_2O$

4. 写出下列原电池的两极反应、电池反应,并计算原电池的电动势。（未注明的均为标准条件）

(1) $Pb|Pb^{2+}(0.1\ mol \cdot L^{-1}) \parallel Sn^{2+}|Sn$

(2) $Zn|Zn^{2+} \parallel H^+(0.001\ mol \cdot L^{-1})|H_2|Pt$

5. 试从有关电对的电极电势如 $\varphi_{Fe^{2+}/Fe}$、$\varphi_{Fe^{3+}/Fe^{2+}}$ 及 φ_{O_2/H_2O},说明为什么在 $FeCl_2$ 溶液中加入纯铁屑可以防止 Fe^{2+} 被空气氧化？

6. 由标准锌电极和标准铜电极组成原电池：$(-)Zn|ZnSO_4(1\ mol \cdot L^{-1}) \parallel CuSO_4(1\ mol \cdot L^{-1})|Cu(+)$,回答下列问题：

(1) 改变下列条件对原电池电动势有何影响？

① 增加 $ZnSO_4$ 溶液的浓度；

② 在 $ZnSO_4$ 溶液中加入过量的 NaOH；

③ 增加铜片的电极表面积；

④ 在 $CuSO_4$ 溶液中加入 H_2S。

(2) 在铜锌原电池工作一段时间后,原电池的电动势是否会发生改变？为什么？

7. 在标准状态下 Fe^{3+} 与 I^- 能否共存于溶液中？为什么？如果 $c(Fe^{2+})=1\ mol \cdot L^{-1}$,$c(I^-)=1\ mol \cdot L^{-1}$,那么要使 Fe^{3+} 与 I^- 共存于溶液中,$c(Fe^{3+})=$？

8. 下列物质都是常见的氧化剂,根据 $\varphi^{\ominus}$ 值排出它们氧化能力的大小顺序,并写出它们的还原产物（设在酸性溶液中）：O_2,Cl_2,H_2SO_4,HNO_3,$KMnO_4$,$K_2Cr_2O_7$。

9. 在标准条件下,下列反应均按正方向进行：

$$K_2Cr_2O_7 + 6FeSO_4 + 7H_2SO_4(稀) \rightleftharpoons Cr_2(SO_4)_3 + 3Fe_2(SO_4)_3 + K_2SO_4 + 7H_2O$$

$$2FeCl_3 + SnCl_2 \rightleftharpoons SnCl_4 + 2FeCl_2$$

指出这两个反应中有几个氧化还原电对？比较它们电极电势的相对大小、氧化态物质氧化能力的大小、还原态物质还原能力的大小（从大到小列出次序）。

10. 判断下列氧化还原反应进行的方向（设离子浓度均为 1 mol·L^{-1}）。

(1) $Co^{2+} + 2Cl^- \rightleftharpoons Co + Cl_2$

(2) $2Cr^{3+} + 3I_2 + 7H_2O \rightleftharpoons Cr_2O_7^{2-} + 6I^- + 14H^+$

(3) $Cu + 2Fe^{3+} \rightleftharpoons Cu^{2+} + 2Fe^{2+}$

11. 在 25 ℃和标准条件下，将反应 $Zn + Fe^{2+}(aq) \rightleftharpoons Zn^{2+}(aq) + Fe$ 组成原电池。

(1) 通过计算说明该电池反应最多能转化成多少电能（$\Delta_r G_m^\ominus$）？

(2) 计算 $c(Fe^{2+}) = 1.0 \times 10^{-2}$ mol·L^{-1}，其他均为标准条件时原电池的电动势。

(3) 计算该反应的标准平衡常数 $K^\ominus$。

12. 将 Cu 片插入盛有 0.5 mol·L^{-1} 的 $CuSO_4$ 溶液的烧杯中，Ag 片插入盛有 0.5 mol·L^{-1} 的 $AgNO_3$ 溶液烧杯中：

(1) 写出电极反应式和原电池的电池反应；

(2) 写出该原电池的电池符号；

(3) 求该电池的电动势；

(4) 若在 $CuSO_4$ 溶液中加入氨水，电池的电动势将如何变化？若在 $AgNO_3$ 溶液中加氨水，情况又如何？

13. 已知电极反应 $NO_3^- + 3e^- + 4H^+ \rightleftharpoons NO + 2H_2O$ 的 $\varphi_{NO_3^-/NO}^\ominus = 0.96$ V，求当 $c(NO_3^-) = 1.0$ mol·L^{-1} 时，$p(NO) = 100$ kPa 的中性溶液中的电极电势，并说明酸度对 NO_3^- 氧化性的影响。

14. 已知某原电池的正极是氢电极，$p(H_2) = 100$ kPa，负极的电极电势是恒定的。当氢电极中 pH = 4.008 时，该电池的电动势是 0.412 V。如果氢电极中所用的溶液改为一未知 $c(H^+)$ 的缓冲溶液，又重新测得原电池的电动势为 0.427 V。计算该缓冲溶液的 $c(H^+)$ 和 pH 值。如果该缓冲溶液中 $c(HA) = c(A^-) = 1.0$ mol·L^{-1}，求该弱酸 HA 的解离常数。

15. 某原电池的一个半电池是由金属 Co 浸在 1.0 mol·L^{-1} 的 Co^{2+} 溶液中组成；另一半电池则由 Pt 片浸入 1.0 mol·L^{-1} 的 Cl^- 溶液中，并不断通入 $Cl_2[p(Cl_2) = 100$ kPa]组成。实验测得电池的电动势为 1.63 V；钴电极为负极，又已知 $\varphi_{Cl_2/Cl^-}^\ominus = 1.36$ V。通过计算回答下面问题：

(1) 写出电池反应方程式；

(2) $\varphi_{Co^{2+}/Co}^\ominus$ 为多少？

(3) $p(Cl_2)$ 增大时，电池电动势将如何变化？

(4) 当 Co^{2+} 浓度为 0.010 mol·L^{-1} 时，计算该电池的电动势和 $\Delta_r G_m$。

16. 一次电池与二次电池有什么不同？

17. 介绍几种不同原电池的性能和使用范围。

18. 什么是电化学腐蚀，它与化学腐蚀有何不同？

19. 防止金属腐蚀的方法主要有哪些？各根据什么原理？

第 4 章　物质结构基础

物质世界千变万化，不同的物质性质各异，归根结底是由物质内部结构的不同所引起的。要了解物质的性质及其变化规律，就必须了解物质的组成和结构。本章将讨论原子结构、分子结构和晶体结构方面的基本理论和基础知识。

4.1　原子结构

原子是由原子核和电子组成的。在化学变化中，通常只是原子核外电子的运动状态发生变化，因此，研究核外电子运动的特殊性及其规律，对认识原子结构具有十分重要的意义。而原子核外电子的运动状态及其规律等问题的解决则是从氢原子光谱实验开始的。

4.1.1　氢原子光谱

太阳光或白炽灯发出的白光，通过三棱镜折射后，便分成红、橙、黄、绿、蓝、紫等不同波长的光，这种光谱是连续光谱（continuous spectrum）。雨后的彩虹就是连续光谱。一般白炽状态的固体、液体、高压下的气体都能给出连续光谱。但并不是所有光源都给出连续光谱。如将 NaCl 放在煤气灯火焰上灼烧，发出的光经三棱镜分光后，我们只能看到几条亮线，这是一种不连续光谱，即所谓线状光谱或原子光谱。实际上，任何一种元素的气态原子被火花、电弧或用其他方法激发时，都可给出原子光谱，而且每种原子都具有自己的特征光谱。

氢原子光谱在可见光范围内有五根比较明显的谱线：一条红、一条青、一条蓝、两条紫。如图 4-1 所示，通常用 H_α、H_β、H_γ、H_δ、H_ε 来表示，它们的波长（nm）依次为 656.3、486.1、434.1、410.2 和 397.0，是线状光谱（line spectrum）。

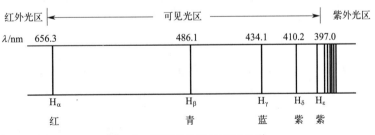

图 4-1　氢原子的可见原子光谱

氢原子光谱为什么会有这样的规律性？按照经典电磁学理论，电子绕核旋转，必然会发射电磁波，则电子的能量不断减少，电子运动的速度也不断减慢，电子运动的轨道半径也将相应地变小，逐渐靠近原子核，最后落到核上，原子毁灭。又因为绕核旋转的电子不断地放出能量，因此，发射出电磁波的频率应该是连续的，产生的应是连续光谱。事实上，原子既没有毁灭，产生的光谱也不是连续的，而是线状光谱。直到 1913 年卢瑟福的学生、丹麦青年物理学家玻尔（N. Bohr）提出原子结构的新理论才解决了这个矛盾，也解释了氢光谱。

4.1.2 玻尔理论

玻尔理论建立在卢瑟福有核原子模型和普朗克（M. Planck）量子论的基础上。普朗克量子论认为：辐射能的放出或吸收并不是连续的，而是按照一个基本量或基本量的整数倍被物质放出或吸收，这种情况称作量子化。这个最小的基本量称为量子（quantum）或光子（photon）。量子的能量 E 与辐射能的频率 ν 成正比，即

$$E = h\nu \tag{4-1}$$

式中，h 称为普朗克常数，如果 E 的单位为 J，则 h 等于 6.626×10^{-34} J·s。

玻尔为了解释氢原子光谱，在普朗克量子论的基础上，大胆提出以下假设（称为玻尔理论），构筑了新的玻尔原子模型。

① 原子中的电子只能在一些符合量子条件的圆形轨道上绕核旋转，每一个特定的圆形轨道都有确定的能量 E（称为轨道能级），电子在这些轨道上运动时，称原子处于定态。

② 原子可以有各种可能的定态，其中能量最低的定态称为基态，其余称为激发态。

③ 在定态下运动的电子不辐射能量，只有当电子从一个轨道跃迁到另一个轨道时才放出或吸收能量。

玻尔理论成功解释了氢原子光谱，指出了原子结构的量子化特征，对原子结构的研究起了积极的作用。但玻尔理论未能完全冲破经典力学的束缚，只是在经典力学连续性概念的基础上，加上了一些人为的量子化条件，所以玻尔理论存在一定的局限性（无法解释氢原子光谱的精细结构；不能解释多电子原子的光谱）。玻尔理论不能全面反映微观粒子的运动规律，无法进一步研究化学键的形成，它必然会被量子力学理论所取代。

4.2 核外电子运动的特殊性

4.2.1 微观粒子的波粒二象性

20 世纪初，人们对光的研究结果表明：光既具有波动性又有粒子性。光在传播的过程中会产生干涉、衍射等现象，具有波的特性；而光在与物质相互作用，有能量交换（光的吸收、发射等）时，则表现出光的粒子性；这就是光的波粒二象性。

1924 年，德布罗意（L. V. de Broglie）在光的波粒二象性的启发下，大胆地预言了微观粒子的运动也具有波粒二象性，并给出了德布罗意关系式：

$$\lambda = \frac{h}{P} = \frac{h}{mv} \tag{4-2}$$

德布罗意的假设在刚提出时并无实验依据，直到 1927 年才被美国物理学家戴维逊（C. J. Davisson）和革末（L. Germer）的电子衍射实验所证实，见图 4-2 所示。

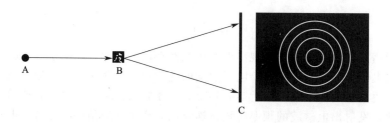

图 4-2　电子衍射实验

经加速后的电子束从 A 点射出，通过起光栅作用的镍晶体粉末 B 后，投射到屏幕 C 上。

在感光屏上观察到的不是一个黑点,而是一系列明暗交替的同心圆环,这说明电子运动与光相似,也具有波动性,也证明了德布罗意的微观粒子具有波粒二象性假设的正确性。后来质子、中子等微粒的衍射现象实验则进一步证明了实物微粒具有波粒二象性的普遍性。一般将微观粒子产生的波称为物质波或德布罗意波。

4.2.2 海森堡测不准原理

对于宏观物体(如子弹),其运动遵守经典的牛顿力学规律;可以精确计算出不同的时间它们的速度和位置。而对于微观粒子(如电子),由于具有波粒二象性,其运动遵守量子力学规律;和宏观物体的运动规律有很大的不同,不可能同时准确测定电子的空间位置和运动速度。1927 年,德国物理学家海森堡(W. Heisenberg)提出了量子力学的一个重要关系式——测不准原理(uncertainty principle),其数学关系式为

$$\Delta x \cdot \Delta P_x \geqslant \frac{h}{4\pi} \tag{4-3}$$

式中,h 为普朗克常数;Δx 为粒子在 x 方向上位置的不确定度;ΔP_x 为粒子在 x 方向上动量的不确定度。

测不准原理是粒子具有波粒二象性的必然表现。测不准原理表明:对于微观粒子而言,位置和速度(动量)不可能准确测量;如果微观粒子的位置测量得越准确(即 Δx 越小),则其速度(动量)测量误差就越大(ΔP_x 越大);反之亦然。但并不是说微观粒子的运动规律是不可知的,只是说明微观粒子的运动规律不能用经典力学处理。根据测不准原理,可以看出玻尔的具有固定轨道的原子模型是错误的;因为对于像电子这样高速运动的微观粒子,不可能在固定的轨道(位置)中运动。

4.2.3 微观粒子运动的统计性规律

微观粒子具有波动性,但其不同于经典力学中波的概念。

那么物质波究竟是一种什么样的波呢?我们怎么来描述电子等微粒的运动状态呢?

根据电子衍射实验表明,用较强的电子流可在短时间内得到电子衍射环纹;若用很弱的电子流,只要时间够长,也可以得到衍射环纹。设想让电子一个一个通过晶体粉末,当一个电子到达屏幕时,在屏幕上出现一个感光点,这表现了电子的粒子性。随着电子一个一个到达屏幕,可发现屏幕上是一些分立的点,且点的位置是随机的。经过足够长时间,有大量的电子通过晶体粉末后,在屏幕上就可以观察到明暗相间的衍射环纹,从而呈现出波动性。

由此可见,微观粒子的波动性是大量粒子统计行为形成的结果,它服从统计规律。在屏幕上衍射强度大的地方(明条纹处),波的强度大,电子在该处出现的机会多或概率高;衍射强度小的地方(暗条纹处),波的强度小,电子在该处出现的机会少或概率低。因此微观粒子的波动性实际上是在统计规律上呈现出的波动性。具有波动性的微观粒子虽然没有确定的运动轨迹,但在空间某处波的强度与该处粒子出现的概率成正比,所以物质波又称概率波。

4.3 核外电子运动状态的描述

4.3.1 薛定谔方程

根据量子力学理论,微观粒子运动状态不能通过运动轨迹来描述,即不能通过给出其位置、速度等物理量来描述,只能采用统计的方法,做出概率分布的描述。

1926年，奥地利科学家薛定谔（E. Schrödinger）根据微观粒子具有波粒二象性和对德布罗意实物粒子波的理解，提出了一个描述氢原子核外电子运动的波动方程——薛定谔方程。它是一个二阶偏微分方程，数学表达式如下：

$$\frac{\partial^2 \Psi}{\partial x^2}+\frac{\partial^2 \Psi}{\partial y^2}+\frac{\partial^2 \Psi}{\partial z^2}+\frac{8\pi^2 m}{h^2}(E-V)\Psi=0 \tag{4-4}$$

式中，Ψ 是描述氢原子核外电子运动状态的波函数（wave function），是空间坐标 (x, y, z) 的函数；E 是氢原子的总能量；V 是势能（原子核对电子的吸引能）；m 是电子的质量。

薛定谔方程是描述微观粒子运动状态变化规律的基本方程，其求解的具体过程比较复杂，这里仅给出一些重要结论和波函数的意义。

解薛定谔方程时，为了使方程简化，需将直角坐标 (x, y, z) 变换为球极坐标 (r, θ, ϕ)；它们之间的变换关系如图4-3所示，图中 P 为空间中的一点：

Ψ 原是直角坐标的函数 $\Psi(x, y, z)$，经变换后，则成为球极坐标的函数 $\Psi(r, \theta, \phi)$。接着分离变量，将与几个变数有关的函数，分成几个只含有一个变数的函数的乘积：

$$\Psi(r, \theta, \phi) = R(r)\Theta(\theta)\Phi(\phi) \tag{4-5}$$

式中，R 是电子离核距离 r 的函数；Θ、Φ 则分别是角度 θ 和 ϕ 的函数。要解薛定谔方程，就要引入 n、l 和 m 三个参数，分别对应 $R(r)$、$\Theta(\theta)$ 和 $\Phi(\phi)$，求得这三个函数的解，再将三者相乘即得波函数 Ψ。

通常把与角度相关的两个函数合并为 $Y(\theta, \phi)$，则上式变为：

$$\Psi(r, \theta, \phi) = R(r)Y(\theta, \phi) \tag{4-6}$$

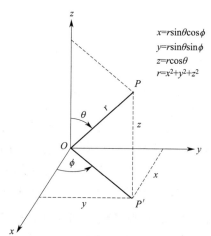

图 4-3 球极坐标与直角坐标的关系

波函数分成 $R(r)$ 和 $Y(\theta, \phi)$ 两部分后，$R(r)$ 只与电子离核半径有关，称为波函数的径向部分；$Y(\theta, \phi)$ 只与 θ、ϕ 两个角度有关，称为波函数的角度部分。

4.3.2 波函数与原子轨道

求解薛定谔方程可以得到描述电子运动状态的波函数 Ψ，波函数 Ψ 不是一个具体数目，它是用空间坐标 (x, y, z) 来描述原子核外电子运动状态的数学函数式。我们通常把波函数 Ψ 也叫作原子轨道（atomic orbital），这是借用经典力学中描述物体运动"轨道"的概念。但必须注意，这里的"原子轨道"不同于宏观物体的"运动轨道"，也不同于玻尔所说的"固定轨道"，它代表的是原子核外电子的一种空间运动状态。

薛定谔方程的解有很多，但并不是每一个都能表示电子运动的一个稳定状态。为了使所求的解合理，要引入 n、l、m 三个参数。n、l、m 决定着波函数某些性质的量子化情况，称为量子数。对应于一组合理的 n、l、m 取值，则有一个确定的波函数 $\Psi(r, \theta, \phi)$ [n、l 确定 $R(r)$，l、m 确定 $Y(\theta, \phi)$]。在量子力学中，把三个量子数都有确定值的波函数称为1个原子轨道。例如，$n=1$、$l=0$、$m=0$ 所描述的波函数 Ψ_{100}，称为1s轨道。波函数和原子轨道是同义词。

为了便于理解后续要介绍的原子轨道的图像，表4-1分别列出了求解氢原子薛定谔方程得到的波函数。

表 4-1 氢原子的波函数

轨道	$\Psi(r,\theta,\phi)$	$R(r)$	$Y(\theta,\phi)$
1s	$\sqrt{\dfrac{1}{\pi a_0^3}}\,e^{\frac{-r}{a_0}}$	$2\sqrt{\dfrac{1}{a_0^3}}\,e^{\frac{-r}{a_0}}$	$\sqrt{\dfrac{1}{4\pi}}$
2s	$\dfrac{1}{4}\sqrt{\dfrac{1}{2\pi a_0^3}}(2-\dfrac{r}{a_0})e^{\frac{-r}{2a_0}}$	$\sqrt{\dfrac{1}{8\pi a_0^3}}(2-\dfrac{r}{a_0})e^{\frac{-r}{a_0}}$	$\sqrt{\dfrac{1}{4\pi}}$
$2p_z$	$\dfrac{1}{4}\sqrt{\dfrac{1}{2\pi a_0^3}}(\dfrac{r}{a_0})e^{\frac{-r}{2a_0}}\cos\theta$	$\sqrt{\dfrac{1}{24\pi a_0^3}}(\dfrac{r}{a_0})e^{\frac{-r}{2a_0}}$	$\sqrt{\dfrac{3}{4\pi}}\cos\theta$
$2p_x$	$\dfrac{1}{4}\sqrt{\dfrac{1}{2\pi a_0^3}}(\dfrac{r}{a_0})e^{\frac{-r}{2a_0}}\sin\theta\cos\varphi$	$\sqrt{\dfrac{1}{24\pi a_0^3}}(\dfrac{r}{a_0})e^{\frac{-r}{2a_0}}$	$\sqrt{\dfrac{3}{4\pi}}\sin\theta\cos\varphi$
$2p_y$	$\dfrac{1}{4}\sqrt{\dfrac{1}{2\pi a_0^3}}(\dfrac{r}{a_0})e^{\frac{-r}{2a_0}}\sin\theta\sin\varphi$	$\sqrt{\dfrac{1}{24\pi a_0^3}}(\dfrac{r}{a_0})e^{\frac{-r}{2a_0}}$	$\sqrt{\dfrac{3}{4\pi}}\sin\theta\sin\varphi$

4.3.3 波函数的角度分布图

波函数 Ψ 是 r、θ、ϕ 的函数,可写成径向部分和角度部分两个函数式的乘积 $\Psi(r,\theta,\phi)=R(r)Y(\theta,\phi)$,因此可从径向部分和角度部分两个侧面来画两个函数式的图形,分别称为波函数的径向分布图和角度分布图。由于角度分布图对化学键的形成和分子构型都很重要,所以本书仅讨论波函数的角度分布图(即原子轨道的角度分布图)。将波函数的角度部分 $Y(\theta,\phi)$ 随 θ、ϕ 角而变化的规律以球坐标作图,即可获得波函数或原子轨道的角度分布图,如图 4-4 所示。

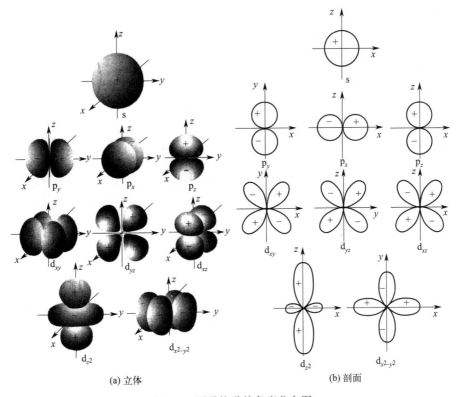

(a) 立体　　　　　　　　　(b) 剖面

图 4-4　原子轨道的角度分布图

由图 4-4 可以看出，s 轨道的形状是球形对称的。p 轨道的角度分布图都呈哑铃形，只是在空间的取向不同，分别沿着三个坐标轴伸展，称为 p_x、p_y、p_z 轨道，d 轨道的形状更复杂一些，呈花瓣状，5 个 d 轨道的角度分布图在空间有 5 种取向。图中的"＋""－"表示 Y 值的正、负，它在研究化学键的形成时有着重要的意义。

4.3.4 电子云的角度分布图

电子的运动状态可用波函数 Ψ 表示，但波函数 Ψ 没有很明确的物理意义，其物理意义是通过 $|\Psi|^2$ 来体现的，$|\Psi|^2$ 表示空间某处单位体积内电子出现的概率，即概率密度。

为了形象地描绘核外电子运动的概率分布情况，通常用小黑点的疏密程度来表示电子在空间各处出现的概率密度的相对大小。小黑点密集的区域，电子出现的概率密度大，单位体积内电子出现的机会多；小黑点稀疏的区域，电子出现的概率密度小，单位体积内电子出现的机会少。这种从统计的角度用小黑点的疏密对电子出现的概率密度所作的形象化描绘称为电子云，如图 4-5 为氢原子 1s 电子云示意图。

从理论上讲，核外电子的运动范围是没有界限的，因此电子云是没有明确边界的。实际上在离核较远的地方电子出现的概率非常小。因此，通常取一个等密度面，即将电子云图中电子出现概率密度相等的点连成曲面，使界面内电子出现的概率达 90%（或 95%），这样的等密度面称为电子云界面图，如图 4-6，电子在界面内出现的概率占了绝大部分，例如达到 90%，则表明电子在界面内出现的概率达到了 90%，在界面以外的区域出现的概率非常小，可以忽略不计。

图 4-5　氢原子 1s 电子云示意图

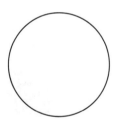

图 4-6　氢原子 1s 电子云的界面图
（界面内电子云出现概率达 90%）

将 $|\Psi|^2$ 的角度部分 $Y^2(\theta, \phi)$ 随 θ、ϕ 的变化作图，即得电子云的角度分布图（见图 4-7）。与原子轨道角度分布图（图 4-4）对照发现，两者的形状和空间取向相似。但有两点区别：一是原子轨道角度分布图有正、负之分，而电子云角度分布图均为正值，这是因为电子云角度分布是原子轨道角度分布的平方；二是电子云的角度分布图形比原子轨道的角度分布图形要"瘦"一些，这是因为 Y 值小于 1，其 Y^2 就更小。

应该注意，以上所讨论的原子轨道和电子云的角度分布图，只是反映了波函数的角度部分，并非原子轨道和电子云的实际形状，电子云的空间分布需综合考虑径向分布和角度分布。但原子轨道的角度分布图对讨论化学键的形成和分子的几何构型有着更重要的作用，关于原子轨道和电子云的径向分布图，这里不做详细介绍。

4.3.5 四个量子数

解薛定谔方程时，为了得到合理的解，引入了 3 个参数即 n、l 和 m。因为这些参数具有量子化的特性，所以称为量子数；其中 n 称为主量子数（principal quantum number），l

称为角量子数 (azimuthal quantum number)，m 称为磁量子数 (magnetic quantum number)。3 个量子数按一定规律取值，即可表示一种波函数（原子轨道）；另外，通过对光谱精细结构的研究，发现电子除了绕核运动外，其自身还有自旋运动。为了描述核外电子的运动状态，还需要引入第 4 个量子数——自旋量子数 m_s (spin quantum number)。下面分别讨论这四个量子数。

（1）主量子数 n

主量子数 n 用来描述核外电子出现概率最大区域离核的平均距离，是决定电子运动能量高低的主要因素。

n 的取值为 $1,2,3,\cdots,n$ 等正整数，与电子层相对应。

当 $n=1,2,3,4,5,6,7$ 时，分别表示第一、二、三、四、五、六、七层，相应的光谱符号为 K，L，M，N，O，P，Q。

对于单电子原子，核外电子的能量由主量子数 n 决定，例如：氢原子各电子层电子的能量为

$$E = -2.18 \times 10^{-18} \left(\frac{1}{n^2}\right) \text{ J} \tag{4-7}$$

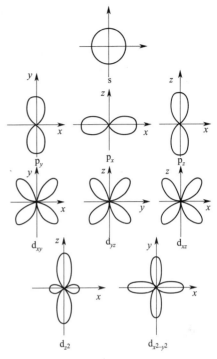

图 4-7　电子云角度分布图

n 越大，电子离核的平均距离越远，则电子运动的能量越高。n 相同，角量子数 l 不同的轨道，其能量是相同的，如：$E_{3s}=E_{3p}=E_{3d}$。但是对于多电子原子来说，核外电子的能量除了和主量子数 n 有关外，还和 l（表示原子轨道和电子云的形状）有关。因此，n 值越大电子能量越高这句话，只有在原子轨道或电子云形状相同的条件下，才是正确的。

（2）角量子数 l

角量子数 l 用来描述原子轨道或电子云的形状。

l 的取值受主量子数 n 的限制，当主量子数 n 确定时，l 可取 $0,1,2,\cdots,(n-1)$，共可取 n 个值。

l 的数值不同，轨道的形状不同，表示电子位于不同的电子亚层；$l=0,1,2,3$ 时，与 l 对应的电子亚层符号分别为 s，p，d，f；$l=0$ 时，s 轨道为球形对称；$l=1$ 时，p 轨道为哑铃形；$l=2$ 时，d 轨道为花瓣形。

例如：$n=1$ 时，l 值只有一个，为 0；$n=2$ 时，l 可取 0，1。每个 l 值代表一个亚层。n、l 及电子亚层的关系如表 4-2 所示。

表 4-2　n、l 及电子亚层的关系

n	l	电子亚层
1	0	1s
2	0	2s
	1	2p
3	0	3s
	1	3p
	2	3d

续表

n	l	电子亚层
4	0	4s
	1	4p
	2	4d
	3	4f

在多电子原子中 n 和 l 一起决定轨道的能量,n 相同,l 不同时,其能量关系为:$E_{4s} < E_{4p} < E_{4d} < E_{4f}$;从能量角度看,这些分层也称为能级。

(3) 磁量子数 m

磁量子数 m 可以确定原子轨道或电子云在空间的伸展方向。

m 的取值为 $0, \pm 1, \pm 2, \cdots, \pm l$,其取值和 l 有关。

例如,$l=0$,s 轨道,$m=0$,表示 s 轨道在空间只有一种伸展方向;

$l=1$,p 轨道,$m=0, \pm 1$,表示 p 轨道在空间有 3 种伸展方向,即 p_x,p_y,p_z 轨道;

$l=2$,d 轨道,$m=0, \pm 1, \pm 2$,表示 d 轨道在空间有 5 种伸展方向,即 d_{xy},d_{xz},d_{yz},d_{z^2},$d_{x^2-y^2}$;

$l=3$,f 轨道,$m=0, \pm 1, \pm 2, \pm 3$,表示 f 轨道在空间有 7 种伸展方向。

对于 n 和 l 相同,m 不同的原子轨道(如 p_x,p_y,p_z),尽管原子轨道的伸展方向不同,但其能量是相等的,称为等价轨道(equivalent orbital)或简并轨道(degenerate orbital)。

综上所述,n,l,m 一组量子数可以决定一个原子轨道的离核远近、形状和伸展方向。例如 $n=2$,$l=1$,$m=0$ 所表示的是 $2p_z$ 轨道,位于核外第二层,呈哑铃形,沿 z 轴方向。而 $n=4$,$l=0$,$m=0$ 所表示的原子轨道为 4s 轨道,位于核外第四层,呈球形对称分布。

(4) 自旋量子数 m_s

原子光谱实验证明,三个量子数皆相同的电子仍表现出不同的性质,为了解释这种现象,引入第四个量子数,称为自旋量子数 m_s。

自旋量子数 m_s 表示电子在核外有两种自旋相反的运动状态。

m_s 的取值只有 2 个,即 $+1/2$ 和 $-1/2$,分别表示顺时针自旋和逆时针自旋,一般用 "↑" 和 "↓" 表示。

4 个量子数之间的关系归纳在表 4-3 中。

表 4-3 量子数与电子层、能级、原子轨道、运动状态之间的联系

	量子数	n	1	2	3	$\cdots, n$
电子层	符号		K	L	M	
能级	量子数	n	1	2	3	$\cdots, n$
		l	0	0,1	0,1,2	$0,1,2,\cdots,(n-1)$
	亚层数		1	2	3	$\cdots, n$
	符号		1s	2s,2p	3s,3p,3d	$ns, np, nd\cdots$
原子轨道	量子数	n	1	2	3	
		l	0	0,1	0,1,2	$0,1,2,\cdots,(n-1)$
		m	0	0; 0,±1	0; 0,±1; 0,±1,±2	$0, \pm 1, \pm 2, \cdots, \pm l$
	每层轨道数		1	4	9	n^2
	符号		1s	2s, $2p_x$, $2p_y$, $2p_z$	3s, $3p_x$, $3p_y$, $3p_z$, $3d_{xz}$, $3d_{x^2-y^2}$, $3d_{z^2}$, $3d_{xy}$, $3d_{yz}$	

运动状态	量子数	n	1	2	3	$\cdots,n$
		l	0	0,1	0,1,2	$0,1,2,\cdots,(n-1)$
		m	0	$0;0,\pm1$	$0;0,\pm1;0,\pm1,\pm2$	$0,\pm1,\pm2,\cdots,\pm l$
		m_s	$\pm\dfrac{1}{2}$	$\pm\dfrac{1}{2}$	$\pm\dfrac{1}{2}$	$\pm\dfrac{1}{2}$
	每层运动状态数		2	8	18	$2n^2$
	符号		$1s^2$	$2s^2,2p^6$	$2s^2,2p^6,3d^{10}$	

因此，电子在核外的运动状态可以用 4 个量子数的组合来表示，即 (n,l,m,m_s)。

【例 4-1】 用四个量子数描述 $n=4$，$l=2$ 的所有电子的运动状态。

解 当 $l=2$ 时，m 的取值有 5 个，分别为 0，±1，±2，因此有 5 个简并轨道，每个轨道最多可容纳两个电子，所以共有 10 个电子，其运动状态分别为：

$$(4,2,0,+1/2)(4,2,0,-1/2)$$
$$(4,2,-1,+1/2)(4,2,-1,-1/2)$$
$$(4,2,+1,+1/2)(4,2,+1,-1/2)$$
$$(4,2,-2,+1/2)(4,2,-2,-1/2)$$
$$(4,2,+2,+1/2)(4,2,+2,-1/2)$$

4.4 多电子原子结构

通过对原子的量子力学模型的简单讨论，可以了解原子核外电子运动状态的基本情况。至于核外电子是如何分布在各个轨道上的，需要讨论核外电子的排布（arrangement of extranuclear electrons）规律。

4.4.1 原子的轨道能级图

在氢原子（及类氢原子）中，核外只有一个电子，被称为单电子原子，电子只受核的吸引；在多电子原子（核外有 2 个和 2 个以上电子的原子）中，电子不仅受核的吸引，电子与电子间还存在着相互排斥作用。这些都会影响到多电子原子的轨道能级。

(1) 单电子原子的轨道能级

由于氢原子或类氢离子（如 He^+、Li^{2+} 等）的原子核外只有一个电子，只存在原子核与电子之间的作用力，因此决定原子轨道能量 E 只与主量子数 n 有关，与角量子数 l 无关。

$$E = -2.18\times10^{-18}\left(\dfrac{1}{n^2}\right) \text{ J}$$

即 n 值相同的各轨道能量相同，n 越大，能量越高。

$$E_{3s}=E_{3p}=E_{3d}$$
$$E_{2p}<E_{3p}<E_{4p}$$

(2) 多电子原子的轨道能级

在多电子原子中，由于电子除了受到原子核的吸引外，还有其他电子对它的排斥作用，因而主量子数相同的各轨道的能量不再相等。多电子原子轨道的能级比氢原子要复杂得多，不仅取决于主量子数 n，还与角量子数 l 有关。

1939 年，鲍林根据光谱实验结果，总结出了多电子原子中轨道能级高低的一般情况，绘成近似能级图（见图 4-8）。

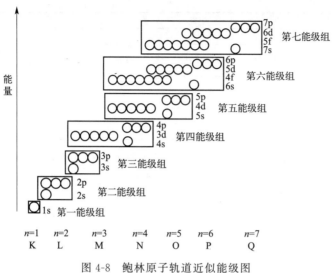

图 4-8 鲍林原子轨道近似能级图

鲍林原子轨道近似能级图具有如下几个特点：

① 近似能级图是按原子轨道的能量高低排列的，能级相近的原子轨道划为一组，图中每个方框代表一个能级组，位于同一能级组中的各原子轨道能量接近或能级差别较小。不同能级组中的原子轨道能量差别较大。目前有 7 个能级组，分别对应周期表中的 7 个周期。

② 在近似能级图中，一个小圆圈代表一个原子轨道，用小圆圈位置的高低表示能量的高低，简并轨道的能量相同，故处于同一高度，排成一排。例如 p 轨道有 3 个等价轨道，d 轨道有 5 个等价轨道，f 轨道有 7 个等价轨道。

③ 角量子数 l 相同时，随主量子数 n 的增大，轨道能级升高。例如

$$E_{1s} < E_{2s} < E_{3s} < E_{4s} < E_{5s}$$
$$E_{2p} < E_{3p} < E_{4p}$$

④ 当主量子数 n 相同时，随角量子数 l 的增大，轨道能级升高。例如

$$E_{4s} < E_{4p} < E_{4d} < E_{4f}$$

⑤ 当主量子数和角量子数都不同时，有时出现能级交错（energy level overlap）现象。例如

$$E_{3d} > E_{4s}$$
$$E_{4d} > E_{5s}$$
$$E_{5d} > E_{4f} > E_{6s}$$

我们把 n 值小的亚层反而比 n 值大的能量高的现象称为能级交错现象。除了第一、二、三能级组外，其他能级组都有此现象。对于 n 值和 l 值都不同时原子轨道能级的高低，可根据我国化学家徐光宪总结出的规律进行判断：$(n+0.7l)$ 值越大，能级越高，反之，能级越低。例如 3d 和 4s，它们的 $(n+0.7l)$ 分别为 4.4 和 4，因此 $E_{3d} > E_{4s}$。

（3）屏蔽效应

能级交错现象可用屏蔽效应来解释。

在多电子原子中，每个电子不仅受到原子核的吸引，还要受到其他电子的排斥作用。电子间的排斥作用相当于抵消了一部分原子核的吸引作用，这种核电荷对某个电子的吸引力因其他电子对该电子的排斥而被削弱的作用称为屏蔽效应（shielding effect）。

若用 Z 表示核电荷数，Z^* 表示被抵消后的核电荷，称为有效核电荷数（effective nuclear charge), σ 表示屏蔽常数 (shielding constant), 则有

$$Z^* = Z - \sigma \tag{4-8}$$

这样对于多电子原子中的一个电子来说, 其能量可用下式表示:

$$E_n = -\frac{2.18 \times 10^{-18}(Z-\sigma)^2}{n^2} \text{J} \tag{4-9}$$

从式中可以看出, 屏蔽常数越小, 有效核电荷数越大, 电子能量越低。也即是说屏蔽常数 σ 越大, 有效核电荷数越小, 该电子所受到的原子核的实际吸引力下降, 离核更远, 能量更高。显然, 只要能计算出屏蔽常数 σ, 就能求得各轨道能级的近似能量。

在多电子原子中, 屏蔽常数 (σ) 的大小与该电子所处的状态, 以及对该电子发生屏蔽作用的其余电子的数目和状态有关。一般情况下, 屏蔽常数 σ 可根据斯莱脱 (J. C. Slater) 经验规则近似计算。

斯莱脱经验规则如下:

① 将原子中的电子分成以下几组: (1s) (2s, 2p) (3s, 3p) (3d) (4s, 4p) (4d) (4f) (5s, 5p) …

② 任何位于所考虑电子的外面的轨道组, 其 $\sigma = 0$;

③ 同一轨道组的每个其他电子的 σ 一般为 0.35; 但在 1s 情况下为 0.3;

④ $(n-1)$ 层电子对 n 层电子的 $\sigma = 0.85$; $(n-2)$ 层及更内层电子对 n 层电子的 $\sigma = 1.00$;

⑤ 对于 d 或 f 轨道上的电子而言, 前面轨道组的每个电子对它的 $\sigma = 1.00$。

【例 4-2】对于钾原子 ($Z=19$), 请计算: (1) 最后一个电子填在 4s 上受到的有效核电荷数是多少? (2) 若填在 3d 上呢? 其有效核电荷数又是多少?

解 (1) 最后一个电子填在 4s 上, 按斯莱脱规则分组如下:

$$(1s)^2 (2s, 2p)^8 (3s, 3p)^8 (4s, 4p)^1$$

所以, $Z^* = Z - \sigma = 19 - (8 \times 0.85 + 10 \times 1.00) = 2.20$

(2) 若填在 3d 上, 按斯莱脱规则分组:

$$(1s)^2 (2s, 2p)^8 (3s, 3p)^8 (3d)^1$$

$$Z^* = Z - \sigma = 19 - (18 \times 1.00) = 1.00$$

由此可以看出, 电子位于 4s 轨道上的有效核电荷数较大, 电子能量较低。所以轨道能级 $E_{4s} < E_{3d}$, 出现了能级交错。

4.4.2 核外电子排布的原则

根据光谱实验结果和对元素周期律的分析, 大部分元素的基态原子, 其核外电子排布要遵循以下三个原则。

(1) 能量最低原理

根据 "能量越低越稳定" 的规律, 电子在原子轨道上的排布, 也应使整个原子的能量处于最低状态。在多电子原子的基态时, 核外电子总是尽可能分布到能量最低的轨道, 这就是能量最低原理 (lowest energy principle)。按照这一原理, 核外电子的分布应该按照鲍林近似能级图中各能级的高低顺序, 先占据能量最低的轨道, 然后依次往能级高的轨道填充, 这样的状态就是原子的基态。

(2) 泡利不相容原理

能量最低原理确定了电子填入的基本顺序, 但每一轨道上排几个电子呢?

1925 年，泡利（W. Pauli）根据原子的光谱现象提出了一个后来被实验证实的假定——泡利不相容原理（exclusion principle），即一个原子中不可能存在四个量子数完全相同的两个电子，或者说在同一个原子中没有运动状态完全相同的电子。按照这一原理，每个原子轨道上最多只能容纳自旋方向相反的 2 个电子。

应用泡利不相容原理，可以获得几个重要推论：

① s 亚层只有一个原子轨道，因此最多容纳 2 个电子；

② p，d，f 的简并轨道分别有 3，5，7 个，所以 p，d，f 亚层所能容纳的电子数为 6，10，14 个；

③ 每个电子层中原子轨道的总数为 n^2 个，如表 4-2 所示，K，L，M 层对应的原子轨道数分别为 1，4，9，因此各电子层中电子的最大容量为 $2n^2$ 个。

(3) 洪特规则

根据泡利不相容原理，确定了每个轨道上电子的填充数，但是对于能量相同的简并轨道（或等价轨道），又该遵守什么规则呢？

1925 年，洪特（F. Hund）从光谱实验数据总结出了一个普遍规则：在简并轨道上，电子的排布将尽可能分占不同的轨道，而且自旋方向相同。这个规则称为洪特规则，也叫等价轨道原理。根据量子力学理论计算，也证明电子按照洪特规则进行排布，可使原子系统的能量最低。

例如，碳原子核外的 6 个电子，按照轨道能级从低到高排入，1s 2s 2p…，1s 和 2s 轨道分别排入两个自旋方向相反的两个电子，还剩下两个电子排入 p 轨道，但 p 轨道有 3 个等价轨道，这两个电子应该如何排入呢？按照洪特规则，其轨道表示式应为：

应该指出，作为洪特规则的特例，简并轨道在处于全充满（p^6，d^{10}，f^{14}）或半充满（p^3，d^5，f^7）或全空（p^0，d^0，f^0）时，体系能量最稳定。

例如铬（Cr）原子中有 24 个电子，填充电子时 $1s^2 2s^2 2p^6 3s^2 3p^6 4s^2 3d^4$，而书写时应为 $1s^2 2s^2 2p^6 3s^2 3p^6 3d^5 4s^1$，就是因为 (n−1)d 轨道上的电子处于全充满或半充满状态时，体系比较稳定。

4.4.3 核外电子排布式和价电子层排布式

根据核外电子排布原理，按照鲍林近似能级图，按能级由低到高，将电子填入各个亚层，并在亚层符号的右上角用阿拉伯数字标明该亚层（或能级）中的电子数，这样的结构式称为电子排布式或电子构型（electron configuration）。各元素基态原子的电子层结构列于表 4-4 中。

例如 22 号元素钛，填充电子时 $1s^2 2s^2 2p^6 3s^2 3p^6 4s^2 3d^2$，而书写时应为 $1s^2 2s^2 2p^6 3s^2 3p^6 3d^2 4s^2$，不能写成 $1s^2 2s^2 2p^6 3s^2 3p^6 4s^2 3d^2$；虽然 3d 和 4s 轨道发生能级交错，电子首先填充 4s 轨道，但在书写电子排布式时，要把同一能层（n 相同）的轨道写在一起，不能将相同能层的原子轨道分开书写，且 n 最大的轨道在最右侧。

又如 47 号元素银（Ag），排布式为 $1s^2 2s^2 2p^6 3s^2 3p^6 3d^{10} 4s^2 4p^6 4d^{10} 5s^1$，不能写成 $1s^2 2s^2 2p^6 3s^2 3p^6 3d^{10} 4s^2 4p^6 4d^9 5s^2$，也不能写成 $1s^2 2s^2 2p^6 3s^2 3p^6 3d^{10} 4s^2 4p^6 5s^1 4d^{10}$；是因为除了要把同一能层的轨道写在一起外，还要服从洪特规则。铜（Cu）和金（Au）等原子的电子排布式在书写时也要注意。

另外,为了避免电子排布式书写过长,也可把内层已达到稀有气体结构的部分,用该稀有气体元素的符号加上方括号表示,称为"原子实"。如 K(19) 的电子排布式又可表示成:$[Ar]4s^1$;Fe(26) 的电子排布式又可表示成:$[Ar]3d^6 4s^2$;Cu(29) 的电子排布式又可表示为 $[Ar]3d^{10}4s^1$。

表 4-4 原子的电子层结构(基态)

周期	原子序数	元素符号	电子层						
			K	L	M	N	O	P	Q
			1s	2s 2p	3s 3p 3d	4s 4p 4d 4f	5s 5p 5d 5f	6s 6p 6d	7s 7p
1	1	H	1						
	2	He	2						
2	3	Li	2	1					
	4	Be	2	2					
	5	B	2	2 1					
	6	C	2	2 2					
	7	N	2	2 3					
	8	O	2	2 4					
	9	F	2	2 5					
	10	Ne	2	2 6					
3	11	Na	2	2 6	1				
	12	Mg	2	2 6	2				
	13	Al	2	2 6	2 1				
	14	Si	2	2 6	2 2				
	15	P	2	2 6	2 3				
	16	S	2	2 6	2 4				
	17	Cl	2	2 6	2 5				
	18	Ar	2	2 6	2 6				
4	19	K	2	2 6	2 6	1			
	20	Ca	2	2 6	2 6	2			
	21	Sc	2	2 6	2 6 1	2			
	22	Ti	2	2 6	2 6 2	2			
	23	V	2	2 6	2 6 3	2			
	24	Cr	2	2 6	2 6 5	1			
	25	Mn	2	2 6	2 6 5	2			
	26	Fe	2	2 6	2 6 6	2			
	27	Co	2	2 6	2 6 7	2			
	28	Ni	2	2 6	2 6 8	2			
	29	Cu	2	2 6	2 6 10	1			
	30	Zn	2	2 6	2 6 10	2			
	31	Ga	2	2 6	2 6 10	2 1			
	32	Ge	2	2 6	2 6 10	2 2			
	33	As	2	2 6	2 6 10	2 3			
	34	Se	2	2 6	2 6 10	2 4			
	35	Br	2	2 6	2 6 10	2 5			
	36	Kr	2	2 6	2 6 10	2 6			
5	37	Rb	2	2 6	2 6 10	2 6	1		
	38	Sr	2	2 6	2 6 10	2 6	2		
	39	Y	2	2 6	2 6 10	2 6 1	2		
	40	Zr	2	2 6	2 6 10	2 6 2	2		
	41	Nb	2	2 6	2 6 10	2 6 4	1		
	42	Mo	2	2 6	2 6 10	2 6 5	1		

续表

周期	原子序数	元素符号	电子层 K	L		M			N				O				P			Q
			1s	2s	2p	3s	3p	3d	4s	4p	4d	4f	5s	5p	5d	5f	6s	6p	6d	7s 7p
5	43	Tc	2	2	6	2	6	10	2	6	5		2							
	44	Ru	2	2	6	2	6	10	2	6	7		1							
	45	Rh	2	2	6	2	6	10	2	6	8		1							
	46	Pd	2	2	6	2	6	10	2	6	10									
	47	Ag	2	2	6	2	6	10	2	6	10		1							
	48	Cd	2	2	6	2	6	10	2	6	10		2							
	49	In	2	2	6	2	6	10	2	6	10		2	1						
	50	Sn	2	2	6	2	6	10	2	6	10		2	2						
	51	Sb	2	2	6	2	6	10	2	6	10		2	3						
	52	Te	2	2	6	2	6	10	2	6	10		2	4						
	53	I	2	2	6	2	6	10	2	6	10		2	5						
	54	Xe	2	2	6	2	6	10	2	6	10		2	6						
6	55	Cs	2	2	6	2	6	10	2	6	10		2	6			1			
	56	Ba	2	2	6	2	6	10	2	6	10		2	6			2			
	57	La	2	2	6	2	6	10	2	6	10		2	6	1		2			
	58	Ce	2	2	6	2	6	10	2	6	10	1	2	6	1		2			
	59	Pr	2	2	6	2	6	10	2	6	10	3	2	6			2			
	60	Nd	2	2	6	2	6	10	2	6	10	4	2	6			2			
	61	Pm	2	2	6	2	6	10	2	6	10	5	2	6			2			
	62	Sm	2	2	6	2	6	10	2	6	10	6	2	6			2			
	63	Eu	2	2	6	2	6	10	2	6	10	7	2	6			2			
	64	Gd	2	2	6	2	6	10	2	6	10	7	2	6	1		2			
	65	Tb	2	2	6	2	6	10	2	6	10	9	2	6			2			
	66	Dy	2	2	6	2	6	10	2	6	10	10	2	6			2			
	67	Ho	2	2	6	2	6	10	2	6	10	11	2	6			2			
	68	Er	2	2	6	2	6	10	2	6	10	12	2	6			2			
	69	Tm	2	2	6	2	6	10	2	6	10	13	2	6			2			
	70	Yb	2	2	6	2	6	10	2	6	10	14	2	6			2			
	71	Lu	2	2	6	2	6	10	2	6	10	14	2	6	1		2			
	72	Hf	2	2	6	2	6	10	2	6	10	14	2	6	2		2			
	73	Ta	2	2	6	2	6	10	2	6	10	14	2	6	3		2			
	74	W	2	2	6	2	6	10	2	6	10	14	2	6	4		2			
	75	Re	2	2	6	2	6	10	2	6	10	14	2	6	5		2			
	76	Os	2	2	6	2	6	10	2	6	10	14	2	6	6		2			
	77	Ir	2	2	6	2	6	10	2	6	10	14	2	6	7		2			
	78	Pt	2	2	6	2	6	10	2	6	10	14	2	6	9		1			
	79	Au	2	2	6	2	6	10	2	6	10	14	2	6	10		1			
	80	Hg	2	2	6	2	6	10	2	6	10	14	2	6	10		2			
	81	Tl	2	2	6	2	6	10	2	6	10	14	2	6	10		2	1		
	82	Pb	2	2	6	2	6	10	2	6	10	14	2	6	10		2	2		
	83	Bi	2	2	6	2	6	10	2	6	10	14	2	6	10		2	3		
	84	Po	2	2	6	2	6	10	2	6	10	14	2	6	10		2	4		
	85	At	2	2	6	2	6	10	2	6	10	14	2	6	10		2	5		
	86	Rn	2	2	6	2	6	10	2	6	10	14	2	6	10		2	6		

续表

周期	原子序数	元素符号	电子层 K	L		M			N				O				P			Q	
			1s	2s	2p	3s	3p	3d	4s	4p	4d	4f	5s	5p	5d	5f	6s	6p	6d	7s	7p
7	87	Fr	2	2	6	2	6	10	2	6	10	14	2	6	10		2	6		1	
	88	Ra	2	2	6	2	6	10	2	6	10	14	2	6	10		2	6		2	
	89	Ac	2	2	6	2	6	10	2	6	10	14	2	6	10		2	6	1	2	
	90	Th	2	2	6	2	6	10	2	6	10	14	2	6	10		2	6	2	2	
	91	Pa	2	2	6	2	6	10	2	6	10	14	2	6	10	2	2	6	1	2	
	92	U	2	2	6	2	6	10	2	6	10	14	2	6	10	3	2	6	1	2	
	93	Np	2	2	6	2	6	10	2	6	10	14	2	6	10	4	2	6	1	2	
	94	Pu	2	2	6	2	6	10	2	6	10	14	2	6	10	7	2	6		2	
	95	Am	2	2	6	2	6	10	2	6	10	14	2	6	10	9	2	6		2	
	96	Cm	2	2	6	2	6	10	2	6	10	14	2	6	10	10	2	6	1	2	
	97	Bk	2	2	6	2	6	10	2	6	10	14	2	6	10	11	2	6		2	
	98	Cf	2	2	6	2	6	10	2	6	10	14	2	6	10	12	2	6		2	
	99	Es	2	2	6	2	6	10	2	6	10	14	2	6	10	13	2	6		2	
	100	Fm	2	2	6	2	6	10	2	6	10	14	2	6	10	14	2	6		2	
	101	Md	2	2	6	2	6	10	2	6	10	14	2	6	10	14	2	6		2	
	102	No	2	2	6	2	6	10	2	6	10	14	2	6	10	14	2	6		2	
	103	Lr	2	2	6	2	6	10	2	6	10	14	2	6	10	14	2	6	1	2	
	104	Rf	2	2	6	2	6	10	2	6	10	14	2	6	10	14	2	6	2	2	
	105	Db	2	2	6	2	6	10	2	6	10	14	2	6	10	14	2	6	3	2	
	106	Sg	2	2	6	2	6	10	2	6	10	14	2	6	10	14	2	6	4	2	
	107	Bh	2	2	6	2	6	10	2	6	10	14	2	6	10	14	2	6	5	2	
	108	Hs	2	2	6	2	6	10	2	6	10	14	2	6	10	14	2	6	6	2	
	109	Mt	2	2	6	2	6	10	2	6	10	14	2	6	10	14	2	6	7	2	
	110	Ds	2	2	6	2	6	10	2	6	10	14	2	6	10	14	2	6	8	2	
	111	Rg	2	2	6	2	6	10	2	6	10	14	2	6	10	14	2	6	9	2	
	112	Cn	2	2	6	2	6	10	2	6	10	14	2	6	10	14	2	6	10	2	
	113	Nh	2	2	6	2	6	10	2	6	10	14	2	6	10	14	2	6	10	2	1
	114	Fl	2	2	6	2	6	10	2	6	10	14	2	6	10	14	2	6	10	2	2
	115	Mc	2	2	6	2	6	10	2	6	10	14	2	6	10	14	2	6	10	2	3
	116	Lv	2	2	6	2	6	10	2	6	10	14	2	6	10	14	2	6	10	2	4
	117	Ts	2	2	6	2	6	10	2	6	10	14	2	6	10	14	2	6	10	2	5
	118	Og	2	2	6	2	6	10	2	6	10	14	2	6	10	14	2	6	10	2	6

表 4-4 所列的各元素原子核外电子排布情况，是由光谱实验结果得出的，其中少数原子序数较大元素（如某些原子序数较大的过渡元素和镧系、锕系中的某些元素）的电子排布比较复杂，既不符合鲍林能级图的排布顺序，也不符合全充满、半充满及全空规律，属于例外。因此在书写电子排布式时，要掌握一般规律，注意少数例外。

在化学反应中，通常只有外层电子参与反应，能参与反应的电子称为价电子，所以通常只需写出原子的外层电子排布式（也称价电子层排布式或外层电子构型）。对主族元素，价电子层就是最外层，例如 Na 的价电子构型为 $3s^1$，Cl 的价电子构型为 $3s^2 3p^5$。对于过渡元素，价电子层还应包括次外层的 d 电子或外数第 3 层的 f 电子，例如 Cr 的价电子构型为 $3d^5 4s^1$，Ce 的价电子构型为 $4f^1 5d^1 6s^2$。

值得注意的是，当原子失去电子而成为正离子时，一般是能量较高的最外层的电子先失去，并且往往引起电子层数的减少。例如，Cr^{3+} 的电子排布式为 $1s^2 2s^2 2p^6 3s^2 3p^6 3d^3$，$Cr^{3+}$ 的外层电子构型为 $3s^2 3p^6 3d^3$，而不是 $3s^2 3p^6 3d^2 4s^1$ 或 $3d^2 4s^1$，也不能只写成 $3d^3$。原子得到电子成为负离子时,原子所得的电子总是分布在它的最外电子层上,如 Cl^- 的外层电子构型为 $3s^23p^6$。

4.5 原子的电子层结构和元素周期表的关系

1869 年,俄国化学家门捷列夫(D. I. Mendeleev)经过长期的探索研究,总结出了一个重要的规律:元素的性质随着原子序数(核电荷数)的递增而呈周期性变化。这就是元素周期律。研究发现,元素性质的周期性来源于原子电子层结构的周期性,元素周期律正是原子内部结构周期性变化的反映,元素周期律的图表形式称为元素周期表,元素在周期表中的位置和它们的电子层结构有直接关系。

元素周期性的内涵极其丰富,其中最基本的是:随原子序数递增,元素周期性地从金属渐变成非金属,以稀有气体结束,又从金属渐变成非金属,以稀有气体结束,如此循环反复。自从 1869 年门捷列夫给出第一张元素周期表以来,至少已经出现 700 多种不同形式的周期表。但最常用的是维尔纳长式周期表(见书末),是由诺贝尔奖得主维尔纳(A. Werner,1866—1919)首先倡导的,长式周期表是目前最通用的元素周期表。

4.5.1 电子层结构与周期的关系

元素在周期表中所处的周期数等于该元素原子的最外层电子的主量子数,即周期数=最外层电子的主量子数=核外电子层数。例如,Cr 的电子分布式为 $1s^22s^22p^63s^23p^63d^54s^1$,可知 Cr 为第四周期元素。

从电子分布规律可以看出,各周期数与各能级组相对应,即周期数=最高能级组数。每一周期元素的数目=相应能级组内轨道所能容纳的最多电子数(见表 4-5)。

表 4-5 各周期与最高能级组的关系

周期	起止原子序数	能级组	能级组内各原子轨道	能级内最多电子填充数	元素数目
1	1~2	一	1s	2	2
2	3~10	二	2s2p	8	8
3	11~18	三	3s3p	8	8
4	19~36	四	4s3d4p	18	18
5	37~54	五	5s4d5p	18	18
6	55~86	六	6s4f5d6p	32	32
7	87~118	七	7s5f6d7p	32	32

4.5.2 电子层结构与族的关系

周期表中把性质类似的元素排成纵行,叫作族(即一列);其实质是根据原子的外层价电子构型的不同对元素进行分类的。根据最后一个电子进入的亚层,区分为主族和副族。如果元素原子核外电子最后填入的亚层为 s 或 p 亚层,该元素便属于主族元素,以 A 表示主族元素;如果元素原子核外电子最后填入的亚层为 d 或 f,该元素便属于副族元素,又称过渡元素(其中 f 亚层的又称为内过渡元素),以 B 表示副族元素。

主族和副族族数的划分:

① 主族:$(ns+np)$ 的电子数=族数,$(ns+np)$ 的电子数=8,则为 0 族元素。

② 副族

当 $[(n-1)d+ns]$ 电子数<8 时,$[(n-1)d+ns]$ 电子数=族数;

当 $[(n-1)d+ns]$ 电子数≥8 时,则为Ⅷ族元素;

当 $(n-1)d^{10}$ 全充满时，族数＝ns 中的电子数。

元素在周期表中所处的族数与元素外层电子数的关系见表 4-6。

表 4-6　元素的电子层结构和族的关系

族		外层电子构型	族数
主族	ⅠA～ⅡA	$ns^{1\sim2}$	等于最外层电子数
	ⅢA～ⅦA,0	$ns^2np^{1\sim6}$	等于最外层电子数
副族	ⅠB～ⅡB	$(n-1)d^{10}ns^{1\sim2}$	等于最外层电子数
	ⅢB～ⅦB	$(n-1)d^{1\sim5}ns^{1\sim2}$	等于最外层 s 电子数＋次外层 d 电子数
	Ⅷ	$(n-1)d^{6\sim9}ns^{1\sim2}$	最外层 s 电子数＋次外层 d 电子数＝8～10

4.5.3　电子层结构与元素分区的关系

根据原子的外层电子构型，可把周期表中的元素分成 5 个区，即 s 区，p 区，d 区，ds 区和 f 区（见图 4-9）。

① s 区：包括第ⅠA、ⅡA 族元素，外层电子构型为 $ns^{1\sim2}$，最后一个电子填充在 s 轨道上；除 H 元素外，都是活泼金属，易失去电子，成为＋1，＋2 价的金属离子。

② p 区：包括第ⅢA 至ⅦA 和零族元素，外层电子构型为 $ns^2np^{1\sim6}$，最后一个电子填充在 p 轨道上；大多数元素容易得到电子，表现出非金属性。

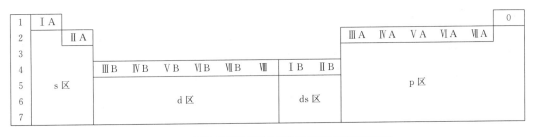

图 4-9　元素周期表分区情况

③ d 区：包括第ⅢB 至第ⅦB 族和Ⅷ族元素，外层电子构型一般为 $(n-1)d^{1\sim9}ns^{1\sim2}$，最后一个电子填充在 d 轨道上；该区元素都是金属元素，也称过渡元素。

④ ds 区：包括第ⅠB、ⅡB 族元素，外层电子构型为 $(n-1)d^{10}ns^{1\sim2}$；其紧靠 d 区元素，也都是金属元素；与 d 区元素的区别是：d 轨道上电子排布是全满状态。有时也把 d 区和 ds 区元素合称为过渡元素。

⑤ f 区：包括镧系、锕系元素，外层电子构型一般为 $(n-2)f^{1\sim14}(n-1)d^{0\sim2}ns^2$，最后一个电子填充在 f 轨道上；该区元素都是金属元素，称为内过渡元素，又称稀土元素。

4.6　元素的性质与原子结构的关系

元素的性质取决于原子的电子层结构，周期系中元素性质呈现周期性的变化规律，就是原子结构周期性变化的体现。

4.6.1　原子半径

根据现代原子结构理论，原子核外电子的运动无确定的轨迹，电子云没有明确的界面，因此原子大小的概念是比较模糊的。通常所说的原子半径（atomic radius）是指人们在讨论原子的化学行为时人为规定的物理量。通常以测量元素的原子在晶体或分子中相邻原子的核间距离为依据，根据物质种类不同，原子半径一般有三种定义，即共价半径（covalent radius）、范德华半径（van der Waals radius）和金属半径（metallic radius）。

共价半径：两个相同原子以共价单键结合时，核间距离的一半，如图 4-10。如 Cl_2 分子中两原子的核间距是 198 pm，则氯原子的共价半径为 99 pm。显然，如果同一元素的两个原子以共价单键、双键或叁键连接时，共价半径也不同，应加以注明。

范德华半径：单原子分子晶体中，两相邻原子核间距离的一半，如图 4-11。同一元素原子的范德华半径大于共价半径。

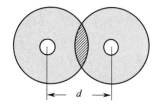 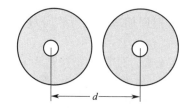 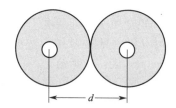

图 4-10 共价半径示意图　　　图 4-11 范德华半径示意图　　　图 4-12 金属半径示意图

金属半径：金属晶体中，两个相邻原子核间距离的一半，如图 4-12。

一般来说，共价半径较小，金属半径居中，范德华半径最大。这是因为形成共价键时，轨道的重叠程度较大；而分子间力相对较弱，不能将单原子分子拉得很紧密所致。在比较元素的某些性质时，应采用同一套原子半径的数据。

表 4-7 元素的原子半径/pm

H 32																	He 93
Li 123	Be 89											B 82	C 77	N 70	O 66	F 64	Ne 112
Na 154	Mg 136											Al 118	Si 117	P 110	S 104	Cl 99	Ar 154
K 203	Ca 174	Sc 144	Ti 132	V 122	Cr 118	Mn 117	Fe 117	Co 116	Ni 115	Cu 117	Zn 125	Ga 126	Ge 122	As 121	Se 117	Br 114	Kr 169
Rb 216	Sr 191	Y 162	Zr 145	Nb 134	Mo 130	Tc 127	Ru 125	Rh 125	Pd 128	Ag 134	Cd 148	In 144	Sn 140	Sb 141	Te 137	I 133	Xe 190
Cs 235	Ba 198	ΔLu 158	Hf 144	Ta 134	W 130	Re 128	Os 126	Ir 127	Pt 130	Au 134	Hg 144	Tl 148	Pb 147	Bi 146	Po 146	At 145	Rn 220

Δ	La 169	Ce 165	Pr 164	Nd 164	Pm 163	Sm 162	Eu 185	Gd 162	Tb 161	Dy 160	Ho 158	Er 158	Tm 158	Yb 170

表 4-7 列出了各元素的原子半径，金属元素的原子为金属半径；非金属元素的原子为单键共价半径；稀有气体通常为单原子分子，只能采用范德华半径。

原子半径的大小主要取决于原子核外电子层数和有效核电荷数。从表 4-7 可以看出，原子半径在周期表中的变化规律如下。

（1）同一周期元素

① 主族元素电子层数不变，有效核电荷数依次增加，原子半径依次减小；

② 过渡元素的有效核电荷数增加缓慢，原子半径减小也较缓慢；

③ 镧系元素的原子半径递减趋势更为缓慢；因为从镧到镱增加的电子填入了内层的 $(n-2)f$ 上，有效核电荷数增加得更为缓慢，这种现象称为镧系收缩（lanthanide contraction）。

（2）同族元素

同一族自上而下原子半径逐渐增大，但主族和副族情况有所不同。主族元素自上而下电子层数逐渐增加，有效核电荷相差不大，因而原子半径逐渐增大；副族元素原子半径的变化趋势和主族元素相似，但增大不明显。主要原因是内过渡元素镧系收缩，使得第六周期的原子半径没有因为电子层的增加而大于第五周期元素的原子半径，反而使部分元素原子半径非常接近，性质上极为相似。

4.6.2 电离能

从基态的气态原子失去一个电子成为气态的正一价离子所需的能量称为该元素的第一电离能（first ionization potential），用 I_1 表示，单位为 $kJ \cdot mol^{-1}$。从气态+1价离子再失去一个电子成为气态+2价离子所需的能量叫第二电离能，用 I_2 表示，依此类推。

离子所带正电荷越多，离子半径越小，失去电子就越难，所以同一元素原子的各级电离能依次增大：$I_1 < I_2 < I_3 < \cdots\cdots$ 但一般高于正三价的气态离子就很少存在了。

电离能的大小反映了原子失去电子的难易程度。电离能越小，原子越容易失去电子；反之，电离能越大，原子失去电子时吸收能量越大，原子失电子就越难。通常讲的电离能，如果不加说明，指的都是第一电离能。表 4-8 列出了周期系中各元素的第一电离能数据。元素的第一电离能随着原子序数的增加呈明显的周期性变化，如图 4-13 所示。

表 4-8 元素的第一电离能/$kJ \cdot mol^{-1}$

H																	He
1312.0																	2372.3
Li	Be											B	C	N	O	F	Ne
520.3	899.5											800.6	1086.4	1402.3	1314	1681	2080.7
Na	Mg											Al	Si	P	S	Cl	Ar
495.8	737.7											577.6	786.5	1011.8	999.6	1251.1	1520.5
K	Ca	Sc	Ti	V	Cr	Mn	Fe	Co	Ni	Cu	Zn	Ga	Ge	As	Se	Br	Kr
418.9	589.8	631	658	650	652.8	717.4	759.4	758	736.7	745.5	906.4	578.8	762.2	944	940.9	1139.9	1350.7
Rb	Sr	Y	Zr	Nb	Mo	Tc	Ru	Rh	Pd	Ag	Cd	In	Sn	Sb	Te	I	Xe
403.0	549.5	616	660	664	685.0	702	711	720	805	731	867.7	558.3	708.6	831.6	869.3	1008.4	1170.4
Cs	Ba	La*	Hf	Ta	W	Re	Os	Ir	Pt	Au	Hg	Tl	Pb	Bi	Po	At	Rn
375.7	502.9	538.1	654	761	770	760	840	880	870	890.1	1007	589.3	715.5	703.3	812	[916.7]	1037.0
Fr	Ra	Ac**															
[386]	509.4	490															

*	La	Ce	Pr	Nd	Pm	Sm	Eu	Gd	Tb	Dy	Ho	Er	Tm	Yb	Lu
	538.1	528	523	530	536	543	547	592	564	572	581	589	596.7	603.4	523.5
**	Ac	Th	Pa	U	Np	Pu	Am	Cm	Bk	Cf	Es	Fm	Md	No	Lr
	490	590	570	590	600	585	578	581	601	608	619	627	635	642	

从表 4-8 可以看出，周期表中各元素的 I_1 呈现出周期性的变化规律。

（1）同一周期元素

① 对于主族元素，从左到右元素的 I_1 逐渐增大，且增加显著。

这是因为同一周期元素具有相同的核外电子层数，但从左到右，有效核电荷数逐渐增加，核对外层电子的吸引力逐渐增强，原子半径逐渐减小，因此原子失去电子逐渐变得困难，故电离能明显增大。但有些元素表现反常，比如第二周期的 Be 和 N 元素，其 I_1 反而大于后面的元素 B 和 O（图 4-13）。这是因为 Be 元素外层电子层结构为 $2s^2$，处于全满状态；N 元素的电子层结构为 $2s^2 2p^3$，处于半充满状态。这都是比较稳定的结构，失去电子较难，因此电离能较大。

② 对于过渡元素，从左到右电离能逐渐增大，但增加比较缓慢。这和它们的有效核电荷数增加缓慢、半径减小缓慢是一致的。

③ 每一周期的第一个元素（氢和碱金属）的 I_1 最小，最后一个元素（稀有气体）的 I_1 最大。这是因为稀有气体都具有稳定的 8 电子（2 电子）构型所致。

（2）同族元素

① 对于主族元素，自上而下元素的 I_1 逐渐减小。

这是因为自上而下时元素的有效核电荷数相差不大，电子层数逐渐增多，原子半径增大，核对外层电子的吸引力逐渐减弱，因此失去电子越来越容易，故电离能逐渐减小。

② 对于副族元素，自上而下元素的 I_1 的变化幅度较小，且不规律。

这是由于新增加的电子填充在 $(n-1)$d 轨道，而外层 ns 轨道的电子数相近，再加上内过渡元素的镧系收缩，导致规律性较差。

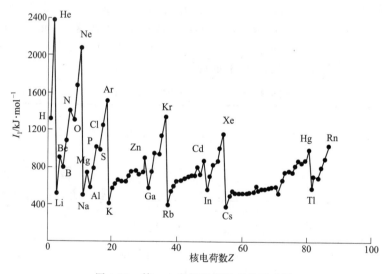

图 4-13　第一电离能周期性变化示意图

4.6.3　电子亲和能

电子亲和能（electron affinity，E_A）是指元素基态气态原子得到电子形成阴离子所释放的能量。元素的气态原子在基态时得到一个电子形成气态 -1 价离子时所放出的能量称为该元素的第一电子亲和能，用 E_{A1} 表示，单位是 $kJ \cdot mol^{-1}$。得到第二个、第三个电子放出的能量分别称为第二、第三电子亲和能，依次用 E_{A2}、E_{A3} 表示。如果不加注明，一般指的是第一电子亲和能。

电子亲和能的大小可衡量原子得电子的难易，电子亲和能负值越大，原子得到电子时放出的能量越多，越容易得到电子。非金属原子的第一电子亲和能总是负值，容易得到电子；而金属原子的第一电子亲和能为较小负值或正值，不容易得到电子；稀有气体的电子亲和能均为正值，很难得到电子。

电子亲和能不易测定，一般常用间接方法计算。因此它们数据不多，表 4-9 列出了主族元素原子的电子亲和能。

表4-9 主族元素原子的电子亲和能/kJ·mol^{-1}

H −72.7							He +48.2
Li −59.6	Be +48.2	B −26.7	C −121.9	N +6.75	O −141.0	F −328.0	Ne +115.8
Na −52.9	Mg +38.6	Al −42.5	Si −133.6	P −72.1	S −200.4	Cl −349.0	Ar +96.5
K −48.4	Ca +28.9	Ga −28.9	Ge −115.8	As −78.2	Se −195.0	Br −324.7	Kr +96.5
Rb −46.9	Sr +28.9	In −28.9	Sn −115.8	Sb −103.2	Te −190.2	I −295.1	Xe +77.2

从表4-9可以看出，周期表中主族元素电子亲和能的变化规律如下。

① 同一周期从左至右，电子亲和能负值的总体趋势是越来越大。

这是由于对于同一周期的主族元素而言，自左至右，其有效核电荷数增加，原子半径减小；另外原子的最外层上的电子数逐渐增多，趋向于形成8电子稳定结构。因此，元素失去电子的能力逐渐减弱，得电子能力增强，因此电子亲和能负值逐渐增大。稀有气体由于具有稳定的电子层结构，很难得到电子，在同一周期的元素中，其电子亲和能为正值，且较大。

② 同一主族从上到下，电子亲和能负值逐渐减小。

这是由于对于同一主族元素而言，从上到下，有效核电荷增加不多，而原子半径的增大起主要作用，因此核对外层电子的吸引力减弱；导致从上到下元素得电子的倾向逐渐减弱，电子亲和能负值逐渐减小。

③ 特殊性

(a) 在ⅡA族（ns^2），ⅤA族（ns^2np^3）以及零族（ns^2np^6）元素的电子亲和能为正值。这是由于它们的外层电子构型为半满或全满的稳定结构，不易得到电子所致。

(b) ⅤA、ⅥA和ⅦA族中，电子亲和能负值最大元素出现在第三周期。这是因为第二周期元素如N、O、F的原子半径较小，电子云密度大，进入电子受到原有电子较强的排斥作用所致。

(c) 电子亲和能最大负值的元素是Cl，而不是F。

4.6.4 电负性

元素的电离能和电子亲和能分别从一个侧面反映了原子失去和得到电子的能力，但具有一定的局限性。比如在形成化合物时，原子并没有发生得失电子的过程，而只是电子在两原子间发生了偏移。为了更全面地衡量分子中原子吸引电子的能力，1932年鲍林提出了电负性的概念。元素的电负性（electronegativity）通常用符号 χ 表示，是指分子中原子吸引电子能力的度量，且指定氟的电负性为4.0，依次通过对比求出其他元素的电负性，如表4-10所示。电负性是一个相对的数值，数值越大，表示原子在分子中吸引电子的能力越强。

元素的电负性可以用来衡量元素金属性和非金属性的相对强弱。元素的电负性数值越大，表示该元素吸引电子的能力越强，即非金属性越强，金属性越弱；元素的电负性数值越小，表示该元素失去电子的能力越强，即金属性越强，非金属性越弱。

同一周期从左到右，元素的电负性值一般逐渐增大，非金属性逐渐增强。主族元素间变化明显，过渡元素之间的变化不是很有规律，总体也呈逐渐增大的趋势；这与原子的电子层结构密切相关，如电子的填充不是在最外层，电子层结构处于半满和全满的稳定状态等。

表 4-10 鲍林电负性数据

IA	IIA	IIIB	IVB	VB	VIB	VIIB	VIII			IB	IIB	IIIA	IVA	VA	VIA	VIIA	0
H 2.2																	He
Li 0.98	Be 1.57											B 2.04	C 2.55	N 3.04	O 3.44	F 3.98	Ne
Na 0.93	Mg 1.31											Al 1.61	Si 1.91	P 2.19	S 2.58	Cl 3.16	Ar
K 0.82	Ca 1.0	Sc 1.36	Ti 1.54	V 1.63	Cr 1.66	Mn 1.55	Fe 1.83	Co 1.88	Ni 1.91	Cu 1.9	Zn 1.65	Ga 1.81	Ge 2.01	As 2.18	Se 2.55	Br 2.96	Kr
Rb 0.82	Sr 0.95	Y 1.22	Zr 1.33	Nb 1.6	Mo 2.16	Tc 2.10	Ru 2.2	Rh 2.28	Pd 2.2	Ag 1.93	Cd 1.69	In 1.78	Sn 1.96	Sb 2.05	Te 2.1	I 2.66	Xe
Cs 0.79	Ba 0.89	La~Lu 1.0~1.25	Hf 1.3	Ta 1.5	W 1.7	Re 1.9	Os 2.2	Ir 2.2	Pt 2.2	Au 2.4	Hg 1.9	Tl 1.8	Pb 1.9	Bi 1.9	Po 2.0	At 2.2	Rn
Fr 0.7	Ra 0.9	Ac 1.1	Th 1.3	Pa 1.4	U 1.7	Np~No 1.3											

同族元素从上到下，元素的电负性依次减小，金属性依次增强。主族元素之间变化规律明显，因为原子的电子层构型相同，有效核电荷接近，原子半径的影响占主导地位，随原子半径的增加，原子在分子中吸引电子的能力减弱，即电负性逐渐减弱；副族元素之间，元素的电负性变化规律不明显，这和原子的电子层结构以及镧系收缩有关。

元素的电负性可以衡量元素的金属性和非金属性的强弱。一般来说，金属元素的电负性小于2.0，非金属元素的电负性大于2.0，但这种分界也不是绝对的。元素的电负性大小还可以用来估计化学键的类型以及键的极性。通常当两元素的电负性差值 $\Delta\chi > 1.7$ 时，形成的是离子键，物质为离子化合物；当 $\Delta\chi < 1.7$ 时，形成的是共价键，物质为共价化合物。例如，第一主族的碱金属、第二主族的碱土金属与第六主族的氧族元素、第七主族的卤素元素化合，一般形成离子化合物，如 NaCl、MgO 等；电负性相同或相近的非金属元素一般形成共价键分子，如 H_2、Cl_2、HCl 等；电负性相同或相近的金属元素一般以金属键结合，形成金属化合物或合金。

4.7 化学键与分子结构

分子是参与化学反应的基本单元，物质的性质取决于分子的性质及分子间的作用力，而分子的性质又取决于分子的内部结构，因此研究分子的内部结构对了解物质的性质和变化规律具有重要意义。

在自然界中，除了稀有气体，其他元素的原子是不能独立存在的。原子或离子相互之间是怎样结合的，分子或晶体由哪些原子或离子组成，分子或晶体的几何构型如何，以及分子之间存在着什么样的作用力等，这些都是分子结构的主要研究内容。

分子或晶体能够稳定存在，说明其原子或离子之间存在着强烈的相互作用。化学上把分子或晶体中相邻的2个或多个原子或离子之间强烈的相互作用称为化学键。化学键的主要类型有离子键、共价键和金属键等，本节主要介绍离子键和共价键理论。

4.7.1 离子键理论

1916年，德国科学家科塞尔（W. Kossel）提出离子键理论。该理论认为，离子键（ionic bond）是由原子得失电子后，生成的正、负离子间静电引力而形成的化学键；所形成的化合物称为离子化合物（ionic compound）。

(1) 离子键的形成和特征

当电负性相差比较大的原子相互靠近时，电负性较小的原子失去电子形成正离子，电负性较大的原子获得电子形成负离子，正、负离子之间由于静电引力而相互吸引，但当它们充分接近时，两种离子的电子云之间又相互排斥，当吸引力与排斥力达到平衡时，体系的能量降到最低，正、负离子便稳定地结合形成分子。例如 NaCl 的形成过程可表示为：

$$\left.\begin{array}{l}n\text{Na}(3s^1)\xrightarrow{-ne^-}n\text{Na}^+(2s^22p^6)\\ n\text{Cl}(3s^23p^5)\xrightarrow{ne^-}n\text{Cl}^-(3s^23p^6)\end{array}\right\}\xrightarrow{\text{静电引力}}n\text{NaCl}$$

离子键的本质是正、负离子间的静电引力，若近似地把正、负离子的电荷分布看作是球形对称的，则根据库仑定律，带相反电荷（q^+ 和 q^-）的离子间的静电引力 F 与离子电荷的乘积成正比，而与离子间距离（核间距）d 的平方成反比。即

$$F=k\frac{q^+q^-}{d^2} \tag{4-10}$$

因此，离子所带电荷越多，离子间的距离越小，则离子间的引力越大，形成的离子键越牢固。

离子可以近似地看作一个带电球体，其电荷分布是球形对称的，正、负离子可以在空间任何方向与带相反电荷的离子相互吸引，只要空间条件允许，每种离子会尽可能地结合更多的异号离子，所以离子键既没有方向性，也没有饱和性。

(2) 离子的极化作用

对孤立的简单离子来说，正离子和负离子均可看成球形对称，离子本身正、负电荷中心是重合的，不存在偶极（见图 4-14）。但当离子置于电场中，离子的原子核就会受到正电场的排斥和负电场的吸引，而离子中的电子则会受到正电场的吸引和负电场的排斥，离子就会发生变形，导致正、负电荷中心不重合，从而产生诱导偶极（见图 4-15），这个过程称为离子的极化。

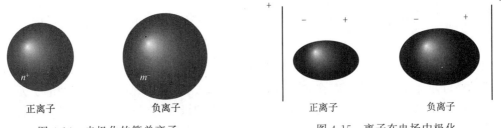

图 4-14　未极化的简单离子　　　　图 4-15　离子在电场中极化

每个离子都带有电荷，当带相反电荷的离子靠近时，在其电场的影响下，电子云发生变形；这种使异号离子的电子云发生变形的作用称为离子的极化作用，而把被异号离子极化而发生电子云变形的性能称为该离子的变形性。

正、负离子都有极化作用和变形性两个方面，当二者相互靠近时，会产生相互极化和变形，如图 4-16 所示。一般来说，正离子的极化作用高于负离子，负离子的变形性高于正离子，规律如下：

离子的极化作用的强弱与离子电荷、离子半径以及离子的电子构型等因素有关。

① 当离子的电子构型相同时，离子半径越小，电荷越多，离子的极化能力也越强。例如：$Li^+>Na^+>K^+>Rb^+$；$F^->Cl^-$；$Al^{3+}>Mg^{2+}>Na^+$；$S^{2-}>Cl^-$。

② 当离子电荷相同、半径相近时，离子的极化力取决于离子的电子层构型。

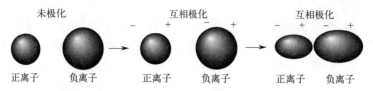

图 4-16 离子的相互极化过程

负离子一般具有稀有气体构型，如 O^{2-}（$2s^22p^6$）、Cl^-（$3s^23p^6$）等。正离子有多种构型，大致为以下几种：

a. 2 电子构型：最外层为 2 个电子的离子，如 Li^+、Be^{2+} 等。
b. 8 电子构型：最外层为 8 个电子的离子，如 Na^+、Ca^{2+} 等。
c. 18 电子构型：最外层为 18 个电子的离子，如 Zn^{2+}、Hg^{2+}、Ag^+ 等。
d. 18+2 电子构型：最外层为 2 个电子，次外层为 18 个电子的离子，如 Pb^{2+}、Sn^{2+} 等。
e. 9～17 电子构型：最外层的电子数为 9～17 之间的不饱和构型的离子，如 Fe^{2+}、Cr^{3+}、Mn^{2+} 等。

一般正离子的极化力随电子层构型的变化顺序为：

$$18、(18+2)以及2电子构型 > (9\sim17)电子构型 > 8电子构型$$

这是因为 18 电子构型的离子，其外层电子层中的 d 电子对原子核有较小的屏蔽作用，离子的极化能力较强，并且随其外层 d 电子数的增多而增大。

离子的变形性的影响因素主要有离子半径、离子电荷和离子的电子层结构。离子半径越大，变形性越大。因为离子半径越大，外层电子离核越远，原子核对其作用力也相对减弱。在外电场作用下，外层电子与核容易产生相对位移，所以一般来说变形性也越大。离子电荷对离子变形性的影响稍小；对于正离子，电荷越少，变形性越大；对于负离子，电荷越多，变形性越大。当离子电荷相同、离子半径相近时，离子的电子构型对离子的变形性就产生决定性影响。变形性的大小顺序为：

$$18、(18+2)电子构型 > (9\sim17)电子构型 > 8电子构型$$

（3）离子极化对化学键型的影响

当正、负离子结合时，如果相互间完全没有极化作用，则形成的化学键应是纯粹的离子键。但实际上正、负离子之间存在着不同程度的离子极化作用，使两个离子的电子云发生一定程度的重叠，相互极化越强，电子云重叠越多，键的极性越弱；因此离子极化会引起化学键性质的改变，有可能从离子键向共价键过渡，见图 4-17。

（4）离子极化对化合物性质的影响

离子的极化作用会对化合物的颜色、熔沸点、溶解度等性质产生一定的影响。例如硫化物的颜色都比氧化物深，是因为 S^{2-} 比 O^{2-} 的变形性大；K_2CrO_4 溶液呈黄色，而 Ag_2CrO_4 溶液为砖红色，就是因为 Ag^+ 为 18 电子构型，K^+ 为 8 电子构型，Ag^+ 极化能力更强一些。又

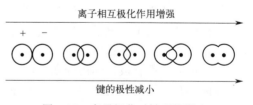

图 4-17 离子极化对键型的影响

如 NaCl 的熔沸点高于 $AlCl_3$，是因为 Na^+ 和 Al^{3+} 都是 8 电子构型，但 Al^{3+} 的带电荷数高于 Na^+，因此极化能力 $Al^{3+} > Na^+$，$AlCl_3$ 具有共价键的性质，熔沸点较低。再如 AgF、AgCl、AgBr、AgI 在水中的溶解度依次降低，这主要是因为 F^- 的半径较小，不易发生变

形，而 Cl^-、Br^-、I^- 的离子半径依次增大，变形性依次增强，相互极化作用增强，键的共价程度增强，极性减弱，溶解度下降。

4.7.2 共价键理论

电负性相差较大的原子以离子键形成化合物，为什么电负性相差不大的甚至于电负性相同的原子也能形成分子呢？如 H_2、O_2、HCl 等。为了解释这个问题，1916 年，路易斯提出了共价键（covalent bond）理论，他认为，分子中的原子是通过共用电子对使成键原子达到稳定的稀有气体结构而成键的。这种原子间靠共用电子对所产生的化学作用力称为共价键，由共价键形成的化合物称为共价化合物。路易斯的共价键理论也被称为经典共价键理论；初步揭示了共价键与离子键的区别，成功地解释了电负性相同或差别不大的元素原子间分子的形成。但是它并没有说明为什么原子间共用电子对就可促使两个或多个原子结合起来以及共价键的本质究竟是什么。

1927 年，海特勒（W. Heitler）和伦敦（F. London）成功地将量子力学应用到简单的氢分子结构上，使共价键的本质得到了理论上的解释。后来鲍林等人把这一结果进行推广，便发展成为近代价键理论。价键理论，又称电子配对法，简称 VB 法。这种方法与路易斯的电子配对法不同，它是以量子力学为基础的。

（1）共价键的本质

以 H_2 分子的形成为例来说明共价键的本质，海特勒和伦敦用量子力学处理两个 H 原子形成 H_2 分子的过程中，得到了 H_2 分子的能量（E）与核间距离（r）的关系曲线，如图 4-18 所示。结果表明：当电子自旋方向相同的两个 H 原子相互靠近时，会产生相互排斥作用，随核间距降低，系统能量均高于单独存在的氢原子能量，它们越靠近能量越升高。这时系统处于不稳定态，不能形成稳定的 H_2 分子。这种不稳定的状态称为 H_2 分子的排斥态。

当电子自旋方向相反的两个 H 原子相互靠近时，随着核间距 r 的减小，系统的能量降低，比两个 H 原子单独存在时低。当核间距达到平衡距离 74 pm 时，系统能量达到最低；如果两个原子进一步靠近，则排斥力占主导地位，系统能量又逐渐增大。这说明两

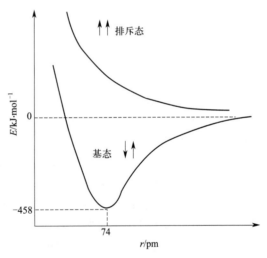

图 4-18 氢分子的能量与核间距的关系

个氢原子在平衡距离处，形成了稳定的化学键，这种状态称为氢分子的基态。

基态分子和排斥态分子在电子云的分布上也有很大差别。计算表明基态分子中两核之间的电子概率密度 $|\Psi|^2$ 远远大于排斥态分子中核间的电子概率密度 $|\Psi|^2$，见图 4-19(c) 和 (d) 所示。由图可见，在基态 H_2 分子中，氢原子之所以能形成共价键，是因为两个氢原子的自旋方向相反的 1s 原子轨道发生重叠，电子在两核间的概率密度增大［见图 4-19(b)］，体系能量最低，形成了稳定的化学键。排斥态之所以不能成键，是因为自旋相同的 1s 原子轨道不能发生重叠，电子在两核之间的概率密度几乎为零［见图 4-19(a)］，使系统能量升高。

由以上讨论可知，量子力学阐明的共价键本质是：氢分子的基态之所以成键，是由于两

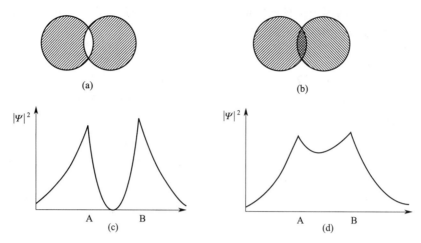

图 4-19 氢分子的两种状态及概率密度
(a)(c) 排斥态；(b)(d) 基态

个氢原子轨道中自旋方向相反的 2 个未成对电子可以相互配对，原子轨道相互作用而发生重叠，增大了两核之间的电子云概率密度，使系统能量降低而形成稳定的氢气分子。

(2) 价键理论的基本要点

将量子力学处理氢分子的结论推广到其他双原子分子和多原子分子，形成了近代价键理论。其要点如下。

① 电子配对原理　原子中自旋方向相反的未成对电子可以相互配对形成稳定的化学键。一个原子有几个未成对电子，便可以和几个自旋方向相反的未成对电子配对成键。例如 H—H、H—Cl、N≡N 等。

② 能量最低原理　在形成共价键时，自旋相反的单电子之所以要配对，主要是因为配对后会放出能量，使体系的能量降低。电子配对时，放出的能量越多，形成的化学键就越稳定。

③ 原子轨道最大重叠原理　成键时，原子轨道总是尽可能地达到最大限度的重叠，使系统能量最低。原子轨道重叠时，必须考虑原子轨道的"+""-"号。因为电子的运动具有波动性，两个原子轨道只有同号才能实现有效重叠。轨道的正、负号相当于机械波中的波峰和波谷，同号相遇时相互加强，异号相遇时相互削弱甚至抵消。原子轨道总是沿着重叠最多的方向进行；重叠越多，形成的共价键越牢固。

(3) 共价键的特征

在形成共价键时，互相结合的原子既未失去电子，也没有得到电子，而是共用电子，与离子键不同，共价键具有饱和性和方向性。

① 共价键的饱和性　所谓饱和性是指 1 个原子所能形成的共价键的总数受未成对单电子数的制约。也就是说，一个原子含有几个未成对的单电子，就只能与几个自旋方向相反的单电子配对，不能再与第三个电子配对了。例如 2 个 H 原子各有 1 个未成对电子，在形成 H_2 后，2 个原子的成单电子都已配对，不能再与第 3 个 H 原子的未成对电子配对而形成 H_3。

② 共价键的方向性　根据原子轨道最大重叠原理，在形成共价键时，原子间总是尽可能沿着原子轨道最大重叠的方向成键。轨道重叠越多，电子在两核间的概率密度越大，形成的共价键也越稳定。我们知道 s 轨道呈球形，所以 s 轨道和 s 轨道在任何方向可达到

最大重叠；但 p、d、f 轨道在空间都有一定的伸展方向，只有沿着一定的方向才能达到轨道的最大重叠，因此共价键是有方向性的。例如，形成氯化氢分子时，氢原子的 1s 电子和氯原子的一个未成对的 $3p_x$ 电子配对形成一个共价键，s 轨道和 p_x 轨道的重叠有 3 种可能的方式（见图 4-20），其中只有采取图 4-20(a) 的重叠方式达到最大程度的重叠，才能稳定成键。

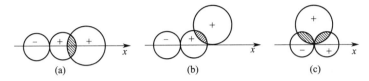

图 4-20　s 和 p_x 轨道的重叠方法

(4) 共价键的键型

根据形成共价键时原子轨道重叠的方向、方式及重叠部分的对称性，共价键可划分为不同的类型，最常见的是 σ 键和 π 键。

① σ 键

原子轨道沿键轴（即成键原子核连线）方向以"头碰头"方式同号重叠而形成的化学键称为 σ 键。如 s-s 重叠（H_2 分子中）、s-p_z 重叠（HCl 分子中）、p_z-p_z 重叠（Cl_2 分子中）[见图 4-21(a)]。σ 键的特点是：原子轨道的重叠部分沿着键轴呈圆柱形对称，沿键轴方向可任意旋转，轨道的形状和符号均不改变；原子轨道沿着轴向重叠，能够发生最大程度的重叠，所以 σ 键的键能大，稳定性高。

② π 键

两个原子轨道沿键轴方向以"肩并肩"的方式同号重叠所形成的键称为 π 键。如 p_y-p_y 重叠、p_x-p_x 重叠（N_2 分子中）[见图 4-21(b)]。π 键的特点是：原子轨道重叠部分对通过一个键轴的平面具有镜面反对称性；不能自由旋转，原子轨道的重叠程度 π 键不如 σ 键，所以 π 键不如 σ 键牢固，易于断裂。

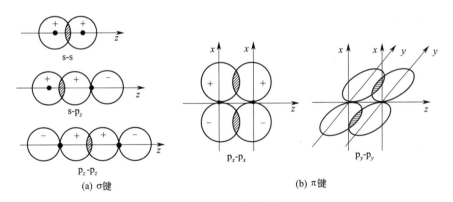

图 4-21　共价键的键型

一般而言，当两个原子间形成共价单键时，通常是 σ 键，形成共价双键或叁键时，其中一个是 σ 键，其余是 π 键。例如 N 原子有 3 个未成对的 p 电子（即 p_x、p_y、p_z），在形成 N_2 分子时，如果 2 个 N 原子以 p_x 轨道沿键轴方向以"头碰头"方式重叠形成 1 个 σ 键，则其余的 p_y-p_y 和 p_z-p_z 只能以"肩并肩"方式重叠形成 2 个 π 键，如图 4-22 所示。

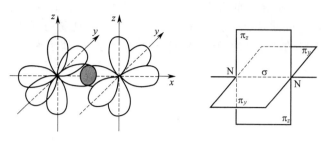

图 4-22 氮分子中的叁键

4.7.3 杂化轨道理论

价键理论简单明了,便于理解,阐明了共价键的形成过程和本质,并成功地解释了共价键的方向性和饱和性等特点,能较好地解释了许多双原子分子的结构。但该理论也有一定的局限性:在解释多原子分子的空间构型时就遇到了困难。例如在 CH_4 分子中有 4 个 C—H 键,键长均为 109 pm,键角均为 $109°28'$,因此 CH_4 分子为正四面体的空间构型。但是根据价键理论,C 原子的电子层结构为 $1s^2 2s^2 2p^2$,p 轨道有 2 个未成对电子,只能与 2 个 H 原子形成 CH_2 分子,且键角应为 $90°$,这与实验事实是不符合的。为了解决上述矛盾,1931 年鲍林在价键理论的基础上提出了杂化轨道理论,成功地解释了多原子分子的空间构型。

4.7.3.1 杂化轨道理论的基本要点

在形成分子时,由于原子间的相互影响,同一个原子中若干个类型不同、能量相近的原子轨道经过叠加混杂,重新分配能量和调整空间方向,成为成键能力更强的一组新的原子轨道,这种轨道组合的过程叫作杂化(hybrid),所形成的新的原子轨道称为杂化轨道(hybrid orbit)。

杂化轨道比原来未杂化的轨道成键能力更强。如图 4-23 所示,sp 杂化轨道的形状与原来的 s 和 p 轨道都不相同,其形状一头大一头小,成键时用较大的一头进行轨道重叠,重叠程度增加,因而成键能力更强,形成的共价键更稳定。

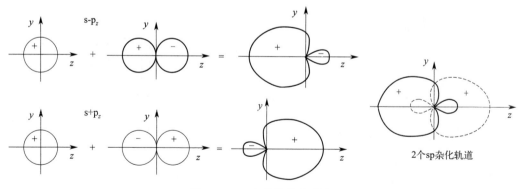

图 4-23 sp 杂化轨道的形成

杂化轨道的数目等于参与杂化的原子轨道数。每个杂化轨道都含有参与组合的各原子轨道成分,且在所有杂化轨道中,各原子轨道成分之和等于 1。

原子轨道杂化时,一般使成对电子激发到空轨道而成单个电子,其所需能量可用成键时放出的能量予以补偿。

需要特别注意的是,原子轨道的杂化,只有在形成分子的过程中才会发生,孤立的原子不会发生轨道的杂化。

4.7.3.2 杂化轨道的类型与分子的空间构型

根据参与杂化的原子轨道的种类和数目的不同,可分为不同的杂化类型,最简单的杂化方式是 s 和 p 原子轨道之间的杂化,杂化类型通常有三种:sp、sp^2、sp^3。

(1) sp 杂化

sp 杂化是由 1 个 ns 原子轨道和 1 个 np 原子轨道间进行的杂化,其特点是每个 sp 杂化轨道含 $\frac{1}{2}$s 成分和 $\frac{1}{2}$p 成分;2 个 sp 杂化轨道的夹角为 180°,空间构型为直线形[图 4-24(a)]。

例如气态的 $BeCl_2$ 分子,中心原子为 Be 原子,其基态的外层电子构型为 $2s^2$,成键时 Be 原子的 1 个 2s 电子被激发到 1 个空的 2p 轨道上,形成外层电子构型为 $2s^1 2p^1$ 的激发态;激发态 Be 原子的 2s 轨道和 1 个 2p 轨道进行杂化,形成 2 个等同的 sp 杂化轨道[图 4-24(b)]。

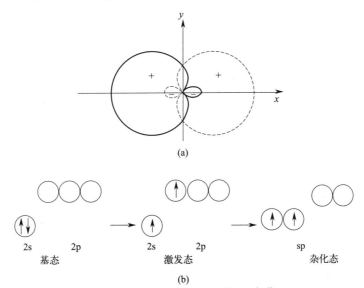

图 4-24 $BeCl_2$ 中 Be 原子的 sp 杂化

每个 sp 杂化轨道中有一个未成对的电子,分别与 2 个 Cl 原子的含有未成对电子 3p 轨道发生头对头重叠,形成 2 个 sp-p 的 σ 键,键角为 180°,所以 $BeCl_2$ 分子的空间构型为直线形。

除 $BeCl_2$ 分子外,$HgCl_2$、HgF_2、C_2H_2 等分子的空间结构也能用 sp 杂化轨道概念得到解释。

(2) sp^2 杂化

sp^2 杂化是由 1 个 ns 原子轨道和 2 个 np 原子轨道间进行的杂化,其特点是每个 sp^2 杂化轨道含有 $\frac{1}{3}$s 成分和 $\frac{2}{3}$p 成分;3 个 sp^2 杂化轨道间的夹角互成 120°,空间构型为平面三角形[图 4-26(a)]。

例如 BF_3 分子,其中心原子为 B 原子,基态 B 原子的外层电子构型为 $2s^2 2p^1$,在成键过程中,B 原子的 1 个 2s 电子被激发到 1 个空的 2p 轨道上,形成外层电子构型为 $2s^1 2p^2$ 的激发态,2s 轨道和 2 个 2p 轨道进行杂化,形成 3 个能量相同的 sp^2 杂化轨道(图 4-25)。

每个 sp^2 杂化轨道有一个未成对的电子,分别与 3 个 F 原子的含有未成对电子的 2p 轨道发生头碰头重叠,形成 3 个 sp^2-p 的 σ 键,键角互成 120°,所以 BF_3 分子的空间构型为平面三角形[图 4-26(b)]。

除 BF_3 分子外,BCl_3、C_2H_4 等分子的空间结构也能用 sp^2 杂化轨道概念得到解释。

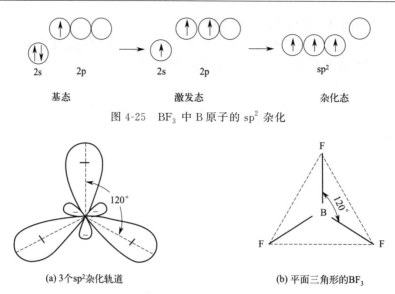

图 4-25 BF$_3$ 中 B 原子的 sp^2 杂化

(a) 3个sp^{2}杂化轨道　　(b) 平面三角形的BF$_3$

图 4-26　sp^2 杂化轨道和 BF$_3$ 分子构型

(3) sp^3 杂化

sp^3 杂化是由 1 个 ns 原子轨道和 3 个 np 原子轨道间进行的杂化,其特点是每个 sp^3 杂化轨道含 $\frac{1}{4}$ s 成分和 $\frac{3}{4}$ p 成分;4 个 sp^3 杂化轨道在空间互成 109°28′夹角,空间构型为正四面体 [见图 4-28(a)]。

例如 CH$_4$ 分子,中心原子 C 的基态外层电子构型为 $2s^2 2p^2$,在成键过程中,C 原子的 1 个 2s 电子被激发到 1 个空的 2p 轨道上,形成外层电子构型为 $2s^1 2p^3$ 的激发态,激发态 C 原子的 2s 轨道和 3 个 2p 轨道进行杂化,形成 4 个能量相等的 sp^3 杂化轨道(图 4-27)。

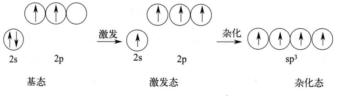

图 4-27　CH$_4$ 中 C 原子的 sp^3 杂化

每个 sp^3 杂化轨道中有一个未成对的电子,分别与 4 个 H 原子的含有未成对电子的 1s 轨道发生头对头重叠,形成 4 个 sp^3-s 的 σ 键,键角在空间互成 109°28′。所以 CH$_4$ 分子的空间构型为正四面体形 [见图 4-28(b)]。

除 CH$_4$ 分子外,CCl$_4$、SiH$_4$ 及 C$_2$H$_6$ 等分子的空间结构也能用 sp^3 杂化轨道概念得到解释。

(4) 不等性杂化

如前所述的 sp、sp^2 和 sp^3 杂化中,参

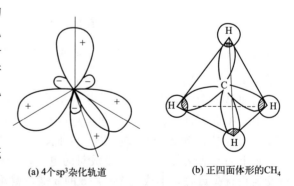

(a) 4个sp^{3}杂化轨道　　(b) 正四面体形的CH$_4$

图 4-28　sp^3 杂化轨道和 CH$_4$ 分子构型

与杂化的轨道都含有未成对电子,杂化后所形成的杂化轨道成分、性质和能量完全相同,这种杂化称为等性杂化(equivalent hybridization)。但轨道的杂化并非仅限于含有未成对电子的原子轨道,含有孤对电子的原子轨道也可以和含有未成对电子的原子轨道杂化,这时所形成的杂化轨道的成分和性质不完全相同。这种由于不参加成键的孤对电子的存在,而导致各个杂化轨道的成分和性质不完全相同的杂化称为不等性杂化(nonequivalent hybridization)。例如 NH_3 分子和 H_2O 分子中的轨道杂化就属于不等性杂化。

在 NH_3 分子形成过程中,中心原子 N 的 1 个 2s 轨道和 3 个 2p 轨道发生 sp^3 不等性杂化,形成 4 个 sp^3 杂化轨道。由于其中 3 个杂化轨道各含有一个未成对电子,轨道中含 p 成分较多,而另 1 个杂化轨道被一对孤对电子所占据,含 s 成分较多,也即是 4 个 sp^3 杂化轨道中所含 s 和 p 的成分不完全相同。杂化过程如图 4-29(a) 所示。

成键时,3 个杂化轨道分别与 3 个 H 原子的 1s 轨道重叠,形成 3 个 N—H 键;而 1 个含有孤对电子的杂化轨道不参与成键,因为孤对电子的电子云比较密集于 N 原子附近,对成键电子所占据的杂化轨道有排斥作用,使 N—H 键之间的夹角压缩到 $107°18'$,所以 NH_3 分子的空间构型为三角锥形 [见图 4-29(b)]。

在 H_2O 分子中,中心 O 原子也为 sp^3 不等性杂化,因为有两个杂化轨道被孤对电子所占据,使 O—H 键之间的夹角进一步压缩到 $104°45'$。因此 H_2O 分子的空间构型为"V"字形(见图 4-30)。

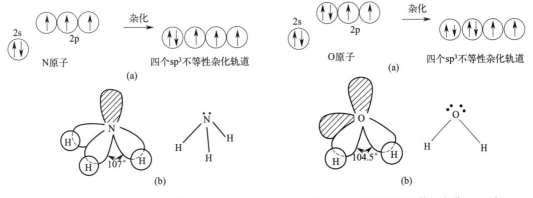

图 4-29 氮原子的不等性杂化(a)和 NH_3 分子的结构(b)

图 4-30 氧原子的不等性杂化(a)和 H_2O 的空间构型(b)

由 s 轨道和 p 轨道形成的杂化轨道和分子的空间构型列于表 4-11。

表 4-11 s-p 型杂化轨道及空间构型

杂化轨道类型	sp	sp^2	sp^3	sp^3(不等性)
参与杂化的轨道	1 个 s,1 个 p	1 个 s,2 个 p	1 个 s,3 个 p	1 个 s,3 个 p
杂化轨道数	2	3	4	4
成键轨道夹角 θ	180°	120°	109°28′	90°<θ<109°28′
空间构型	直线形	平面三角形	正四面体形	三角锥形	V 字形
实例	$BeCl_2$,$HgCl_2$	BF_3,BCl_3	CH_4,$SiCl_4$	NH_3,PH_3	H_2O,H_2S

除此之外,d 轨道也可参与杂化,如 sp^3d 杂化(PCl_5 分子,三角双锥构型)、sp^3d^2 杂化(SF_6 分子,八面体构型)等,如图 4-31 所示。

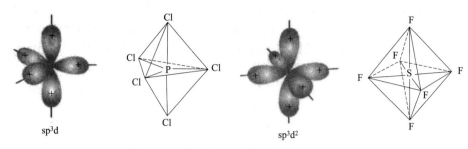

图 4-31 sp³d 杂化和 sp³d² 杂化轨道形状

4.7.4 键参数

表征化学键性质的物理量称为键参数，主要有键长、键角、键能和键的极性。

(1) 键长

分子中两个成键的原子核之间的平均距离称为键长（bond length），用符号 L_b 表示。理论上可以用量子力学近似方法计算出键长，但一般是根据光谱及衍射实验等方法测定。同一种键在不同分子中的键长差别很小，基本上是个常数。表 4-12 列出了一些双原子分子的键长。

表 4-12 一些双原子分子的键长

键	L_b/pm	键	L_b/pm
H—H	74	H—F	91.3
F—F	141	H—Cl	127.4
Cl—Cl	199	H—Br	140.8
Br—Br	228	H—I	160.8
I—I	267	C—C	154
C—H	109	C=C	134
N—H	101	C≡C	120
O—H	96	N—N	145
S—H	134	N≡N	110

一般来说，键长越长，键的强度就越弱。就相同的两原子形成的键而言，单键、双键、叁键的键长依次缩短，键能依次增大。

(2) 键角

分子中相邻两个键之间的夹角称为键角（bond angle）。键角通常根据光谱实验测定，它是反映分子空间构型的一个重要参数。对于双原子分子，键角为 180°，是直线形构型；对于多原子分子，不同的键角表明了分子不同的空间构型；如 H_2O 分子中的键角为 104°45′，表明 H_2O 分子为 V 形结构；NH_3 分子中键角为 107°18′。

(3) 键能

键能是表示化学键强弱的物理量。一般来说，键能（bond energy）是指在 100 kPa、298.15 K 下，将 1 mol 理想气体分子 AB 断裂为中性气态原子 A 和 B 所需要的能量，单位为 kJ·mol⁻¹。

键解离能是指在气态分子中每单位物质的量的某特定键解离时所需的能量。对双原子分子而言，其键能等于键解离能。多原子分子中若有多个相同的键，则该键的键能为同种键逐级解离能的平均值。

例如 CH_4 分子中虽然有四个等价的 C—H 键，但先后拆开它们所需的能量是不同的。

$$CH_4(g) = CH_3(g) + H(g) \quad D_1 = 435.34 \text{ kJ} \cdot \text{mol}^{-1}$$
$$CH_3(g) = CH_2(g) + H(g) \quad D_2 = 460.46 \text{ kJ} \cdot \text{mol}^{-1}$$
$$CH_2(g) = CH(g) + H(g) \quad D_3 = 426.97 \text{ kJ} \cdot \text{mol}^{-1}$$
$$CH(g) = C(g) + H(g) \quad D_4 = 339.07 \text{ kJ} \cdot \text{mol}^{-1}$$

CH_4 分子中键的键能应为四个键解离能的平均值：

$$E_{C-H} = \frac{D_1 + D_2 + D_3 + D_4}{4} = 415.46 \text{ kJ} \cdot \text{mol}^{-1}$$

键能是用来衡量原子之间所形成的化学键的牢固程度的。键能越大，化学键越牢固，含有该键的分子越稳定。表 4-13 列出了一些双原子分子的键能和某些键的平均键能。

表 4-13 一些双原子分子的键能和某些键的平均键能

分子名称	键能/kJ·mol^{-1}	分子名称	键能/kJ·mol^{-1}	共价键	平均键能/kJ·mol^{-1}	共价键	平均键能/kJ·mol^{-1}
H_2	436	HF	565	C—H	415	N—H	391
F_2	165	HCl	431	C—F	460	N—N	159
Cl_2	247	HBr	366	C—Cl	335	N=N	418
Br_2	193	HI	299	C—Br	289	N≡N	946
I_2	151	NO	286	C—I	230	O—O	143
N_2	946	CO	1071	C—C	346	O=O	495
O_2	493			C=C	610	O—H	463
				C≡C	835		

（4）键的极性

键的极性是由成键原子的电负性不同而引起的。两个相同的原子形成化学键，成键原子的电负性相同，共用电子对均匀地出现在两个原子之间，原子轨道相互重叠形成的电子云密度最大区域在两核的中间位置，因此电荷的分布是对称的，原子核的正电荷中心和电子云的负电荷中心恰好重合，这样的共价键称为非极性共价键（nonpolar covalent bond）。两个不同的原子形成化学键，成键原子的电负性不同，电荷分布不对称，键的正电荷中心与负电荷中心不重合，这样的共价键称为极性共价键（polar covalent bond）。在极性共价键中，成键原子的电负性相差越大，键的极性就越大。可以认为离子键是最强的极性键，极性共价键是由离子键到非极性共价键之间的一种过渡状态。

H_2 HI→HBr→HCl→HF   NaF
非极性键   键的极性依次增强   离子键

4.8 分子间力和氢键

4.8.1 分子间力

气态物质能凝聚成液态和固态，粉末可压成片状，这些现象都说明分子之间存在着相互作用力。分子间力是 1873 年由荷兰物理学家范德华首先提出的，故又称范德华力。分子间力比通常的化学键的键能（约为 100～800 kJ·mol^{-1}）要弱得多，大约只有几个到几十个 kJ·mol^{-1}，但分子间这种微弱的作用力对物质的熔点、沸点及稳定性都有很大的影响。

分子间力的本质是一种电性引力，为了说明这种力的由来，先介绍分子的极性和偶极矩的概念。

(1) 分子的极性

分子中都含有带正电荷的原子核和带负电荷的电子,可以设想它们的负电荷集中于一点,称为负电荷中心或负极,同样,设想它们正电荷也集中于一点,称为正电荷中心或正极,正极和负极总称为偶极。根据分子中原子正、负电荷中心是否重合,可将分子分为极性分子和非极性分子。其中正、负电荷中心相重合的分子为非极性分子(nonpolar molecule),反之为极性分子(polar molecule)。

对于双原子分子,分子的极性与键的极性是一致的。如 O_2、N_2 等分子,成键原子的电负性相等,所形成的键为非极性键,因此是非极性分子,而 HCl、HBr 等分子,成键原子的电负性不同,电子云偏向电负性大的原子,形成的是极性键,因此是极性分子。

对于多原子分子,分子的极性除了与键的极性有关外,还和分子的空间构型有关。如果分子中都是非极性键,则分子为非极性分子。如果分子中有极性键,则分子的极性取决于分子的空间构型。例如 CO_2、CH_4 分子中,虽然都是极性键,但 CO_2 是直线形(图 4-32),CH_4 是正四面体构型,因此键的极性相互抵消,它们都是非极性分子。而在 H_2O 分子中,O—H 键为极性键,但由于其为 V 形构型,键的极性不能抵消,所以 H_2O 分子是极性分子(图 4-33)。

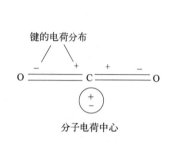

图 4-32 CO_2 分子中的电荷中心分布

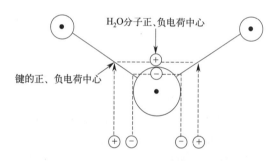

图 4-33 H_2O 分子中的电荷中心分布

(2) 分子间偶极矩

极性分子的极性大小可以用偶极矩(electric dipole moment)来度量。分子偶极矩(μ)的定义是:

$$\mu = q \times d \tag{4-11}$$

式中,q 为正电荷中心或负电荷中心上的电量;d 为正、负电荷中心之间的距离。偶极矩的单位是 C·m,数值可通过实验测定。表 4-14 列出了一些分子的偶极矩数值和分子空间构型。

表 4-14 一些分子的偶极矩和空间构型

分子	$\mu/10^{-30}$ C·m	空间构型	分子	$\mu/10^{-30}$ C·m	空间构型
H_2	0	直线形	CO	0.33	直线形
Cl_2	0	直线形	HCl	3.43	直线形
CO_2	0	直线形	HBr	2.63	直线形
CH_4	0	正四面体	HI	1.27	直线形
BF_3	0	平面三角形	$CHCl_3$	3.63	四面体
SO_2	5.33	V 形	O_2	1.67	V 形
H_2O	6.16	V 形	H_2S	3.63	V 形

根据偶极矩的大小可判断分子的极性大小,μ 大于 0 的分子是极性分子,偶极矩越大表示分子的极性越强,当偶极矩 $\mu=0$ 时,分子是非极性分子。一般情况下,极性分子易溶于

极性溶剂，非极性分子易溶于非极性溶剂，这也称为物质的"相似相溶"原理。

极性分子本身存在的固有偶极称为永久偶极。非极性分子在外电场的作用下，可以变成具有一定偶极的极性分子，而极性分子在外电场作用下，其偶极也可以增大，这种在外电场影响下产生的偶极称为诱导偶极，如图 4-34 所示。

诱导偶极用 $\Delta\mu$ 表示，其大小与电场强度和分子的变形性成正比。所谓分子的变形性，即为分子的正、负电荷中心的可分程度，分子的体积越大，电子越多，变形性越大。

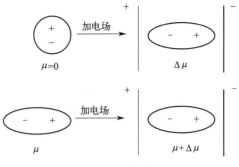

图 4-34　诱导偶极

（3）分子间力

按产生的原因和特点，分子间力可分为取向力、诱导力和色散力。

① 取向力

当两个极性分子相互靠近时，因为极性分子固有偶极的同极相斥，异极相吸作用，分子将发生相对转动，力图在空间按异极相邻的状态排列（见图 4-35），这个过程称为取向。这种由于极性分子的固有偶极之间的定向排列而产生的分子间作用力称为取向力（orientation force）。取向力发生在极性分子和极性分子之间。

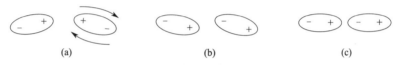

图 4-35　两个极性分子相互作用示意图

② 诱导力

当极性分子与非极性分子靠近时，非极性分子由于受到极性分子固有偶极电场的影响，使正、负电荷中心发生位移，从而产生诱导偶极。这种由非极性分子所产生的诱导偶极和极性分子的固有偶极之间的相互作用力叫作诱导力（induction force），如图 4-36 所示。

同样，当两个极性分子互相靠近时，除了取向力外，在对方固有偶极的影响下，每个极性分子也会发生变形，产生诱导偶极，结果使得极性分子的偶极矩被拉大，从而使分子之间出现了额外的吸引力——诱导力。因此诱导力不仅存在于极性分子和非极性分子之间，也存在于极性分子之间。

图 4-36　极性分子和非极性分子作用示意图

③ 色散力

由于分子中的电子和原子核都在不停地运动，因此会经常发生正、负电荷中心瞬间相对位移，这样在某一瞬间产生的偶极称为瞬时偶极。这种由瞬时偶极而产生的作用力称为色散力（dispersion force）（见图 4-37）。虽然瞬时偶极存在的时间很短，但是分子是在不停地运动着，瞬时偶极不断地重复产生，因而分子间始终存在色散力。任何两个分子，不管是极性分子还是非极性分子，相互接近时都会产生色散力。

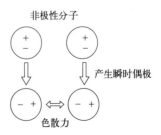

图 4-37　色散力作用示意图

分子间力一般具有以下特点：分子间力是普遍存在于分子、原子或离子之间的一种作用力；本质是静电引力，既没有方向性也没有饱和性；作用能比化学键能小 1~2 个数量级；是一种短距离作用力，作用范围很小，一般是 300~500 pm；分子间力以色散力为主，色散力在分子间力中占有相当大的比例（见表 4-15）。

表 4-15 三种分子间作用力的分配情况

分子	Ar	CO	HI	HBr	HCl	NH_3	H_2O
偶极矩/10^{-10}C·m	0	0.39	1.40	2.67	3.60	4.90	6.17
取向力/kJ·mol^{-1}	0	0.0029	0.025	0.687	3.31	13.31	36.39
诱导力/kJ·mol^{-1}	0	0.0084	0.113	0.502	1.01	1.55	1.93
色散力/kJ·mol^{-1}	8.50	8.75	25.87	21.94	16.83	14.95	9.00
总计/kJ·mol^{-1}	8.50	8.76	26.01	23.13	21.15	29.81	47.32

(4) 分子间力对物质性质的影响

分子间力主要影响物质的熔点、沸点、溶解度等物理性质。一般来说，结构相似的同系列物质，分子量越大，分子变形性越大，分子间力越强，熔、沸点越高。例如，常温下，F_2、Cl_2 为气体，Br_2 和 I_2 分别为液体和固体，就是因为卤素单质的熔点、沸点随分子量的增大而升高的缘故。另外，分子间力对物质的溶解度也有影响，溶质和溶剂的分子间力越大，溶解度也越大。

4.8.2 氢键

同族元素的氢化物的熔点和沸点一般随分子量的增大而升高，是因为结构相似的化合物，分子间力随分子量的增大而增大。但实验发现 HF、H_2O 的熔、沸点却不符合上述递变规律。HF、H_2O 的熔、沸点明显高于同族的其他氢化物，如表 4-16。这说明在 HF、H_2O 分子之间除了存在分子间力外，可能还存在另一种作用力——氢键。

表 4-16 卤素及氧族元素的氢化物及沸点

氢化物	沸点/K	氢化物	沸点/K
HF	293	H_2O	373
HCl	189	H_2S	212
HBr	206	H_2Se	231
HI	238	H_2Te	271

(1) 氢键的形成

H 原子核外只有一个电子，当 H 原子与电负性很大、半径很小的原子 X（如 F、O、N 等）以共价键结合成分子时，密集于两核间的电子云强烈地偏向于 X 原子，使 H 原子几乎变成裸露的质子，裸露的质子体积很小，又没有内层电子，不被其他原子的电子所排斥，还能与另一个电负性大、半径小且含有孤对电子的 Y 原子（如 F、O、N 等）产生强烈的静电吸引作用，形成氢键（hydrogen bond）。示意如下：

$$X—H \cdots Y$$
$$\uparrow \quad \uparrow$$
共价键　氢键

例如，H_2O 分子中的 H 原子可以和另一个 H_2O 分子中的 O 原子互相吸引形成氢键，如图 4-38。氢键中的 X、Y 可以是同种元素的原子，如 O—H⋯O、F—H⋯F，也可以是不同元素的原子，如 N—H⋯O。除了分子间氢键外，某些分子也可以形成分子内氢键，例如邻硝基苯酚的分子内氢键（见图 4-39）。

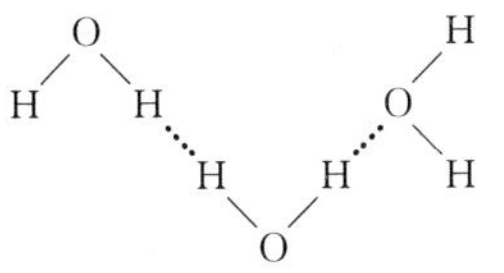

图 4-38　H_2O 间的氢键 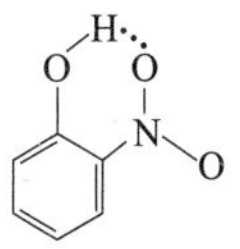　　　　　　　图 4-39　邻硝基苯酚分子内氢键

总之，形成氢键的条件是：①分子中必须含有氢原子；②分子中必须含有电负性大，原子半径小，具有孤对电子的元素。

(2) 氢键的特点

① 氢键具有方向性

氢键的方向性是指以 H 原子为中心的 3 个原子 X—H⋯Y 尽可能在一条直线上，这样 X 原子与 Y 原子间的距离较远，两原子电子云之间斥力最小，形成的氢键越强，体系更稳定。

② 氢键具有饱和性

氢键饱和性是指 H 原子与 Y 原子形成 1 个氢键 X—H⋯Y 后，若再有一个 Y 原子靠近时，将会受到已形成氢键的 X 和 Y 原子上电子云的强烈排斥，此排斥力远大于 H 原子对它的吸引力，使得 X—H⋯Y 中的 H 原子不可能再形成第二个氢键。

③ 氢键的强度

氢键的强弱与 X、Y 的电负性和半径大小有关，X、Y 的电负性越大，半径越小，形成的氢键越强。

④ 氢键的本质

关于氢键的本质，直至目前尚没有统一的认识，但因为氢键的键能一般为 $12 \sim 42 \text{ kJ} \cdot \text{mol}^{-1}$，与分子间力较为接近，所以一般将氢键归属于分子间力的范畴，认为氢键是较强的、有方向性和饱和性的分子间力。

(3) 氢键对物质性质的影响

氢键的形成会对物质的熔点、沸点、溶解度、黏度等性质产生一定的影响。

① 对熔、沸点的影响

分子间形成氢键时，化合物的熔、沸点会显著升高。这是因为要使固体熔化，液体汽化，除了要破坏分子间力之外，还需要额外的能量去破坏分子间的氢键。如图 4-40 所示，在第ⅣA族元素氢化物中，各分子间没有形成氢键，所以化合物的沸点随分子量的增加而升高，但在ⅤA~ⅦA族元素的氢化物中，NH_3、H_2O 和 HF 的沸点明显比同族同类化合物的沸点高，就是因为它们各自的分子间形成了氢键。

② 对物质溶解度的影响

若溶质和溶剂分子间形成氢键，可使溶解度增大；若溶质分子内形成氢键，则分子的极性降低，根据物质的"相似相溶"，在极性溶剂中溶解度下降，而在非极性溶剂中溶解度增大。例如邻硝基苯酚可形成分子内氢键，在水中的溶解度较低，而对硝基苯酚能与水分子形成分子间氢键，所以在水中的溶解度较高，是邻硝基苯酚的 7~8 倍。

③ 对黏度的影响

液体分子间若形成氢键，则分子间的亲和力增大，黏度增大。例如甘油的黏度很大，就是因为其分子间形成了氢键。

④ 对其他物理性质的影响

氢键对物质的密度、酸碱性、生物活性等也有一定的影响。例如，水在 4 ℃时密度最大,这个反常现象就和氢键有关。冰的晶体结构中每个氢原子都参与氢键的形成,最大限度降低了系统的能量。这样每个氧原子周围有 4 个 H 原子,如图 4-41 所示,其中有 2 个 H 是以共价键结合,另外 2 个 H 以氢键相连,形成一个四面体的骨架结构,这样的结构比较疏松,中间有很多空洞,因此冰表现出密度比水小的特殊性质。当冰融化时,部分氢键被破坏,冰的结构开始崩塌,但冰刚融化时的水中仍存在许多类似冰的以氢键结合的小结构基团(冰的融化热只有 6.01 kJ·mol^{-1},远小于水的氢键键能 18.8 kJ·mol^{-1}),随温度升高,水中的小基团也不断被破坏,使水的体积进一步收缩,密度增大。但如果温度再进一步升高,水分子的热运动占主要因素,体积膨胀,密度减小;结果就使得水在 4 ℃时摩尔体积最小,密度最大。

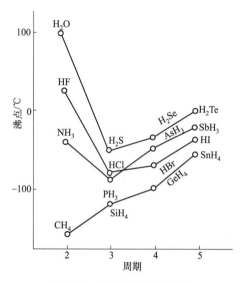

图 4-40 氢化物的沸点变化

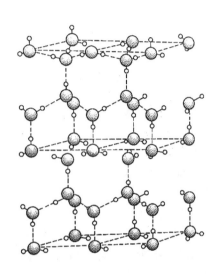

图 4-41 冰中氢键的四面体结构

另外,分子内形成氢键,往往会使酸性增强,分子间氢键往往使酸性减弱。再者,和人类生命现象密切相关的蛋白质和核酸分子中也含有氢键,一旦氢键被破坏,分子结构改变,生物活性就会丧失。

4.9 晶体结构简介

4.9.1 晶体的特征

物质常以气态、液态和固态三种形态存在。以固态形式存在的物质称为固体,固体可分为晶体和非晶体(无定形体)两类,但绝大多数都是晶体。从微观上说,晶体是指组成物质的微粒(离子、分子、原子)在空间按一定规律周期性地重复排列而成的固体,由于内部结构的这种规律使晶体具有以下三个宏观特征。

① 有一定的几何外形。由于生成晶体的实际条件不同,所得晶体在外形上可能发生某些缺损,但晶面间的夹角(称晶角)总是不变的。

② 有固定的熔点。

③ 具有各向异性。晶体在不同方向上具有不同的物理性质(如导热性、导电性、热膨胀、折射率、机械强度等)。例如石墨的导电性能,与层平行方向上的电导率和与层垂直方向上的电导率之比为 10^4∶1。又如云母特别容易沿着和底面平行的方向,平行分裂成很薄

的薄片。这些都表明晶体具有各向异性。

非晶体则无一定的外形,没有固定的熔点,加热时先软化,随温度的升高,流动性逐渐增强,直至熔融状态,而且往往是各向同性的。

晶体结构的 X 射线衍射研究表明,晶体内部的质点具有周期性重复规律。为了研究方便,将晶体的微粒抽象为几何学中的点,无数这样的点在空间按照一定的规律重复排列而成的几何构型称为晶格。晶格中排有微粒的那些点称为格点(或称为结点)。能够代表晶体结构特征的最小组成部分,也即晶格中的最小重复单元称为晶胞(如图 4-42 中粗黑线所示),晶胞在空间无限重复排列就形成了晶格,晶体是具有晶格结构的固体,因此晶体的性质与晶胞的大小、形状和组成有关。

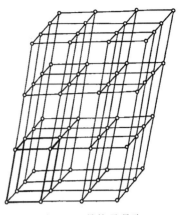

图 4-42　晶格及晶胞

4.9.2　晶体的基本类型

按晶格格点上微粒间作用力的不同,晶体可分为离子晶体、原子晶体、分子晶体、金属晶体、混合型晶体、过渡型晶体几种类型。

(1) 离子晶体

格点上交替排列着正、负离子,正、负离子之间以离子键结合而构成的晶体称为离子晶体。典型的离子晶体通常是由活泼金属元素(如 Na、K、Ba、Mg、Ca 等)与活泼非金属元素形成的离子型化合物。例如 Na^+ 和 Cl^- 可形成 NaCl 离子型晶体。在氯化钠晶体中,每个钠离子被六个氯离子所包围,同样每个氯离子也被六个钠离子所包围,交替延伸为整个晶体(见图 4-43)。由于离子键不具有饱和性和方向性,所以在离子晶体中各离子将尽可能多地与异号离子接触,以使系统尽可能地处于最低能量状态而形成稳定的结构。因此在食盐晶体中并不存在单个的氯化钠(NaCl)分子,仅有钠离子和氯离子,只有在高温蒸气中才能以单分子形式存在。

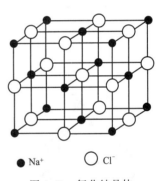

● Na^+　　○ Cl^-

图 4-43　氯化钠晶体
结构示意图

因为离子键的键能比较大,所以离子晶体一般具有较高的熔点、沸点和硬度。这些特性都与离子型晶体的晶格能大小有关。在标准状态下,将 1 mol 离子晶体中的离子分成相互远离的气态离子时的焓变,称为离子晶体的晶格能,简称晶格能(也称为点阵能)。用 $\Delta_u H_m^{\ominus}$ 表示,单位为 $kJ \cdot mol^{-1}$。晶格能的大小与正、负离子的电荷(分别以 Z_+、Z_- 表示)和正、负离子半径(分别以 r_+、r_- 表示)有关,即

$$\Delta_u H_m^{\ominus} \propto \frac{|Z_+ \cdot Z_-|}{r_+ + r_-} \tag{4-12}$$

晶格能愈大,晶体熔点愈高,硬度愈大。大多数离子晶体溶于极性溶剂中,特别是水中,而不溶于非极性溶剂中。离子晶体在熔融状态或是在水溶液中都是电的良导体,但在固体状态,离子被局限在晶格的某些位置上振动,因而几乎不导电。离子晶体虽硬但比较脆,这是因为晶体在受到冲击力时,各层离子发生错动,则吸引力大大减弱而破碎。一些离子化合物的性质如表 4-17 所列。

表 4-17　一些离子化合物的性质

晶体(NaCl型)	离子电荷	$(r_+ + r_-)$/pm	熔点/℃	晶格能/kJ·mol^{-1}	莫氏硬度
NaF	1	230	993	891.19	3.2
NaCl	1	278	801	771	
NaBr	1	293	747	733	
NaI	1	317	661	684	
MgO	2	198	2852	3889	5.6~6.5
CaO	2	231	2614	3513	4.5
SrO	2	244	2430	3310	3.8
BaO	2	266	1918	3152	3.3

(2) 原子晶体

原子晶体晶格的格点上排列的微粒是原子，原子间以共价键结合。周期系第ⅣA族元素碳（金刚石）、硅、锗、锡（灰锡）等单质的晶体是原子晶体；周期系中第ⅢA、ⅣA、ⅤA族元素彼此组成的某些化合物，如碳化硅（SiC）、氮化铝（AlN）、石英（SiO_2）也是原子晶体。

在金刚石中，碳原子形成 4 个 sp^3 杂化轨道，以共价键彼此相连，每个碳原子都处于与它直接相连的 4 个碳原子所组成的正四面体的中心，组成了一整块晶体，所以在原子晶体中也不存在单个的小分子，见图 4-44。

石英（SiO_2）晶体，每一个硅原子位于四面体的中心，每一个氧原子与 2 个硅原子相连，硅氧原子个数比为 1:2。其结构如图 4-45 所示。

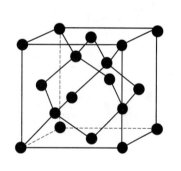
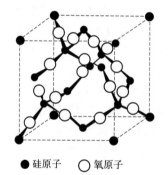
●硅原子　○氧原子
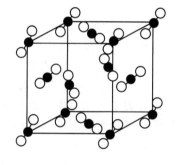

图 4-44　金刚石结构示意图　　图 4-45　石英的晶体结构　　图 4-46　二氧化碳的晶体结构

原子晶体格点上的微粒是通过共价键结合起来的，键能较大，所以原子晶体的熔点极高，硬度极大，不导电，不溶于常见的溶剂中，延展性差。如金刚石熔点高达 3750 ℃，硬度最大（莫氏硬度 10）。

原子晶体同离子晶体一样，没有单个分子存在，化学式 SiC、SiO_2 等只代表晶体中各种元素原子数的比例。

(3) 分子晶体

格点上排列的微粒为共价分子或单原子分子，微粒间以分子间力或氢键结合构成的晶体称为分子晶体。分子晶体通常包括非金属单质以及由非金属之间（或非金属与某些金属）所形成的化合物。固体二氧化碳（又称为干冰）是分子晶体。如图 4-46 所示，CO_2 分子分别占据立方体的八个顶角和六个面的中心位置，它们之间靠微弱的范德华力结合在一起。二氧化碳气体在低于 300 K 时，加压容易液化。液态二氧化碳自由蒸发时，一部分气化吸热，温度迅速降低，使另一部分冷凝成固体二氧化碳（俗称干冰），常压下，194.5 K 时，干冰可

直接升华为气态 CO_2 分子。

由于分子间力较弱,克服分子间的结合力所需的能量是比较小的,所以分子晶体一般硬度较小,熔点较低,易挥发,在固态和熔融时不导电。如六氟化硫(SF_6)是优质的气体绝缘材料,主要用于变压器和高电压装置中。只有一些极性较强的分子形成的分子晶体(如 HCl 晶体、HAc 晶体),溶于水后能生成水合离子,因而能导电。

(4)金属晶体

金属晶体就如同大小相同的钢球堆积而成的紧密结构。格点上排列的微粒为金属原子或正离子,这些原子或正离子和从金属原子上脱落下来的自由电子以金属键结合而形成金属晶体。

金属原子的半径较大,外层价电子受原子核的吸引力较小,容易失去电子,形成正离子。在这些正离子中间存在着从原子上脱落下来的电子,这些电子能够在晶格中自由运动,称为自由电子。由于自由电子不停地运动,把原子或离子联系在一起,形成金属键。金属键没有方向性和饱和性,在空间许可的条件下,每个金属原子或离子尽可能多地与其他金属原子或离子堆积,从而形成稳定的金属结构,所以金属晶体密度较大,是热和电的良导体,金属受到外力作用时,金属原子层之间发生相对位移,但金属键并没有断裂,因此金属具有延展性。自由电子可吸收可见光,随即又放射出来,所以金属一般呈银白色。不同金属单质的金属键强度差异很大,因此金属单质的熔点和硬度相差较大。熔点最高的是钨(3410 ℃),最低的是汞(-38.87 ℃),硬度最大的是铬(莫氏硬度为 9.0),最小的是铯(莫氏硬度为 0.2)。

(5)混合型晶体

晶格格点上微粒间同时存在几种作用力,这样所形成的晶体称为混合型晶体,石墨是典型的层状晶体,在石墨分子中,同层的碳原子以 sp^2 杂化形成 3 个 sp^2 杂化轨道,每个碳原子与另外 3 个碳原子形成 C—C σ 键,键长 142 pm,键角 120°,6 个碳原子在同一平面上形成正六边形的环,伸展形成片层结构(图 4-47)。在同一平面的碳原子还各剩 1 个含 1 个电子的 2p 轨道,垂直于该平面,这些相互平行的 p 轨道可以相互重叠形成遍及整个平面层的离域大 π 键。由于大 π 键的离域性,电子能沿着每一个平面层方向自由运动,使石墨具有良好的导电性、传热性和一定的光泽。

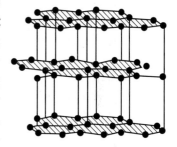

图 4-47 石墨的层状结构

石墨晶体中层与层之间是以微弱的范德华力结合起来的,距离较大,为 340 pm,所以,石墨片层之间容易滑动。但是,由于同一平面层上的碳原子间结合力很强,极难破坏,所以石墨的熔点也很高,化学性质也很稳定。

(6)过渡型晶体

晶体的晶格格点上的微粒是离子或分子,微粒间的作用力介于离子键和共价键之间。

由于离子的极化作用,使晶体格点上微粒之间的键型发生了变异,使离子键向共价键过渡,从而形成过渡型晶体。例如,由于 Fe^{3+} 比 Fe^{2+} 极化能力强,Fe^{3+} 和 Fe^{2+} 与 Cl^- 形成氯化物时,$FeCl_2$ 是离子键,而 $FeCl_3$ 则显示向共价键过渡,其晶体类型也由离子晶体向分子晶体过渡,故 $FeCl_3$ 的熔点(306 ℃)比 $FeCl_2$ 的熔点(672 ℃)还要低。

过渡型晶体的这个特性在工程实际中应用较广。过渡型晶体二碘化钨(WI_2)熔点低,易挥发,在灯管中加入少量 I_2 可得碘钨灯,当钨丝受热温度维持在 250~650 ℃时,钨升华到灯管壁与 I_2 生成 WI_2,WI_2 在整个灯管内扩散,碰到高温钨丝便重新分解,并把钨留在灯丝上,这样循环不息,可以大大提高灯的发光率和寿命,如果把金属钨改成稀土元素镝或铕，同样的道理可提高灯的发光效率和寿命，而且由于镝和铕的原子能级多，受激发放出与太阳光接近的多种颜色的原子发射光谱而成为太阳灯。

习题

1. 在原子结构理论的发展中，玻尔理论有何贡献？有何局限性？
2. 核外电子运动为什么不能准确测定？
3. 什么是原子轨道和电子云？原子轨道与轨迹有什么区别？
4. 比较波函数的角度分布图与电子云的角度分布图有何异同？
5. n, l, m 这3个量子数的组合方式有何规律？这3个量子数各有何物理意义？
6. 下列电子运动状态是否存在？为什么？
   (1) $n=2, l=2, m=0, m_s=+1/2$
   (2) $n=3, l=1, m=2, m_s=-1/2$
   (3) $n=4, l=2, m=0, m_s=-1/2$
   (4) $n=2, l=1, m=1, m_s=+1/2$
7. 多电子原子的轨道能级与氢原子的有什么不同？
8. 在长式周期表中是如何划分 s 区、p 区、d 区、ds 区、f 区的？每个区所有的族数与 s, p, d, f 轨道可分布的电子数有何关系？
9. 原子在分子中吸引电子能力的大小用什么来衡量？简单说明电负性在周期表中的递变规律。
10. 试比较离子键和共价键的异同点。
11. 如何理解氢键的方向性和饱和性？
12. 试说明在碘钨灯中加入碘的作用。
13. 试比较金属晶体和离子晶体的异同点。
14. 为什么 CO_2 和 SiO_2、石墨和金刚石的物理性质相差很大？
15. 选择题

(1) 已知某元素+2价离子的电子分布式为 $1s^2 2s^2 2p^6 3s^2 3p^6 3d^{10}$，该元素在周期表中属于（　　）区。
   A. s　　　B. d　　　C. ds　　　D. f　　　E. p

(2) 杂化轨道是指（　　）的轨道，杂化轨道中不能参与和其他原子成键的一对电子称（　　）。
   A. 同1个原子内能量相近的轨道叠加　　B. 与其他原子的原子轨道叠加
   C. 整个分子的　　　　　　　　　　　　D. 孤对电子
   E. 成对电子　　　　　　　　　　　　　F. 成键电子

(3) 下列各分子中，中心原子在成键时以 sp^3 不等性杂化的是（　　）。
   A. $BeCl_2$　　B. PH_3　　C. H_2S　　D. $SiCl_4$

(4) 下列各物质的分子间只存在色散力的是（　　）。
   A. CO_2　　B. NH_3　　C. H_2S　　D. HBr
   E. SiF_4　　F. $CHCl_3$　　G. CH_3OCH_3

(5) 下列各种含氢物质中含有氢键的是（　　）。
   A. HCl　　B. CH_3CH_2OH　　C. $CH_3CH_2OCH_2CH_3$
   D. $HCOOH$　　E. CH_4

(6) 下列物质的化学键中，既存在σ键，又存在π键的是（　　）。
   A. CH_4　　B. 乙烷　　C. 乙烯　　D. SiO_2

(7) 下列化合物晶体中既存在离子键，又存在共价键的是（　　）。
   A. $NaOH$　　B. Na_2S　　C. $CaCl_2$　　D. Na_2SO_4
   E. MgO

16. 判断题

(1) s 电子绕核旋转，其轨道为1个圆周，而 p 电子走"8"字形。（　　）
(2) 当主量子数 $n=1$ 时，有自旋相反的两条轨道。（　　）

(3) 多电子原子轨道的能级只与主量子数 n 有关。   (   )
(4) 当 $n=4$ 时，其轨道总数为 16，电子最大容量为 32。   (   )
(5) 所有高熔点物质都是原子晶体。   (   )
(6) 分子晶体的水溶液都不导电。   (   )
(7) 因为 Pb^{4+} 比 Pb^{2+} 的电荷高，所以 $PbCl_4$ 的熔点比 $PbCl_2$ 高。   (   )
(8) 离子型化合物的水溶液都能很好地导电。   (   )

17. 填充下表

原子序数	原子的外层电子构型	未成对电子数	周期	族	元素分区	最高氧化值
16						
19						
42						
48						

18. 请写出 30 号元素的电子排布式，属于哪个周期？哪个族？哪个区？

19. 已知某元素的外层电子构型是 $4d^{10}5s^1$，试推算其原子序数。它属于哪一周期？哪一族？哪个元素分区？

20. 若元素最外层仅有一个电子，该电子的量子数为 $n=4, l=0, m=0, m_s=+\frac{1}{2}$。问：
(1) 符合上述条件的元素可以有几个？原子序数各为多少？
(2) 写出相应元素原子的电子层结构，并指出在周期表中所处的区域和位置。

21. 第四周期某元素，其原子失去 3 个电子，在角量子数为 2 的轨道内的电子恰好为半充满，试推断该元素的原子序数，并指出该元素的名称。

22. 某元素的最高化合价为 +6，最外层电子数为 1，原子半径是同族元素中最小的，试写出：
(1) 元素的名称及核外电子分布式；
(2) 外层电子分布式；
(3) +3 价离子的外层电子分布式。

23. 某元素位于周期表第 5 周期 ⅦA 族，请写出其电子排布式和原子序数，指出它是什么元素。

24. 简述共价键的饱和性和方向性。

25. 试用杂化轨道理论解释 BF_3 为平面三角形，而 NF_3 为三角锥形。

26. 试写出下列各化合物分子的空间构型，成键时中心原子的杂化轨道类型以及分子的电偶极矩是否为 0？
(1) SiH_4 (2) H_2S (3) $BeCl_2$ (4) PH_3

27. 说明下列每组分子间存在着什么形式的分子间作用力（取向力、诱导力、色散力、氢键）？
(1) 苯和 CCl_4
(2) HBr 气体
(3) 甲醇和水
(4) He 和水

28. 乙醇和甲醚（CH_3OCH_3）是同分异构体，但前者沸点为 78.5 ℃，后者的沸点为 -23 ℃。试解释之。

29. 指出下列说法的错误。
(1) 氯化氢（HCl）溶于水后产生 H^+ 和 Cl^-，所以氯化氢分子是由离子键形成的。
(2) H_2O 和 CCl_4 都是共价化合物，因 CCl_4 的分子量比水大，所以 CCl_4 的熔点、沸点比水高。
(3) 色散力仅存在于非极性分子之间。
(4) 凡是含有氢的化合物都可以形成氢键。

30. 试判断下列各组化合物熔点高低顺序，并简单解释之。
(1) NaF   NaCl   NaBr   NaI
(2) SiF_4 $SiCl_4$ $SiBr_4$ SiI_4

31. 判断下列各组中两种物质熔点的高低。
   (1) NaF   MgO
   (2) BaO   CaO
   (3) SiC $SiCl_4$
   (4) CCl_4 CI_4
32. 稀有气体和金刚石晶格格点上都是原子，但为什么它们的物理性质相差甚远？
33. 为什么 $SnCl_2$ 的熔点比 $SnCl_4$ 的熔点高？

第 5 章 化学与材料

5.1 概述

15 世纪以前,"化学"来源于人类对材料的使用,是在材料的使用中总结出来的化学经验。比如制造陶器,人类在使用火的过程中发现泥土在火的作用下会变得坚硬牢固,于是便逐渐发明了陶器,之后人们才开始探索哪一种土烧制陶器最合适?制作陶坯时加多少水?烧制时用多大火?烧多长时间等问题,这便是古代的化学。在这个阶段,没有系统的化学学科,"化学"大多是人类从材料使用中总结出来的经验知识,在化学与材料的关系中,材料起主导作用。

16 世纪,工业革命开始,化学逐渐成为一门独立的学科,并且迅速发展壮大;到了 19 世纪,化学的研究已经超过了人类在现实生活中的各种材料,于是化学与材料的关系发展到了化学决定材料的时代。

工业革命后,涌现出一大批的化学家。他们在不断发现新元素的时候就开始用化学原理去研究,而不是在某一种材料现世之后才去研究。现在,化学已经是材料发展的源泉。随着人类对微观世界的认识越来越深入,人们不再盲目地探索新材料,而是从微观结构入手,以功能决定结构。因此,现代材料的研究是有目的、有方向地去研究。化学不再是材料的尾随者,而成了领跑者。

21 世纪后期以来,人们把材料、信息和能源作为现代社会进步的三大支柱,材料又是发展能源和信息技术的物质基础。化学与材料是密切相连、不可分割的。化学是研究物质的组成、结构、性质以及变化规律的科学,是材料与能源发展的基础。材料是人类用于制造物品、器件、构件、机器或其他产品的那些物质。从化学角度看,所有的材料都是由各种元素单质及化合物组成的,而材料的各种性质特点都与其组成的化学元素及化学键相关。化学是研究手段,材料是研究结果。用化学手段研制出的先进材料则又成为人类认识和改造物质世界的工具。

从近代科技史来看,新材料的使用对人们的生活和社会生产带来了巨大的变化。例如,钢铁材料的出现,孕育了产业革命;高纯半导体材料的制造,促进了现代信息技术的建立和发展;先进复合材料和新型超合金材料的开发,为空间技术的发展奠定了物质基础;新型超导材料的研制,大大推动了无损耗发电、磁流发电及受控热核反应堆等现代能源的发展;纳米材料的发展和利用,促进了多学科的发展,并将人类带入了一个奇迹层出不穷的时代。材料的品种繁多,迄今注册的已达几十万种,每年还以 5%左右的速度继续增长。

材料的使用程度是人类社会发展的里程碑。人类使用材料的经历可分为 5 个阶段:石器时代、陶器时代、铜器时代、铁器时代和复合材料时代。人类主要使用的工具和武器是石头,故被称为"石器时代";在公元前 7000 年左右,人类开始制作和使用陶器,称之为"陶器时代";"铜器时代"大约起始于公元前 5000 年,青铜是人类制造的第一种合金材料;铁器时代至今尚难断言,最迟开始于春秋时期;复合材料始于 20 世纪初,主要指合成塑料、合成纤维、合成橡胶等高分子材料。

材料品种很多,其分类方法也有多种。按照材料的用途常将材料分为结构材料和功能材料两大类；根据材料的化学成分及特性通常将材料分为金属材料、无机非金属材料、有机高分子材料和复合材料四大类。

5.2 金属材料

金属材料是由金属元素或以金属元素为主要成分的一类材料。纯金属一般具有良好的塑性，较高的导电和导热性，但其机械强度、硬度等不能满足工程技术的需要，因此纯金属的直接应用很少，绝大多数金属材料是以合金的形式出现。合金是由一种金属与另一种或几种其他金属、非金属熔合在一起生成的具有金属特性的材料。金属材料一般具有优良的力学性能、可加工性及优异的物理特性。金属材料的性质主要取决于它的成分、显微组织和制造工艺，人们可以通过调整和控制成分、组织结构和工艺，制造出具有不同性能的工艺材料。在近代的物质文明中，金属材料如钢铁、铝、铜等起了关键作用，至今这类材料仍具有强的生命力。

5.2.1 金属单质

地球上金属资源极其丰富，除了金、铂等极少数金属以单质形态存在于自然界以外，绝大多数金属在自然界中以化合物的形式存在于各种矿石中。迄今为止，人类已经发现的元素和人工合成的元素加在一起，共有118种，其中金属元素94种，约占元素总数的4/5。它们位于元素周期表中硼-硅-砷-碲-砹和铝-锗-锑-钋构成的对角线的左下方。

5.2.2 合金

虽然纯金属具有良好的导电导热性能，但直接应用很少，因为纯金属的机械性能如强度、硬度等往往不能满足工程技术的需要。绝大多数金属材料是以合金的形式出现。合金是由一种金属与另一种或几种其他金属或非金属熔合在一起形成的具有金属特性的物质。

5.2.2.1 合金的结构和类型

合金按其结构特点可以分为以下三种类型。

（1）固溶体

一种金属与另一种（或多种）金属或非金属共熔后形成的组分均匀的固态金属，称作固溶体。其中含量多的金属称溶剂金属，含量少的称溶质金属（或非金属）。根据溶质原子在溶剂晶格中位置的不同，可分为取代固溶体和间隙固溶体两种，如图5-1所示。

（2）金属化合物

当两种金属元素原子的外层电子结构、电负性和原子半径相差较大时，可形成金属化合物。金属化合物的晶格不同于原来金属的晶格，但往往比纯金属有更高的熔点和硬度。例如铁碳合金中形成的 Fe_3C，称作渗碳体。

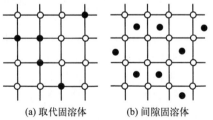

(a) 取代固溶体　(b) 间隙固溶体

图 5-1　固溶体结构示意图

○溶剂原子；●溶质原子

（3）机械混合物

两种或两种以上金属在熔融状态时完全互熔，但凝固后各组分又分别结晶，组成金属晶体的混合物。显微镜下可观察到各组分的晶体或它们的混合晶体，整个金属不完全均匀。机械混合物合金的熔点、导热、导电等性质取决于各组分的性能，以及它们各自的形状、数量、大小及分布情况等。例如含锡63%的铅锡合金熔点为181 ℃，可用作焊锡，而纯锡和纯铝的熔点分别是 232 ℃ 和 327.5 ℃。

5.2.2.2 合金材料

（1）钢铁

钢铁是铁碳合金的总称。钢铁的特点是强度高、价格便宜，因而应用广泛，是世界上产量最大的金属材料，约占金属材料产量的 90%。根据含碳量的不同，碳钢又分为低碳钢、中碳钢和高碳钢。随含碳量的升高，碳钢的硬度增加、韧性下降。炼钢实际上调整铁中碳的含量，同时除去一些有害的杂质，如硫、磷等。若要得到特殊性能的合金钢，可在碳钢的基础上加入一些合金元素，如 W、Mn、Cr、Ni、Mo、V、Ti 等，使钢的组织结构和性能发生变化。如加入一定量的 Cr 和 Ni 等可炼成不锈钢，加入 Mn 可炼成特别硬的锰钢。

钢中铁和碳形成金属间隙结构。碳原子以四种方式填入铁晶格的空隙中，形成奥氏体、马氏体、渗碳体和铁素体四种物相。奥氏体是碳在 γ-Fe 晶格间隙位置上的间隙固溶体，碳原子占据八面体空隙 [图 5-2(a)]；马氏体是碳在 α-Fe 中形成的过饱和间隙固溶体，铁原子按体心四方分布，碳原子填入变形八面体空隙中 [图 5-2(b)]；渗碳体是铁和碳形成的间隙化合物，化学式为 Fe_3C，含碳量为 6.67%；铁素体是碳在 α-Fe 中形成的间隙固溶体，含碳量极微，与纯铁很接近。

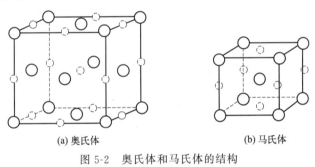

图 5-2 奥氏体和马氏体的结构
〇 —Fe ◌ —C

（2）铝合金

铝是自然界中蕴藏量最大的金属元素。铝是银白色金属，熔点 932.8 K，沸点 2543 K，密度为 2.7 g·cm^{-3}，是铁的 1/3。纯铝的导电、导热性好，可代替铜做导线。铝与氧的亲和力很大，在大气中常温下即能与氧作用形成一层致密的氧化膜保护层，所以具有良好的耐腐蚀性，常被用来制造日用器皿。

金属铝中铝原子是面心立方堆积，层与层之间可以滑动，所以延展性好。但纯铝的机械性能不高，不适宜作承受较大载荷的结构件。为了提高铝的机械性能，常加入一些其他元素，如 Zn、Cu、Mg、Mn、Si 和稀土元素等，制成铝合金。铝合金的突出特点是密度小、强度高、易成型，是重要的轻型结构材料，广泛用于航空、航天、造船、汽车工业和建筑业。如 Al-Mn、Al-Mg 合金具有良好的塑性、耐腐蚀性和较高的强度，称为防锈铝合金，常用于制造管道、油箱、铆钉等。Al-Cu-Mg 和 Al-Cu-Mg-Zn 系合金的强度更高，称为硬铝合金，但防腐蚀性能不如防锈铝合金。Al-Li 合金是将 Li 掺入铝中制得的，掺入 1% 锂，可使合金密度下降 3%，弹性模量提高 6%，用于制作飞机零件和承受载荷的高级运动器材。

（3）钛合金

钛是银白色轻金属，在地壳中含量丰富，仅次于铝、铁、镁而居第四位。金属钛的熔点达 1672 ℃，比铁和镍的熔点都高，属难熔金属，是一种很好的热强合金材料。钛的导热和导电性能近似或略低于不锈钢，但其韧性强于铁，耐腐蚀性能和耐热性能优良，尤其耐海水腐蚀。钛的密度约为铝的两倍，强度却比铝高三倍，而且耐热性优于铝。

液态钛几乎能溶解所有的金属，形成固溶体或金属化合物等多种合金。钛合金的性能比金属钛更优异，其比强度高，耐腐蚀性强，高、低温力学性能好，在航空航天、石油化工、冶金、电力及军事工业中有着广泛应用。例如 Ti-6Al-4V 合金具有较高的力学性能和高温变形能力，稳定性高，可在较宽的温度范围内使用，用于制造波音 747 飞机主起落架的承力结构件；Ti-6Al-2Sn-4Zn-2Mo、Ti-7.7Al-11Zr-0.6Mn-1Nb 合金可在 500 ℃ 以上长期工作而用于制造汽车排气阀；Ti-5Al-2.5Sn（低氧）和 Ti-6Al-4V（低氧）又是重要的低温材料，它们的使用温度分别可达到 -253 ℃ 和 -196 ℃，可用作宇宙飞船中的液氢容器和低温高压容器。此外，钛及其合金的耐腐蚀性也尤为突出，如 Ti-0.2Pd 和 Ti-0.8Ni-0.3Mo 在含量为 20% 的盐酸中年腐蚀速率只有 0.255 mm，是纯钛年腐蚀速率的 1/100。由于钛及其合金具有许多优异的性能，因而钛享有"第三金属"和"未来的金属"的美称。

（4）储氢合金

氢的储存和运输主要有三种方式：气体氢、液体氢和金属氢化物。气态储氢主要用高压钢瓶，其储氢密度低，钢瓶内的氢气即使加压到 150 个大气压，所装氢气的质量也不到氢气瓶质量的 1%，而且还有爆炸的危险；第二种方法是储存液态氢，将气态氢降温到 -253 ℃ 变为液体进行储存，需要耗费大量的能源使氢气液化，也需要超低温用的特殊容器，价格昂贵。近年来，一种新型简便的储氢方法是利用储氢合金来储存氢气。储氢合金是利用金属或合金与氢形成氢化物而把氢储存起来。这类金属氢化物具有特殊的晶体结构，使得氢原子很容易进入金属晶格的间隙中。这类材料的储氢量很大，可以储存比其体积大 1000～1300 倍的氢，且由于氢与金属的结合力较弱，加热时氢就能从金属中释放出来。具有实用价值的储氢材料要求储氢量大，容易形成金属氢化物，室温下吸氢、放氢速度快，使用成本低，寿命长。

目前，正在研究开发的储氢材料主要有以下几种：

① 镁系合金 主要有镁镍、镁铜、镁铁、镁钛等合金（如 Mg_2Cu），特点是储氢能力强（可达材料自重的 5.1%～5.8%），价廉，缺点是放氢时需要 250 ℃ 以上的高温。

② 稀土系合金 主要是镧镍合金（如 $LaNi_5$），特点是吸氢性好，容易活化，在 40 ℃ 以上放氢速度好，缺点是成本较高。

③ 钛系合金 有钛锰、钛铬、钛镍、钛铌、钛锆及钛锰氮、钛锰铬等合金（如 TiFe、$TiMn$、$TiCr_2$），特点是成本低，吸氢量大，室温下易活化，所以得到了大量应用。

④ 锆系合金 有锆铬、锆锰等二元合金（如 $ZrMn_2$）和锆铬铁镍、锆铬铁锰等多元合金，特点是在高温下（100 ℃ 以上）有很好的储氢特性，能大量、快速和高效率地吸收和释放氢气，并且具有较低的热含量。

⑤ 铁系合金 主要有铁钛和铁钛锰等合金。特点是储氢性能优良、价格低廉。

（5）记忆合金

用某种特殊的合金做成花、鸟等造型，只要把它们放入热水中，就可以看到花儿在徐徐开放，鸟儿正在展翅待飞，这些不是魔术，而是形状记忆合金特异功能的显示。形状记忆合金是近 20 年发展起来的一种新型金属材料。这种材料在一定外力作用下使其形状和体积发生改变，然后加热到某一温度，它能够完全恢复到变形前的几何形态，这种现象称为形状记忆效应，具有形状记忆效应的合金称为形状记忆合金，简称记忆合金。目前已知的记忆合金有 Cu-Zn-X（X = Si, Sn, Al, Ga）、Cu-Al-Ni、Cu-Au-Zn、Cu-Sn、Ag-Cd、Ni-Ti(Al)、Ni-Ti-X、Fe-Pt(Pd) 等。

记忆合金具有形状记忆效应的原因是，这类合金存在着一对可逆转变的晶体结构。例如含 Ti、Ni 各 50％的记忆合金，有菱形和立方体两种晶体结构，两种晶体结构之间有一个转化温度。高于这一温度时，会由菱形结构转变为立方结构，低于这一温度时，则向相反方向转变，晶体类型的转变导致了材料形状的改变。

形状记忆合金发展很快，已经广泛应用于宇航、能源、汽车、电子、机械和医疗等领域。人造卫星上庞大的天线可以用记忆合金制作，发射人造卫星之前，将抛物面天线折叠起来装进卫星体内，火箭升空把人造卫星送到预定轨道后，只需加温，折叠的卫星天线因具有"记忆"功能而自然展开，恢复抛物面形状；记忆合金在临床医疗领域内有着广泛的应用，例如人造骨骼、牙齿正畸器、心脏修补器、血栓过滤器和手术缝合线等；记忆合金与日常生活也同样密切相关，例如可制成随温度变化而胀缩的弹簧，用于暖房、玻璃房顶窗户的启闭；气温高时，弹簧伸长，顶窗打开；气温低时，弹簧收缩，气窗关闭。

5.3 无机非金属材料

无机非金属材料，简称无机材料，包括的范围极广。传统的无机材料主要有陶瓷、水泥、玻璃和耐火材料四种，其化学成分均为硅酸盐类。随着科技的发展，无机材料也不断更新。近年来涌现出一系列应用于高性能领域的新型无机非金属材料，如先进陶瓷、特种玻璃、人工晶体、无机涂层和薄膜材料等。

5.3.1 传统的无机材料

5.3.1.1 陶瓷材料

陶瓷是人类最早使用的合成材料，我国是最早发明陶瓷的国家。陶瓷的主要成分是硅酸盐。黏土（层状结构硅酸盐），是传统陶瓷的主要原料。黏土与适量水充分调制后，掺入适量 SiO_2 粉以减少坯体在干燥、烧结时的收缩，加入一定量的长石等助熔剂，制成一定形状的坯体，再经低温干燥、高温烧结、保温处理、冷却等阶段，最终生成以 $3Al_2O_3 \cdot 2SiO_2$ 为主要成分的坚硬固体，即为陶瓷材料。

(1) 氧化铝陶瓷

氧化铝陶瓷是以 α-Al_2O_3 为主晶相的陶瓷材料，其 Al_2O_3 的含量一般在 75％～99％之间。随着配料中 Al_2O_3 含量的增加，陶瓷的烧成温度较高，机械强度增加，电容率、体积电阻率及热导率增大，介电损耗降低。经烧结、致密的氧化铝陶瓷硬度大、耐高温（使用温度可高达 1980 ℃）、抗氧化、耐急冷急热、机械强度高、化学稳定性好且高度绝缘，是最早使用的结构陶瓷，广泛用作机械部件、刀具等各种工具。

(2) 氧化锆陶瓷

氧化锆陶瓷是以 ZrO_2 为主要成分的陶瓷材料，它不但具有一般陶瓷材料耐高温、耐腐蚀、耐磨损、高强度等优点，而且其韧性是陶瓷材料中最高的，与铁及硬质合金相当，被誉为"陶瓷钢"。如在 ZrO_2 中加入 CaO、Y_2O_3、MgO 或 CeO_2 等氧化物，可制得耐火材料。

(3) 碳化硅陶瓷

碳化硅（SiC）又称金刚砂，是典型共价键结合的化合物，所以其熔点高（2450 ℃）、硬度大、键合能力强，是重要的工业磨料。SiC 化学性能稳定，常温下不会被酸（HNO_3、H_2SO_4、HF）或碱（NaOH）腐蚀，但在高温下，盐、碱和氯气等能使之分解。SiC 在空气中加热时会氧化，在表面形成 SiO_2 保护膜，阻止进一步氧化，降低氧化速度。纯 SiC 是无色高阻的绝缘体，而掺杂的 SiC 具有半导体性质。

碳化硅陶瓷在常温下力学性能优良，具有强度大、耐磨、热稳定性好、耐腐蚀性好、摩擦系数小等优点,而且高温下力学性能(强度、抗蠕变等)也是已知陶瓷材料中最好的。因而在航空航天、汽车、微电子、石油、化工、原子能、激光等工业领域有着广泛应用。SiC陶瓷的缺点是韧性较低,即脆性较大。为此,近几年来以 SiC 陶瓷为基础的复相陶瓷,如纤维补强增韧、异相颗粒弥散强化和梯度功能材料相继出现,从而改善了 SiC 单体材料的韧性和强度。

(4) 氮化硅陶瓷

氮化硅(Si_3N_4)是一种共价化合物,在 Si_3N_4 结构中,N 与 Si 原子间力很强,所以 Si_3N_4 在高温下很稳定。Si_3N_4 用作结构材料具有下列特性:硬度大,强度高,热胀系数小,高温蠕变小;抗氧化性能好,可耐氧化到 1400 ℃;抗腐蚀性好,能耐大多数酸的侵蚀;摩擦系数小,与加油的金属表面相似。因此,可用作高温轴承,炼钢用铁水流量计,输送铝液的电磁泵管道。用它制作的燃气轮机,效率可提高 30%,并可减轻自重,已用于发电站、无人驾驶飞机等。

Sialon(赛隆)陶瓷是 Si_3N_4-Al_2O_3-SiO_2-AlN 系列化合物的总称,其由 Si、Al、O、N 四个元素组成,但其基体仍为 Si_3N_4。Sialon 陶瓷因在 Si_3N_4 晶体中,溶解了部分金属氧化物,使其相应的共价键被离子键取代,因而具有良好的烧结性能。Sialon 陶瓷具有强度大、化学稳定性优异、耐磨性强等诸多优良性能,因此可用作磨具材料,金属压延或拉丝模具,金属切削刀具及热机或其他热能设备部件、轴承等滑动件等。

5.3.1.2 水泥、玻璃

(1) 水泥

水泥是一种水硬性无机胶凝材料,加水后搅拌成浆体后能在空气或水中硬化,常用来将砂、石等散粒材料胶结成砂浆或混凝土。水泥的品种极多,其中使用量最大的是硅酸盐水泥。硅酸盐水泥,是用黏土和石灰石(有时加入少量氧化铁粉)作为原料,经煅烧得到以硅酸钙为主要成分的熟料。将熟料磨细,再加一定量石膏而成。其主要成分为:CaO(约占总质量的 62%~67%)、SiO_2(20%~24%)、Al_2O_3(4%~7%)、Fe_2O_3(2%~5%)。这些氧化物组成了硅酸盐水泥的四种基本矿物成分。

根据我国标准,将水泥按规定方法制成试样,在一定温度、湿度下,经 28 天后所达到的抗压强度(Pa)数值,表示为水泥的标号数。

除硅酸盐水泥外,还有耐热性好的矾土水泥(以铝矾土 $Al_2O_3 \cdot nH_2O$ 和石灰石为原料)、快凝快硬的"双快水泥"、防裂防渗的低温水泥、能耐 1250 ℃ 高温的耐火水泥及用于化工生产的耐酸水泥等。

(2) 玻璃

玻璃是一种透明的固体物质,在熔融时形成网络结构,冷却过程中黏度逐渐增大并硬化却不结晶的硅酸盐类非金属材料。玻璃是一种非晶态固体,其结构为近程有序、长程无序,具有各向同性及亚稳性,向晶态转变时放出能量。普通玻璃化学组成为 $Na_2O \cdot CaO \cdot SiO_2$,属于混合物,主要成分是 SiO_2。广义来讲,玻璃包括单质玻璃、无机玻璃和有机玻璃。通常所说的玻璃是指无机玻璃。玻璃材料具有良好的光学性能和较好的化学稳定性,是现代建筑、交通、化工、医药、光通信技术、激光技术、光集成电路、新型太阳能电池等领域不可缺少的材料。

新型玻璃是指采用精致、高纯或新型的原料,或采用新工艺在特殊条件下,或严格控制形成过程制成的、具有特殊性能和功能的玻璃或无机非晶态材料,如光学玻璃、红外玻璃、激光玻璃、光导纤维、电子玻璃等。

① 光导纤维　光导纤维是一种能够导光、传像，具有特殊光学性能的玻璃纤维，又称光纤。光纤是由中心部位的芯纤和包敷此芯纤的包皮料组成，其中芯纤的折射率要高于包皮料的折射率，以一定角度入射的光就可以在芯纤和包皮料的界面上发生光的全反射，使入射光几乎全部被封闭在芯纤内部，经反复曲折前进到达光的输出端。如图 5-3 所示。光导纤维具有传光效率高、集光能力强、速度快、抗干扰、信息处理传递量大、耐腐蚀、可弯曲、保密性好、稳定性好、成本低等一系列优良性能，因而在通信、计算机、交通、电力、广播电视及光电子技术等许多领域有着广泛的应用。

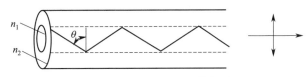

图 5-3　圆柱形包皮光纤传光原理

② 新型建筑玻璃　新型建筑玻璃是指具有吸热、热反射、选择吸收以及装饰等新性能的建筑玻璃。随着人民生活水平的日益提高，为了使建筑玻璃满足更多的功能要求，在玻璃的成型和加工工艺等方面也有了新的发展，使玻璃成为继水泥、钢材之后的第三大建筑材料。如用途较为广泛的中空玻璃、吸热玻璃、防静电和抗电磁波干扰玻璃等。

中空玻璃：中空玻璃是一种由两片或多片平板以有效支撑均匀隔开，层间保持一定距离，腔体内充以干燥空气或惰性气体，并防止吸潮的空腹玻璃制品。中空玻璃的优点是节能、隔热和隔声性能良好，特别是在寒冷的北方或炎热的南方，节能效果达 20%～25%。若原片玻璃采用吸热或热反射玻璃，其节能效果更佳。

吸热玻璃：吸热玻璃是能吸收大量红外线辐射能，并保持较高可见光透过率的平板玻璃。通常可向玻璃原料中添加有吸热性能的着色剂，如 Fe、Co、Ni、Cu 及 Se 等元素的氧化物，也可在平板玻璃表面喷镀一层或多层金属或金属氧化物薄膜而制成。这种玻璃除具有吸热功能外，还有改善采光色调、节约能源和装饰的效果。

防静电和抗电磁波干扰玻璃：这种玻璃的表面涂敷具有不同导电性能或屏蔽电磁波功能的金属或金属氧化物薄膜。如果在微波和无线电通信、电子计算机操作、战争指挥部、中央控制室等场所配备这种玻璃，可以有效地防止静电或外部信息的干扰，也可以有效防止内部信息的泄漏。

5.3.2　先进的无机材料

(1) 超导材料

1911 年，卡末林·昂内斯（H. Kameligh Onnes）发现了超导电性。他在研究水银低温下的电阻时，发现当温度降低至 4.2 K 以下时，水银的电阻突然消失，后来又相继发现十多种金属（如 Nb、Tc、Pb、La、V、Ta）都具有这种现象。这种在超低温度下失去电阻的性质，称为超导电性，具有超导电性的物质，称为超导体。电阻突然变为零的温度，称为临界温度，用 T_c 表示。T_c 是物理常数，同一种材料在相同条件下，T_c 为定值。T_c 的高低是超导材料能否实际应用的关键。

超导体的种类很多，已发现几十种金属以及大量的金属合金和化合物都具有超导性。超导磁体和超导电材料从 20 世纪 60 年代以来，获得高速发展，已成功应用于各个领域。例如，超导核磁共振成像装置是当今世界上最受重视的临床诊断手段；利用材料的超导电性，可使其载流能力高达 $10^4 A \cdot cm^{-2}$，使超导电机的质量大为减轻，而输出功率大为增加。一个中型磁体，用常规电磁材料质量达 20 t，而超导磁体只有几千克。在列车和轨道上安装适当的磁体，利用同性磁场相斥，可使列车悬浮起来，称为超导磁体的磁悬浮列车。

(2) 半导体材料

半导体材料是介于导体和绝缘体之间，电导率为 $10^{-5} \sim 10^4$ S·m^{-1} 的固体材料。在各种固体材料中，半导体材料是最令人感兴趣和应用范围最广的材料之一。用半导体材料制成的各类器件，特别是晶体管、集成电路和大规模集成电路，已经成为现代电子和信息产业乃至整个科技工业的基础。

根据能带理论，半导体禁带宽度较小，升温或在光、电和磁效应下，价电子被激发，从满带进入空带，而在满带形成空穴，在外加电场中，负的电子和正的空穴的逆向流动形成电流，从而导电。电子和空穴都称为"载流子"。以电子导电为主的半导体，称为 n 型半导体，空穴导电为主的半导体，称为 p 型半导体。

高纯半导体材料的导电性能很差，常用"掺杂"改善其导电性能，掺入的杂质有两种类型。

① 施主杂质　进入半导体中给出电子，故称"施主"。如在硅中掺入 P 或 As，P 和 As 有 5 个价电子，当它和周围的 Si 原子以共价键结合时，余出 1 个电子。这个电子在硅半导体内是自由的，可以导电，因此，这类半导体属于 n 型半导体，如图 5-4(a) 所示。

② 受主杂质　能俘获半导体中自由电子的杂质，因其接受电子而称为"受主"。如在硅中掺入 B，由于 B 原子只有 3 个价电子，比 Si 原子少一个价电子，因此在与周围的 Si 原子形成共价键时，其中一个键将缺少一个电子，价带中的电子容易跃迁进入而出现空穴。这类半导体为 p 型半导体，如图 5-4(b) 所示。

利用半导体电阻率随温度而变化的性质，做成各种热敏电阻，用于制作测温元件。利用光照射使半导体材料电导率增大的现象，做成光敏电阻，用于光电自动控制及光电材料，可用于图像静电复印。利用温差能使不同半导体材料间产生温差电动势，可以制作热电偶。半导体材料是制作太阳能电池所必需的材料。若在 p 型半导体表面沉积一层极薄的 n 型杂质层，组成 p-n 结，在太阳光的照射下，光线能完全透过这一薄层，满带中的电子吸收光子能量后跃迁到导带，并在半导体中同时产生电子和空穴，电子移到 n 区，空穴移到 p 区，使 n 区带负电荷，p 区带正电荷，形成光生电势差，如图 5-5 所示。利用光电效应，将太阳能转变为电能。

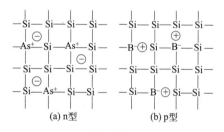

图 5-4　n 型和 p 型半导体示意图

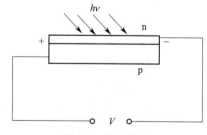

图 5-5　光电效应

(3) 人造宝石

人造宝石是一类人工合成的、坚硬、美观、透明、均质的人工晶体。人造宝石分为刚玉系合成宝石、尖晶石系宝石和金红石系宝石。刚玉合成宝石的主要成分是 Al_2O_3，掺入不同杂质而呈现不同颜色。如含少量的 Cr_2O_3 是红宝石，含少量铁和钛的氧化物是蓝宝石。刚玉星光宝石是一种名贵的宝石珍品，它是在刚玉宝石中加入微量的星化剂（如 Ti、Al 等），在一定温度下进行星化处理，使宝石中的掺入物由于溶解度降低而从晶体中脱溶，析出的针状晶体沉积在宝石晶胞的六个柱面上，沿垂直于宝石的 c 轴切割并琢磨抛光后，在弧面上就能呈现出 6 条美丽的星线，似从宝石的中心射出。尖晶石系宝石是以镁铝尖晶石为主要成分，因掺入 Co、Mn 等杂质含量的不同而呈现不同颜色。金红石系宝石由于金红石（TiO_2）本身具有的颜色或掺入微量的铬而具有不同的颜色。

人造宝石除了作为装饰品来使用，还可用作功能材料，如可作为耐磨材料用于仪器仪表的轴，又如人造单晶红宝石可用作激光晶体等。

5.4 有机高分子材料

人们对有机高分子化合物并不陌生。事实上，天然高分子，如蛋白质、淀粉、纤维早于生命而存在，生物高分子也是人体构造的重要基础物质之一，但高分子材料作为一门科学而受到重视始于 20 世纪，这主要是由于人工合成高分子的迅速发展及人类对高分子的形成、结构和性能的认识。早就有人断言，21 世纪将成为高分子的世纪。这说明高分子材料发展迅速，种类、数量越来越多，将成为工业、农业、科学研究和人类生活不可或缺的重要材料之一。

5.4.1 高分子化合物概述

5.4.1.1 高分子化合物的基本概念

高分子化合物（macromolecules），也称聚合物（polymer），是指以共价键结合而形成的高分子量化合物。高分子化合物的分子量很大，分子体积也很大，与低分子化合物的根本区别在于分子量的大小不同。因此二者在性质上也有很大的差别，这也是量变引起质变的客观规律的一个很好证明。

高分子化合物分子量大的原因是它们的分子是由成千上万个有机小分子通过聚合反应连接而成，这些有机小分子称为单体。例如：最常见的高分子化合物聚乙烯是由乙烯为单体，经聚合反应制得的。即

$$n\mathrm{CH_2}\!=\!\mathrm{CH_2} \longrightarrow -\!\!\!-\!\![\mathrm{CH_2}\!-\!\mathrm{CH_2}]_n\!\!\!-\!\!\!-$$
乙烯　　　　　　　聚乙烯

己二胺和己二酸缩聚反应制得聚酰胺-66，结构为：

$$-\!\!\![\mathrm{NH}\!-\!(\mathrm{CH_2})_6\!-\!\mathrm{NH}\!-\!\overset{\mathrm{O}}{\overset{\|}{\mathrm{C}}}\!-\!(\mathrm{CH_2})_4\!-\!\overset{\mathrm{O}}{\overset{\|}{\mathrm{C}}}]_n\!\!\!-$$

其中—CH_2—CH_2—、—$NH(CH_2)_6NHCO(CH_2)_4CO$—称为高聚物的链节。

高聚物和普通有机小分子分子量之间的巨大差别，导致高聚物与有机小分子的性能有很大差别。如高聚物比较难溶于水和一般的有机溶剂，有的甚至不溶。如果高聚物溶解，溶解前先溶胀，而且高聚物溶液的黏度，比同等浓度的有机小分子溶液的黏度要高很多。由于分子量高，高聚物分子间作用力大，通常只能呈黏稠的液态或固态，不能呈气态；固态的高聚物具有一定力学强度，可抽丝，能拉膜。

5.4.1.2 高聚物的命名及分类

（1）高聚物的命名方法

高聚物有许多命名法，常见的命名方法如下。

① 根据单体名称来命名　由一种单体合成的高聚物命名时，习惯在对应的单体名称前加一个"聚"字，如：聚乙烯、聚丙烯、聚异戊二烯等。由两种单体合成的高聚物，常在两

种单体名称后加"树脂"或加"共聚物",例如由苯酚和甲醛合成的聚合物称为苯酚-甲醛树脂,简称酚醛树脂。

② 根据高聚物的结构特征来命名　例如,聚醚是根据分子中的醚键(—O—)特征来命名;聚酰胺分子中有酰胺键(—CO—NH—)。这类高聚物代表的是一大类,如聚酰胺这类高聚物又可分成聚己二酰己二胺(又称尼龙-66);聚癸二酰癸二胺(尼龙-1010)等。

有许多高聚物也常用它们的商品名称,对同一种高聚物,不同国家有不同的商品名称,五花八门,很难统一。就我国而言,习惯以"纶"作为合成纤维的名称,有涤纶(聚对苯二甲酸乙二醇酯纤维)、锦纶(聚酰胺纤维或称尼龙)、氨纶等,用"橡胶"作为合成橡胶的名称,如顺丁橡胶、丁苯橡胶。

1972年,国际纯粹和应用化学联合会(IUPAC),制定了以高聚物的"结构重复单元"为基础的系统命名法。虽然 IUPAC 命名法比较严谨,但非常烦琐,到目前未被推广使用。

(2) 高聚物的分类方法

高聚物的分类有许多种方法。

根据高聚物的主链结构分类:①碳链高聚物:高聚物分子主链全部由碳原子组成,如聚乙烯、聚氯乙烯、聚丙烯等;②杂链高聚物:构成高聚物分子主链的元素除了碳原子,还有氧、氮、硫、磷等元素;③元素高聚物:主链中不含碳原子,只有硅、氯、铝、硼等元素,如聚硅氧烷。

根据高聚物的力学性能和用途分类:高聚物可分为塑料、橡胶、纤维、涂料、胶黏剂5大类,这是最常用的分类方式。

5.4.1.3　高聚物的合成方法

高聚物是由有机小分子合成的,有机小分子结合形成高分子化合物的过程称为聚合反应。聚合反应常分为加成聚合反应和缩合聚合反应。

(1) 加成聚合反应

简称加聚反应,是一种或多种有机小分子单体,通过加成反应结合成高聚物的过程。其中,由一种单体合成的聚合物称为均聚物,例如,由乙烯生成聚乙烯,由氯乙烯生成聚氯乙烯。

$$n\text{CH}_2\!=\!\text{CH}_2 \longrightarrow -\!(\text{CH}_2-\text{CH}_2)_n\!-$$
乙烯　　　　　　聚乙烯

$$n\text{CH}_2\!=\!\underset{\underset{\text{Cl}}{|}}{\text{CH}} \longrightarrow -\!(\text{CH}_2-\underset{\underset{\text{Cl}}{|}}{\text{CH}})_n\!-$$
氯乙烯　　　　　　聚氯乙烯

由两种或两种以上单体合成的聚合物称为共聚物,例如,由丙烯腈、丁二烯、苯乙烯共聚而成的 ABS 工程塑料为共聚物。

(2) 缩合聚合反应

简称缩聚反应(condensation polymerization),是由相同或不同的单体相互聚合成为高聚物,同时有小分子析出的反应。析出的小分子常有 H_2O、NH_3、HCl 等。例如,二元酸与二元醇缩聚合成聚酯的反应:

$$n\text{HO}-\text{R}-\text{OH} + n\text{HOOC}-\text{R}'-\text{COOH} \longrightarrow \text{H}-(\text{OR}-\text{OCO}-\text{R}'-\text{CO})_n\text{OH} + (2n-1)\text{H}_2\text{O}$$

缩聚反应时,高分子链向两个方向增长,同时析出小分子 H_2O,所得的高聚物是线型聚合物。如果单体含有三个或三个以上活性官能团,缩聚反应后所得聚合物常为体型聚合物。

5.4.1.4 高聚物的结构与性能

(1) 高聚物的结构与热性能

合成高分子化合物的结构有线型 (linear structure) 和体型 (net-work structure) 两种类型。前者可以含有支链，后者又称网状结构，如图 5-6 所示。线型高分子化合物是指构成高聚物的许多链节相互连接成一条长的分子链，其长度为其直径的几万倍。如聚乙烯、聚苯乙烯、尼龙-66 等均为线型高分子化合物，是单体分子经加聚或缩聚反应得到的。高分子化合物的主链是由碳原子或其他原子以共价键结合的，线型高分子化合物分子链节与链节之间可以自由旋转，因此在高聚物受热时，硬的高聚物逐渐变软，并有一定弹性。继续加热，分子链得到能量可以自由运动，成为黏流的液体；当温度下降时，可呈现出与加热过程逆向变化的物理性质，高聚物由黏流的液体变成坚硬的固体。具有这种特性的高分子化合物称为热塑性高聚物。热塑性高聚物碎屑可进行再生和再加工。聚乙烯、聚氯乙烯、ABS 树脂等都属于热塑性高聚物。

(a) 线型　　　　　　　(b) 线型(有支链)　　　　　　(c) 体型

图 5-6　高分子的线型和体型结构示意图

若长链高分子带有其他官能团，分子链之间可以通过官能团发生反应形成化学键，从而使分子链交联起来得到体型结构。体型高聚物中分子链节被固定不能自由旋转，其物理性质不再随温度变化而变化，即变成永久固定形状的高聚物。当温度很高时，高分子化合物的化学键被破坏，高聚物热降解。这类高聚物称热固性高聚物。酚醛树脂、环氧树脂就是典型的热固性高聚物，不饱和聚酯、有机硅树脂、聚氨酯等也属于这类高聚物。热固性高聚物的耐热性好、机械强度高，一般用作工程和结构材料。

(2) 高聚物的晶态与非晶态

热塑性高聚物按其分子链在空间的排列情况不同，可分为晶态和非晶态。晶态高聚物中分子的排列是有规则的；非晶态高聚物中分子的排列是无规则的。熔融的高聚物，分子链是卷曲紊乱的。降低温度，分子运动减缓，最后慢慢冻结凝固。高聚物与小分子不同，不容易形成完整晶体，分子链的有序排列只能在某些局部范围，就像"两相结构"模型认为的那样，晶态高聚物中存在着链段排列整齐的"晶区"和链段卷曲而又互相缠绕的"非晶区"两部分，即高聚物晶体中含有晶态部分和非晶态部分，如图 5-7 所示。例如聚乙烯这类很容易结晶的高聚物，其聚集态内部也并非百分之百结晶，不过是"结晶度"很高而已。结晶度高的高分子材料的力学性能、耐溶性、耐热性等都较好，这类高分子化合物可以用作合成纤维。非晶态线型高分子化合物在一般条件下，分子链处于自然卷曲状态，分子之间无规则地缠绕在一起，具有一定柔顺性。当有外力作用时，卷曲的分子链可以被拉直。除去外力，分子链又恢复到原来的蜷曲状态，所以非晶态线型高分子化合物具有弹性。

非晶态线型高分子化合物无固定熔点，温度不同时呈现 3 种不同的物理状态。如图 5-8 所示，即玻璃态 (glassy state)、高弹态 (high elastic state) 和黏流态 (viscous state)。温度较低时，高聚物分子链受限制不能自由运动，每一条分子链都有一定的位置。分子只能在一定的位置上微弱地振动，形态和相对位置被固定，分子间作用力较大，结合很紧密，此时的高聚物具有一定的形状，像玻璃一样坚硬，这种状态称为玻璃态。温度升高，高聚物分子链吸收能量，分子链节可以转动，表现为高聚物具有一定弹性，此时高聚物处于高弹态。高聚物由玻璃态向高弹态转变的温度称为玻璃化转变温度，用 T_g 表示。对高聚物继续加温，分子链吸收能量可以进行分子链间的滑动，高聚物呈黏流状液体，这时高聚物为黏流态。处于黏流态的高聚物，在很小的外力作用下，分子间便可以相互滑动而变形；当外力消除后，不会回复原状。由高弹态向黏流态转变的温度称为黏流化温度，用 T_f 表示。

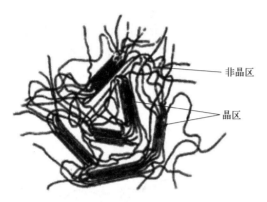

图 5-7 高聚物晶区与非晶区结构示意图　　图 5-8 非晶态线型高聚物的形变-温度曲线

习惯将 T_g 在室温以上的高聚物称为塑料，T_g 在室温以下的高聚物称为橡胶。T_g 和 T_f 对高聚物的加工和应用十分重要。对橡胶来讲，要保证橡胶具有较高的弹性，橡胶的使用温度必须高于 T_g。因为在 T_g 以下，高聚物处于玻璃态，橡胶会发硬、变脆、没有弹性。橡胶要选择 T_g 低而 T_f 高的高聚物，这样其高弹态的温度范围宽，使用范围广。塑料和纤维是在玻璃态下使用，T_g 为其温度上限。在 T_g 以上，高聚物处于高弹态，塑料或纤维将丧失机械强度，不能使用。

(3) 弹性和可塑性能

某物体形变的可恢复性称为弹性。线型高聚物在通常情况下，总是处于能量低的卷曲状态。当这种聚合物受到拉伸，卷曲的分子可以被拉直一些，分子链的能量增高，撤去外力，分子链又重新缩卷起来，高聚物又恢复原状。这时，高聚物呈现弹性。线型或轻度网型聚合物都具有不同程度的弹性，但交联多时会失去链的柔顺性，变成弹性很差的物质。线型高分子化合物受热会逐渐软化，直至形成黏流态。这时可加工成各种形状，冷却去压后，形状仍可保持。然后，再加热至黏流态，又可加工成别的形状。这种性质称为高聚物的可塑性。塑料就是因为具有可塑性而得名的。

(4) 高聚物的力学性能

高聚物的力学性能主要是指抗拉、抗压、抗弯、抗冲击等性能。这些性能取决于高聚物的结构、平均聚合度（分子量）、结晶度和分子间力等。平均聚合度越大，分子间作用力就越大，拉伸强度和抗冲击强度就越好。高聚物分子链若存在极性基团或分子链间能形成氢键，分子链间的作用力增大，也可以提高高聚物的强度。聚氯乙烯分子中有极性基团—Cl，其拉伸强度就比聚乙烯高。如果高聚物结晶度高，分子链间作用力大，机械强度也会很高。

(5) 高聚物的化学性能

高聚物的化学性能比较稳定，一般具有耐酸、碱腐蚀的特性。主要是因为：高聚物一般为固态，其分子链缠绕在一起，高聚物分子链上的许多基团被包在内部，当有化学试剂加入时，只有少量露在外面的基团与化学试剂反应。因此，高分子材料可以长期使用，如日用塑料制品、汽车轮胎、居民楼排水管道等。

(6) 高聚物的电性能

大多数高聚物具有良好的电绝缘性。由于高聚物的分子链基本由共价单键组成，没有离子或自由电子，所以通常不具有导电性。若分子链中含有的极性基团越多，则导电性相对较好，绝缘性越差；反之，含有的基团极性越小，绝缘性越好。

5.4.2 塑料

塑料、橡胶和纤维被称为三大合成材料，但它们有时没有很严格的界限，用不同的加工方法可制成不同的材料。

塑料是具有可塑性的高分子材料。即在加热、加压条件下，可塑制成型，在通常条件下保持其形状。一般来说，塑料是以高聚物为基料（40%~100%），加入各种添加剂（如增塑剂、防老剂、发泡剂、填料等）制成的。添加剂的使用可赋予塑料良好的性能，拓宽其使用范围。塑料的种类繁多，按其用途可大致分成通用塑料、工程塑料等。塑料的用途广泛，除了大量用于制造生活用品外，还用于农业、机电、建筑、医疗等行业。随着科技的进步和社会的发展，塑料的使用范围将得到进一步的拓展和开发。

塑料很轻，密度一般约为 $0.9 \sim 2.0 \text{ g} \cdot \text{cm}^{-3}$，是轻金属铝的一半，常用在需要减轻自重的装备（轮船、飞行器等）上。塑料有一定的机械强度，而且化学性能稳定，常用作包装材料。塑料具有优良的力学性能、耐热性、尺寸稳定和耐磨性，可以代替某些金属或玻璃、木材做各种机器零件、仪表外壳、家具、建材等。具有良好耐磨性的聚酰胺，甚至被用来做轴承。

(1) 通用塑料

通用塑料（general-purpose plastic）指的是性能较好、价格低、产量大、用途广的塑料，广泛用于日常生活和一般制品。目前，应用最广的是聚乙烯（polyethylene，PE）、聚丙烯（polypropylene，PP）、聚氯乙烯（polyvinyl chloride，PVC）、聚苯乙烯（polystyrene，PS）（通常称为"四烯"）和酚醛树脂、氨基树脂六大通用塑料。它们的主要性能和应用如表 5-1 所示。

表 5-1 通用塑料的主要性能及应用

名称	化学结构	特点	应用
聚乙烯(PE)	$-(CH_2-CH_2)_n-$	无毒,耐酸碱腐蚀,长期浸水不腐烂,柔性好但不耐老化	用于化工产品、食品包装材料、建筑材料、电气设备、医疗用品、农用膜
聚丙烯(PP)	$-(CH_2-CH)_n-$ 　　　　$\|$ 　　　　CH_3	无毒,耐温性好,化学稳定性好,耐腐蚀性好,质量轻,刚性强,曲折性好,透明度高,易老化,不耐油,脆性大	家庭日用品,玩具,包装品,家用电器外壳,汽车零部件,医用注射器等
聚氯乙烯(PVC)	$-(CH_2-CH)_n-$ 　　　　$\|$ 　　　　Cl	耐酸、碱、盐的腐蚀,不易燃烧,耐磨、耐油性好,价格低,不易碎	家具及日用品,工业型材及防腐材料,零件外壳,人造革
聚苯乙烯(PS)	$-(CH_2-CH)_n-$ 　　　　$\|$ 　　　　C_6H_5	无毒,透明性好,色泽鲜艳,材质刚硬,脆性大,耐油性差	生活用品,工业用品如各种仪器外壳,光学零件,化工储罐,电讯零件等
酚醛树脂	$-(C_6H_3(OH)-CH_2)_n-$	耐热、耐寒性能好,表面硬度高,绝缘性好,可长期在 110 ℃ 左右使用,树脂本身改性性能好	电子、汽车、航空航天及国防工业等
氨基树脂	$-(NH-CO-NH-CH_2)_n-$	无毒,无味,对霉菌作用稳定,耐溶剂,成本低,外观好	家具,日用品,车厢,轮船,电器外壳,装饰板等

（2）工程塑料

工程塑料（engineering plastic）是指综合性能（力学性能、耐高温性能、耐低温性能、电性能等）优良，广泛应用于工程技术上的塑料。例如聚甲醛、聚酰胺、聚碳酸酯、ABS、聚砜等。它们的主要性能和应用范围列于表 5-2。

表 5-2　几种常用的工程塑料

名称	化学结构	特点	应用
聚甲醛	$-(CH_2O)_n-$	可以在 $-40 \sim 100\ ℃$ 温度范围内使用，耐磨性和自润滑性，耐油、耐过氧化物性能良好；尺寸稳定性好，电绝缘性好	可以代替各种金属和合金制造齿轮、阀门、凸轮、管道、泵叶轮、轴承、变换继电器
聚酰胺	$-[NH-(CH_2)_5-\overset{O}{\underset{}{C}}]_n-$	无毒，抗霉，具有良好的韧性、耐磨性和自润滑性	可代替不锈钢、铝、铜等金属制造机械、仪器仪表、汽车零部件、轴承及泵叶
聚碳酸酯	$-[O-\text{C}_6\text{H}_4-\underset{CH_3}{\overset{CH_3}{C}}-\text{C}_6\text{H}_4-O-\overset{O}{\underset{}{C}}]_n-$	可在较宽温度范围（$-100 \sim 150\ ℃$）内使用，透明性好，良好的韧性和抗冲击性能	可代替某些金属（如黄铜）、玻璃、木材、特种合金等，用于制造零件、电子仪器的外壳、信号灯、挡风玻璃、座舱罩等
ABS	$-[(H_2C-CH)_x-CH_2CH=CHCH_2)_y-(H_2C-CH)_z]_n-$，侧链为 CN 和 C_6H_5	弹性和机械强度好，电绝缘性好，耐热、耐腐蚀	制造汽车、飞机零件、电信器材

5.4.3　合成橡胶

橡胶（rubber）是一类在室温下具有显著弹性的高分子材料。橡胶具有较低的玻璃化温度 T_g（低于室温）和较高的黏流化温度（T_f）。在常温下，橡胶处于高弹态。通常的橡胶在 $-50 \sim 100\ ℃$ 内仍具有弹性，某些特殊橡胶可在 $-100 \sim 200\ ℃$ 保持高弹性。在外力作用下极易发生形变，形变率可达 100% 以上。除去外力后，又会恢复到原来的状态。

橡胶包括天然橡胶和合成橡胶。天然橡胶以三叶橡胶树的汁液为原料，经炼制而成，弹性和加工性能良好。天然橡胶的主要成分是聚异戊二烯。其综合性能比一般合成橡胶好，但其产量受地理、气候等条件限制，远远不能满足经济发展的需要。合成橡胶的原料来源不受限制，产量高，因而发展很快。合成橡胶以石油产品（丁二烯、异戊二烯、乙烯、丙烯、苯乙烯等）为原料，经过聚合或共聚来制备。合成橡胶与天然橡胶结构相似，性能也相似，按性能和用途不同可分为通用橡胶和特种橡胶。通用合成橡胶的力学性能和加工性能较好，产量占合成橡胶的 50% 以上，主要包括丁苯橡胶、顺丁橡胶、异戊橡胶、氯丁橡胶、乙丙橡胶等。特种合成橡胶（如硅橡胶、氟橡胶等）具有耐寒、耐热、耐油、耐腐蚀、耐辐射等特殊性能，可在特定条件下使用，常用于输油胶管、设备防腐衬里、油箱的密封垫等。

丁苯橡胶（styrene-butadiene rubber）是由丁二烯和苯乙烯进行共聚制得，是产量最大的通用合成橡胶，其结构式为

$$-[(CH_2-CH=CH-CH_2)_x-(CH_2-CH(C_6H_5))_y]_n-$$

有乳聚丁苯橡胶和溶聚丁苯橡胶等。

顺丁橡胶（polybutadiene rubber）是由丁二烯均聚反应制得，硫化后的顺丁橡胶具有

良好的弹性和优异的耐寒性、耐磨性、耐老化性能。其结构式为

$$-(CH_2-\underset{H}{\underset{|}{C}}=\underset{H}{\underset{|}{C}}-CH_2-CH_2-\underset{H}{\underset{|}{C}}=\underset{H}{\underset{|}{C}}-CH_2)_n-$$

顺丁橡胶作为通用橡胶，绝大部分用于生产轮胎，小部分用于制造缓冲材料、耐寒制品、胶带、胶鞋等。顺丁橡胶的缺点是抗撕裂、抗湿滑性能较差。

异戊橡胶是顺-1,4-聚异戊二烯橡胶的简称，由异戊二烯单体采用溶液聚合法生产的合成橡胶。因其结构和性能与天然橡胶近似，故又称合成天然橡胶。与天然橡胶一样，具有良好的弹性和耐磨性，优良的耐热性和较好的化学稳定性，质量均一性、加工性能等优于天然橡胶。异戊橡胶可以代替天然橡胶制造载重轮胎和越野轮胎，还可以用于生产各种橡胶制品。

氯丁橡胶以氯丁二烯为主要原料，通过均聚或少量其他单体共聚而成。其综合性能良好，抗张强度高，耐水、耐油、耐燃、耐热、耐光、耐老化、耐氧化和耐臭氧。化学稳定性较高，耐稀酸、耐聚硅氧烷系润滑油，硫化后的氯丁橡胶耐磨性好，有特别好的耐候性能，不怕激烈的扭曲，不怕制冷剂，一般使用温度范围为-50~150 ℃。氯丁橡胶用途广泛，常用来制造传动带、电线、电缆的包皮材料，耐油垫圈、胶管以及耐化学腐蚀的设备衬里。氯丁橡胶的缺点是密度较大，在低温时易结晶、硬化，贮存性不好，电绝缘性能较差，耐寒性能较差。

乙丙橡胶以乙烯和丙烯为主要原料合成，耐磨性、弹性、耐油性和丁苯橡胶接近。可大量充油和填充炭黑，制品价格较低，化学稳定性好，常用来制作高温水蒸气环境、卫浴设备密封件或零件，还可用来制造刹车系统中的橡胶零件和散热器中的密封件。

硅橡胶主链由硅、氧原子交替形成主链，侧链为含碳基团，在硅原子上带有有机基团。其结构式为：

$$HO-\underset{\underset{CH_3}{|}}{\overset{\overset{CH_3}{|}}{Si}}-O-[\underset{\underset{CH_3}{|}}{\overset{\overset{CH_3}{|}}{Si}}-O]_n-\underset{\underset{CH_3}{|}}{\overset{\overset{CH_3}{|}}{Si}}-OH$$

其中用量最大的硅橡胶是侧链为乙烯的硅橡胶。它既耐热，又耐寒，使用温度范围广，通常在100~300 ℃之间，它具有优异的耐气候性、耐臭氧性以及良好的绝缘性。硅橡胶制品具有良好的生物相容性，因此与人们的生活息息相关，我们日常生活中的遥控器、手机、键盘、POS机、扫描仪等都与硅橡胶有关。主要用于航空工业、电气工业、食品工业及医疗工业等。无色的硅橡胶无毒、光滑、柔软，所以可用来制造多种医用制品，如多种口径的导管、静脉插管、脑积水引流装置，也可用来制造人工器官，如人造关节、人造心脏、人造血管等。氟橡胶是分子主链或侧链的碳原子上连有氟原子的合成橡胶，具有耐高温、耐油、耐腐蚀、抗氧化、耐溶剂、耐燃、耐化学物与耐气候的特性，广泛应用于航空、航天、汽车、石油和家用电器等领域，是国防尖端工业中无法替代的关键材料。

5.4.4 合成纤维

纤维是常用的又一类高分子物质，可分成天然纤维、人造纤维和合成纤维。天然纤维直接取自天然动植物，如棉、麻、丝、毛等。人造纤维是以木材、芦苇、棉短绒等天然纤维为原料，经化学改性制得的，如黏胶纤维、醋酸纤维等。黏胶纤维的含湿率比较符合人体皮肤的生理要求，具有凉爽、透气、抗静电、色彩绚丽等特点，俗称人造丝、冰丝等。近些年

出现的名为天丝、竹纤维的新品种，也属于黏胶纤维的一种。合成纤维以煤、石油、天然气为原料，用化学方法通过拉丝工艺合成的。合成纤维的品种很多，主要品种有涤纶（聚酯）、锦纶（聚酰胺）、腈纶（聚丙烯腈）、维尼纶（聚乙烯醇缩甲醛）、丙纶（聚丙烯）和氨纶（聚氨酯）等。其中前3种最为常见，其产量占合成纤维总产量的90%以上。

根据高聚物的主分子链结构不同，合成纤维可分成碳链纤维和杂链纤维两大类。碳链纤维即高聚物的分子主链上全部是碳原子，是由不饱和烯烃化合物通过加聚反应制得。如腈纶、维尼纶等。杂链纤维则是高聚物的分子除了含有碳原子外，还有O、N、S等其他原子。杂链纤维通常是由双官能团的单体发生缩聚反应而制得的，如涤纶、锦纶等。

合成纤维一般是线型高分子化合物，分子链比较直、支链少，链的排列也比较整齐。合成纤维的这种结构有利于分子定向排列，产生局部结晶区。合成纤维分子主链上存在极性基团，这也有利于分子的部分结晶，形成晶区，同时增加纤维强度。合成纤维里还有非定向排列的区域，形成局部无定形区。在无定形区内，分子链可自由运动，使合成纤维柔软而富有弹性。正是合成纤维分子内晶区和无定形区的有机结合，才使合成纤维既具有一定的强度，又柔软有弹性。

（1）涤纶

涤纶（polyester，PET）是我国聚酯纤维的商品名，俗称的确良。主要成分是聚对苯二甲酸乙二醇酯（PET），结构式为

$$-(O-CH_2-CH_2-O-CO-\!\!\!\!\bigcirc\!\!\!\!-CO)_n-$$

涤纶因为原料易得、性能优异，所以用途广泛，现产量居合成纤维的首位。涤纶最大的优点是抗皱、挺括、不易变形，有"免熨"的美称。另外涤纶的强度高，耐磨性好（仅次于尼龙，居第二位），耐热性好，可在 $-70 \sim 170$ ℃使用，化学稳定性较好，正常温度下不会与弱酸、弱碱、氧化剂发生反应，但分子链中含有酰氧基，耐浓碱性较差。另外，涤纶纤维之间的抱合力差，表面光滑，优点是易洗、不吸水、不缩水；缺点是吸湿性差，衣料穿在身上不透气，发闷，经常摩擦之处易起毛球。

涤纶除大量用于制作纯纺和混纺衣料外，还可作帆布、渔网、缆绳以及绝缘材料（如涤纶薄膜）等。

（2）锦纶

锦纶（polyamide，PA）是聚酰胺纤维在国内的商品名称，也称尼龙（Nylon），常用的品种有尼龙-6、尼龙-66、尼龙-1010等。尼龙-6的结构式见表5-2，尼龙-66的结构式为：

$$-[C(CH_2)_4C-NH(CH_2)_6NH]_n-$$
$$\quad \|\qquad\qquad\| $$
$$\quad O\qquad\quad O$$

尼龙是世界上最早的合成纤维品种，性能优异，在1970年以前产量一直居于合成纤维首位，之后由于聚酯纤维的快速发展，才退居第二位。锦纶的最大优点是"强而韧"，强度和耐磨性居所有纤维之首，有"耐磨冠军"之称。作为衣料，锦纶的缺点和涤纶一样，吸湿性和透气性不佳，干燥环境下易起静电，最大缺点是耐日光性不好，织物久晒会变黄，强度下降，耐热性不够好，熨烫温度应控制在140 ℃以下；另外，锦纶制成的衣物保形性差一些，不如涤纶"挺括"，但更随身附体，多用来制作体形衫。除作衣料外，锦纶还可用来制作轮胎帘子线、运输带、降落伞、绳索、渔网等。

芳纶是在聚酰胺的分子链中引入苯环形成的高性能合成纤维，全称是"芳香族聚酰胺纤维"。芳纶的品种主要有芳纶1313（聚间苯二甲酰间苯二胺，PMIA）、芳纶1414（聚对苯

二甲酰对苯二胺，PPTA），两者化学结构式如下：

芳纶 1313

芳纶 1414

二者虽然结构相似，但性能和用途大不相同。芳纶 1313，也称间位芳纶，具有高强度，优异的热稳定性和良好的电绝缘性、阻燃、耐腐蚀和耐辐射等特性，是一种综合性能优良的耐高温特种纤维，是民用工业的万金油，可用于高温环境下的防火服和电气绝缘材料，是建筑材料和高速列车隔热材料的新宠。芳纶 1414，也称对位芳纶，具有高强度、耐高温、耐酸耐碱、耐撕裂等特性。强度为钢丝的 5~6 倍，模量为钢丝或玻璃纤维的 2~3 倍，韧性是钢丝的 2 倍，重量仅为钢丝的 1/5 左右；560 ℃下不分解，不熔融；200 ℃经 100 h 后，强度保持率仍在 75% 以上，160 ℃经过 500 h 后，仍能保持原强度的 95% 左右。主要用于军事领域和航空航天领域，可用来制造防弹衣、防弹头盔、隐身材料、飞机火箭的结构材料、航天器壳体等。

（3）腈纶

腈纶（polyacrylonitrile，PAN）是聚丙烯腈纤维的商品名，结构式为：

$$-(CH_2-CH)_n-$$
$$\quad\quad\quad |$$
$$\quad\quad\quad CN$$

腈纶质轻，蓬松，手感柔软，保暖性好，多用来和羊毛混纺或作为羊毛的代用品，有"人工合成羊毛"之称。腈纶的吸湿性不好，耐磨性较差，但和天然羊毛相比，具有耐光、抗菌、不怕虫蛀的优点，因此大量用于和羊毛混纺成毛线，也可与棉或其他纤维混纺制成衣料，用于服装、装饰等领域。

（4）维纶

维纶（polyvinalalcohol，PVA），也叫维尼纶，化学名为聚乙烯醇缩醛纤维，吸湿性是合成纤维中最好的，性能和棉花接近，号称"人工合成棉花"。维纶在 20 世纪 30 年代由德国制成，主要用于外科手术缝线。但一开始的维纶不耐热水，后经研究出热处理和缩醛化方法，才使其成为耐热水性良好的纤维。维纶强度比锦纶、涤纶差，织物易起皱，但其耐候性和耐日光性很好，在一般有机酸、醇、酯及石油等溶剂中不溶解，不易霉蛀，吸湿性好，吸湿率为 4.5%~5%，接近于棉花（8%），因此维纶纺织布适宜制内衣。维纶的相对密度比棉花要小，与棉花相同重量的维纶能织出更多的衣料，而且耐磨性和强度也比棉花要好，因此可以与棉混纺纱来制作外衣、棉毛衫裤、运动衫、细布、灯芯绒、府绸、帆布、防水布、包装材料等。

（5）氨纶

氨纶（polyurethane，PU），是聚氨酯纤维的简称，俗称莱卡，是美国杜邦公司于 1958 年发明的一种弹力纤维。它的弹力可以拉伸 5~8 倍，在拉伸后可以迅速恢复原形。氨纶的优点是手感柔软、平滑，化学稳定性好，耐磨、耐汗、耐老化、不容易褪色；缺点是氨纶无法单独制作衣服，要少量地掺入织物进行混纺，因此氨纶是泳衣、运动服、紧身衣、弹力裤等制作的主要材料，也被广泛用于制作运动服、宇航服、医疗织物、军需装备等的弹力部分。

5.4.5 功能高分子

功能高分子（functional polymer）是具有某些特殊性能的高聚物。除具有一般高分子材料的力学性能、绝缘性能和热性能外,还具有明显不同的特殊性质,如导电性、光敏性、催化性、生物活性或离子选择性等。这些特性主要通过功能高分子主链或侧链上带有的反应性功能基团起作用。功能高分子材料按实际用途分为离子交换树脂、导电高分子、光敏性高分子、医用高分子、吸水性高分子、高分子催化剂、高分子试剂等,下面分别讨论几种功能高分子材料。

(1) 离子交换树脂

离子交换树脂(ion exchange resin)是指对某种离子或基团具有交换、分离或吸附功能的高聚物。外形一般为颗粒、不溶于水,也不溶于酸、碱和乙醇、氯仿、丙酮等有机溶剂。离子交换树脂结构特殊,由3部分组成:①起支撑作用的高分子骨架;②与高分子主链相连功能基团,不能移动;③在溶液中可以自由移动的可交换离子,并与带相同电荷的离子进行交换反应。可交换离子进行的交换反应是可逆的,与电解质作用后,离子交换树脂可恢复交换功能,重复使用。

根据可交换离子基团的性质,将离子交换树脂分为阳离子交换树脂和阴离子交换树脂。阳离子交换树脂分子中有酸性基团,如磺酸基(—SO_3H)、羧基(—COOH)等,阴离子交换树脂中含有碱性基团,如—$N^+R_3OH^-$(季铵碱型)、—NH_2等。常用的阳离子交换树脂和阴离子交换树脂的结构可示意如下:

含有Ca^{2+}、Na^+、Mg^{2+}等阳离子的溶液通过阳离子交换树脂时,—RSO_3H能和杂质阳离子发生交换反应。例如:

$$RSO_3H + Na^+ \longrightarrow RSO_3Na + H^+$$

含有Cl^-、SO_4^{2-}等阴离子的溶液通过阴离子交换树脂时,—$R'N^+(CH_3)_3OH^-$能与阴离子发生交换反应。例如:

$$R'N^+(CH_3)_3OH^- + Cl^- \longrightarrow R'N^+(CH_3)_3Cl + OH^-$$

含有杂质离子的水溶液先后流过阳、阴离子交换树脂,交换后的H^+和OH^-结合生成H_2O,重复多次后,得到高纯度水,基本上不含有阴、阳离子,称为去离子水。

离子交换树脂广泛应用于水处理及食品、医药、工业品的提纯分离等方面。

(2) 导电高分子

高分子材料通常都是电绝缘性较好的材料。1977年,人们发现了第1个导电性有机聚合物——聚乙炔,具有类似金属的电导率。导电高分子材料既能导电,又具有质轻、柔软、耐腐蚀性好、加工容易、机械强度高等优点,近些年来已成为人们的研究热点。

导电高分子(conductive polymer)材料分为结构型导电高分子材料和复合型导电高分子材料。结构型导电高分子材料的导电性是由其本身结构决定的,其导电性可以通过结构和配方的变化来调节。譬如聚乙炔是一种双键、单键间隔连接的线型高分子,分子链中存在共轭π键,π电子可在共轭体系中自由流动,因此具有导电性。在有共轭体系的聚合物中,掺入微量杂质(如碘、溴、五氟化砷、六氟化锑、四氯化锡等),可大大提高材料的电导率。在聚乙炔之后,人们发现聚苯、聚吡咯、聚噻吩等聚合物也具有导电性。结构型导电高分子材料可用来制造大功率塑料蓄电池、高能量密度电容器、微波吸收器等。

复合型导电高分子材料是在普通高聚物中混以导电性物质而制得的导电高分子材料,其导电性可以通过改变配方来调节。理论上,任何高聚物都可以与导电性物质复合制成导电高分子材料,但考虑实际的原料来源、价格等技术、经济因素,常用的高聚物主要有聚乙烯、聚丙烯、聚氯乙烯、聚苯乙烯、丁苯橡胶、环氧树脂、聚酯、聚氨酯等。导电性物质常用炭黑、石墨、碳化钨、导电金属粉末(金、银、铜、铝、钼、镍粉)及镀银的玻璃微珠等。复合型导电高分子材料因其原料易得,加工成型方便而得到广泛应用,可用于开关、导电压敏元件、导电连接器、太阳能电池、电磁屏蔽材料等中。

(3) 光敏性高分子

光敏性高分子(photo-sensitive polymer)是一种在光的作用下会发生反应的感光树脂。按其功能,光敏高分子可分为光导电材料、光能储存材料、光记录材料、光致变色材料、光致抗蚀材料和光致诱蚀材料等。光致抗蚀材料,是指高分子材料经光照辐射后,由线型可溶性分子转变为交联网状不可溶的分子,从而产生了对溶剂的抗蚀能力。光致诱蚀材料正相反,当高分子材料受光照辐射后,感光部分发生光分解反应,从而变为可溶性。目前广泛使用的预涂感光版即 PS 版(presensitized plate),就是将感光树脂预先涂在亲水性的基材上制成的。光致抗蚀材料和光致诱蚀材料广泛用在印刷电路、集成电路以及精密机械加工等方面。光致变色高分子材料是在光作用下能可逆地发生颜色变化的高聚物。在光的照射下,高分子材料的化学结构发生某种可逆转变,从而导致高分子材料的颜色变化。例如偶氮苯型光致变色高分子材料就是利用偶氮苯结构在光照射下发生异构变化而制得的。光照射下得到不稳定的异构体,在黑暗环境中又恢复到稳定的异构体,两种异构体的颜色不同,从而变色。光致变色高分子材料在电子工业中常作为光记录、光显示材料。自 1954 年由明斯克(Minsk)等人首先研究的聚乙烯醇肉桂酸酯成功用于印刷技术以来,光敏高分子材料在理论研究和推广应用方面都取得了巨大进展。目前已广泛应用于印刷、电子、精细化工、医疗、生化、塑料、纤维等方面,前景十分广阔。

(4) 高吸水性树脂

高吸水性树脂(super absorbent resin)是一种含有强亲水基团,并有一定交联度的高分子材料。不溶于水和有机溶剂,可吸收自身重量 500～2000 倍的水,有的吸收能力可达 5000 倍。

高吸水性树脂根据原料来源可分为:①淀粉型吸水树脂,是通过对淀粉分子改性而得到。来源丰富、价格低廉,但易发霉,长期保水率欠佳。②纤维素型吸水树脂,是纤维素改性而得,吸水速率快但吸水率较低,易受细菌的分解而失去吸水性。③合成高聚物型吸水树脂,具有吸水量大,不易被生物降解等优点。主要有聚丙烯酸盐、聚丙烯腈、醋酸乙烯共聚物、改性聚乙烯醇等。高吸水性树脂的吸水原理与传统的吸水材料棉、麻等织物不同,它是利用分子中的极性基团,通过氢键或静电力及网络内外电解质的渗透压不同,将水以结合水的形式吸到树脂网络中。例如:聚丙烯酸钠分子中的羧基—$COONa^+$,在未吸水前,以离子键结合;接触水后,在电离平衡的作用下,水向着稀释离子浓度的方向移动,水被吸入网络中。

高吸水性树脂自开发以来已广泛用于农业、工业和日常生活中。在农业上用于土壤吸水保墒,工业上用于污泥固化剂、有机溶剂脱水剂、蓄热剂、蓄冷剂等,日常生活中用于餐巾、卫生巾、纸尿裤等。

5.4.6 复合材料

复合材料(composite material)是由两种或两种以上物理和化学性质不同的物质组合

而成的一种多相固体材料。一相为连续相，称为基体，另一相为分散相，称为增强材料。将两相通过缠绕、压制、混合、沉淀等方法组合在一起，取长补短、协同作用形成新材料，既保留了组成材料各自的优点，又得到了单一材料无法比拟的优异的综合性能。基体的作用是将高强度的增强材料固结在一起，保持一定的方向和间隙，成为整体材料，起传递应力的作用。基体材料通常有金属、陶瓷、水泥、塑料、橡胶等。增强材料具有较高的强度，以独立的形态分布在整个基体中，起承受应力的作用，常在各种物质中以颗粒、纤维、晶须和板状薄片等形式存在。常见的复合材料有金属基复合材料、陶瓷基复合材料、水泥基复合材料、高聚物基复合材料等。

（1）金属基复合材料

金属基复合材料是以金属为基体，并以高强度的增强体复合制得的材料。基体常用铝、镍、钛等金属或合金，增强体常用高性能 C、SiC、Al_2O_3 纤维或晶须。金属基复合材料与传统的金属材料相比，它具有较高的比强度和刚度；与树脂基复合材料相比，它具有优良的导电性和耐热性；与陶瓷材料相比，它又具有高韧性和高冲击性。金属基复合材料具有优异的力学性能、良好的导电性、耐高温性和尺寸稳定性，在航空航天、机械、汽车、电子等方面都有所应用。

（2）陶瓷基复合材料

陶瓷基复合材料是以陶瓷为基体，以各种物质的纤维、金属丝为增强体的复合材料。陶瓷的优点很多，耐高温、耐腐蚀、耐磨，但比较脆。用碳纤维、硼纤维及 SiC、Al_2O_3 纤维为增强材料制成的陶瓷复合材料，具有无可比拟的强度模量及耐高温、耐磨、耐腐蚀性能。用此材料制成的航天飞机外壳上的绝热瓦、导弹的头锥、火箭喷管等，效果非常好。

（3）水泥基复合材料

水泥基复合材料是指以水泥为基体与其他材料组合而得到的具有新性能的材料。水泥浆有很好的可塑性和匹配性，可与无机、有机等物质混合，制成各种水泥基复合材料，在水泥中加入砂、石子等构成混凝土，与钢筋有良好的黏结力，广泛应用于各种工程。在水泥中加入各种纤维材料，可明显提高水泥的抗弯强度和韧性，改善水泥的抗裂性和抗冲击能力。若在水泥混凝土中加入一定量的高聚物，制成高聚物改性水泥混凝土，可改善混凝土的韧性、抗侵蚀性和耐磨性，而且这种混凝土具有很好的黏合性，特别适合破损水泥混凝土的修补工程。

（4）高聚物基复合材料

高聚物基复合材料是以高聚物为基体，以纤维为增强剂的复合材料。

① 玻璃纤维增强复合材料　是以高聚物为基体，玻璃纤维为增强材料制成的一类复合材料。用玻璃纤维增强热固性树脂得到的复合材料一般称为玻璃钢（glass fibre reinforced plastic）。常用的热固性树脂有环氧树脂、酚醛树脂、聚酯树脂等。玻璃钢的主要特点是质轻、比强度高，具有良好的绝缘性、耐腐蚀性、耐磁性，还有保温、隔热、隔声、减震等优点，广泛应用于制造仪表外壳，船体外壳、耐腐蚀、耐压容器及管道。玻璃纤维增强热塑性塑料的最大优点是相对密度很小，比强度高。常用的热塑性树脂主要有聚丙烯、低压聚乙烯、聚酰胺、ABS、聚碳酸酯等。基体的性质不同，复合材料的用途也有所不同。例如玻璃纤维聚酰胺材料改善了聚酰胺吸水率大、尺寸性不好的缺点，强度高，耐磨性好，常用来替代金属制造轴承、齿轮等。

② 碳纤维增强复合材料　是指以高聚物为基体，以碳纤维为增强材料的复合材料。基体材料以环氧树脂、酚醛树脂和聚四氟乙烯最多。

碳纤维作为一种新型高性能纤维增强材料，具有质轻、耐热、热导率高、抗冲击性好、强度高等特点。碳纤维还具有耐疲劳强度的特点,在与树脂结合制成碳纤维增强塑料(CFRP)后,经过上百万次的疲劳测试之后,其强度值仍然能维持在60%左右。

碳纤维的化学稳定性异常优异,耐酸、耐碱、耐腐蚀,还具备较好的防水性,不溶不胀,相比较金属材料而言,不会发生腐蚀生锈的问题,因而应用范围极为广泛。在日常用品中,比如自行车、棒球棒、滑雪板、赛车、碳纤维床垫以及太阳能热水器中的集热管等;在工业领域中,如汽车、飞机、坦克等;在航空领域,碳纤维复合材料的主要用途是飞机制造。在军用飞机方面,碳纤维复合材料广泛应用于重要结构件的制造;在民用飞机方面,复合材料的用量已经高达整机质量的一半。以美国波音公司为例,相比于复合材料用量为12%的波音777,波音787的复合材料用量高达50%。并且,波音787的机身段是一个由碳纤维复合材料制作的整体。与之相应的空客A350复合材料用量同样高达52%。而后续的窄体机,复合材料的用量将达到60%~70%。

在航天飞行器上,碳纤维复合材料已被应用于卫星、运载火箭、精密支撑构件、空间光学镜体等的制造。如卫星领域中,卫星本体、卫星太阳电池阵、天线等结构的制造;运载火箭领域中,发动机壳体、整流罩等的制造;精密支撑构件领域中,光学元件安装平台的制造;光学镜体中,高精度镜面的制造等。在车辆制造方面,乘用汽车的轮毂、底盘、传动轴、车身的制造。瑞士Schindler、法国TGV、日本N700、韩国TTX等列车的车体,德国联邦铁路MBB、日本川崎重工的转向架,以及青岛四方集团研制的标准动车组设备舱、某型列车的车头罩均采用了碳纤维复合材料。

此外,碳纤维复合材料在体育器具、医疗器械、建筑器材、船舶和声呐、风力发电机的叶片、油气管道等制造领域也得到了广泛应用。总之,随着低成本CFRP的发展以及日渐增长的市场需求,其在未来的应用会愈发广泛。

碳纤维被人们誉为"黑色黄金",有着巨大的市场应用前景。其中,在复合材料领域前景最广的是碳纳米管(CNTs)。

碳纳米管(CNTs)可以看作由石墨烯片(单层石墨片层)卷曲成具有连续表面的圆柱形中空管。CNTs呈中空管状结构,特点是长径比高,同时碳管的质量高,缺陷少,组成CNTs基本结构单元的石墨片层中的C—C键属于sp^2杂化,从而赋予了CNTs优异的力学、热学、电学、光学和储氢性能,在未来将有巨大的市场发展潜力。

(5)超材料

超材料是指具有一些人工设计结构并呈现出天然材料所不具备的超常物理特性的人工复合材料,广义的超材料包括光子晶体、左手材料、超磁材料等。作为一种新颖的复合材料,超材料的奇异物理性能受到了人们的极大关注,人们逐步开始尝试利用超材料的优良性能来改善传统的电磁、光学器件的性能或是设计新的功能性器件。

2000年,Pendry通过理论研究证实,采用左手超材料制成的平板透镜能够突破衍射极限,实现完美成像。2001年,Lagarkov在金属柱体的表面涂覆左手超材料,并证实其可以作为天线的反射器,打破了只有凹面才能作为反射器的限制。2002年,Enoch等人将零折射率超材料应用到偶极子天线的设计之中,获得一种方向性系数高达372的天线,实现了高指向性辐射。2006年,在Pendry研究的基础上,Schurig等制作了隐形斗篷,并从实验上观测到微波段电磁隐身现象。2008年,Landy设计了一种超材料吸收器,实现了高达96%的电磁波能量吸收。这些研究成果极大地推动了超材料的应用与发展,为超材料的应用打下了坚实的基础。现有智能超材料的产业应用虽说多限于军事国防、部分公共设施等少数领域内,不过未来不会仅限于此,超材料产业会更具多样化,在国民经济相关领域得到大规模推广,应用广度和深度将不断拓展。

5.4.7 高分子材料的老化与防老化

高分子材料在加工、储存及使用过程中，受到光、热、氧、微生物及机械力等环境因素的影响，其物理化学性质及力学性能发生的不可逆变坏现象称为高分子材料的老化。

(1) 老化的原因

高分子材料的老化就像岩石风化、生命衰亡一样，是事物发展变化的一般规律。老化使高分子材料表面泛黄、变硬、变脆、变软、发黏、龟裂变形、物理性能变差、力学性能下降、电绝缘性发生改变，影响高分子材料的正常使用。

老化的原因主要来自两个方面，一个是聚合物本身的因素，另一个是外部的环境因素。聚合物结构中的极性键、活泼基团以及微量杂质、未反应的单体等，在外界力、热、光、氧的作用下，容易发生降解和交联化学反应，使高分子材料老化。降解反应是大分子链断裂成小分子的反应，常使高聚物失去弹性，变软、发黏；光和热的作用，会使分子中出现自由基，再受空气中氧气（或臭氧）作用，从而引起降解反应。交联反应是聚合物在受光、热等作用下，分子链相互连接形成体型结构的反应。交联反应使高聚物变硬、变脆。在老化的过程中，交联降解反应往往同时发生，只是以哪一类反应为主而已。譬如老化了的乳胶管，往往是外面变脆，里面发黏。除此之外，高分子材料在加工时，受机械力的作用高分子链断裂而产生自由基，这种大分子自由基可以与其他大分子作用发生交联，也可以与小分子作用从而使分子量下降，这种降解反应，称为机械降解。例如，橡胶在冶炼过程中产生的自由基，使橡胶的分子量下降。还有一些聚合物化学稳定性较差，容易在化学试剂的作用下发生降解反应。

(2) 高分子材料老化的防护方法

高分子材料的老化过程是不可逆的，完全阻止高分子材料的老化是不可能的，只能采取一些措施延缓高分子材料的老化，延长使用寿命，这种措施称为防老化措施。主要有以下几种方法。

① 改变聚合工艺条件或引进稳定基团，改变高分子材料的性能。如采用高纯度单体，改进聚合工艺，减少大分子的支链和不饱和结构，改进后处理工艺，减少高聚物中残留的催化剂。又如采用含有抗氧剂的乙烯单体进行共聚改性，提高其抗老化性能。

② 在高分子材料表面涂保护层。如在塑料表面上喷涂金属层，既美观又可防止塑料老化。

③ 在高分子材料中添加各种防老剂。这是一种简单、有效，而且效果显著的主要防老化措施，加入时间可灵活掌握，在聚合反应时或聚合反应的后处理中，在半成品或成品时加入都可以。通常防老剂的用量控制在 0.1%～1% 的范围。根据防老剂的作用机理和功能，可以分为抗氧剂、光稳定剂、热稳定剂等。

抗氧剂是能延缓或抑制聚合物氧化过程的物质。抗氧剂也称自由基吸收剂，能捕获新产生的自由基，来终止高聚物的氧化反应。抗氧剂按分子结构可分为胺类、酚类、硫代酯类、亚磷酸酯类和复配抗氧剂。

光稳定剂是抑制和延缓聚合物光氧化和光老化过程的试剂，根据作用机理不同，可分为紫外线吸收剂、能量转移剂和光屏蔽剂等。紫外线吸收剂，能吸收对聚合物敏感的紫外线，将能量转变为无害的热能形式放出，保护高分子链不受破坏。常用的紫外线吸收剂有水杨酸酯类、二苯甲酮类、丙烯腈衍生物类化合物等。它们无毒、价廉，能有效地吸收波长为 290～410 nm 的紫外线，本身还具有较好的热、光稳定性，与高分子的相溶性好。能量转移剂，可以将聚合物中发色团所吸收的能量以热量、荧光或磷光的形式发散出去，即能转移高分子材料受光激发后的激发能，又称猝灭剂。例如：3,5-二叔丁基-4-羟苄基磷酸单乙酯镍、二丁基二硫代氨基甲酸镍就是常用的有机镍光稳定剂,它们是有机镍配合物,能通过共振转移能量而起光稳定作用。近年来,有机镍光稳定剂因重金属离子的毒性问题,有可能被其他无毒或低毒的能量转移剂所取代。光屏蔽剂,能阻挡光的直接照射,使光不能透入高聚物内部,好似在聚合物和光源之间设置了一道屏障,从而起到保护高分子材料的作用。常用的光屏蔽剂有炭黑、氧化锌和氧化钛等一些无机颜料。如在橡胶配料中加入炭黑,可阻止或减少紫外线的透入,防止橡胶老化,同时对橡胶又有补强作用。

热稳定剂是防止聚合物在加工或使用过程中受热发生降解或交联反应的一种助剂。如聚氯乙烯在成型加工时,加工温度和其热分解温度很相近,易热降解放出氯化氢,又进一步催化聚氯乙烯的热分解作用,所以在加工聚氯乙烯时需要加入热稳定剂。但并不是所有的聚合物都需要添加热稳定剂,常用的热稳定剂有铅盐、金属皂类、有机锡类、复合热稳定剂等。

总之,高分子材料老化和防老化的研究是高分子材料科学的一个重要问题,在选择单体、改进工艺、涂保护层、添加防老剂等方面,虽然取得了一定的成绩,但仍需进行更深入的研究。

习题

1. 什么是材料?举出几例并指出其成分和结构特征?
2. 水泥分为哪几类?其主要成分是什么?
3. 钢铁是如何分类的?
4. 什么是合金?钢铁是不是合金?特种合金指哪些?
5. 玻璃材料的结构特征是什么?
6. 写出普通硅酸盐水泥的主要技术要求。
7. 写出 5 种主要无机非金属功能材料,并指出其主要用途。
8. 高分子化合物有哪些主要特点?高分子化合物的制备方法有哪些?
9. 什么是玻璃化转变温度?高分子化合物在玻璃态和黏流态时各具有哪些特性?用作塑料的高分子化合物的玻璃化转变温度和室温有什么关系?
10. 何谓功能高分子材料?在性能上与典型高分子材料有什么不同?
11. 简述阴离子交换树脂、阳离子交换树脂的结构和作用。
12. 什么是复合材料?复合材料有哪些类型?为什么它是一种发展极快的材料?
13. 什么是碳纤维材料?碳纤维材料的应用有哪些?
14. 什么是超材料?超材料有哪些应用?
15. 什么是高分子材料的老化?高分子材料老化的原因是什么?主要防护措施有哪些?

第 6 章　化学与能源

6.1　能源概述

能源是人类生存和发展的重要物质基础，是实现国家战略目标的基础支撑，能源消费水平是一个国家经济技术发展水平的重要标志。随着科技的发展，能源的消耗正以惊人的速度增加，能源的供需矛盾日趋尖锐。20世纪70年代的石油危机向人们敲响了警钟，如何利用现有能源、开发新能源是目前人们必须面对的重大问题。化学以其学科特点在能源的开发、研究与利用中起着重要的作用。例如煤的燃烧及其洁净技术的研发，石油的开采与石油制品的应用，核能的控制及利用，氢能源和太阳能的使用，生物能源的开发等，能源利用的各个环节都和化学密切相关。

6.1.1　能源的分类

每一种新能源的出现和能源技术的重大突破，都给世界带来经济飞跃和产业革命，推动着社会的极大进步，能源结构、能源政策、能源储备更是与人们日常生活息息相关。能源资源的分类方法很多，可以按照能源的形成和来源、使用特征、使用程度、使用性质、对环境的污染等进行分类。

按形成和来源，通常可将能源分为三大类：第一类是来自地球以外天体的能量，最主要的是太阳辐射能，称为太阳能。煤炭、石油、天然气是古代生物的沉积物，所含有的能量是经过植物光合作用转化而来的，称为化石能源。风、流水、海流中所含的能量也来自太阳能，草木燃料、沼气以及其他由光合作用而形成的能源都属于第一类能源。第二类是地球本身蕴藏的能量，如海洋和地壳中储存的各种核燃料原子能以及地球内部的热能（地震、火山活动、地下热水以及热岩层等）。第三类是由于地球受其他天体如太阳、月球影响下产生的能量，如潮汐能。

如果按使用特征，把自然界中可直接利用的天然能源称为一次能源，如煤炭、石油、天然气等化石燃料，以及核能、地热、水能等属于一次能源；把一次能源经过加工转换成另一种形式的能源称为二次能源，如用煤、石油发电得到的电能就属于二次能源，从石油中获得的汽油、柴油、甲烷等也属于二次能源。

如果按循环利用的方式，能源可分为再生能源和非再生能源。再生能源有太阳能、生物质能、氢能、风能、潮汐能、地热能等，指可供人们重复利用的能源，如煤、石油、天然气用完之后是不能再生的，属于非再生能源。

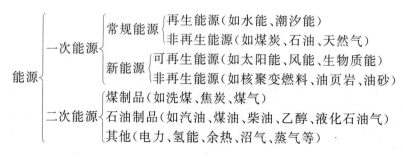

按能源使用的成熟程度，可将能源分为常规能源和新能源。常规能源指人类已经长期广泛使用，技术上比较成熟的能源，如煤炭、石油、天然气等；新能源是指以新技术和新材料为基础，经过开发和利用，可以替代不可再生的、对环境污染的化石能源的，取之不尽的可再生能源，如太阳能、风能、生物质能、地热能等。

6.1.2 能源中的能量转化

人类在认识能源之前就开始利用能量了，我国古代很早就使用水力舂米，现在人们多用水力来发电，产生电能。利用能源的过程，离不开能量转换和传递过程，人们利用河流的水力带动水轮机，将水产生的势能转变成机械能以节省人力。将煤、石油、天然气进行燃烧，可以把化学能转换为热能，除了供给人类使用，更多地转化为电能或机械能。电能转换为机械能，在工厂里就能将产品进行长距离的输送，这种能量转换还广泛地用在农业或其他行业。

能量有许多形式，如机械能、电能、化学能、原子能和生物质能等，各种不同形式的能量可以相互转化，如热发电机可以将热能转化为电能，内燃机可以将热能转变为机械能，原电池可以将化学能转变为电能。不同形式的能量转化服从能量守恒定律，能量的转化利用率不可能达到100%，例如火力发电或原子能发电的效率只有30%~40%，其余的能量就以热的形式散失了，提高能量的转化利用率也是人们需要考虑研究的问题。

对于化学变化中的能量而言，往往是通过化学反应实现能量转换，主要利用热化学反应、光化学反应（光合作用）、电化学反应（电池反应、电解反应）和生物化学反应（物质发酵）等实现能量的转换。

6.1.3 能源利用的发展史

能源的利用伴随着人类文明进步的始终。在我国距今170万年以前的云南元谋人遗址中发掘了确定的人类最早的用火遗迹。在距今50万年以前的"北京人"居住的岩洞里许多位置都找到了"灰烬层"，在"灰烬层"中，草木灰中夹杂着木炭、石头和兽骨，这说明"北京人"已在有意识地用火。火的使用使人类可烹煮食物和取暖，后来人们逐渐学会将畜力、风力、水力等自然动力和能源控制利用，大幅度增加了支配环境的能力。这种初级形式的能源利用一直持续到19世纪中期，在1860年的世界能源消费结构中，薪柴和农作物秸秆仍占能源消费总量的73.8%。

到17世纪中叶，随着煤炭生产和使用技术日趋成熟，人类能源消费逐步由煤炭代替木炭。18世纪下半叶，蒸汽机的发明，使煤炭一跃成为第二代主体能源，并开创了18世纪的工业文明。同时纺织、冶金、采矿、机械加工等工业迅速发展。蒸汽机车、轮船的出现，使交通运输业得到巨大进步。据统计，从1860年到1920年，煤炭在世界一次能源消费结构中所占的比例由24%上升到62%。随着煤炭取代薪柴成为主要能源，世界能源开发利用发生了第一次大转变，世界进入了煤炭时代。

19世纪末，以汽油和柴油为燃料的内燃机的发明和应用，使石油化工得到快速发展。福特研制成功了第一辆汽车，之后，汽车、飞机、轮船、石油发电等的应用，人类开启了现代文明时代的篇章。1965年，在世界能源消费结构中，石油首次超过煤炭居首位，成为第三代主体能源。随后石油的比例逐年增加，到1979年，石油所占的比例达到54%，相当于煤炭的3倍。天然气作为能源是指天然蕴藏于地层中的烃类和非烃类气体的混合物。一般是一些低级烷烃的混合物，同时含有非烃气体，主要成分是甲烷，并有少量的乙烷和丙烷。天然气是一种优质能源，已起到越来越重要的作用。石油、煤、天然气共同构成了化石燃料能源，成为人类现代社会生活中不可或缺的一部分。然而化石燃料的开采和利用，对人类赖以生存的环境造成了严重破坏,其影响也是我们人类不可以忽视的。例如在煤炭的开采过程中对环境影响很大,开采煤炭时不仅会毁坏农田,对地下水造成严重污染,同时释放的甲烷等气体以及粉尘对大气环境造成不同程度的污染。众所周知,化石燃料的利用过程中,会向大气中释放二氧化碳,致使二氧化碳浓度增大,产生"温室效应"。"温室效应"会带来全球气候变暖、冰川融化、海平面上升、生物种类灭绝等问题,目前"温室效应"已是全球科学家亟待解决的重大环境问题。化石燃料使用过程会产生硫氧化物和氮氧化物,这些酸性气体在大气中经过复杂的化学反应,形成的"酸雨",危害农田、腐蚀建筑物和古迹,对环境造成很大的影响。

1972年6月,联合国在瑞典召开第一次"人类与环境会议",通过了著名的《人类环境宣言》,提出"只有一个地球"的口号。电能作为二次能源,自19世纪80年代开始应用后,越来越多的生产技术以及人民生活,逐步转移到以电能为依托技术开发上,并极大地推动了社会生产力的发展,改变了人类的生活方式。电能使用过程中对环境不产生污染,更容易从多种途径获得,例如可以进行火力发电、水力发电、核能发电、太阳能发电及其他各种新能源发电等。电能便于转换为其他形式的能量,以满足社会生产和生活的需要,例如电能可以转化成机械动力、热能、化学能、光能等。与其他能源相比,电能在生产、传送、使用中更容易调控。电能这些优点,使之成为理想的二次能源,受到人们格外青睐。

随着全球各国对环境保护的重视和可持续发展概念的提出,第三次能源转变成以可持续发展为主题。科学技术的进步,信息、生物和新材料技术等新技术革命为新能源技术创造了机遇和条件,使氢能、太阳能、核能、风能、生物质能等多种形式的能源正在成为代替化石燃料的新能源,为了保证新能源的应用目前世界正处于一场新能源技术的革命之中。

6.2 常规能源

6.2.1 煤

煤炭简称煤,是一种重要能源,常被誉为"黑色金子"。20世纪50年代以来,世界上工业发达国家大量使用石油、天然气以后,煤在能源消费总量的比例才逐渐降低,但是仍占30%以上。我国煤炭资源丰富,储量为1.5×10^{12}吨,排世界第三位。

6.2.1.1 煤的能源特点

煤和石油是两种非常重要的化石燃料能源,作为能源,煤炭和石油相比各有优劣,煤炭具有两大优点:①分布广,储量大,据统计全世界煤炭的探明储量是石油的20多倍;②开发和利用的技术难度不大,基于此世界许多国家都很重视煤炭资源的开发利用。但是煤也有不如石油的地方:①煤炭的发热量和燃烧效率不如石油高,另外在输送和使用方面不如石油方便;②开采时粉尘和燃烧后灰渣较多,给环境造成严重的污染。

6.2.1.2 煤的形成和分布

煤是远古植物的枝叶和根茎,埋在地层下,长期与空气隔绝,并在高温高压下,经过一系列复杂的物理化学变化等因素,产生的碳化化石矿物。

一般认为煤的形成过程包括以下阶段:在地表常温、常压下,由堆积在停滞水体中的植物遗体经泥炭化作用或腐泥化作用,转变成泥炭或腐泥;泥炭或腐泥被埋藏后,由于盆地基底下降而沉至地下深部,经成岩作用而转变成褐煤;当温度和压力逐渐增高,再经变质作用转变成烟煤至无烟煤。泥炭化作用是指高等植物遗体在沼泽中堆积经生物化学变化转变成泥炭的过程。腐泥化作用是指低等生物遗体在沼泽中经生物化学变化转变成腐泥的过程。因此根据煤化程度的不同，煤可分为泥煤、褐煤、烟煤和无烟煤四种。

地球上煤炭的分布不均匀，主要煤带分布在北半球的亚洲和欧洲，一条煤带从我国的华北向西，经新疆，横贯中亚和欧洲大陆，直到英国。另一条煤带在北美洲的美国和加拿大，南半球主要煤带分布在澳大利亚和南非境内。我国煤炭资源丰富，主要分布在山西、内蒙古、陕西、河南、山东、河北一带，安徽和江苏两省北部及新疆、贵州、云南、黑龙江等省（区）也不少，但在我国东南沿海各省煤炭资源较少。山西省是我国最重要的煤炭基地，煤的探明储量占全国煤炭明储量的1/3，每年从山西省运出大量的煤炭支援外省经济建设。为了方便同时在煤矿附近还建立发电厂、电站，将煤炭转换成电能输送出去，以减轻煤炭运输的压力。

6.2.1.3 煤的分类和组成

根据 GB/T 5751—2009《中国煤炭分类》，我国煤炭分为十四大类，一般将贫煤、贫瘦煤、瘦煤、焦煤、肥煤、气煤、弱黏煤、不黏煤、长焰煤等统称为烟煤；挥发分大于40%的称为褐煤；用于制造煤气或直接用作燃料称为无烟煤。无烟煤挥发分含量低，一般小于10%，含碳质量分数可高达0.95，发热量高。烟煤挥发分含量高，变化范围较大，一般为10%~45%，炭化程度低于无烟煤，发热量也较高，由于其表面呈乌黑色，质地松软易结焦，供炼焦用，又称炼焦煤，还可用于配煤、动力锅炉和气化工业。褐煤挥发分含量较高，一般为40%~50%，呈褐色，质脆易风化，一般用于气化、液化工业、动力锅炉等。另外，还有炭化程度更低的，在结构上还有植物遗体痕迹，质地松软且具有较强的吸水性，一般含水分可达40%以上，工业利用价值不大，只能用作锅炉燃料和气化燃料。

煤以有机物为主并含有无机物，为混合物。无机物主要是 Ca、Al、Mg、Fe 的硫酸盐、碳酸盐及 Na、K、Mg、Al、Cu 的硅酸盐、氧化物、硫化物等。煤炭是由 C、H、O、N、S 等化学元素组成的有机物，其中有机物种类众多，各元素平均组成为：85.0%C，5.0%H，7.6%O，0.7%N，1.7%S。一般煤的化学成分用 $C_{135}H_{96}O_9NS$ 表示，人们对煤的化学结构已推断有几十种模型，目前公认的模型如图6-1。

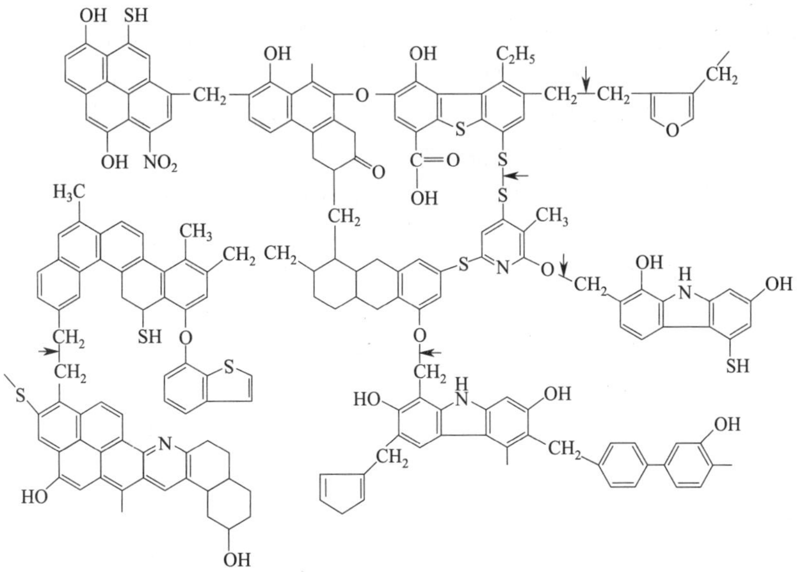

图 6-1 煤的结构模型

6.2.1.4 煤的利用

煤是人类重要的能源之一，在我国的能源消费结构中居首位。我国煤炭应用主要在发电用煤（30%）、蒸汽机车用煤（2%）、建材用煤（10%）、一般工业锅炉用煤（30%）、生活用煤（20%）、冶金用动力煤（1%）。大量的工业和生活用煤，如果将煤直接燃烧，其利用价值不足一半，而且煤炭在燃烧过程中硫变成了二氧化硫，氮变成一氧化氮、二氧化氮等氧化物，释放到大气中污染环境，另外煤炭的运输、煤渣的处理也都是困扰人们的问题。如何将煤转化为清洁能源，使煤炭资源得以有效地利用，已成为国际社会普遍关注的一个热点。目前具有实用价值的方法是将煤进行气化、液化和焦化。

（1）煤的气化

煤的气化是指煤在氧气不足的情况下进行部分氧化，使煤中的有机物最大程度地转化为可燃性气体的过程。将固体的煤气化制成气体燃料，应用煤的气化技术不仅提高煤的利用率，而且减少对环境的污染。煤气化过程中的主要化学反应见表6-1。

表 6-1 煤气化的化学反应

化学反应	燃值/kJ·mol^{-1}	反应情况
$C(s)+O_2(g)=CO_2(g)$	−393.5	完全氧化
$2C(s)+O_2(g)=2CO(g)$	−110.5	不完全氧化
$C(s)+CO_2(g)=2CO(g)$	+172.5	还原
$C(s)+H_2O(g)=CO(g)+H_2(g)$	+131.3	产生水煤气
$C(s)+2H_2(g)=CH_4(g)$	−75	产生甲烷
$2CO(g)+2H_2(g)=CH_4(g)+CO_2(g)$	−247.5	产生甲烷
$CO_2(g)+4H_2(g)=CH_4(g)+2H_2O(g)$	−165	产生甲烷

由上述反应可以看出，在煤的气化过程中，进行的化学反应比较复杂，得到的产物是有机小分子，主要可燃气体是 H_2、CO、CH_4 等。经过煤的气化处理得到的可燃气体通过管道送到企业和居民家中，既方便又清洁，提高了煤的利用率又节约了运输成本，利国利民。

（2）煤的液化

煤的液化是将煤在高温、高压条件下进行热裂解或与其他物质作用，使煤中的有机高分子化合物转化成低分子化合物液体燃料、化工原料和产品的过程称为煤的液化，煤经过液化反应后得到的液化产物也叫人造石油。煤的液化分为直接液化和间接液化两种方式，由于煤的分子量比石油大约10倍，这种直接将煤加热加压条件下进行裂解反应得到烃类化合物的方法叫煤的直接液化，即煤炭在温度为450 ℃，压力为20 MPa下，直接加氢，使氢渗入煤的内部结构，将煤中的高分子化合物的环状结构分解打开，生成含氢量较多的烷烃、环烷烃和芳烃等混合物，将这些化合物称为液化油，精制液化油，可以得到汽油、柴油等化工产品。煤的直接液化具有热效率高，液体产品收率高的优点，但对煤的品种要求较为严格。煤的间接液化是先将煤气化为 CO 和 H_2（称为合成气），然后在高压和适当催化剂存在下，将合成气转化为链状烷烃、烯烃、醇及其他化学品的过程。具体过程是在加压和 150～300 ℃的条件下，以 Fe、Ni、C 为主催化剂，ThO_2、MgO 和 K_2O 为助催化剂，煤先分解成小分子气体 CO 和 H_2，然后再合成为分子量适当的液体燃料。主要反应如下：

己烷：$6CO(g)+13H_2(g)=C_6H_{14}(l)+6H_2O(g)$

丁烯：$8CO(g)+4H_2(g)=C_4H_8(l)+4CO_2(g)$

辛烷：$8CO(g)+17H_2(g)=C_8H_{18}(l)+8H_2O(g)$

与煤的直接液化产物相同，煤的间接液化可制得汽油、柴油和液化石油气，因为间接液化用 CO 和 H_2 为原料，故可以用任何廉价的碳资源，如高硫、高灰劣质煤，但缺点是投资成本高，总热效率低。除了煤的液化产品，将水煤气和氢气在 200 MPa 和 300～400 ℃，经过 $ZnO\text{-}Cr_2O_3$ 催化体系的反应可以得到甲醇：$CO+2H_2 \longrightarrow CH_3OH$。

甲醇是重要的化工原料，也是汽车燃料。煤炭是我国的重要资源，开展对煤炭的深入开发和综合利用等研究工作具有深远意义。

(3) 煤的焦化

煤的焦化又称煤的干馏，是把煤与空气隔绝加强热，将煤分解成固态的焦炭、液态的煤焦油和气态的煤气（焦炉气），主要产物如下：

$$煤 \xrightarrow{干馏} \begin{cases} 焦炉气（含 H_2、CO、CO_2、CH_4、C_2H_4、NH_3、H_2S、N_2、O_2 \text{ 等}）\\ 煤焦油 \begin{cases} 单环芳烃（如苯、甲苯、二甲苯、酚类等）\\ 稠环芳烃（如萘、蒽、菲等）\\ 沥青 \end{cases}\\ 焦炭：用于冶金、电极、电石、煤的气化（沥青）\end{cases}$$

根据加工温度的不同，干馏可分为低温干馏、中温干馏和高温干馏。低温干馏温度为 500～600 ℃，可以得到轻油和焦油，但干馏产生的焦炭数量和质量都较差。中温干馏的温度是 750～800 ℃，主要用于生产城市煤气。高温干馏的温度是 1000～1100 ℃，主要生产焦炭，焦炭是钢铁冶金和煤气化的重要原料，另外焦炭还可以生产化工原料。煤的干馏过程中产生的煤焦油是一种黑色黏稠性的油状液体，从煤焦油中得到的单环芳烃和稠环芳烃是重要的化工原料。而其中的沥青可以铺路，提取出来的有机物用于涂料、塑料和橡胶的生产。煤经过焦化加工后，不仅得到清洁燃料，其有效成分也得到了合理的利用。

6.2.2 石油

石油是一种黏稠的、深褐色液体，石油的成油机理普遍认为是地质时期低等生物大量沉积在湖泊或海洋中经过漫长复杂的地质作用富集起来的棕黑色黏稠液态混合物。石油中有很丰富化学成分，主要是各种烷烃环烷烃、芳香烃的混合物。未经处理的石油又称为原油。石油含有许多有机原料物质，石油常常用作燃油和许多化学工业产品。石油在国民经济中占有非常重要的地位，它是烃类的复杂混合物。人们往往以血液对人体的重要性来比喻石油与工业的关系，把石油称为"工业的血液"，石油还是重要的化工原料。

6.2.2.1 石油的能源特点

由于生产发展的需要，20 世纪 50 年代以来，我国也加快了石油开采。石油是一种黏稠的液体，是以碳氢化合物为主的混合物，比煤便于开采、运输、使用，发热量高，发热值约为 $4.8\times10^4 \text{kJ}\cdot\text{kg}^{-1}$。燃烧时基本上不产生灰料，属于无灰燃料，是高质量的能源。在燃烧过程中，产生的气体也会污染环境。石油经过提炼加工，可以得到四大类产品，用量最大的石油燃料、有机合成工业所用的重要基本原料和中间体、润滑油、沥青。石油同煤一样，是非再生的资源。按照 2017 年的产量水平，全球探明石油储量 1.6966 万亿桶，能够满足世界 50.2 年的产量。随着科技的发展人们对石油依赖的增加，石油的储存量越来越少，人们只能不断研发对石油勘探和开发利用的技术，才能提高石油的利用率以弥补。

6.2.2.2 石油的组成

从组成元素来分，石油主要是由碳（0.83～0.87）、氢（0.11～0.14）、氧、硫、氮以及极少量铁、镍、磷、硅等元素组成，不同产地的石油元素的含量略有变化。石油的化学组分主要是有机化合物，可以分为烃类和非烃类两大类。在石油中两者的含量往往因产地不同而相差很大，某些轻质石油中含烃类物质可达 0.90 以上，有些重质石油中烃类含量只有 0.50 左右。石油的烃类馏分又可分为气态烃、液态烃和固态烃。石油气态烃组成了石油气体，它是天然气和石油炼厂气的主要来源。天然气主要由甲烷及其低分子同系物组成,石油炼厂气除含有烷烃外,还含有烯烃、氢气、硫化氢、二氧化碳和一氧化碳等。

石油中的非烃类化合物成分如下。

① 含硫化合物　主要有硫（S）、硫化氢（H_2S）、硫醇（RSH）、硫醚（RSR）、环硫醚及二硫化醚、噻吩及其同系物等。硫化物对石油产品的使用及石油加工都有危害,特别是对金属设备的腐蚀尤为严重。

② 含氧化合物　主要有环烷酸、脂肪酸和酚类等酸性化合物；醛、酮类等中性化合物。酸性含氧化合物具有普通羧酸的性质,能腐蚀金属设备,在油品加工过程中需用碱洗法除去。

③ 含氮化合物及微量金属元素　石油中的氮化物大多是如吡啶、喹啉、异喹啉、吖啶及其同系物的碱性物质。也有少量的吡咯、吲哚、咔唑及其同系物的非碱性氮化物。石油中的金属元素主要是钒、镍、铁等。氮化物及微量金属元素对石油炼制及石油产品均有一定的危害作用。

④ 胶状及沥青状物质　石油非烃类化合物中,有很大一类物质是胶状、沥青状物质。胶状及沥青状物质是石油中结构最复杂,分子量最大的物质,这些胶状物给石油炼制造成了不便。

6.2.2.3　石油的分布

世界上的石油分布极不均匀,主要储油地区在中东（主要为波斯湾沿岸国家）、拉美（如委内瑞拉、墨西哥）、非洲（如利比亚、尼日利亚、阿尔及利亚、埃及）、俄罗斯、亚洲（如中国、印度尼西亚）、北美（如美国和加拿大）和西欧（如北海地区的挪威、英国）,其中中东储量占一半以上。此外,很多地区还没有发现石油资源。

我国现在探明的石油,陆地上主要在东北和华北,已开采的大庆、胜利、辽河、华北、中原等油田都是新中国成立后发现的大油田。我国石油资源的前景广阔,据现有资料,我国陆地上沉积盆地的面积占全国领土面积的44%。虽然在这些盆地上勘探工作做得还不够充分,但是现在已在全国许多省区找到100多处油气资源,建立了一批石油、天然气生产基地。目前在新疆塔里木盆地、吐鲁番-哈密盆地和准噶尔盆地正在进一步进行大规模勘探工作,这几个盆地的油气资源前景可观。塔里木盆地北部和中部已勘探出储量丰富的大油田,这里将建设成为我国西部新的石油基地。除了大陆油田以外,在我国邻近的海域内,还有100多万平方千米的沉积岩面积。像渤海、黄海南部、东海、珠江口、北部湾、莺歌海等海域都有大型沉积盆地。

6.2.2.4　石油的应用

从油田开采出来而未经加工的石油称为原油,它是复杂的多组分混合物。原油经过炼油设备加工后形成燃料油、润滑油、化工原料等。为了得到各种不同种类的石油产品,需要对石油进行多步炼制,其主要过程有蒸馏、裂化裂解、重整、精制等。

（1）常减压蒸馏

常压蒸馏和减压蒸馏习惯合称常减压蒸馏,原料油在蒸馏塔里按沸点范围不同蒸发分离出不同的石油油品（图6-2）。这一过程属于石油的一次加工,包括三个工序：原油的脱盐、脱水,常压蒸馏,减压蒸馏。

一般分馏先在常压下进行,可获得低沸点的馏分,然后在减压下获得高沸点馏分。每种馏分中还含有多种化合物,可以进一步进行分离加工。表6-2列出了石油常减压分馏的主要产品及用途。

第 6 章 化学与能源

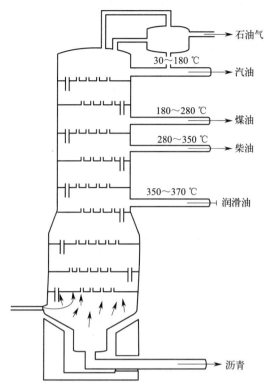

图 6-2 蒸馏塔的结构原理及不同产品的馏出部位

表 6-2 石油分馏主要产品及用途

分馏产品种类	温度范围/℃	产品名称	烃分子中所含碳原子数	主要用途
气体		石油气	$C_1 \sim C_4$	化工原料,气体燃料
轻油	30~180	溶剂油	$C_5 \sim C_6$	溶剂
		汽油	$C_6 \sim C_{10}$	汽车、飞机用液体燃料
	180~280	煤油	$C_{10} \sim C_{16}$	液体燃料,溶剂
	280~350	柴油	$C_{17} \sim C_{20}$	重型卡车,拖拉机,轮船用燃料,各种柴油机用燃料
重油	350~500	润滑油 凡士林	$C_{18} \sim C_{30}$	机械、纺织等工业用的各种润滑油,化妆品,医药业用的凡士林
		石蜡	$C_{20} \sim C_{30}$	蜡烛,肥皂
		沥青	$C_{30} \sim C_{40}$	建筑业,铺路
	>500	渣油	$>C_{40}$	做电极,金属铸造燃料

(2) 催化裂化裂解

石油裂化是在一定的条件下,将分子量较大、沸点较高的烃断裂为分子量较小、沸点较低烃类的过程。裂解是石油化工生产过程中,用比裂化更高的温度(700~800 ℃,有时高达 1000 ℃以上),使石油分馏产物中的长链烃断裂成乙烯、丙烯等短链烃的加工过程。石油加热蒸馏的方法得到的轻油只占原油的 1/4~1/3。我国原油成分中重油比例较大,社会对轻油的需求量极大,催化裂化就显得特别重要。经过催化裂化,不仅从重油中获得更多乙烯、丙烯、丁烯等化工原料,也能获得较多较好的汽油燃料。

(3) 催化重整

石油成分中的直链烷烃较多,带有支链的烷烃和芳香烃类重要化工原料较少,为了提高石油的利用价值，需要对石油进行"重新调整"。在一定的温度和压力下，汽油中的直链烃在催化剂作用下进行异构化反应，使其转化为带支链的烷烃异构体，这种带支链的烷烃（如异辛烷）能有效地提高汽油的抗爆性能，同时还可以得到一部分更为重要的芳香烃原料。

(4) 加氢精制

石油及石油产品中都含有少量的含硫和含氮化合物，在燃烧过程中会产生 NO_2 和 SO_2 等酸性氧化物而污染空气。在催化剂存在下，加氢气使油品中的硫、氧、氮等有害杂质转变为硫化氢、水、氨而除去，并使烯烃、二烯烃及芳烃部分氢化饱和，提高油品的质量。使用精制的油品，提高油品使用的安定性，延长发动机等设备的使用寿命，减少酸性氧化物对环境的污染。

6.2.3 天然气

(1) 天然气概述

天然气是自然界中存在的一类可燃性气体，存在于地下岩石储集层中以烃为主的混合气体的统称。天然气是一种低级烷烃的混合物，最主要组分为甲烷，还有少量的乙烷、丙烷等，极少的硫化氢、二氧化碳、氮和水汽、一氧化碳及微量的稀有气体。天然气是优质燃料和化工原料，也是一种化石燃料。天然气不含一氧化碳，一旦泄漏，立即向上扩散，不易积聚形成爆炸性气体，是一种安全的燃气。为助于泄漏检测和安全，天然气在送到最终用户之前，需要加入少量的硫醇、四氢噻吩等有气味的气体。

(2) 天然气的分布

早在公元前 221 年，我国就在四川省自流井气田钻成深约 100 米的天然气井。我国蕴藏着十分丰富的天然气资源。天然气资源量区域主要分布在我国的中西部盆地，还具有主要富集于华北地区非常规的煤层气远景资源。专家预测，资源总量可达 40～60 多万亿立方米，是一个天然气资源大国。

(3) 天然气的应用

天然气的主要用途是燃料，用天然气代替煤用于工厂的生产用锅炉以及热电厂燃气轮机锅炉，减少了环境污染。天然气还可以用于发电，从经济效益看，天然气发电的单位装机容量所需投资少，建设工期短，上网电价较低，具有较强的竞争力。天然气作为汽车燃料，具有单位热值高、排气污染小、供应可靠、价格低等优点，已成为世界车用清洁燃料的发展方向，天然气汽车已成为发展较快的新能源汽车。

天然气是制造氮肥的最佳原料，具有投资少、成本低、污染小等特点。天然气占氮肥生产原料的比重，世界平均为 80% 左右。天然气可以制造炭黑、化学产品和液化石油气，由天然气生产的丙烷、丁烷是现代工业的重要原料。

天然气无毒、易散发、相对密度小，不宜积聚成爆炸性气体，安全可靠。天然气与人工煤气相比，同比热值价格相当，但天然气清洁干净，能延长灶具的使用寿命，减少维修费用的支出。经济实惠的天然气成为重要的居民生活燃料，生产后并入管道输送到千家万户。随着人民生活水平的提高及环保意识的增强，大部分城市对天然气的需求明显增加。天然气作为民用燃料的经济效益也大于工业燃料。

6.3 新能源

化石燃料都是非再生能源，虽然经过了几亿年的形成过程，它们的储量却是有限的。20世纪中叶，人们已经预感到能源危机的到来，开展了大规模的新能源开发和利用。实现新能源的转换，是人类社会和科技进步的一个长期的任务。

6.3.1 氢能源

氢是世界上最丰富的一种元素，它可以从水中提取。氢气是可燃的，用氢气作燃料获得能量具有许多优点。因此人们很早就致力于氢能源的开发，目前已经取得了很大的进展。

6.3.1.1 氢能源的特点

（1）无污染

氢的燃烧产物是水，并释放大量的热能，对环境和人体无害，无腐蚀，所以氢能源是最清洁的能源。

（2）资源丰富

氢是地球上最丰富的元素。地球上的氢主要以化合物（如水）的形式存在，氢气可以通过水的分解制得，其燃烧产物又是水。因而氢能源的资源极为丰富，是取之不尽、用之不竭的，可永久循环使用。

（3）具有较高的燃烧热值

燃烧 1 g 氢相当于 3 g 汽油燃烧的热量，而且燃烧速度快，燃烧分布均匀，点火温度低。

6.3.1.2 氢能源的制备

（1）电解水法

通过电能使水分解产生氢气：

$$H_2O \xrightarrow{电解} H_2\uparrow + \frac{1}{2}O_2\uparrow$$

传统的电解水法很不经济，在大气压下产生 1 m³ 的 H_2 至少需要 4.3 kW·h 的电力。

（2）热分解水法

使用中间介质，在不高的温度下分步完成水的分解反应。在 730～1000 ℃时用钙、溴和汞等化合物作为中间介质，经过下面四步反应可使水分解产生氢气。

$$CaBr_2 + 2H_2O \xrightarrow{730\ ℃} Ca(OH)_2 + 2HBr$$

$$Hg + 2HBr \xrightarrow{280\ ℃} HgBr_2 + H_2\uparrow$$

$$HgBr_2 + Ca(OH)_2 \xrightarrow{200\ ℃} CaBr_2 + HgO + H_2O$$

$$HgO \longrightarrow Hg + \frac{1}{2}O_2\uparrow$$

总反应为

$$H_2O \xrightarrow{催化剂} H_2\uparrow + \frac{1}{2}O_2\uparrow$$

上述反应的中间介质不被消耗，可循环使用。在 200～650 ℃时，用 $FeCl_3$ 循环制氢也能获得较满意的结果。

（3）光分解水法

在催化剂的催化作用下，以太阳光为能源可分解水制氢。有人研究出以 Ce(Ⅳ)-Ce(Ⅲ) 系统催化剂催化分解水，其过程为

$$2Ce^{4+} + H_2O \xrightarrow{h\nu} 2Ce^{3+} + \frac{1}{2}O_2 + 2H^+$$

$$Ce^{3+} + H_2O \xrightarrow{h\nu} Ce^{4+} + \frac{1}{2}H_2 + OH^-$$

总反应为

$$H_2O \xrightarrow{h\nu, 催化剂} H_2 \uparrow + \frac{1}{2}O_2 \uparrow$$

(4) 催化重整法

将燃料和水蒸气混合，在高温、中压和 Ni 催化剂的作用下，发生重整反应，产生氢气。所用的燃料可以是甲烷、甲醇、乙醇等轻质碳氢燃料。以甲烷为例：

$$CH_4 + 2H_2O \xrightarrow{催化剂} CO_2 + 4H_2$$

这种方法制取氢气的最高能量效率（所产生的氢气的热值与制氢的能耗比）达到 65%～75%。目前，世界上大多数氢气都是通过这种方法制取的。催化重整占目前工业方法的 80%，其制氢产率为 70%～90%。

(5) 其他方法

① 光电分解水法　用半导体电极催化阳光电解水。其中研究较多的是 n 型氧化钛半导体，用它制成的电极，在阳光下能使水电解成为氢和氧。

② 生物质能法　利用天然产氢菌群从流动的含糖或植物污水中分解氢气，但都是在实验室中进行研究。如果产氢菌群的培育、产氢的设备和运行成本较低，产氢率较高，微生物制氢的确是很有发展前景的。

③ 等离子化学法　原料水以蒸汽的形态进入反应器，反应器保持高频放电，使 H_2O 分子的外层失去电子，而处于电离状态。被电场加速的离子彼此作用，因而被分解为 H_2 和 O_2。

6.3.1.3　氢能源的储存

氢能的利用需要解决三个问题：氢的制取、储运和应用，而氢能的储运则是氢能利用的瓶颈。氢在正常情况下以气态形式存在，密度最小且易燃、易爆、易扩散，这给储存和运输带来很大困难。高容量储氢系统是储氢材料研究中长期探索的目标，也是当前材料研究的一个热点项目。

6.3.2　太阳能

太阳能是由太阳中的氢气经过核聚变反应所产生的一种能源。在所有太阳表面释放的能量中，大约有 30% 反射到宇宙中，而剩下的 70% 则被地球吸收。太阳照射地球一小时所释放的能量，相当于世界一年总的消费量。所以，太阳能作为新能源潜力是巨大的。据科学家推测，太阳的寿命至少还有几十亿年，所以，太阳能对于人类来说可以算是一种无限的能量。而且太阳能中基本不含有害物质，也不排放二氧化碳，是一种极为理想的清洁能源。合理利用太阳能将为人类提供充足的能源。

太阳能的主要利用形式有光热转换、光电转换以及光化学转换三种方式。太阳能是最重要的基本能源，生物质能、风能、潮汐能、水能等均来自太阳能。

(1) 太阳能的光热转换

现代的太阳能科技将阳光聚合，运用其能量产生热水、蒸汽，并利用其发电。太阳能热利用的本质在于将太阳辐射能转化为热能。太阳集热器主要包括平板集热器和聚光集热器。

(2) 太阳能的光电转换

在光照条件下，半导体 p-n 结的两端产生电位差的现象称为光生伏特效应（photovoltaic effect）。光生伏特效应在固体、液体和气体中均可产生。光生伏特效应的实际应用就是太阳能电池。半导体太阳能电池按材料可分为硅太阳能电池、无机化合物半导体太阳能电池、敏化纳米晶太阳能电池、有机化合物太阳能电池和塑料太阳能电池等。

太阳能电池主要以半导体材料为基础,将光能转换成电能可以分为三个主要过程:
① 吸收一定能量的光子后,产生电子-空穴对(称为"光生载流子");
② 电性相反的光生载流子被半导体中 p-n 结所产生的静电场分离开;
③ 光生载流子被太阳能电池的两极所收集,并在外电路中产生电流,从而获得电能。

不论以何种材料来制作电池,对太阳能电池材料一般要求有:半导体材料的禁带不能太宽,要有较高的光电转换效率,材料本身对环境不造成污染,材料便于工业化生产且性能稳定。

硅基太阳能电池是最早发展起来的,并且是目前发展最成熟的太阳能电池。经过数十年的努力,单晶硅太阳能电池的效率已经超过了 25%,在航天中起着举足轻重的作用。但由于硅基太阳能电池工艺条件苛刻、制造成本过高,不利于广泛应用,在民用方面目前性价比还不能和传统能源相竞争。因此,各类新型太阳能电池应运而生。

1991 年,瑞士洛桑高等工业学院的格莱才尔教授领导的研究小组在《Nature》上报道了一种价格低廉的染料敏化纳米晶太阳能电池,在模拟太阳光的照射下,获得了 7.1% 的光电转换效率。虽然目前它的转换效率不如硅基太阳能电池高,稳定性也需进一步提高,但是它的制备工艺简单,原材料来源丰富,成本低廉,具有更好的市场前景及推广普及价值,从而引起了全世界的广泛关注,并迅速掀起研究热潮。经过近 20 年的努力,染料敏化太阳能电池的光电转换效率已经超过了 11%。

(3) 太阳能的光化学转换

光化学转换就是将太阳能转换为化学能,主要有两种方法:光合作用和光分解水制氢。只有太阳能制氢问题解决了,才能有真正意义上的氢能利用。随着光电化学及光伏技术和各种半导体电极实验技术的发展,太阳能制氢成为氢能产业的最佳选择。

进入 21 世纪以来,世界各国都十分重视太阳能技术的开发和利用。据预测,到 2050 年左右,太阳能将超过石油、天然气等其他常规能源的使用规模而成为新能源的典型代表,进而在人类的生产、生活和社会发展中扮演重要的角色。

6.3.3 核能

核能是原子核发生变化时释放出来的能量。1938 年,德国科学家发现了 ^{235}U 的核裂变现象,铀原子核裂变的同时释放出巨大的能量,这种能量来源于原子核内核子(质子和中子)的结合能,它恰好等于核裂变时的质量亏损。这一次发现不仅验证了 1905 年爱因斯坦在著名的相对论中列出的质量(m)和能量(E)相互转换的公式:$E=mc^2$(c 为光速),而且也使核能的利用走向现实。

6.3.3.1 核能的特征

核能作为一种新能源,具有煤炭、石油等能源不可匹敌的优点。首先,核燃料体积小、能量大,不会排放二氧化碳等温室气体,为其他能源所不及。1 kg 铀裂变产生的热量相当于 1 kg 标准煤燃烧后产生热量的 270 万倍。其次,核能的储量丰富,可保障长期利用。核能发电用的是核裂变能,主要燃料是铀。地球上有丰富的铀资源,相当于有机燃料储量的 20 倍。第三,在能量储存方面,核能比太阳能、风能等其他新能源容易储存。核燃料的储存占地面积不大,一般装在核船舶或核潜艇中,通常两年才换料一次。

在能源稀缺和全球变暖的双重压力下,各国都越来越重视核能。法国核发电量约占总电量的 80%,另外,核电每年帮法国减排约 3.6 亿吨温室气体。我国的核电研究起步于 20 世纪 70 年代,现已取得突破性进展。至 2023 年年底,我国大陆地区有 55 台运营的核电机组,26 台在建核电机组。

6.3.3.2 核能的获取方法

从原子核变化得到能量有两种方式：一种是核裂变，即某些重核分裂成较轻的核，是原子弹爆炸、核电站和核动力产生的基础；另一种是由轻核合并成较重的原子核，称为核聚变，是制造氢弹的基础。

(1) 核裂变

核裂变所用原料也称核燃料。可以作为核燃料的物质有钚（^{239}Pu），天然铀（含 0.7% 的 ^{235}U 和 99.3% 的 ^{238}U）和浓缩铀（^{235}U）。在天然铀中，^{238}U 的含量很高，但却难以核变，只有在快中子增殖堆中，^{238}U 受到中子轰击才可以转变为易裂变的 ^{239}Pu。现阶段最常用的是 ^{235}U 和 ^{239}Pu。因为它们都能在较低能量中子的作用下裂变成碎片，原子弹和核电站所使用的就是这两种同位素。

科学界首先发现的是 ^{235}U 的核裂变。^{235}U 被慢中子轰击时分裂成为质量相近的两个碎片，同时产生 2~4 个中子，并释放出能量。

$$^{235}_{92}U + ^{1}_{0}n(慢) \longrightarrow ^{90}_{38}Sr + ^{144}_{54}Xe + 2^{1}_{0}n \quad \Delta_r H^{\ominus}_m = -1.7 \times 10^{10} \text{ kJ} \cdot \text{mol}^{-1}$$

核裂变的产物组成很复杂，实质上它们的原子序数在 30(Zn)~65(Tb) 范围分布。^{235}U 裂变产生的中子还可以轰击别的 ^{235}U 核，诱发新的裂变反应，从而导致更多的中子产生，再引起更多的 ^{235}U 核裂变，这种裂变反应称为链式反应。在此过程中，每克参加反应的 ^{235}U 可放出约 8×10^7 kJ 的能量。如果这种链反应不加控制地进行，在极短的时间内大量的 ^{235}U 核裂变并放出巨大能量，这就是原子弹爆炸。如果能控制这种链反应的进行（如在反应堆内），就可以根据需要利用裂变能（图 6-3）。

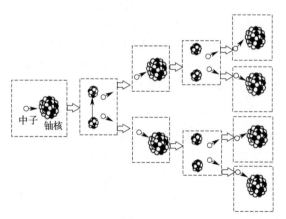

图 6-3 中子诱发 ^{235}U 裂变形成的链式反应

(2) 核聚变

核聚变是使很轻的原子核在异常高的温度下合并成较重的原子核的反应。这种反应进行时放出更大的能量。以氘与氚核的聚变反应为例：

$$^{2}_{1}H + ^{3}_{1}H \longrightarrow ^{4}_{2}He + ^{1}_{0}n$$

该反应需在几千万摄氏度的温度下才能进行，所以核聚变反应也称为热核反应。上述核聚变反应所释放出的能量按爱因斯坦公式的计算值为 $\Delta E = -1.698 \times 10^9$ kJ·mol^{-1}。1 g 氘（或氚）核经核聚变所产生的能量比 1 g 铀经核裂变所产生的能量大得多。

核聚变反应所需的氘可以从重水中取得，而普通水中有 0.015%（按质量分数计）的重水。海洋中水的总量为 1.3×10^{24} kg，即海水中含重水近 2×10^{20} kg。它将成为以核聚变反应为动力的丰富的潜在资源。按目前全世界每年对能量的需求计算，仅利用海洋中的氘进行核聚变提供的能量，即可足够供人类使用10000亿年。

6.3.3.3 核能的应用

目前已实现的人工热核反应是氢弹爆炸，它能产生剧烈而不可控制的聚变反应。如果热核反应能够加以控制，人类将能利用海水中的重氢获得无限丰富的能源。为使核聚变能量的利用成为现实，必须解决两个关键的技术问题：一是使反应系统有足够高的温度，并能维持足够长的时间；二是能人为地控制核聚变反应进行的速率（否则会像氢弹那样爆炸）。目前已出现解决这两个问题的办法。据报道，包括我国在内的少数几个国家已在室温下取得核聚变的实验室成果。根据我国核聚变发展路线规划，将在2050年前后建成聚变商用电站，让聚变能源点亮万家灯火。

核电站是利用原子核裂变反应放出的巨大能量来发电的（见图6-4）。核电站的中心是由核燃料和控制棒组成的反应堆，其关键设计是在核燃料中插入一定量的控制棒，用来吸收中子。控制棒可由硼（B）、镉（Cd）、铪（Hf）等材料制成，利用它们吸收中子的特性来控制链式反应进行的程度。铀235裂变时所释放的能量可将循环水加热至300℃，所得的高温水蒸气用来推动发电机发电。由此可见，核电生产过程中没有废气和煤灰，建设投资虽高，但运行时无需繁重的燃料运输工作，因此核电属于绿色无污染新型能源。发展核电站被国际上

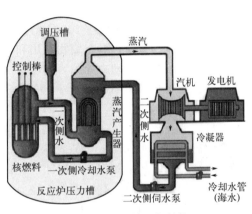

图6-4　核电站运行结构

认为是解决电力缺口的重要选择。但有两个问题必须引起高度重视：一是电站的运行安全，二是核废料的处理。

反应堆安全运行有三道防护屏障：第一道屏障是燃料包壳。将核燃料制成块状，叠放在锆合金管中，把管子封起来，组成燃料棒，锆合金能把核裂变产生的放射性物质密封住。第二道屏障是压力壳。压力壳内除燃料棒外还有控制棒和冷却剂。控制棒是镉棒或硼棒、铪棒，它们可以吸收中子，以控制链反应进行的程度。冷却剂通常是水或重水。燃料包壳密封万一破坏，放射性物质泄漏到冷却剂中，但仍在密封的回路系统中，即仍在压力壳内。第三道屏障称为安全壳，这是一个内衬厚钢板、壁厚1m的庞大钢筋混凝土建筑物。它不仅能阻止放射性物质外逸，而且能承受龙卷风、地震等自然灾害。

核电站在运行过程中不可避免地排出一定量的气体、液体和固体放射性废物，对环境存在着放射性污染的可能性，必须进行回收或处理。废气是经过活性炭吸附、过滤器过滤后，经高达百米以上的烟囱排放，且排放口设置有能自动报警的放射性监测器。核电站排放水量是巨大的。其中的洗涤水通过监测分析达标后向江河海洋排放；工业废水经过蒸汽浓缩或离子交换法处理，监测合格可向海洋排放，而浓缩残留物质经固化后与固体废物一起处理。核废物中最难处理的是固体物质，早期曾将固体废物埋入地下，但却不能防止地下水对这些放射性物质的扩散。目前只能经水泥固化或压缩成可以存放的形式后，在核电站特殊废物库中暂存。随着核电的发展，核废料处理是必须认真对待的重要问题。

6.3.4　其他能源

（1）生物质能

生物质能（biomass energy）又称可再生有机质能源，就是太阳能以化学能形式储存在

生物质中的能量,即以生物质为载体的能量。它直接或间接地来源于绿色植物的光合作用,可转化为常规的固态、液态和气态燃料,取之不尽、用之不竭,是一种可再生能源。由于生物质能资源极为丰富,是一种无害的能源。

现代生物转换技术包括转换为电能和转换为固体燃料、液体燃料、气体燃料。在生物质生产液体燃料方面,有从甘蔗和玉米生产乙醇,从几种植物衍生油生产生物柴油,从棕榈油和椰子油大规模生产生物柴油等。

我国的农家小型沼气池建设和利用已初具规模,其质量及数量已居世界前列。目前广泛采用生产沼气的方法是厌氧发酵法。发酵用的有机物一般是人畜粪便、植物秸秆、野草、海藻、城市垃圾和工业有机废料(如奶厂废奶液,酒厂的酒精废渣、污泥等)。这些有机物经过厌氧发酵,在菌解作用下产生沼气。沼气的主要成分甲烷的含量约为60%,还有少量的CO、H_2、H_2S等,其热值达 20900 kJ·m^{-3},比一般城市煤气热值高。沼气是一种较好的气体燃料,价廉、简便,具有废物利用和环保的优点,宜于在农村推广。沼气不但可作燃料煮饭、照明,还可用于动力能源,如可用于汽油机或柴油机改装成的沼气机燃料。以沼气作为燃料的新型汽车已经面世。

(2) 可燃冰

天然气水合物(natural gas hydrate, gas hydrate),也称为可燃冰、甲烷水合物、甲烷冰、笼形包合物(clathrate),现已证实其分子式为 $CH_4 \cdot 8H_2O$。因其外观像冰一样而且遇火即可燃烧,所以又被称作"可燃冰"(flammable ice)或者"固体瓦斯"和"气冰"。可燃冰是一种白色固体物质,有极强的燃烧力,它是在一定条件(合适的温度、压力、气体饱和度、水的盐度、pH值等)下由水和天然气在中高压和低温条件下混合时组成的类冰的、非化学计量的、笼形结晶化合物(碳的电负性较大,在高压下能吸引与之相近的氢原子形成氢键,构成笼状结构),一旦温度升高或压力降低,甲烷气则会逸出,固体水合物便趋于崩解。

习题

1. 判断题

(1) 化学反应是能量转换的重要基础之一。( )
(2) 燃料电池的能量转换方式是由化学能转化成热能,再进一步转化成电能。( )
(3) 化石燃料是不可再生的"二次能源"。( )
(4) 由光合作用储存于植物的能量属于生物质能,又称可再生有机质能源。( )
(5) 发展核能是解决能源危机的重要手段。( )
(6) 生物质能是可再生能源。( )
(7) 太阳上发生的是复杂的核聚变反应。( )
(8) 氢是一种非常清洁的能源,但其热效率较低。( )
(9) 煤的气化是指在隔绝空气条件下加强热,使煤中有机物转化成焦炭和可燃性气体的过程。( )
(10) 煤在燃烧过程中产生的主要污染物为 CO 和 SO_2,石油(汽油)在燃烧过程中产生的主要污染物为 CO,因此石油产生的污染比煤轻。( )

2. 选择题

(1) 下列物质中,属于二次能源的是( )。
A. 煤　　　　　B. 煤油　　　　　C. 汽油　　　　　D. 石油

(2) 属于太阳能的间接利用的是( )。
A. 风能　　　　B. 地热　　　　　C. 太阳能电池　　D. 光合作用

(3) 下列能源中属于"二次能源"的是( )。
A. 潮汐能　　　B. 核能　　　　　C. 地震　　　　　D. 火药

3. 填空题

(1) 化石燃料包括_____，我国是以_____消费为主的国家。

(2) 一次能源是_____，二次能源是_____。一次能源又分为_____和_____。

(3) 核能是_____。其中，核聚变是把_____聚合成_____；核裂变是把_____分裂成_____。

4. 简答题

(1) 什么是能源？你知道的能源有哪几种分类方法？

(2) 自然界的能源资源按其形成和来源可以分为几类？人们是怎样利用这些能源资源的？

(3) 氢能源的使用特点是什么？

(4) 谈谈中国发展核电的必要性及可行性。

(5) 太阳能的利用受到哪些因素的影响？

第 7 章　化学与安全

我们生活在化学的世界中，衣、食、住、行，柴、米、油、盐，治病的药物，居家环境、消防等，都与化学有着密切的关系，其内容之浩繁，难以尽述。本章仅就食品、用药和消防安全等内容做一扼要介绍。

7.1　食品安全

7.1.1　营养素

人体所需的各种营养素分为六大类，即蛋白质、脂肪、碳水化合物、维生素、无机盐和水。

（1）蛋白质

蛋白质（protein）是组成生命体的基本物质，一切生命活动都是由蛋白质分子的活动来体现的，因此可以说蛋白质是生命的载体。生物体内的有机物中蛋白质种类很多，它们的区别在于作为结构单元的氨基酸的种类、数量及排列顺序上的差异。食物中的蛋白质主要来源于乳类、蛋类、肉类、豆类、硬果类，谷类次之。食物中的蛋白质所含氨基酸越接近于人体的蛋白质中的氨基酸，它的营养价值就越高，称为"生理价值"越高（见表 7-1）。

表 7-1　常用食物中的蛋白质含量及生理价值

食物	蛋白质含量/g·100 g^{-1}	生理价值	食物	蛋白质含量/g·100 g^{-1}	生理价值
猪肉	13.3~18.5	74	玉米	8.6	60
牛肉	15.8~21.7	76	高粱	9.5	56
羊肉	14.3~18.7	69	小米	9.7	57
鸡肉	21.5		大豆	39.2	64
鲤鱼	17~18	83	豆腐	4.7	65
鸡蛋	13.4	94	花生	25.8	59
牛奶	3.3	85	白菜	1.1	76
大米	8.5	77	红薯	1.3	72
小麦	12.4	67	马铃薯	2.3	67

（2）脂肪

脂肪（lipid）是由一分子甘油和三分子脂肪酸（RCOOH）形成的甘油三酯。R 是含有偶数个碳原子的长碳氢链。三个脂肪酸可以是都相同（$R^1=R^2=R^3=R$），也可以是三个都不同。不同的脂肪具有不同的性质和营养功能，是因为它们含有不同的脂肪酸。

$$\begin{array}{l}CH_2\!-\!O\!-\!CO\!-\!R^1\\ |\\ CH\!-\!O\!-\!CO\!-\!R^2\\ |\\ CH_2\!-\!O\!-\!CO\!-\!R^3\end{array}$$

脂肪的结构

脂肪酸分为饱和脂肪酸和不饱和脂肪酸。饱和脂肪酸，碳链无双键，碳的个数为12、14、16、18的脂肪酸（16碳脂肪酸为棕榈酸，18碳脂肪酸为硬脂酸）。它们多存在于动物脂肪中，个别植物油如椰子油也富含饱和脂肪酸。碳链中只有一个双键的脂肪酸，称为单不饱和脂肪酸，主要是油酸。橄榄油、花生油都含有较多油酸。碳链中有两个或两个以上双键的脂肪酸，为多不饱和脂肪酸，如亚油酸、亚麻酸、花生四烯酸等。豆油、玉米油、鸡油中亚油酸含量较高。

几乎一切天然食物中都含有脂类化合物，甘油三酯是人体内含量最多的脂类。大部分组织均可以利用甘油三酯的分解产物供给能量，同时肝脏、脂肪等组织还可以进行甘油三酯的合成，在脂肪组织中储存。脂肪是构成人体细胞的重要成分，而必需脂肪酸具有调节生理功能的作用，如促进发育、降低胆固醇、防止血栓生成等。必需脂肪酸对人类尤其是儿童是不可缺少的。一旦缺乏会出现皮肤类疾病、儿童生长速度减慢、脂溶性维生素缺乏等症状。

甘油三酯是血脂检查中比较重要的一项指标。"血脂"是指血浆或血清中所含的脂类，包括胆固醇（CH）、甘油三酯（TG）、磷脂（PL）和游离脂肪酸（FFA）等。其中最重要的是胆固醇和甘油三酯。无论是胆固醇含量增高，还是甘油三酯的含量增高，或是两者皆增高，统称为高脂血症。甘油三酯与蛋白质结合成脂蛋白，在血液中循环运转。低密度脂蛋白和胆固醇结合而成的低密度脂蛋白胆固醇，是导致动脉硬化的重要因素，常被称为"坏"胆固醇。高密度脂蛋白和胆固醇结合形成高密度脂蛋白胆固醇，它如同血管内的清道夫，将胆固醇从组织转移到肝脏中去，具有防治动脉粥样硬化的作用，也称为"好"胆固醇。合理的饮食是预防高脂血症的有效和必要的措施，清淡少盐，忌腻多菜，加上适当减肥，加强锻炼都能起到很好的作用。

(3) 碳水化合物

碳水化合物（carbohydrates）的化学通式为$C_m(H_2O)_n$，其中碳、氢、氧原子个数比恰好可写成碳和水组成的复合物，所以称碳水化合物。实际上，碳水化合物是一种包括多羟基的醛、多羟基的酮和能分解成多羟基醛和酮的大分子化合物。它包括糖、淀粉、纤维素、糊精和树胶，其中糖类是具有生物功能的碳水化合物。它们的主要生物学功能是通过氧化反应来提供能量，以满足生命活动的能量需要。

糖（saccharide）是一种富含能量（约$17\ kJ\cdot g^{-1}$）、易被大多数组织快速利用的燃料。葡萄糖与氧气反应生成二氧化碳和水及能量。

$$C_6H_{12}O_6(s)+6O_2(g)=\!=\!=6CO_2(g)+6H_2O(l)+能量$$

根据分子大小，糖类可分为单糖（monosaccharide）、二糖（disaccharide）和多糖（polysaccharide）。单糖是在水解时不能再分成更小单位的碳水化合物，而多糖在水解时可产生十个或更多的单糖。

自然界丰度最大的单糖是己糖。在人体新陈代谢中起重要作用的己糖有葡萄糖、果糖和半乳糖。它们有甜味，易溶于水，不仅有直链状结构，还可以通过羰基与分子内的羟基结合成环状结构。

```
     H                                              H
     |                                              |
     C=O              CH₂OH                         C=O
     |                 |                            |
  H—C—OH               C=O                       H—C—OH
     |                 |                            |
 HO—C—H             HO—C—H                       HO—C—H
     |                 |                            |
  H—C—OH            H—C—OH                      HO—C—H
     |                 |                            |
  H—C—OH            H—C—OH                       H—C—OH
     |                 |                            |
    CH₂OH             CH₂OH                        CH₂OH
    葡萄糖              果糖                          半乳糖
```

二糖水解时生成两分子单糖。常见的二糖有蔗糖（白糖）、乳糖、麦芽二糖和纤维二糖。甘蔗和甜菜中含有蔗糖。牛奶中的糖分主要是乳糖，乳糖由一分子葡萄糖和一分子半乳糖组成，其在小肠中必须经乳糖酶的水解变为两个单糖，即葡萄糖和半乳糖后才能被吸收。乳糖酶缺乏的人，在食入奶或奶制品后，因奶中乳糖不能完全被消化吸收而滞留在肠腔内，肠内容物渗透压增高、体积增加，肠排空加快，使乳糖很快排到大肠并在大肠中吸收水分，受细菌的作用发酵产气，轻者症状不明显，较重者可出现腹胀、肠鸣、排气、腹痛、腹泻等症状。医生们称之为乳糖不耐受症。

多糖是包含十个或以上单糖的聚合物，它们既是能量的储存形式，也是有机体的结构成分。多糖广泛存在于自然界，是一类天然高分子化合物。它们一般无甜味，也不溶于水。与生物体关系最密切的多糖是淀粉、糖原和纤维素。

淀粉（amylum）是由葡萄糖单体组成的聚合物，由直链部分（10%～20%）和支链部分（80%～90%）构成。直链部分含有1000个以上的葡萄糖，每20～25个直链葡萄糖结构产生分支。

糖原（glycogen）中的葡萄糖链比淀粉中的要长，而且分支更多。糖原可以看成是能源库，当血液中葡萄糖含量较高时，会结合成糖原储存于肝脏中；当血液中葡萄糖含量降低时，糖原分解成葡萄糖，供给机体能量。

纤维素（cellulose）是植物产生的一种葡萄糖聚合物，每个分子最少含有1500个葡萄糖结构单位。纤维素和淀粉的构成单元都是葡萄糖，但葡萄糖分子间连接的化学键不同。人的消化液中所含的酶只能使淀粉水解成人体能吸收的葡萄糖，却不能使纤维素水解。

人体血液中糖的含量与健康息息相关。正常成人血液中葡萄糖含量较稳定，饭后升高，空腹时降低。空腹时血糖高于 6.1 mmol·L^{-1} 为高血糖，低于 3.9 mmol·L^{-1} 为低血糖。血糖过低影响脑功能。糖尿病是一种引起血糖水平高于正常状态的病症。糖尿病患者血液中葡萄糖浓度高，会严重破坏细胞中正常的平衡。食物进入人体两个小时内血糖升高的相对速度称为升糖指数（glycemic index，GI）。升糖指数依赖于食物的种类、加工方式和烹饪方式。葡萄糖的 GI 为 100，胡萝卜的 GI 为 49。低指数食物中，碳水化合物分解成葡萄糖分子的速率慢，如高纤维碳水化合物，血糖升高不会太剧烈。

(4) 维生素

维生素（vitamin）是存在于天然食物中的人体必需而又不能自身合成的一类有机化合物，少量即可满足生理代谢的需要。

一般按溶解性质分为脂溶性及水溶性两类。人类营养必需的脂溶性维生素有维生素 A、维生素 D、维生素 E 及维生素 K。脂溶性维生素大部分由胆盐帮助吸收，经淋巴系统输送到体内各器官。体内可储存大量脂溶性维生素，维生素 A、维生素 D 主要储存于肝脏，维生素 E 主要存于体内脂肪组织，维生素 K 储存较少。

水溶性维生素有维生素 B_1、维生素 B_2、维生素 B_6、维生素 B_{12}、烟酸、叶酸、维生素 C 及维生素 U。它们被肠道吸收后，通过水循环到机体需要的组织中，多余的部分大多由尿排出，在体内储存甚少。

维生素的摄取主要是通过食物、蔬菜、水果和谷类，它们含胡萝卜素、维生素 B_1、烟酸、维生素 C 等较多。动物性食品含维生素 A、维生素 B_2、维生素 E 较多。

（5）无机盐

人体中除 C、H、O、N 外，其余各种元素都称为无机盐（mineral）或矿物质，约占人体重的 4%，它们来自动植物组织、水、盐和食品添加剂等。

从营养角度可把无机盐分为必需元素和非必需元素。必需元素中含量在人体重 0.01% 以上的称为常量元素，有 Ca、Mg、Na、K、P、S、Cl 7 种；含量在人体重 0.01% 以下的称为微量元素，有 V、Cr、Mn、Fe、Co、Ni、Cu、Zn、Mo、F、Si、Sn、Se、I 14 种。

常量元素中，钙是人体中含量排在第五位的元素，约为成人体重的 2%。人体内 99% 的钙在骨骼和牙齿中。90% 的磷以 PO_4^{3-} 形式存在于骨骼和牙齿中。例如，牙釉质是由难溶的羟基磷灰石 $Ca_5(PO_4)_3OH$ 组成。在口腔中存在如下平衡：

$$Ca_5(PO_4)_3OH(s) \rightleftharpoons 5Ca^{2+}(aq) + 3PO_4^{3-}(aq) + OH^-(aq)$$

当吃的糖吸附在牙齿上发酵时，产生的 H^+ 与 OH^- 作用生成 H_2O，使上述平衡向右移动，导致更多的羟基磷灰石溶解，牙齿被腐蚀。

镁是组成叶绿素的重要成分之一，叶绿素在光合作用下使植物呈绿色。人体中 Mg^{2+} 是许多酶的激活剂。若降低人体内镁的含量，可导致人情绪激动、肌肉痉挛和抽搐等。钾、钠和氯这三种元素在人体内的作用既复杂又相互关联，Na^+ 和 K^+ 常以氯化物形式存在，K^+ 一般在细胞内，Na^+ 则在细胞周围体液中，它们的主要作用是控制细胞、组织液和血液中的电解质平衡，这对保持体液的正常流通和控制体内的酸碱平衡是非常重要的。

虽然人体只需要痕量的微量元素，但它们对于发挥正常的生物功能很关键。若缺乏其中任何一种元素，则意味着生物体在一定程度上死亡。这些元素中的某些元素是构成人体组织的重要材料，如 Cu、Mg、P 构成骨骼和牙齿，P、S 构成蛋白质，Fe 构成血红蛋白，Zn 构成胰岛素等；一些元素调节体液的渗透压、心跳节律、运载信息等，如 Fe^{2+} 对于 O_2、CO_2 有运载作用，Cu^{2+} 可以激活多种可传递信息的酶等。

碘是人体必需的微量元素。甲状腺需要利用碘来产生甲状腺激素，如果缺乏碘，人体健康就会受到影响，产生甲状腺疾病，如甲状腺肿、克汀病等。体内存有适量的稳定性碘，可阻止甲状腺对放射性碘的吸收，这可降低受到放射性碘暴露后可能罹患的甲状腺癌风险。

（6）水

人体的 60%～80% 是由水组成的，血液的 90% 是由水构成的。人体失去体重 5% 的水就会感到口渴、恶心、昏昏欲睡；达到 10% 时，会产生晕眩、头痛、行走难；达到 20% 即导致死亡。水能帮助消化，并把食物中的营养物带给细胞。水又是一种基本营养物质，它的主要功能是参与新陈代谢，输送养分，排出废物。因此水被称为体内的"搬运工"和"清洁工"。普通人每天要保证饮用 1.5 L 水。

7.1.2 膳食营养平衡

合理营养、平衡膳食是人类赖以生存、维持健康的物质基础。我国卫建委制定了《食品营养标签管理规范》，规定食品企业在标签上标示食品营养成分、营养声称（食品营养属性的说明）、营养成分功能声称时，应首先标示能量和蛋白质、脂肪、碳水化合物、钠4种核心营养素及其含量。除上述成分外，食品营养标签上还可以标示饱和脂肪（酸）、胆固醇、糖、膳食纤维、维生素和矿物质。

平衡膳食是指由多种食物构成，不但提供足够数量的热能和各种营养素来满足人体正常的生理需要，而且要保持各种营养素之间有合理的比例，达到数量上的平衡，以利于营养素的吸收和利用，这种膳食称平衡膳食。

平衡膳食具体有以下要求：

① 摄食多样化，人体需要多种营养成分，只有多种食物才能满足要求；

② 各种营养素在体内有一定的比例，因此摄入各种食物也要按一定比例，才能更好地吸收与利用食物的营养物质；

③ 合理分配三餐，一般以早晚餐各占30%，中餐占40%为宜；

④ 要注意改变一些地区不良的生活习惯；

⑤ 要注意消化吸收，饮食不能随心所欲，要注意营养搭配，才可能全面吸收营养。

中国营养学会根据我国国情和上述要求，制定了《中国居民平衡膳食宝塔》，它把居民每一天的膳食要求形象化、具体化和直观化，从塔底到塔顶，摄入量依次减少（见图7-1）。

图7-1 中国居民平衡膳食宝塔

根据食物进入人体消化吸收后呈酸性或碱性，可将食物分为酸性或碱性食物。米、面、粮、鱼、肉、蛋虽然营养价值高，属酸性类食物，经常食用容易使血液呈弱酸性，称酸性体质。在血液显酸性时，人体手足发凉，容易感冒，伤口不容易愈合，并影响智力水平，如记忆力、思维能力减退，出现神经衰弱、心血管疾病或发生精神疾病。

多食碱性食物可预防酸性体质。碱性食物一般指水果、蔬菜、豆制品、乳制品、海带等含有钾、钠、钙、镁元素的食物。水果中虽然含有多种酸性物质，但在人体消化吸收过程中，它们会变成碱性，可使血液的pH值保持在7.4左右。在膳食平衡中还要特别注意水的作用，水能促进营养素的消化、吸收与代谢，能够调节体温，使之恒定，对机体有润湿作用。

7.1.3 食品添加剂

联合国粮农组织（FAO）和世界卫生组织（WHO）联合食品法规委员会对食品添加剂的定义为：食品添加剂（food additive）是有意识地一般以少量添加于食品中，以改善食品的外观、风味和组织结构或储存性质的非营养物质。按照《中华人民共和国食品安全法》第一百五十条，我国对食品添加剂的定义为：食品添加剂指为改善食品品质和色、香、味以及为防腐、保鲜和加工工艺的需要而加入食品中的人工合成或者天然物质，包括营养强化剂。

食品添加剂包括防腐剂、抗氧化剂、乳化剂、增稠剂、甜味剂、酸味剂及 pH 调节剂、增味剂、香料、营养强化剂、色素及发色剂、酶制剂、疏松剂、漂白剂、凝固剂及稳定剂、被膜剂、水分保持剂、面粉处理剂、抗结剂、消泡剂等，下面简要介绍其中几类。

（1）防腐剂

防腐剂是指能抑制食品中微生物的繁殖，防止食品腐败变质，延长食品保存期的物质。常用的防腐剂有苯甲酸、山梨酸、对羟基苯甲酸酯类等，作用机理为抑制微生物生长繁殖。不使用防腐剂具有较大的危险性，这是因为变质的食物往往会引起中毒或疾病。另外，防腐剂除了能防止食品变质外，还可以杀灭曲霉素菌等有毒微生物，这无疑是有益于人体健康的。

（2）甜味剂

甜味剂是指除日常用的白糖（蔗糖）之外加入食品中发甜的物质，常用的有糖精、天门冬酰苯丙酸甲酯（阿斯巴甜）等。由于阿斯巴甜比一般的糖甜约 200 倍，又比一般蔗糖热量更少，主要添加于饮料、维生素含片或口香糖中代替糖的使用。

（3）抗氧化剂

有的抗氧化剂是由于本身极易被氧化，首先与氧反应，从而保护了食品，如维生素 E。有的抗氧化剂可能与食品所产生的过氧化物结合，使氧化过程中断，从而阻止氧化过程的进行。叔丁基对苯二酚（tertiarybutyl hydroquinone，TBHQ）是食用油使用的主要抗氧化剂。

（4）食用色素

色素是使食品着色后提高其感官性状的一类物质，可分为食用天然色素和食用合成色素两大类。β-胡萝卜素是一种存在于多种植物，特别是胡萝卜中的橙红色物质，也是橙汁中最常用的食用色素，它在人体内可转化成维生素 A。青刀豆罐头中加叶绿素铜盐，以获得美丽的绿色。可口可乐中含焦糖色素。此外，冰激凌、糖果及奶油蛋糕中也大量使用各种色素。

（5）表面活性剂

食品中使用的表面活性剂常作为乳化剂、稳定剂和增稠剂。卵磷脂、甘油酸酯和甘油二酯都属于常用的乳化剂。通常用于焙烤食品（糖霜和内馅）、冰激凌以及其他胶冻甜点，使这些食物具有适当的稠度以及润滑均匀的组织形态。凝胶、胶质和植物胶被用来作增稠剂、稳定剂和组织形成剂。

（6）增味剂

谷氨酸钠（味精）是一种主要的鲜味增强剂。鸡精则是一种复合调味品，它是在含有 40% 的味精基础上，加入助鲜剂、盐、糖、鸡肉粉、辛香料、鸡味香精等成分加工而成。

（7）酸味剂

酸味剂主要分为两类：乳酸与乙酸。它们可帮助消化，增进食欲并健身。泡菜、腌酸主要是乳酸的作用。吃饺子时用的老陈醋，主要是乙酸。老陈醋具有开胃、健脾、降压、消炎、灭菌、防止感冒的作用，并对骨质增生、癌症的防治也有一定的功效。

7.1.4 食品中的有害物质及其预防

食品在生产加工、包装、储运、销售过程中，时常可能因接触化肥、农药、食品添加剂、各种包装材料等而被有害物质污染，加之自身霉变，使得食品中的有害物质种类繁多。除铅、汞、镉、砷等有毒重金属可能进入食物之外，在食物加工、储运过程中，由于多种因素，也可以自身产生毒物，如黄曲霉毒素、亚硝酸铵、苯并芘、二噁英等，这些毒素毒性强，危害性大，对人体健康构成极大的威胁。

(1) 黄曲霉毒素

黄曲霉毒素是一种有荧光的金黄色毒素，在紫外线照射下，能发出紫色、绿色的荧光。黄曲霉毒素的种类很多，都具有毒性，有的毒性是剧毒物 KCN 的 10 倍，砒霜的 68 倍。产生黄曲霉毒素的主要菌种是黄曲霉菌。高温潮湿的环境最容易使黄曲霉菌大量繁殖，食品中黄曲霉毒素主要产生于玉米、花生、食用油中。黄曲霉毒素不溶于水，能溶于部分有机溶剂中，加热至 280 ℃才发生分解，低浓度的黄曲霉毒素容易被紫外线破坏，在中性及弱酸性溶液中很稳定，在 pH 值为 9~10 的碱性溶液中能迅速分解、破坏。黄曲霉毒素经消化道进入人体，能诱发多种癌症。国家食品卫生标准对食物中黄曲霉毒素的含量有严格的规定：玉米、花生、花生油不得超过 20 $\mu g \cdot kg^{-1}$，大米及其他食用油不得超过 10 $\mu g \cdot kg^{-1}$，婴儿食品不得检出。

常见的防止黄曲霉毒素的方法如下。

① 防霉　霉菌的生长需要一定的温度、湿度（含水量）及氧气，控制其中条件之一即可。一般比较容易控制的是食品的含水量，只要把粮食彻底晒干，密封保存即可防霉。用环氧乙烷熏蒸粮食也可防霉。

② 去毒　食物被黄曲霉菌污染后，如花生，捡出发霉、变色、破损、皱缩的颗粒，可使黄曲霉毒素的含量显著降低。对于其他粮食，可用碾轧加工、加水搓洗方法除去。在用油炒菜时，可将油放在锅里烧一会儿（不要冒烟），可除去油中 95% 的黄曲霉毒素。由于黄曲霉毒素在碱性溶液中不稳定，蒸煮米面时，可适当放一点苏打或小苏打等食用碱。

(2) 亚硝酸铵和亚硝酸盐

亚硝酸铵是有机化学中亚硝基胺的前体物质，实验证明其是一类强致癌物。自然环境中的亚硝酸铵很少，它主要是由亚硝酸盐和有机胺类在人体内合成的，或者在肉类、肉制品、啤酒的生产储藏中产生。食物变质后，亚硝酸铵的含量可增加数倍至数百倍。烟草在种植、加工、吸燃过程中也会产生亚硝酸铵；一般食管癌高发地区的环境和食物中，普遍含有能产生亚硝酸铵的胺类和亚硝酸盐。

人类摄入的亚硝酸盐和硝酸盐主要来自蔬菜，以绿色蔬菜含量最高。世界卫生组织规定一个成年人每天允许摄入的亚硝酸盐和硝酸盐分别为 7.3 mg、216 mg。亚硝酸盐可由硝酸盐还原而得，如蔬菜存放温度过高，在细菌和酶的影响下，其中的硝酸盐会被大量还原为亚硝酸盐。在熏制肉、鱼时，往往加亚硝酸钠作为着色剂，当亚硝酸盐大量进入人血液时，能将血红蛋白中 Fe^{2+} 氧化为 Fe^{3+}，将亚铁血红蛋白转变为高铁血红蛋白，而高铁血红蛋白没有输送氧的能力。亚硝酸盐（主要是 $NaNO_2$）在外观和咸味上与 NaCl 没有很大的区别，误食后可引起中毒甚至死亡。抢救时，可口服或注射解毒剂美蓝，能使高铁血红蛋白还原为具有输氧功能的亚铁血红蛋白。

在日常生活中，防止亚硝酸盐的危害可采取以下措施：一是减少或避免食用含有亚硝酸铵的食品，如减少腌菜、泡菜等的食用量；二是增加维生素 C 的供给量，实验证明维生素 C 能阻断亚硝酸铵的合成，要多食用水果、蔬菜；三是要养成良好的卫生习惯，腌制食品在烹饪前要洗涤干净，不喝隔夜茶等。

(3) 苯并芘及多环芳烃

苯并芘包括苯并[a]芘和苯并[e]芘，是数百种有致癌作用的多环芳烃的代表物，可通过环境污染进入食物中，也可在食品加工中产生。如农作物可吸收土壤中的多环芳烃；动物饲料中含有多环芳烃时，肉品、乳品及禽蛋中也可含多环芳烃；在烟熏、烧烤及烘干过程中，由于燃料的不完全燃烧而产生的多环芳烃与食品直接接触会造成污染；食品加工过程中，脂肪及类脂质受热可产生多环芳烃；用油煎食物时，特别是油冒黑烟、食物烧焦时，苯并芘含量均超标。另外，沥青、煤焦油、烟草及其燃烧的烟雾，燃烧效率低的汽车尾气都含有苯并芘。苯并芘可通过呼吸、饮食或皮肤接触进入人体，可导致肺癌、胃癌及皮肤癌。日常防止苯并芘污染的方法是改进烟熏食品加工方法，食品受污染的程度与烟熏温度、熏烤距离、时间长短有关，热烟比冷烟产生的苯并芘多，食品熏成黑色时受污染的程度最为严重。

(4) 其他有害物质

① 不当的食品添加剂　某些商贩用化工原料雕白块（甲醛次硫酸氢钠，纺织上用来漂白织物）漂白米粉，它对人体肾脏及其他器官会有损害；动物饲料里非法添加多种生长激素会在动物内脏中造成一定的积累，食用动物内脏可能对人体健康造成影响。另外，防腐剂、防霉剂、保鲜剂、面粉中的漂白剂等超标使用都会造成危害。

② 受毒物污染的食物　蔬菜、水果时常会因残留农药而引起中毒。我国对农药使用做了规定和限制，剧毒农药禁止用于蔬菜、水果，最短周期的有机磷农药也要在施药两周后才能采收，在此之前采收都有可能发生中毒。因此蔬菜、水果在食用前需要浸泡一会儿和多次冲洗。在城市周围的河水中，特别是污染严重的水域中生长的鱼虾，应禁止食用。日本的水俣病、骨痛病，就是食用受污染的鱼虾引起的。

③ 有毒动植物　有些动植物本身具有毒性，平时在食用这些食物时要格外注意。四季豆是很普通的蔬菜，如果没有煮熟就食用，会引起中毒，主要症状是恶心、呕吐、头晕、头痛、四肢麻木。土豆发芽后产生的龙葵素有毒，食用后会引起中毒，症状是咽喉瘙痒及烧灼感，胃肠炎，重症可因心脏停搏、呼吸麻痹而死亡。部分野生的蘑菇、河豚、贝类等具有剧毒性，可致人死亡，在不清楚的情况下最好不要食用。

总之，食品安全是关系到人们健康的大事，除了每个人要养成良好的饮食习惯和增强自我保护意识外，还需要食品供应者从生产加工、储存、运输、销售等各个环节给予安全保证。

7.2　用药安全

7.2.1　药物的概念

能够对机体某种生理功能或生物化学过程产生影响的化学物质称为药物（medicine）。药物可用于预防、治疗和诊断疾病。

科学研究表明，药物是通过干扰或参与机体内在的生理、生物化学过程而发挥作用的。但药物性质各不相同，其作用情况也不同。药物的主要作用如下。

① 改变细胞周围环境的理化性质。例如，抗酸药通过简单的化学中和作用使胃液的酸度降低，以治疗溃疡病。

② 参与或干扰细胞物质的代谢过程。例如，补充维生素，就是供给机体缺乏的物质，使之参与正常生理代谢过程，从而使缺乏症得到纠正。又如磺胺药与对氨基苯甲酸竞争参与叶酸代谢，从而抑制敏感菌的生长。

③ 对酶的抑制或促进作用。例如，胰岛素能促进己糖激酶的活性，使血糖升高。

7.2.2 处方药与非处方药

处方药（prescription drug），是指有处方权的医生所开具出来的处方，并由此从医院药房购买的药物。非处方药（over the counter，OTC）属于可以在药店随意购买的药品。

处方药大多属于以下几种情况：上市的新药，对其活性或副作用还要进一步观察；可产生依赖性的某些药物，如吗啡类镇痛药及某些催眠安定药物等；药物本身毒性较大，如抗癌药物等；用于治疗某些疾病所需的特殊药品，如心脑血管疾病的药物。处方药须经医师确诊后开出处方并在医师指导下使用。

非处方药是随着社会发展、人民文化水平的提高而诞生的，所以要遵循见病吃药、对症吃药、明白吃药、依法（用法、用量）吃药。我国第一批非处方药中，西药为 23 类 165 个品种，中成药有 160 个品种，但每个品种的药物都含有不同的剂型。非处方药大都用于多发病、常见病的自行诊治，如感冒、咳嗽、消化不良、头痛、发热等。为了保证人民健康，我国非处方药目录中明确规定药物的使用时间、疗程，并强调指出"如症状未缓解或消失应向医师咨询"。非处方药标签有 7 项内容：产品名称；生产商、包装商或分发商的名称、地址；包装内容物；所有有效成分的 INN（国际非专利药物通用名）名称；某些其他组分如乙醇、生物碱等的含量；保护消费者的注意事项及忠告性内容；安全、正确使用该药品适当的用药指导。在药店购买和服用非处方药前要仔细阅读标签。

7.2.3 常用药物

（1）抗生素类药物

抗生素（antibiotic）是指某些微生物在代谢过程中所产生的化学物质，能阻止或杀灭其他微生物的生长。

① 磺胺类 磺胺药杀灭细菌的机理是，它能阻止细菌生长所必需的维生素叶酸（folic acid）的合成。叶酸合成过程中，有一个起关键作用的物质为对氨基苯甲酸，而磺胺的结构与它十分相似。因此，磺胺很容易参与反应，这样就阻止了叶酸的生成。细菌因为缺乏维生素而难以生存。而人类在体内合成叶酸时不一定需要对氨基苯甲酸，因而磺胺药的使用是安全的。类似对氨基苯磺酰胺的衍生物都具有杀菌作用，如青霉素、羟氨苄青霉素、氨苄青霉素。

对氨基苯甲酸　　　　对氨基苯磺酰胺

② 青霉素（penicilin） 青霉素是青霉菌所产生的一类抗生素的总称。天然青霉素共有 7 种，其中青霉素 G 的抗菌效果最好，临床用青霉素 G 的钠盐或钾盐。氨苄青霉素和羟氨苄青霉素具有更广谱的抗菌作用。

青霉素的抗菌作用与抑制细菌细胞壁合成有关。细菌的细胞壁主要由多糖组成，在它的生物合成中需要一种关键的酶称为转肽酶。青霉素可抑制转肽酶，从而使细胞壁合成受到阻碍，引起细菌抗渗透压能力下降，菌体变形、破裂而死亡。

③ 四环素类 四环素是一类抗生素的总称，之所以称为四环素，是因为这些抗生素中都有四个环相连。例如，常用的土霉素（从土壤中菌的培养液中分离出）、金霉素（从金色链丝菌中分离出）、四环素都属于四环素类。四环素有副作用，它在杀菌的同时也会杀灭正常存在于人体肠内的寄生细菌，从而引起腹泻。儿童时期过多服用四环素会使牙齿发黄，称四环素牙。

土霉素　　　　　　　　金霉素　　　　　　　　四环素

(2) 助消化药

① 稀盐酸　主治胃酸缺乏症（胃炎）和发酵性消化不良。其作用是激活胃蛋白酶原转变成胃蛋白酶，并为胃蛋白酶提供发挥消化作用所需的酸性环境。山楂也可起到类似的作用。

② 胃蛋白酶　例如，乳酶生（活性乳酸杆菌制剂）、干酵母。它们的作用是直接提供胃蛋白酶，以促进蛋白质的消化。

③ 制酸剂　制酸剂的作用是中和过多胃酸，由弱碱性物质构成。制酸的碱性化合物有 MgO、$Mg(OH)_2$、$CaCO_3$、$NaHCO_3$（小苏打）、$Al(OH)_3$（胃舒平）等。

(3) 止痛药

早期人们常用鸦片来止痛。鸦片及其衍生物大部分是止痛的有效药物，但缺点是易上瘾。鸦片含有 20 多种生物碱（存在于生物体内的碱性含氮有机化合物），其中 10% 左右是吗啡（morphine），它是鸦片的主要成分。该化合物有两个熟知的衍生物，一个是可待因（codeine），是吗啡的单甲醚衍生物，它比吗啡的上瘾性小些，也是一种强有力止痛药；另一个是海洛因（heroine），它比吗啡更容易上瘾，无药用价值，为毒品。

吗啡　　　　　　　　可待因　　　　　　　　海洛因

科学家们研究发现，人的大脑和脊柱神经上有许多特殊部位。麻醉药剂分子正好进入这种位置，把传递疼痛的神经锁住，疼痛就消失了。人自身可以产生麻醉物质，但如果海洛因之类服用过多，会引起自身产生麻醉物质的能力降低或丧失。一旦停药，神经中这些部位就会空出来，症状会立即重现，导致对药的依赖性。

根据止痛机理，人们开发了许多有效药物，如可卡因（cocaine）、普鲁卡因（procaine）、阿司匹林（aspirin）等。阿司匹林通用性较强，其化学成分是乙酰水杨酸，不仅可以止痛，而且可以抗风湿、抑制血小板凝结（预防手术后的血栓形成和心肌梗死），还是较好的退热药。阿司匹林明显的副作用是对胃壁有伤害。未溶解的阿司匹林停留在胃壁上时会引起产生水杨酸反应（恶心、呕吐）或胃出血。现在已有肠溶性阿司匹林，可保护胃部不受伤害。

(4) 中草药

我国是中草药（Chinese herbal medicine）的发源地，我国人民对中草药的探索经历了几千年的历史。中草药是中医预防治疗疾病所使用的独特药物。中药主要由植物药（根、茎、叶、果）、动物药（内脏、皮、骨、器官等）和矿物药组成。因植物药占中药的大多数，所以中药也称中草药。

中药及其制剂均为多组分复杂体系，以指纹图谱（finger printing）特别是高效液相色谱（HPLC）指纹图谱作为中药提取物及其制剂的质量控制方法，成为国际公认的控制中药和天然药质量最有效的方法和手段。很多中药有西药无法达到的药效，如用化学手段剖析出有效成分，然后再模拟合成，也是开发新药的一个极好途径。以银杏叶提取物制剂为例，指纹图谱体现了制剂所含的 33 个化学成分（主要为黄酮类和内酯类）和各自的含量。经化学成分和药效相关性研究，发现约 24% 银杏黄酮和约 6% 银杏内酯组成的提取物具有最佳疗效。

随着社会的进步，无论是治病还是保健，都需要有更新、更有效的药物提供给人类。化学担负着开发新药的重任。

7.3 消防安全

火灾和爆炸等一些事故常会突然降临，破坏我们的生活甚至威胁我们的生命和财产安全，其中主要原因则是人们缺乏有关防范的基本知识。生活中难免会和一些易燃易爆的化学物质接触，但只要掌握它们的习性，就能让它们处于我们的控制之下。学习和掌握易燃易爆物质的性质，了解它们发生燃烧和爆炸的条件，就可以防止事故的发生，即使一旦出现事故，也能及时采取措施，使其消灭在萌芽状态。

7.3.1 燃烧及其必要条件

燃烧（combustion）是一种化学现象，它是可燃物和氧化剂发生剧烈的氧化还原反应，同时释放出光和热的现象。火灾就是一种非正常的燃烧现象。要扑灭火灾，就必须了解发生燃烧所需的条件。爆炸和燃烧属于同一种化学现象，只是爆炸反应速率比燃烧更快，更猛烈。最常见的爆炸是处于爆炸极限范围内的可燃气体的爆炸。

燃烧要有一定的条件才能发生。根据燃烧的定义，它必须同时具备可燃物和氧化剂，但仅有这两种物质不一定发生燃烧。例如，我们身上穿的衣服是可燃物，空气中的氧气是氧化剂，可它们没有发生燃烧。这是因为，导致燃烧还需要能够引起可燃物着火的点火源。这是燃烧的 3 个必要条件，但又不是充分条件。具备了这 3 个条件，燃烧也不见得会发生。可见，每一个条件本身还会有一定的要求。

(1) 可燃物

可燃物就是能够烧得起来的物质，从化学角度来看，在生活中经常接触到的就是含碳、氢等元素的化合物。例如，衣服、纸张、汽油和乙醇都是可燃物。在特殊的情况下，可燃物还应该包括强还原剂，如金属镁、铝。金属可燃物不仅可以和空气中的氧气发生燃烧反应，还可以从氧化物中夺取氧而发生燃烧，如在焊接时用的"铝热剂"就是利用金属铝和三氧化二铁中的氧发生燃烧反应，镁也可以在二氧化碳中发生燃烧。

各种可燃物，它们的易燃程度不一样，对于可燃液体，常用"闪点"来表示易燃程度。闪点即明火接近可燃液体的液面上方时，在蒸气中出现一闪一闪却又不能发生连续燃烧现象时的温度。闪点愈低，危险性愈大。也可以根据可燃物的"燃点"来区分危险程度。燃点即明火接近可燃物能使其着火并继续燃烧的最低温度。燃点通常比闪点高，但它和闪点有一定的联系，闪点高的燃点也高，但闪点愈低，两者的差距愈小。表 7-2 为常见可燃液体的闪点。闪点在 28 ℃ 以下的均属危险品。

表 7-2 常见可燃液体的闪点

物品	汽油	丙酮	苯	甲醇	乙醇	煤油
闪点/℃	$-58\sim-10$	-17	-15	9.5	11	$28\sim45$

(2) 氧化剂

氧化剂是燃烧过程中的助燃剂，最常见的就是空气中的氧气。大多数的火灾也是发生在有氧的空间。生活的经验告诉我们，任何燃烧一旦在空气中发生，就会连续不断地烧下去。这是因为空气中有 21% 左右的氧气。然而，当空气中的氧气浓度降低到了 14% 以下，则燃烧会由于缺氧而不能继续。这个数据对我们扑灭火灾特别有用。

除空气中的氧之外，许多含氧的化学物质，特别是含氧原子较多的强氧化剂，也是燃烧反应中氧的提供者。高锰酸钾（$KMnO_4$）、浓硝酸（HNO_3）、重铬酸钾（$K_2Cr_2O_7$）、氯酸钾（$KClO_3$）等都是能在燃烧反应中提供氧的氧化剂。我国最早发明的黑色火药，就是采用硝酸钾（KNO_3）、硫黄粉和木炭配制而成的，其中硝酸钾就是氧化剂。当黑色火药点燃时，由硝酸钾提供的氧能使木炭和硫黄粉急剧燃烧，产生大量的热、氮及二氧化碳，由于气体体积在瞬间急剧膨胀，于是就产生了爆炸。现在也可以用氯酸钾代替硝酸钾，常用于烟火中。

(3) 点火源

点火源作为燃烧的必要条件之一，必须具备足够的能量，以使可燃物被加热到燃点或者整个体系被加热到自燃点。常见的有明火、聚焦的日光、电火花、摩擦、闪电等。而容易被人们忽视的则是化学反应本身有时也会成为点火源，如"化学自燃"。明火为最常见的点火源，它包括：火柴、打火机、未熄的烟蒂、煤气灯、气切割枪焰、裸露通电的电热丝等。电火花也是常见的引起火灾的点火源，常常由于电路开启或断开引起火花，引发一场巨大的火灾。一些缓慢放热的氧化反应，若不及时散发热量，积聚到一定程度也会引发燃烧，如干草堆和煤堆。

7.3.2　爆炸极限

爆炸是指物质由一种状态迅速转变为另一种状态，并在极短的时间内以机械功的形式，放出巨大的能量，或者是气体在极短的时间内发生剧烈膨胀，而后压力迅速降到常压的现象称之为爆炸（explosion）。爆炸分为物理爆炸和化学爆炸两类。

物理爆炸是由于容器承受不住内部的压强而发生的爆炸。例如，锅炉或液化石油气罐等的爆炸就是物理爆炸。

化学爆炸和燃烧属于同一个化学现象，只是爆炸的反应速率比燃烧更快。燃烧的传播速率为每秒几十米，而爆炸的传播速率则为每秒几百米，甚至上千米。因为化学反应所产生大量气体的瞬间膨胀而产生的爆炸，例如火药的爆炸。

在化学爆炸中，最常见的是可燃性气体或可燃性蒸气与空气中的氧混合均匀后，其浓度达到一定范围，一经点火所产生的爆炸，这个浓度范围称为爆炸极限（explosive limits）。它有一个下限和一个上限，通常用体积分数来表示。例如：氢气的爆炸极限为 4.00%～74.20%，这就意味着当空气中的氢浓度超过 4%，只要一个小小的火花就能引发巨大的爆炸，而当空气中氢浓度超过 74.20% 时，即使点火也不会爆炸。

除了可燃性气体及蒸气造成爆炸之外，可燃性粉尘也会构成爆炸极限，例如面粉、糖粉、塑料粉尘等。因此凡有这些粉尘的地方都要严禁明火。

7.3.3　灭火原理

任何灭火的方法，都是针对燃烧所需的 3 个必要条件，只要把 3 个必要条件中的任何一个拿掉，燃烧将无法继续。

(1) 窒息法

这是针对三个条件中的氧化剂，目的是使可燃物接触到的氧气浓度低于 14%，如覆盖（泥土、沙子、棉被等），泡沫灭火，稀释（二氧化碳、四氯化碳）等。

(2) 冷却法

这是针对三个条件中的点火源，目的是降低可燃物的温度，使其达不到自燃点。使用大量的水（水的热容量大，在升温和蒸发过程中会吸收大量的热）或干冰。

(3) 疏散隔离法

这是针对三个必要条件中的可燃物，目的在于断绝可燃物。如关闭阀门、拆除可燃物、挖沟等。

(4) 化学抑制法

燃烧反应中会产生大量化学性能特别活泼的自由基，这些自由基又会引发更多的自由基，使燃烧成为连锁反应（chain reaction），这也是燃烧反应得以持续和速率越来越快的原因。例如，在氢和氧的燃烧反应中

$$H_2 \longrightarrow 2H \cdot$$
$$H \cdot + O_2 \longrightarrow OH \cdot + O \cdot$$
$$O \cdot + H_2 \longrightarrow OH \cdot + H \cdot$$

如果，能想方设法把这些自由基消灭，燃烧也就被抑制了。化学家们找到了一种新型的灭火材料——卤代烃。这些卤代烃在高温下会分解出卤素自由基，极易与燃烧过程中产生的自由基结合，从而终止燃烧。

7.3.4 常用灭火器材

(1) 酸碱灭火器

酸碱灭火器筒内所装的是碳酸氢钠（小苏打），上面小瓶子（见图 7-2）里装的是硫酸。灭火时只要将灭火器倒过来并加以摇匀，硫酸和小苏打发生反应产生大量的二氧化碳，利用二氧化碳产生的压力，就可以把水喷出来。这种灭火器有较大的局限性，不能灭油品、电器、文物、档案和图书的火灾。

(2) 泡沫灭火器

这种灭火器的结构和酸碱灭火器一样。只是小瓶内装的不是硫酸，而是硫酸铝。在小苏打溶液中加了发泡剂。因此使用时，喷出的不是水而是泡沫。这样不仅有酸碱灭火器同样的功能，还具备窒息功能。可用于灭油品的火灾，但不能用于电器的灭火。

图 7-2 酸碱灭火器示意图

(3) 二氧化碳（干冰）灭火器

其是一个细长的筒状灭火器。内装固体二氧化碳。使用时，打开阀门就会有二氧化碳喷出。由于膨胀是吸热，所以喷出的二氧化碳的温度很低。这样它不仅有冷却作用，还有稀释氧气的窒息作用。

使用这种灭火器时，必须注意以下几点（见图 7-3）：

① 手必须握在喷气管的细管上，而不能握在喇叭口上。因为喇叭口是干冰膨胀的地方，温度极低，手会被冻伤。

② 该灭火器的压阀上有一个销子，使用前必须先把这个销子拔掉，才能打开阀门。

③ 灭火时，喇叭口绝对不能对着他人的脸部。

(4) 1211 灭火器

1211 灭火器是利用化学抑制的原理，内盛一溴一氯二氟甲烷（CF_2BrCl）。其外形和干冰灭火器相似，只是小一点，使用时只要打开阀门即可喷出。特别适用于扑灭油类、有机溶剂、精密仪表、高压电器设备的着火。

(a) 拔掉铅封　　　　　　　　　(b) 拔去销子　　　　　　　　(c) 握住细柄处另一只手压开阀门

图 7-3　二氧化碳灭火器的使用方法

（5）水基型灭火器

水基型灭火器主要成分为清水、表面活性剂和阻燃剂。它主要依靠冷却和窒息作用进行灭火，灭火时，由水汽化产生的水蒸气将占据燃烧区域的空间、稀释燃烧物周围的氧含量，阻碍新鲜空气进入燃烧区，使燃烧区内的氧浓度大大降低，从而达到窒息灭火的目的。而且当水呈喷淋雾状时，形成的水滴和雾滴的比表面积将大大增加，增强了水与火之间的热交换，从而强化了其冷却作用。此外，灭火过程中在可燃物表面可形成并扩展一层薄水膜，使可燃物与空气隔离，抗复燃性好，是水基型灭火器无可比拟的一大优点。另外，对一些易溶于水的可燃、易燃液体还可起稀释作用，采用强射流产生的水雾可使可燃、易燃液体产生乳化作用，使液体表面迅速冷却、可燃蒸汽产生速度下降而达到灭火的目的。

水基型灭火器适用范围较广，如木材、布匹等固体材料，汽油及挥发性化学液体等可燃液体，可燃电器，厨房油脂这些火灾都适用。另外，水基型灭火器不受室内、室外、大风等环境的影响，灭火剂可以最大限度地作用于燃烧物表面，对于家庭、汽车、商业办公等，都可以使用。

除了上述这些灭火器材之外，尚有以碳酸氢钠粉末为主要成分的干粉灭火器等。

习题

1. 人体所需的营养素有哪些？
2. 维生素如何分类？分别列出各类维生素。
3. 磺胺类药物的抗菌作用原理是什么？
4. 食品中可能存在的有害物质主要是哪几类？如何预防？
5. 燃烧所必需的 3 个必要条件是什么？按照灭火原理的不同，灭火的常用方法有哪些？
6. 常用的灭火器材分为几种类型？其原理有什么不同？

第 8 章　化学与环境

所谓环境是相对于某项中心事物而言。对我们来说，中心事物是人，因此环境就是人类的生存环境。人类的生存环境按要素分为自然环境和社会环境，本章所讨论的是自然环境。

一般来说，自然环境是指围绕人类周围的各种自然要素的总和。《中华人民共和国环境保护法》从法学的角度对环境概念进行了阐述："本法所称环境，是指影响人类生存和发展的各种天然的和经过人工改造的自然因素的总体，包括大气、水、海洋、土地、矿藏、森林、草原、野生生物、自然遗迹、人文遗迹、自然保护区、风景名胜区、城市和乡村等。"

自然环境为人类的生存和发展提供了必要的物质条件。人体从自然环境中摄取空气、水和食物，经过消化、吸收，得到人体细胞和组织需要的营养成分并产生能量，以维持生命活动。同时，又将体内不需要的代谢产物通过各种途径排入环境，从而对环境产生影响。

人类为了自身的生存和发展，不断利用和改造着自己身边的自然环境。社会在进步，科学技术在进步，但是，人们赖以生存的自然环境却随着技术手段的进步而受到了日益严重的破坏。近年来，屡屡发生的触目惊心的环境污染事件使人们认识到：一味地向自然环境索取而不加保护无异于自掘坟墓；建立在此基础上的发展是不可持续的；人类不仅需要对已经发生的污染进行有效的治理，更需要从源头上防止污染的发生。只有当人们普遍树立起环境保护意识和可持续发展的意识，形成世界范围的巨大力量来保护我们共同的环境时，科学技术的进步才能给人类带来稳定的繁荣。

随着技术的进步，人类生活的舒适度也不断提高。然而，资源的过度开采，废物的不断排放使自然无法承受如此沉重的负荷，生态平衡遭到破坏，全球气候变暖，臭氧层空洞，酸雨，土地沙漠化，生物多样性锐减，自然对人类的报复也越来越频繁，越来越剧烈，"环境与发展"已经成为人类共同关心的话题。

人类在发展自身的生存条件的过程中，直接或间接地向环境排放超过其自净能力的物质或能量，从而使环境质量恶化，这就是环境污染。

按环境要素，环境污染可分为大气污染、水污染、土壤污染、噪声污染、光污染、生物污染等。本章简单介绍由化学物质引起的大气污染、水污染和土壤污染以及各种污染的防治方法。

8.1　大气污染与保护

8.1.1　大气圈的结构与组成

大气圈的组成可分为恒定的、可变的和不定的三类组分。氮气（78.09%）、氧气（20.95%）、氩气（0.93%）及微量的稀有气体构成大气的恒定组分。恒定组分的比例在地球表面的任何地方几乎不变。二氧化碳和水蒸气构成大气的可变组分，组分含量随季节和气象的变化及人们生活活动而发生变化。不定组分与自然灾害和人类活动有直接关系，其组成有尘埃、硫氧化物、氮氧化物等物质。不定组分是造成大气污染的主要根源。

由于重力的作用，大气的质量在垂直方向上的分布是不均匀的。50%的质量集中在离地面 5 km 以下，90%的质量分布在 30 km 以下。根据大气的物理性质和化学性质及其垂直分布的特点，将大气圈分成对流层、平流层、中间层、热层和逸散层五个层次。图 8-1 表示各层离地球表面的高度、温度和压力。

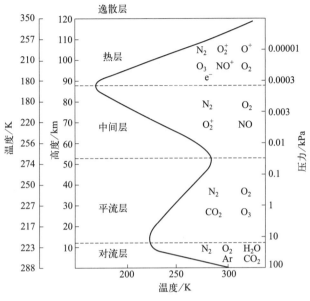

图 8-1　大气圈的结构

对流层是大气圈的最底层，厚度约 12 km，集中了整个大气圈质量的 80%～95%。对流层与人类活动关系最为密切，特别是厚度 2 km 以内的大气，最容易受人类活动的影响，产生污染。正常条件下，对流层下热上冷，空气可以形成对流，空气对流对污染气体的扩散十分有利。但若形成下冷上热的"逆温"现象，污染气体就难以通过对流扩散，这时将产生大气污染事件。20 世纪 10 大公害事件中，马斯河谷大气污染事件、洛杉矶光化学烟雾事件、多诺拉大气污染事件、伦敦烟雾事件都是在逆温情况下发生的。平流层位于地球表面 12～50 km 处，含有大量的臭氧。平流层的温度下冷上热，没有上下大气对流。这层空气十分稀薄，污染气体一旦进入平流层，很长时间不会散去，而且对臭氧层有极大的破坏。

8.1.2　大气污染源与一次污染

8.1.2.1　大气污染源的形成

大量的燃料废气和工业废气排入大气中，对空气造成污染。这些大气污染主要是：①煤、石油、煤气、天然气等燃烧时排放的烟尘及废气（主要是氮氧化物、硫氧化物）。例如：工业生产中燃料燃烧的排放物；家庭取暖和煮食的燃煤排放物。②工业生产过程中排出的各种废气及排放的各类粉尘。例如：各类化工厂向大气排放具有刺激性、腐蚀性的有机或无机气体，化纤厂排放的硫化氢、二硫化碳、甲醇、丙酮等气体。③采矿采煤时产生的粉尘。④汽车尾气，主要是氮氧化物，也是大气污染的主要污染物。目前全世界的汽车超过两亿辆。每年排出的氮氧化物超过一千万吨，一氧化碳 2 亿吨，铅 40 万吨，这些污染物对大气造成的危害是相当严重的。

要解决大气污染问题，必须了解和研究污染气体的组成及其在空气中发生的变化，只有这样才能有效地防止和治理大气污染问题。

8.1.2.2 一次污染物

一次污染物是指从各类工厂、汽车等污染源中直接排放出来大气污染物,它排放量大,影响范围广,危害也较大。主要是一氧化碳、硫氧化物(SO_x)、氮氧化物(NO_x)、碳氢化合物(烷烃、烯烃、芳烃等)及颗粒物等。又可分为反应性污染物和非反应性污染物,反应性污染物在大气中可以发生各种反应,又产生许多新的大气污染物,称为二次污染物。一次污染物、二次污染物在大气中集中很大浓度时,在光的照射下协同作用,造成各类污染事件,给工农业生产及人们身体健康带来更大的危害。

(1) 一氧化碳

一氧化碳在大气污染物中,其排放总量居首位。当一氧化碳被人吸入体内,就迅速与血液中的血红蛋白结合(一氧化碳与血红蛋白的结合能力是氧气的 200~300 倍),使血红蛋白失去了与氧结合的能力。这样,造成人体内缺氧,常伴随有头痛、晕眩等症状,严重则使人窒息死亡。有资料显示,人吸入 CO 浓度为 220 mg·m^{-3} 时,1 小时可中毒;吸入浓度为 1800 mg·m^{-3} 时,1 小时可致死;当浓度达到 14080 mg·m^{-3} 时,1 分钟即"闪电死亡"。一般城市中的 CO 浓度,随行车类型和行车速度而变化。早晚上下班,浓度出现高峰值,车速越高,CO 排出越少。因此,城市的交叉路口及交通繁忙的道路上,CO 的浓度很高。此外,CO 还是产生光化学烟雾的有害气体之一。

(2) 硫氧化物

硫氧化物(大部分是 SO_2,也有一部分是 SO_3)主要来自含硫燃料的燃烧,硫矿石的冶炼及硫的生产过程。全世界每年排入大气中的 SO_2 大约在 1.5 亿吨。在空气中 SO_2 遇水蒸气生成亚硫酸(H_2SO_3),一部分 SO_2 还可以氧化成 SO_3,SO_3 遇水蒸气很快又形成 H_2SO_4 雾。其反应如下:

$$SO_2 + H_2O = H_2SO_3$$

$$2SO_2 + O_2 = 2SO_3$$

$$SO_3 + H_2O = H_2SO_4$$

SO_2 是一种有强烈刺激性气味的气体,不仅对人的呼吸道有强烈的刺激作用。还可能引发支气管炎和增加肺癌患者的死亡率。另外,二氧化硫对植物也有不良影响,它会导致植物叶落增多,产生慢性植物损伤,降低产量。SO_2 与空气中的水形成酸雾,酸雾比干燥的硫氧化物的危害更大。在干燥的空气中,SO_2 的体积分数为 8×10^{-4} 时人还可以忍受,但酸雾浓度在 0.8×10^{-7} 时人已不能忍受。二氧化硫还是一种腐蚀性较大的气体,如果加上酸雾的协同作用,会造成金属严重腐蚀,使橡胶制品老化,皮革失去强度,建筑材料变色变质,甚至使石雕、壁画等艺术品毁损。英国伦敦烟雾就是硫酸雾造成的大气污染事件。另外,大气中的粉尘与 H_2SO_4 作用生成硫酸盐(固体颗粒中约 5%~20%为硫酸盐),一定颗粒的硫酸盐在空气形成气溶胶,对人体健康有很大影响。气溶胶还会吸附大气中的 SO_2,这将进一步增大其危害性。

(3) 氮氧化物

氮氧化物主要是一氧化氮(NO)和二氧化氮(NO_2),主要来自燃料的燃烧过程或制造硝酸、硝酸盐、氮肥、炸药、染料及其中间体的工厂排出的尾气。汽车和内燃机排放气也有大量的氮氧化物。

NO 是无色无味气体,浓度低时,能刺激呼吸系统,浓度高时人急性中毒可使中枢神经受损。在空气中 NO 可以转化成 NO_2,NO_2 是一种棕色有刺激臭味的气体,毒性比 NO 大,

NO_2 能强烈地刺激人的呼吸系统，浓度大时可导致死亡。NO_2 还损害植物，暴露在 NO_2 浓度为 $0.5~\mu g \cdot mL^{-1}$ 的环境中 35 天后，柑橘会落叶并发生萎黄病。NO_2 具有腐蚀性，能腐蚀各种材料的织物，破坏染料，使其褪色；对于各种镍铜材料，也具有一定的腐蚀作用。

空气中的 N_2 在高温条件下和 O_2 反应会生成 NO，NO 进一步与 O_2 生成 NO_2，该反应为：

$$N_2 + O_2 \Longrightarrow 2NO$$

$$2NO + O_2 \Longrightarrow 2NO_2$$

NO 的生成速率随燃烧温度增高而增大。温度在 300 ℃ 以下，产生的 NO 很少；但在 1500 ℃ 以上，NO 的生成量明显增加（从表 8-1 可以看出），而且燃烧温度越高，氧气的浓度越大，反应时间越长，生成 NO 的量就越多。

表 8-1　NO 的生成量与温度的关系（空气中）

温度/K	800	1590	1810	2030	2250
生成 NO 的体积浓度/$\times 10^{-6}$	0.77	550.0	1380.0	2600.0	4150.0

但高温条件下，NO 转化成 NO_2 的量很小。随着温度降低，NO_2 的量逐渐增加。氮氧化物是形成光化学烟雾的主要污染物之一。汽车排出大量 NO_x 及碳氢化合物，经太阳光暴晒，就会产生光化学烟雾，使空气污染更为严重。

(4) 碳氢化合物（HC）

碳氢化合物主要指饱和烃、不饱和烃、芳香烃等。主要来自：①石油开采及运输过程的泄漏，散失；②石油制品在生产和使用过程中的散发物；③燃料燃烧的排放物，其中汽车尾气占很大比例；④生物的分解产物。

汽车、拖拉机的尾气中含有一种毒性很大的碳氢化合物——苯并芘。苯并芘是芳香烃族化合物的一种，其中以 3,4-苯并芘对人的危害最大，是一种致癌物质，最低致癌量为 0.4~2 μg。

有资料表明：一般汽车行驶 1 h，大约产生 1,2-苯并芘 300 μg，燃烧 1000 g 煤能产生 0.21 mg 苯并芘。许多纤维素物质在燃烧时也能生成苯并芘，例如在农村，焚烧农作物秸秆、城市中焚烧秋季落叶都会产生苯并芘。碳氢化合物在一定条件下也会产生光化学烟雾，造成更严重的污染。

(5) 总悬浮颗粒物与可吸入颗粒物

总悬浮颗粒物（total suspended particulate，TSP）由 0.05~100 μm 大小不等的颗粒物组成。它能长时间悬浮于空气中，主要来源于燃料燃烧时产生的烟尘、生产加工过程中产生的粉尘、建筑和交通的扬尘、风沙扬尘以及气态污染物经过复杂物理化学过程在空气中生成相应的盐类颗粒。总悬浮颗粒物中 10 μm 以下的颗粒物会随气流进入人的气管甚至肺部，因此人们称其为可吸入颗粒物（inhalable particulates，IP），用 PM_{10} 表示。这个数值是空气质量级别的一个最主要指标。

颗粒物（particulate matter，PM）对人体的危害与颗粒物的大小有关。颗粒物的直径越小，进入呼吸道的部位越深。直径 10 μm 的颗粒物通常沉积在上呼吸道，直径 5 μm 的可进入呼吸道的深部，2 μm 以下的可 100% 深入到细支气管和肺泡。2012 年《环境空气质量标准》（GB 3095—2012）新增颗粒物 $PM_{2.5}$，其是指环境空气中，空气动力学当量直径≤

2.5 μm 的颗粒物，也称细颗粒物，它与大气灰霾现象密切相关。

8.1.3 二次污染与四大环境问题

排放到大气中的污染物经过各种复杂的反应，变成二次污染物。一次污染物和二次污染物共同作用，会造成综合性污染现象，如光化学烟雾、臭氧层空洞、温室效应、酸雨等，导致环境恶化。

(1) 光化学烟雾

大气中的 HC、CO、NO_x 等一次污染，在太阳光（紫外光）的照射下，发生复杂的光化学反应，生成二次污染物。一次污染物和二次污染物混合形成污染烟雾，称为光化学烟雾。在 1940 年美国洛杉矶首次发生光化学烟雾事件，因此又叫洛杉矶型烟雾（呈蓝色）。

造成光化学烟雾的主要原因是，排放到大气中的一次污染物，在"逆温层"出现的条件下，无法扩散，长时间聚集，经强烈的太阳光照射，发生如下的光化学反应：

$$2NO(g) + O_2(g) \Longrightarrow 2NO_2(g)$$

$$NO_2(g) \Longrightarrow NO(g) + O(g)$$

$$O(g) + O_2(g) \Longrightarrow O_3(g)$$

$$CO + NO_x + HC + 阳光 + O_2 \longrightarrow O_3(g) + NO_x(g) + CO_2(g) + 各种有机产物$$

各种燃料燃烧放出的 NO、NO_2 会循环上述反应。生成的 O_3 是一种强烈氧化剂，O_3 与 HC、NO_x 等一次污染物发生复杂的氧化反应，生成二次污染物。如：O_3 与碳氢化合物反应生成醛、酮等物质，O_3 与 NO_2 生成具有强烈刺激气味的硝酸过氧化乙酰（PAN，$CH_3-\underset{\underset{O}{\|}}{C}-OONO_2$），另外，污染物中还有一些不易挥发的小分子凝聚成气溶胶，降低能见度。光化学烟雾是一种强烈刺激性的烟雾，对人和动物的眼睛、呼吸系统有影响。轻的引起眼红流泪，喉部肿痛；严重者会引起视力减退，呼吸困难，手足抽搐，生理机能衰退，甚至死亡。光化学烟雾对农作物危害也严重，1940 年在美国洛杉矶发生光化学烟雾期间，洛杉矶郊区的玉米、烟草、葡萄等农作物和树木都遭到不同程度的毁坏。光化学烟雾集中了大量的氧化性物质 O_3 和 PAN，会造成橡胶制品老化龟裂，染料褪色，金属腐蚀，对涂料、织物、塑料制品等也有不同程度的损坏。

伦敦型烟雾：由燃煤而排放出 SO_2、颗粒物以及由 SO_2 氧化所形成硫酸盐颗粒物所造成的大气污染，呈黄色烟雾，1873 年首次在伦敦出现。

(2) 酸雨

降雨是正常的自然气象。漂浮在大气中的酸性化学物质随雨水到达地面，对地面的物质平衡产生一定影响，对环境造成破坏，这就是通常所说的酸雨现象。

雨水的酸度值通常用 pH 值表示。正常的雨水呈微酸性，pH 值约 6～7，这是由于大气中大量的 CO_2 溶于雨水部分电离形成的结果，雨水形成微酸性的过程：

$$CO_2 + H_2O \Longrightarrow H_2CO_3$$

$$H_2CO_3 \Longrightarrow H^+ + HCO_3^-$$

这种微酸性的雨水，使土壤中的养分溶解，供植物吸收，生长。如果雨水的 pH 值小于 5.6 通常称为酸雨。目前酸雨已是世界公众注意的一种大气污染问题。酸雨的形成是非常复杂的物理、化学过程。主要认为是工业生产和汽车排放的污染物 SO_x 和 NO_x，在大气中发生如下化学反应：

$$2SO_2 + O_2 \Longrightarrow 2SO_3$$

$$SO_3 + H_2O \Longrightarrow H_2SO_4$$
$$SO_2 + H_2O \Longrightarrow H_2SO_3$$
$$2H_2SO_3 + O_2 \Longrightarrow 2H_2SO_4$$
$$2NO + O_2 \Longrightarrow 2NO_2$$
$$2NO_2 + H_2O \Longrightarrow HNO_3 + HNO_2$$

大气中的烟尘、臭氧等作为催化剂。生成的 H_2SO_4 和 HNO_3 随雨水落下，形成酸雨，对环境造成危害。酸雨会使湖泊变成酸性，使水下微生物、鱼、虾等大量死亡，甚至使稀有珍奇鱼类绝迹。大量的酸雨会使土壤中的营养成分流失，土地贫瘠，农作物减产、森林毁坏。会使饮水中的重金属含量增加，长期饮用引起中毒。酸雨还加速了桥梁、水坝、建筑结构、工业装备、通信设备的损坏。酸雨在我国已十分严重，在被监测的 25 个省市自治区中，88% 的地区出现酸雨。1982 年，重庆市夏季连降酸雨，均为 pH＝3 的低值酸雨，雨后大批农作物枯死，造成很大的经济损失。此外，酸雨还会随风漂移，降至几千公里以外的地区，造成大范围的公害，甚至引起国际纠纷。

(3) "温室效应" 加剧

太阳光照射地球时，平流层中臭氧能吸收太阳光中的紫外光（紫外光能量很高），太阳光中的红外光可被大气层中的水蒸气和二氧化碳吸收，能照射到地球表面只有可见光。大部分可见光能被地球表面吸收，使地球表面温度升高。地球吸收的能量又以红外长波辐射的形式返回空间，向外散发时被大气层中的二氧化碳吸收，可见大气层中的二氧化碳起着 "温室玻璃" 的作用。这样地球吸收的热量多，散失的热量少，保持在一个温室环境中，这就是"温室效应"。几千年来，人类和生物就是靠这温室环境保持着生态平衡。其中，生物呼吸，燃料燃烧产生二氧化碳，二氧化碳可溶解在江河湖泊里，又可被植物光合作用吸收，产生和消耗的二氧化碳之间达到平衡，使地球的温度维持在一定范围。近几十年，现代工业迅速发展，煤、石油的大量开采，人口剧增，人类消耗的矿物燃料迅速增加，燃烧后产生 CO_2 在大气层中大量聚积。据资料，19 世纪 60 年代每年排放到大气中的 CO_2 只有 0.9 亿吨左右；2022 年，全球的 CO_2 总排放量达 360 亿吨。同时，大面积森林被毁坏，使自然环境对二氧化碳的自净化能力下降，温室效应不断增加。除了二氧化碳，大气中的甲烷、水蒸气、氟氯烃等物质也会使温室效应加剧。

"温室效应"加剧，导致全球气候变暖，给人类生活及工业生产带来影响。随着温室效应增强，气温升高，海水将由于升温而膨胀，促使海平面升高，使广大沿海地区受到威胁。海水倒灌，洪水排泄不畅，土地盐渍化加重，航运、水产养殖业也会受影响。内陆地区，全球气候变暖使农业生产不稳定，一方面升温可提高作物的光合作用，使农业增产。但另一方面，温度升高使地表水蒸发量增大，使土地干旱化、沙化及草原退化加重（如我国华北和西北地区）。另外，高温天气也会使病虫害变得更加严重。气候变暖有利于病菌、霉菌和有毒物质的生长，导致食物受污染或变质，还将引起全球疾病的流行，严重威胁人类健康。控制 CO_2 的排放正在引起国际社会的重视，世界各国都在研究 CO_2 的减少排放措施。

(4) 臭氧层空洞

臭氧层空洞是目前人们普遍关注的又一个全球性的大气环境问题。

臭氧存在于离地面 25～30 km 高空的平流层中，在平流层中有一个臭氧浓度较大的区域，叫臭氧层。臭氧层可以吸收太阳光中的紫外光（对人和生物有害，波长为 200～400 nm），是地球生物赖以生存的天然屏障。

臭氧层中臭氧的形成，主要是氧分子吸收能量分解成氧原子，氧原子又与其他氧分子结合而成；而臭氧的消耗是光分解所致，具体反应如下：

$$O_2 \xrightarrow{h\nu} O + O \quad (\lambda < 243 \text{ nm})$$
$$O + O_2 \longrightarrow O_3$$
$$O_3 \xrightarrow{h\nu} O_2 + O \quad (\lambda < 300 \text{ nm})$$

正常情况下，氧原子通过光化学反应产生的 O_3 和光分解反应减少的 O_3 处于动态平衡。

过去人类的活动未涉及平流层，对平流层中臭氧层的认识及保护没有足够的重视。近年来科学家的测试结果证明，臭氧层遭到破坏开始变薄，甚至出现臭氧层空洞。1989 年，日本、美国、欧洲一些国家和地区的科学家联合监测了北极上空的臭氧层，发现臭氧层中臭氧量每年平均减少 15%，最高达 30%。北极上空已经形成臭氧层空洞，而且在不断扩大。一旦形成臭氧层空洞，有更多的紫外线辐射到达地面。紫外线对人的眼睛和皮肤有伤害，引起免疫系统的变化，导致癌症。强紫外线会影响鱼虾及其他水生动物的生存，甚至造成某些生物灭绝。过度紫外线照射，会导致植物枯萎死亡。

臭氧层破坏，主要是由于大量释放的氟里昂和氮氧化物与 O_3 反应的结果。氟里昂是化学性质稳定的物质，被用作制冷剂、发泡剂、气喷雾剂等。喷气式飞机，尤其是超音速飞机所涉及的高度达到平流层，这些飞行器排出的氟里昂及氮氧化物直接进入平流层。这些气体与臭氧的光化学反应：

$$CFCl_3(氟里昂\ 11) \xrightarrow{h\nu} CFCl_2 \cdot + Cl \cdot$$
$$CF_2Cl_2(氟里昂\ 12) \xrightarrow{h\nu} CF_2Cl \cdot + Cl \cdot$$
$$Cl \cdot + O_3 \xrightarrow{h\nu} ClO \cdot + O_2$$
$$ClO \cdot + O_3 \xrightarrow{h\nu} Cl \cdot + 2O_2$$
$$NO + O_3 \longrightarrow NO_2 + O_2$$
$$NO_2 + O_3 \longrightarrow NO + 2O_2$$

由上式可以看出，一旦产生 $Cl \cdot$ 自由基和 NO，它们会循环反应，使 O_3 不断分解，引起臭氧层破坏。臭氧层空洞现象已引起世界各国的普遍关注。为了保护臭氧层，1987 年在加拿大蒙特利尔召开了保护臭氧层国际大会，签署了"蒙特利尔保护臭氧层议定书"，规定禁止使用氟里昂及其他卤代烃。

8.1.4 大气污染的防治

从上述讨论可以看出，大气污染现象都与一次污染物 CO_2、SO_x、NO_x、颗粒物等有关，这些污染物主要来自燃料燃烧的排放物。燃烧污染物的控制和治理是大气保护的主要任务，要使气体污染物严格按照国家规定的标准达标排放。

(1) 颗粒物

采用除尘设备，对生产过程产生的粉尘进行处理，降低粉尘的排放量，净化空气。除尘方法一般有干法除尘和湿法除尘。应用最多的干法除尘，主要用旋风除尘和袋式除尘器来除尘。湿法除尘则是在烟气进入烟囱的降温烟管时，在此管道中喷水雾，使烟气冷却并充分加湿，然后再进入除尘设备中，进行处理。

(2) 硫氧化物

处理方法可以采用燃烧前处理法，预先对煤或石油进行燃烧前的脱硫处理。或采用燃烧后处理法，即在燃料燃烧后，产生的废气排入大气之前，用化学方法脱硫。

对含有 SO_2 废气的治理方法，可以有吸收法和吸附法。

① 吸收法

吸收法是利用酸碱反应,用各种碱性物质对酸性 SO_2 进行吸收与处理。

碱吸收： $Na_2CO_3+SO_2 =\!=\!= Na_2SO_3+CO_2\uparrow$

氨吸收： $2NH_3+SO_2+H_2O =\!=\!= (NH_4)_2SO_3$

$NH_3+SO_2+H_2O =\!=\!= NH_4HSO_3$

再进行酸化处理：

$(NH_4)_2SO_3+H_2SO_4 =\!=\!= (NH_4)_2SO_4+SO_2\uparrow+H_2O$

$2NH_4HSO_3+H_2SO_4 =\!=\!= (NH_4)_2SO_4+2SO_2\uparrow+2H_2O$

得到纯度较高的 SO_2 用于生产 H_2SO_4。

国内许多中小型硫酸厂对尾气 SO_2 的处理,采用氨吸收。这样不仅使尾气达到国家排放标准,同时生产出合格的液体 SO_2 和硫酸铵,具有较好的经济效益和社会效益。

石灰乳吸收： $Ca(OH)_2+SO_2 =\!=\!= CaSO_3+H_2O$

$2CaSO_3+O_2 =\!=\!= 2CaSO_4$

副产物 $CaSO_3$ 在空气中氧化可得到 $CaSO_4$，$CaSO_4$ 可制造建筑板材或水泥,也可作为路基填充物。

② 吸附法

主要利用多孔活性吸附物质对 SO_2 的吸收,常用的吸附剂有活性炭、分子筛等。

(3) 氮氧化物

改进燃烧炉的燃烧结构,提高燃烧效率,可有效降低 NO_x 的排放量。氮氧化物具有氧化性,可以在催化剂作用下,与还原剂反应生成 N_2，除去氮氧化物。反应式如下：

$6NO+4NH_3 =\!=\!= 5N_2+6H_2O$

$6NO_2+8NH_3 =\!=\!= 7N_2+12H_2O$

汽车尾气中 NO_x 的处理,可以在燃料中加入某些添加剂,改变燃料组分,降低污染物含量。例如目前许多城市采取在汽油中加入 10% 左右乙醇的措施,目的是降低汽车尾气中 NO_x 等有毒气体的排放量。另外 NO_x 的处理,还可以采用改进尾气排放装置的方法,如在汽车排气装置内安装催化净化器,当 NO_x 进入净化器后,在催化剂的作用下,发生一系列复杂反应,生成无污染气体排出,达到净化空气的作用。

(4) 碳氧化物

对 CO_2 的处理可以采用吸收法。例如：美国 DOW 化学公司在 20 世纪 80 年代初期开发的适用于从电厂烟道气中回收 CO_2 的 MEA 法（用乙酸胺为吸收剂）,分离效果非常好。也可采用低温蒸馏法处理 CO_2，即利用 CO_2 与其他气体组分沸点的差异,先进行低温液化,然后蒸馏,来实现 CO_2 与其他气体分离的目的。

8.2 水体污染及保护

8.2.1 水中的污染物

水是自然环境中最宝贵的资源之一,是人类生活、动植物生长、工农业生产不可缺少的物质。没有水就没有生命。据报道,地球上约有 13.8 亿立方千米的水,其分布见表 8-2。

表 8-2 地球上水的分布

水　体	海　水	冰川和冰帽	地面水	地下水	大气中水蒸气
含量/%	97.3	2.14	0.02	0.61	<0.01

目前被人类利用的水只是浅层地下水和湖泊河川的淡水,仅占地球水量总和的 0.63%。随着社会生产力的发展,工农业生产对水的需求量迅速增加。而工业的废水、排污等又使水源污染,可利用的水量急剧下降,地区性的缺水现象愈来愈严重。

水体污染有两类:一类是自然污染,另一类是人为污染,而后者是主要的。自然污染主要是自然原因造成的,如特殊地质条件使某些地区某种化学元素大量富集,天然植物在腐烂过程中产生某种毒物,以及降雨淋洗大气和地面后夹带各种物质流入水体等等。人为污染是人类生活和生产活动中产生的废、污水排入水体,它们包括生活污水、工业废水、农田排水和矿山排水等。排入水体的污染物一般分为无机污染物、重金属污染物和有机污染物。

8.2.1.1 无机污染物

水体中无机污染物又可分为无机无害物、无机有害物和无机有毒物 3 类。

(1) 无机无害物

天然水中溶解许多物质,但其化学组成中有 8 种离子占全部溶解物的 95%~99%。它们是 Na^+、K^+、Ca^{2+}、Mg^{2+}、Cl^-、HCO_3^-、CO_3^{2-}、SO_4^{2-}。它们在一定浓度范围内是无害的,但它们同许多有毒污染物在水体中的行为往往是有联系的。

(2) 无机有害物

从其本身的性质看虽然是无毒的,但它会给人类或生态平衡产生某些不良的影响。固体悬浮物属于无机有害物,天然来源的固体悬浮物本身可能是无毒的,它漂浮在水体中能够散射光线,减少水生植物的光合作用。固体悬浮物也会吸附一些有毒物质,随着水流迁移到其他地区,使污染范围扩大。无机酸、碱、盐类也属于有害物,冶金、化工、造纸等工业废水是水体酸的污染源;而制碱、制革、炼油等工业废水是水体碱的污染源。

(3) 无机有毒物

包括金属氰化物、砷、硒、氟等非金属化合物及放射性物质。氰化物主要来自各种氰化物的工业废水,如电镀废水、炼焦炼油废水、有色金属冶炼厂废水等。氰化物毒性很强,它对细胞中的氧化酶有损伤作用。中毒后呼吸困难,细胞缺氧,直至窒息死亡。氰化物在水体中可与二氧化碳发生反应,生成 HCN:

$$CN^- + CO_2 + H_2O \rightleftharpoons HCN + HCO_3^-$$

氰化物还能被溶解氧所氧化:

$$2CN^- + O_2 \rightleftharpoons 2CNO^-$$

$$CNO^- + 2H_2O \rightleftharpoons NH_4^+ + CO_3^{2-}$$

总反应: $$2CN^- + O_2 + 4H_2O \rightleftharpoons 2NH_4^+ + 2CO_3^{2-}$$

此外,氰化物还会发生生化氧化。一般来说,微生物分解氧化速率较慢,只有在光照、较高水温及较快水流时,分解速率才加快。

8.2.1.2 重金属污染物

水体中有毒重金属污染物有汞、镉、铅、铬、铜、锌等。重金属污染物有如下几个特征。

① 形态多:重金属属于过渡元素,它们有多种化合价,有较强的化学活性。化学反应随条件不同常产生不同形态的化合物。不同形态化合物其毒性是不相同的。

② 易形成金属有机化合物:重金属形成金属有机化合物后毒性比金属无机化合物大,如甲基氯化汞的毒性大于氯化汞;四乙基铅、四乙基锡的毒性分别大于二氧化铅、二氧化锡。

③ 不同价态毒性不同:如 6 价铬毒性大于 3 价铬;2 价汞大于 1 价汞;亚砷酸盐的毒性

是砷酸盐的60倍。此外，重金属的价态相同，若化合物不同其毒性也不相同，氧化铅的毒性大于碳酸铅。

④ 可发生多种化学过程：重金属在环境中迁移，转化形式多变，几乎包括水体中全部的物理、化学过程。

⑤ 产生毒性效应的浓度范围较低：一般仅 1～10 mg·L^{-1}，毒性较强的重金属汞、镉等浓度范围仅为 0.001～0.01 mg·L^{-1}（汞、镉、铅、铬、砷俗称重金属五毒）。对水生生物而言，不同生物对金属耐毒能力是不一样的，金属毒性顺序是：Hg＞Ag＞Cu＞Cd＞Zn＞Pb＞Ni＞Co。

⑥ 对人体、生物的毒害具有积累性。有人推算，重金属对人体的毒性往往经过几年或几十年时间的长期潜伏。

重金属在环境中不能被降解。目前对重金属污染的控制只能是制定排放标准，使用立法手段对重金属污染源进行控制，使其必须达标排放。我国规定工业废水中重金属的最大允许排放浓度为：汞（以 Hg 计）0.05 mg·L^{-1}，镉（以 Cd 计）为 0.1 mg·L^{-1}，铅（以 Pb 计）1.0 mg·L^{-1}，铬（以+6 价 Cr 计）为 0.5 mg·L^{-1} 等。

8.2.1.3 有机污染物

(1) 耗氧有机物

这些物质直接排入水体，将被水中微生物分解而消耗水中的 O_2，故常称这些有机物质为耗氧有机物。其污染程度一般可以用溶解氧（DO）、生化需氧量（BOD$_5$）、化学需氧量（COD）等多种指标来表示。

溶解氧（dissolved oxygen）反映水体中存在的 O_2 的数量，可以用来反映水体中有机污染物的多少和水受污染的程度。若水体中的 DO 低于 5 mg·L^{-1} 时，各类浮游生物便不能生存；低于 4 mg·L^{-1}，鱼类就不能生存，低于 2 mg·L^{-1}，水体就要发臭。溶解氧越低，水体污染越严重。

有机污染物质对水体的污染过程，通常是以微生物分解有机物时消耗的氧量来表示，即生物化学需氧量（biochemical oxygen demand, BOD）。一般用水温 20 ℃时 5 天的生化需氧量作为统一指标（BOD$_5$），BOD$_5$ 是评价水质的重要指标之一。水体 BOD 量越高，溶解氧消耗越多，水质越差。生化需氧量测定过程长，所以通常又用化学需氧量（chemical oxygen demand, COD）表示。化学需氧量是将强氧化剂（重铬酸钾或高锰酸钾等）在一定条件下，氧化水中有机污染物和一些还原物质所消耗的该氧化剂的量折算为相当的 O_2 的量，以 mg·L^{-1} 表示。同样，COD 指标越高，水质越差。但 COD 不完全反映水中有机物质污染的情况，它也包括了其他还原性物质污染情况，故实际测定结果是水中还原性物质污染的总量。一般工业废水的 COD 不应大于 100 mg·L^{-1}，BOD$_5$ 不应大于 60 mg·L^{-1}。

酚类是可分解的重要有机污染物。在各种酚中，挥发性酚（苯酚和甲基苯酚）毒性最大，并能与氯气作用生成氯酚，因此，被挥发性酚所污染的水源，当用氯消毒时生成具有恶臭的氯酚，不宜饮用。我国规定工业废水中酚的最大允许排放浓度为 0.5 mg·L^{-1}。

在污水中还有一类含氮的有机物，如蛋白质、尿素等。含氮有机物称为有机氮，在最初进入水中时，具有很复杂的组成，但由于水中存在某些微生物的作用，能逐渐被分解，变为组成简单的化合物。例如，蛋白质分解成氨基酸及氨等，如果在没有 O_2 的情况下，氨就是有机氮分解后的最后产物，但是如果水中有 O_2 存在，则在硝化细菌作用下，NH$_3$ 先氧化成亚硝酸盐，进而氧化成硝酸盐。其过程如下：

$$2NH_3 + 3O_2 \longrightarrow 2HNO_2 + 2H_2O$$

$$2HNO_2 + O_2 \longrightarrow 2HNO_3$$

这样，复杂的有机氮化合物就变成无机化合物的硝酸盐，硝酸盐在此过程中是氮的有机物分解后的最终产物。

水中氨、亚硝酸盐、硝酸盐对水质影响极大，其中亚硝酸盐是强致癌性物质，又以亚硝酸铵最为严重。硝酸盐含量过高，造成水体富营养化，也会造成严重危害。

(2) 水体的"富营养化"

流入水体的城市生活污水和食品工业废水中常含有 P、N 等水生植物生长、繁殖所必需的元素。在湖泊、水库、内海、河口等地区的水中，水流缓慢，停留时间长，适于植物营养元素的积存，会导致水生植物迅速繁殖。这种由于水体中植物营养成分的污染而使藻类及浮游植物大量生长的现象，称为水体的"富营养化"。水体富营养化后，水体中严重缺 O_2 导致水生动植物大量死亡。动植物残骸在水下腐烂，在厌氧菌的作用下，产生 H_2S 等气体，使水质严重恶化。

(3) 难降解有机物

合成洗涤剂、有机氯农药（DDT）、多氯联苯（PCB）等，这些化合物在水中很难被微生物降解，而通过食物吸收逐步被浓缩造成危害。这些化合物在制造和使用过程中或使用后，可通过各种途径流入水体造成污染，必须引起注意。

(4) 石油

石油比水轻又不溶于水，覆盖在水面上形成薄膜层，阻止大气中的氧在水中溶解，造成水中溶解氧减少，形成恶臭，恶化水质。同时，油膜堵塞鱼的鳃部，使鱼类呼吸困难，甚至引起鱼类死亡。若以含油污水灌溉农田，亦可因油膜黏附在农作物上而使其枯死。

8.2.2 水体污染的控制与治理

要防止水体污染，提高环境质量，维护生态平衡，关键是要控制污染源，使其达标排放，即对送回到环境中的工业废水和生活污水进行处理，使污染物总水平与水体的自净能力达到平衡。

工业废水和生活污水的处理方法很多，各种方法都有其特点和适用范围，往往需要配合使用。下面简单介绍各类方法的原理及特点。

8.2.2.1 物理处理法

水中的悬浮物质主要利用物理的机械法处理，这种方法主要根据废水中所含悬浮物质比重的不同，利用物理作用使之分离。最常用的有重力分离（沉淀）法、浮上分离（浮选）法、过滤法、热处理法、曝气法等，可依据工业废水的性质不同采用不同的方法。例如可用活性炭、硅藻土等吸附剂过滤吸附处理低浓度的废水，使水净化；也可以用某种有机溶剂溶解萃取的方法处理含酚等有机污染物的废水。

8.2.2.2 化学处理法

化学处理法是利用化学反应来分离、回收废水中的污染物，或将其转化为无害物质。这类方法主要有中和法、沉淀法、氧化还原法、絮凝法等。

(1) 中和法

中和法是利用化学方法使酸性废水或碱性废水中和达到中性的方法。在中和处理中，应尽量遵循"以废治废"的原则，优先考虑废酸或废碱的使用，或酸性废水与碱性废水直接中和的可能性。酸性废水可直接放入碱性废水进行中和，也可采用石灰、白垩废渣（碳酸钙）、电石渣（氢氧化钙）等中和剂。碱性废水可直接通入烟道废气（含有 CO_2 和 SO_2 等酸性气体）或用二氧化碳气来中和。

(2) 沉淀法

沉淀法是去除水中重金属离子的有效方法，利用沉淀剂与有害物质生成沉淀，降低其含量。沉淀法可分为氢氧化物沉淀法、硫化物沉淀法和钡盐沉淀法。

① 使用石灰乳调节污水的 pH 值，形成重金属氢氧化物沉淀而除去。例如电气工业中的含铜废水的处理反应如下：

$$Cu^{2+} + Ca(OH)_2 == Cu(OH)_2 + Ca^{2+}$$

② FeS 沉淀转化法除去水中重金属离子，操作简便，处理成本低，反应如下：

$$Hg^{2+} + FeS(s) == HgS(s) + Fe^{2+}$$
$$Cu^{2+} + FeS(s) == CuS(s) + Fe^{2+}$$
$$Pb^{2+} + FeS(s) == PbS(s) + Fe^{2+}$$
$$Cd^{2+} + FeS(s) == CdS(s) + Fe^{2+}$$

由于 HgS、PbS、CuS、CdS 等硫化物溶度积远远小于 FeS 的溶度积，使这些反应进行得十分完全。

③ 用钡盐沉淀法处理镀铬废水，反应如下：

$$2BaCO_3 + H_2Cr_2O_7 == 2BaCrO_4 + H_2O + 2CO_2$$

(3) 氧化还原法

常用的氧化还原法主要有两种：

① 空气氧化法

将废水暴露在空气中，利用空气中氧作氧化剂进行处理。例如，石油化工厂的含硫废水，硫化物被转化成无毒的硫代硫酸盐或硫酸盐。

$$2HS^- + 2O_2 == S_2O_3^{2-} + H_2O$$
$$2S^{2-} + 2O_2 + H_2O == S_2O_3^{2-} + 2OH^-$$
$$S_2O_3^{2-} + 2O_2 + 2OH^- == 2SO_4^{2-} + H_2O$$

② 漂白粉法

漂白粉 $[Ca(ClO)_2]$ 是一种强氧化剂，溶于水则生成次氯酸（HClO），次氯酸能将废水中的污染物氧化。

目前比较成熟的是用漂白粉处理含氰废水，使有毒的 CN^- 变成无毒的 CO_2、N_2，其反应式为：

$$2Ca(ClO)_2 + 2H_2O == CaCl_2 + Ca(OH)_2 + 2HClO_2$$
$$2NaCN + Ca(OH)_2 + 2HClO == 2NaCNO + CaCl_2 + 2H_2O$$
$$2NaCN + 2HClO_2 == 2CO_2\uparrow + N_2\uparrow + H_2\uparrow + 2NaCl$$

③ 其他

机械工厂的酸洗废水与电镀（铬）废水的相互处理是氧化还原法处理污水的良好例证。酸洗废水中含有大量强还原剂 $FeSO_4$，镀铬废水中的主要污染成分 CrO_3 是一种强氧化剂，它们相互反应如下：

$$3Fe^{2+} + CrO_3 + 6H^+ == 3Fe^{3+} + Cr^{3+} + 3H_2O$$

既除去了 CrO_3，也消耗了 H^+，反应产物再以石灰中和，反应如下：

$$Fe^{3+} + Cr^{3+} + 3Ca(OH)_2 == Fe(OH)_3\downarrow + Cr(OH)_3\downarrow + 3Ca^{2+}$$

沉渣过滤，即可达到排放标准。

(4) 化学凝聚法（絮凝法）

废水中常含有很细小的淤泥及其他污染物微粒，它们往往带有相同的电荷，因此相互排斥而不能凝聚，往往形成不易沉降的胶态物质悬浮于水中。若加入某种电解质（即絮凝剂）后，絮凝剂在水中能产生带相反电荷的离子，使水中原来的胶状悬浊物失去稳定性而沉淀下来，达到净化水的效果。

铝盐和铁盐是最常用的絮凝剂。以铝盐为例，铝盐与水的反应通常可表达如下：

$$Al^{3+} + H_2O \rightleftharpoons Al(OH)^{2+} + H^+$$

$$Al(OH)^{2+} + H_2O \rightleftharpoons Al(OH)_2^+ + H^+$$

$$Al(OH)_2^+ + H_2O \rightleftharpoons Al(OH)_3 + H^+$$

它们可从三个方面发挥絮凝作用：①中和胶体杂质的电荷；②在胶体杂质微粒之间起"黏结"作用；③自身形成氢氧化物絮状体，在沉淀时对水中胶体杂质起吸附卷带作用。

影响混凝过程的因素有 pH 值、温度、搅拌强度等。采用铝盐作为絮凝剂时，pH 值应控制在 6.0~8.5 的范围内。采用铁盐时，pH 值控制在 8.1~9.6 时效果最佳。

8.2.2.3 生物处理法

生物处理法就是利用微生物的生物化学作用来处理废水的方法。依照微生物对氧气的要求不同，生物法处理废水也相应区分为耗氧处理法与厌氧处理法。目前大多采用的是耗氧处理法。这种方法是将空气（需要的是氧气）不断通入污水池中，使污水中的微生物大量繁殖。因微生物分泌的胶质而相互黏合在一起，形成絮状的菌胶团，即所谓"活性污泥"；另外，在污水中装填多孔滤料或转盘，让微生物在其表面栖息，大量繁殖，形成"生物膜"。活性污泥和生物膜能在较短时间内把有机污染物几乎全部作为食料"吃掉"。

用生物处理法处理含酚、含氰废水，脱酚率可达 99% 以上，脱氰率可达 94%~99%。可见治理效果是极好的。

8.3 土壤污染与保护

8.3.1 土壤污染

"民以食为天，食以土为本"。土壤是地球陆地表面的疏松层，是植物生长发育的基础，是人类和生物繁衍生息的场所，是不可替代的农业资源和重要的生态因素之一。它一方面提供了植物生长必需的水分、养分、空气和热量等条件，为人类及其他动物提供充足的食物和饲料；另一方面它又能承受、容纳和转化人类从事各种活动所产生的废弃物（包括污染物），在消除自然界污染的危害方面起着重要作用。

土壤具有一定的自净作用，当污染物进入土壤后会使污染物在数量和形态上发生变化，降低它们的危害性。但如果进入土壤中的污染物超过土壤的净化能力时，即会引起土壤的性质、组成及性状等发生变化，并导致土壤的自然功能失调，造成土壤污染。

土壤是否受到污染有以下三个判断标准：①土壤中有害物质的含量超过了土壤背景值的含量；②土壤中有害物质的累积量达到了抑制作物正常发育或使作物发生变异的量；③土壤中有害物质的累积量使得作物体或果实中存在残留，达到了危害人类健康的程度。

污染物进入土壤的途径有很多种：废气中含有的污染物质，特别是颗粒物，在重力作用下沉降到地面进入土壤；废水中携带大量污染物进入土壤；固体废物中的污染物直接进入土壤或其渗出液进入土壤。土壤板结及污水灌溉是土壤污染的主要来源。

土壤污染物的种类繁多，既有化学污染又有物理污染、生物污染和放射污染等，其中化学污染最为普遍和严重。土壤的化学污染物分为无机和有机两大类：无机污染物有重金属汞、镉、铅、铬等和非金属砷、氟、氮、磷和硫等；有机污染物有酚、氰及各种合成农药等。这些污染物质大多由受污染的水和受污染的空气，也有一部分是由某些农业措施（如施用农药和化肥）而带进土壤的。

土壤污染的危害主要是对植物生长产生影响。例如，过多的 Mn、Cu 和磷酸等将会阻碍植物对 Fe 吸收，而引起酶作用的减退，并且阻碍体内的氮素代谢，从而造成植物的缺绿病。

污染物进入土壤以后，可能被土壤吸附，也可能在光、水或微生物作用下进行降解，或者通过向环境输出，使水体、大气和生物进一步受到污染；或者通过食物链进入人体内，给人体健康带来不良的影响。

目前"白色污染"日益引起人们的关注。白色污染就是塑料饭盒、农用薄膜、方便袋、包装袋等难降解的有机物被抛弃在环境中造成的污染。它们在地下存在 100 年之久也不能消失，引起土壤污染，影响农业产量。所以，现在全世界都在要求使用可降解的有机物。

8.3.2 土壤污染的防治

土壤污染的防治包括两方面：一是"防"，就是采取对策防止土壤污染，要控制和消除土壤污染源，加强对工业"三废"的治理，合理施用化肥和农药，同时还要采取防治措施；二是"治"，就是对已经污染的土壤进行改良、治理，消除土壤中的污染物。

由于引起土壤污染的原因不同，土壤污染的防治措施需要根据污染源与污染物的种类、土壤性质、自然条件和作物种类的不同而决定。

（1）土壤重金属污染的防治

土壤重金属污染的重要来源是灌溉用水被重金属污染造成的。因此，经常监控灌溉用水的水质，是杜绝土壤污染源的重要措施。

土壤一旦污染，必须采取措施改良土壤才能继续耕种。通常方法有：挖去污染土层，换上无污染的土；耕翻土层，即采用深耕，将上、下土层翻动混合，使表层土壤污染物含量降低；施用重金属的吸收抑制剂（改良剂），如加入石灰、硅酸钙、磷酸盐等，使它们与重金属污染物作用生成难溶化合物，从而降低重金属在土壤和植物体内的迁移能力。这种方法可起到临时的抑制作用，时间长了会引起污染物的积累，并在条件变化时，这些不溶的重金属化合物也可能转变成可溶性重金属化合物。在严重污染地区，选择适宜的作物，改种非食用性作物或能吸收重金属的植物，以达到排除重金属的目的。

（2）土壤农药污染的防治

控制农药的使用，禁止或限制使用剧毒、高残留的农药，如有机氯农药；开发和使用高效、低毒、低残留农药，如除虫菊酯、烟碱等植物体天然成分的农药；开展生物防治，如应用昆虫、细菌、霉、病毒等微生物来消除病虫灾害。

合理施用农药，制定施用农药的安全间隔时间。

目前，化学农药在农业生产上仍是必不可少的，加强新型微生物和激素农药的研究，采取必要的防治措施，土壤受农药的污染完全可以控制。

8.4 绿色化学

化学在保证和提高人类生活质量、保护自然环境以及增强化学工业的竞争力方面均起着关键作用。化学知识的应用和化学研究成果创造了无数的新产品，使我们在衣、食、住、行各个方面受益匪浅。但是，化学品的大量生产和广泛应用相应地也伴生了现代污染，如水、大气、土壤的污染；噪声、放射性污染；食品、农药、生活与太空垃圾等，还有生物资源衰退、温室效应等。环境问题日益突出，引起了人们越来越多的关注。1990年，美国国会通过了《污染预防法案》，明确提出了"污染预防"这一概念，指出最好的防止有毒化学物质危害的办法就是从一开始就不生产有毒物质和形成废弃物。这个法案推动了化学界为预防污染、保护环境作进一步的努力。此后，人们赋予这一新生事物不同的名称：环境无害化学（environmental benign chemistry）、清洁化学（clean chemistry）、原子经济学（atomic economy）和绿色化学（green chemistry）等。美国国家环境保护局（EPA）率先在官方文件中正式采用"绿色化学"这个名称，以突出化学对环境的友好；随后，"绿色化学"这个名称广为传播。

绿色化学，是利用化学的原理和方法来减少或消除对人类健康、社区安全、生态环境有害的反应原料、催化剂、溶剂和试剂、产物、副产物的使用而产生的新兴学科，是一门从源头上减少或消除污染的化学。

从广义上说，绿色化学已成为一种理念，是人们应该倾力追求的目标。目前全世界比较发达的国家的许多行业都以浓厚的兴趣大力研究绿色化学课题。

8.4.1 绿色化学防止污染的基本原则

绿色化学作为一门新的学科，经过10多年的研究与探索，先驱研究者已总结出了被国际化学界所公认的绿色化学研究的12条原则：

① 从源头上制止污染，而不是在末端治理污染；
② 合成方法应具有"原子经济"性，即尽最大可能地使参加反应过程的原子进入最终产物；
③ 在合成方法中尽量不使用和不产生对人类健康和环境有毒有害的物质；
④ 设计具有高使用效益、低环境毒性的化学产品；
⑤ 应尽可能避免使用溶剂、分离试剂等助剂，如不可避免，也要选用无毒无害的助剂；
⑥ 合成方法必须考虑过程中能耗对成本与环境的影响，应设法降低能耗，生产过程应尽可能在常温常压下进行；
⑦ 尽量采用可再生的原料，特别是用生物质代替石油和煤等矿物原料；
⑧ 尽量减少副产品；
⑨ 使用高选择性的催化剂；
⑩ 化学产品在使用完后，应能降解成无害的物质并能进入自然生态循环；
⑪ 发展实时分析技术，以便监控有害物质的形成；
⑫ 选择参加化学过程的物质，尽量减少发生意外事故的风险。

8.4.2 原子经济反应

原子经济的概念是1991年美国斯坦福大学的著名有机化学家特罗斯特（Trost）教授首先提出的。它是指原料分子中原子转换到产物中的百分数。绿色化学的主要特点是"原子经济性"，即在获取新物质的转化过程中，原料分子中的原子百分之百地转变成产物，不产生副产物、废物和污染物，实现污染物的"零排放"。

试比较下列两类反应：

$$A+B \longrightarrow C+D$$
$$A+B \longrightarrow C$$

A和B是反应中的原料（反应物），C是目标产物，D是副产物，显然后一反应达到了最好的原子经济性，原料分子中的原子百分之百地转化成了产物，不产生副产物或废物。

在工业生产中用丙烯氢甲酰化制丁醛、甲醇羰化制醋酸、齐格勒-纳塔聚合乙烯或丙烯、丁二烯和氢氰酸合成己二腈都是原子经济反应的典型例子。

8.4.3 绿色化学的研究内容

一般来说，一个化学反应主要受以下几个方面的影响：①原料或起始物的性质；②试剂或合成路线的特点；③反应条件；④产物或目标分子的性质。因此绿色化学所研究的重点是这几个方面的绿色化：①原料的绿色化，包括采用无毒无害原料，利用可再生资源为原料；②化学反应过程的绿色化，例如研究新的、更安全的、对环境更友好的化学合成路线和生产工艺，采用无毒无害的催化剂、助剂等；③产品的绿色化，设计或重新设计对人类健康和环境更安全的化合物（见图8-2）。

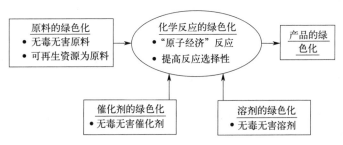

图 8-2　绿色化学的研究内容

总之，绿色化学着重于"更安全"这个概念，不仅针对人类的健康，还包括整个生命周期中对生态环境、动物、水生生物和植物的影响；而且除了直接影响之外，还要考虑间接影响，如转化产物或代谢物的毒性等。

8.4.4 绿色化学研究实例

（1）新化学反应过程的实现

例如：铬盐生产的绿色生产工艺可示意为：

$$FeCrO_4 + O_2 \xrightarrow{循环介质} Fe_2O_3 + Cr$$

在理论上，除了矿石、空气外不消耗其他原料，不产生废弃物，铬的转化率接近100%，铬渣含铬总量由老工艺的5%降至0.1%，从根本上解决了铬的深度利用问题。又如在异氰酸酯的生产过程中，过去一直用剧毒的光气为原料，而现在可以用二氧化碳和氨催化合成异氰酸酯，具有更好的原子经济性，成为环境友好的化学工艺。

（2）新型催化剂的使用

如以新型钛硅分子筛为催化剂，开发烃类的氧化反应；又如在烯烃烷基化反应生产乙苯和异丙苯过程中，用固体酸-分子筛催化剂代替原来的液体酸HF催化剂，并配合固定床烷基化工艺，解决了环境污染问题。

（3）再生性资源和能源的利用

目前，绝大多数有机化学品的初始原料是煤和石油，其中以石油为主。石油属于非再生性资源，储量有限，在石油炼制过程中要消耗大量的能量，加工过程也会不可避免地产生污染。若以生物质这种可以再生的天然资源替代石油作原料，将会产生无可比拟的环境效益和资源优势。

例如，用生物质气化制氢气。用木材及农作物残渣为原料，采用NaOH为催化剂，用$Ca(OH)_2$为CO_2吸收剂可制取氢气，过程如下：

$$C + H_2O \xrightarrow[Ca(OH)_2]{NaOH} CaCO_3 + H_2$$

(With H_2O recycling and $\xrightarrow{\Delta}$ CaO)

又如，用葡萄糖作原料代替传统合成路线中的有毒原料苯，采用生物技术合成己二酸，过程示意如下：

$$葡萄糖 \xrightarrow{大肠杆菌} 3\text{-脱氢莽草酸} \xrightarrow{大肠杆菌} 顺,顺\text{-黏糠酸} \xrightarrow{Pt,0.34\ MPa} 己二酸$$

从可持续发展的观念看，绿色化学是对传统化学思维方式的创新和发展，从经济观点看，绿色化学为我们提供合理利用资源和能源，降低生产成本的原理和方法，符合经济持续发展理念，对保持良好环境和经济可持续发展具有重要的意义。

习题

1. 为什么要进行环境保护？
2. 大气污染的主要污染物是什么？主要来源是什么？
3. 畅想解决汽车尾气污染的有效途径。
4. 什么是光化学烟雾？由哪些因素造成的？
5. 酸雨是如何形成的？有哪些危害？
6. 什么是温室效应？什么是温室效应加剧？
7. 平流层中臭氧层是如何被破坏的？臭氧空洞有什么危害？
8. 水体的主要污染物有哪些？
9. 水中重金属污染有哪些危害？哪些重金属元素的危害较大？
10. 水中有机物污染主要包括哪些内容？
11. 什么是水体富营养化？它有哪些危害？
12. 为什么流水不腐？COD 含量高的水是否适宜养鱼？
13. 试述土壤污染的概况。
14. 大气、水体、土壤等污染治理主要有哪些方法？
15. 简述原子经济反应。
16. 试述绿色化学的内涵。
17. 填空题

(1) 根据大气的物理性质和化学性质及其垂直分布的特点，将大气圈分成_____、_____、_____、_____和_____五个层次。其中，_____层与人类活动关系最为密切。

(2) 从各类工厂、汽车等污染源中直接排放出来大气污染物叫_____。这类污染物排放量大，影响范围广，危害也较大，它们主要是_____、_____、_____、_____及_____等。这类污染物中的反应性污染物在大气中可以发生各种反应，又产生许多新的大气污染物，称为_____。

(3) 当今世界四大环境问题是_____、_____、_____、_____。

(4) 一般雨水呈微酸性，pH 值约_____，这是由于大气中大量的_____溶于雨水部分解离形成的结果。这种微酸性的雨水，有利于农作物的生长。如果雨水的 pH 值小于 5.6，通常称为_____。造成这种现象主要是工业生产和汽车排放的污染物_____和_____。

(5) 与人类生活和生产有关的大气污染主要有_____、_____、_____等，它们排放的主要污染物是_____、_____、_____等。

18. 含汞废水可以加入固体 FeS，利用沉淀转化反应：

$$Hg^{2+} + FeS(s) = HgS(s) + Fe^{2+}$$

降低废水中 Hg^{2+} 的含量，达到排放标准，试讨论上述反应的可能性。

19. 某厂排放的废水中含有 96 mg·L^{-1} 的 Zn^{2+}，用化学沉淀法应控制 pH 值为多少时才能达到排放标准（5 mg·L^{-1}）？在 1 m^3 这样的废水中应投入多少克烧碱？

大学化学选做实验

实验 1　水的净化与水质检测

一、实验目的

1. 了解电渗析法与离子交换法净化水的原理与方法。
2. 了解自来水中的常见离子及其鉴定方法。
3. 学习电导率仪的使用方法并测定各类水样的电导率。
4. 了解配位滴定法测定水的总硬度的原理与方法，掌握滴定操作。

二、实验原理

1. 水的净化原理

净化水的方法很多，常用的有蒸馏法、化学转化法、电渗析法和离子交换法等。

（1）**电渗析法**　电渗析法是在外电场作用下，利用阴、阳离子交换膜对水中阴、阳离子的选择透过性（即阳膜只能透过阳离子，阴膜只能通过阴离子），从而使水净化的一种物理化学方法。

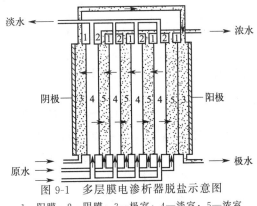

图 9-1　多层膜电渗析器脱盐示意图

1—阳膜；2—阴膜；3—极室；4—淡室；5—浓室

电渗析装置如图 9-1 所示。它主要由阴、阳极和连续交替排列的阴、阳膜组成。当接通直流电源时，原水中的杂质离子在电场作用下分别向两极定向移动，阳离子向阴极移动，阴离子向阳极移动。如原水进入 4 室后，阴离子移向阳极时，与右边的阴膜发生交换透过进入极室 5；阳离子向阴极移动时，与左边的阳膜发生交换透过，也进入 5 室和极水室。进入 5 室的原水中的杂质离子，在电场作用下也要定向移动，但由于受阳膜、阴膜的阻挡仍留在室内。因此，由 4 室流出的水中离子浓度减少，成为低含盐量的淡水（电渗析水），这些室称为淡水室；而由 5 室流出来的水中离子浓度高，这些室称为浓水室，在电极区域称为极水室。将淡水室的水汇总引出就得到淡水——电渗析水，浓水室的水汇总引出称为浓水（废水）。

阴、阳离子交换膜是电渗析器的关键部件。它们是高分子材料组成的具有离子交换基团的多微孔薄膜。阳离子交换膜含有酸性活性基团（如—SO_3H），在水溶液中解离为

$$R\text{—}SO_3H \xrightarrow{\text{解离}} R\text{—}SO_3^- + H^+$$

H^+进入溶液中，从而使膜带负电，在外电场作用下溶液中的阴离子受排斥，而阳离子

则被它吸引传递并通过微孔进入浓水室;相反,阴离子交换膜含有碱性活性基团[如—$N(CH_3)_3$—OH],它在水溶液中可解离为

$$R—N(CH_3)_3OH \xrightarrow{解离} R—N^+(CH_3)_3 + OH^-$$

OH^- 进入溶液中,从而使膜带正电,在外电场作用下,溶液中的阳离子受排斥,而阴离子通过微孔进入浓水室。这就是离子交换膜具有选择透过性的原因。

通电时,两极反应为

$$阴极 \quad 2H^+ + 2e^- ══ H_2\uparrow$$

$$阳极 \quad 4OH^- - 4e^- ══ 2H_2O + O_2\uparrow$$

$$2Cl^- - 2e^- ══ Cl_2\uparrow$$

由于阴极室中 H^+ 减少,OH^- 浓度增大,易与水中的 Ca^{2+}、Mg^{2+} 和 HCO_3^- 等生成 $CaCO_3$、$Mg(OH)_2$ 沉淀。阳极室由于 OH^- 减少,极水呈酸性,导致电极被腐蚀。为此,极室要通水,以起导电及排气作用,并不断排除室里的沉淀,保证电渗析器的正常运行。

电渗析器可将含盐量 100 mg·L^{-1} 以下的低含盐量水处理为含盐量 50 mg·L^{-1} 以下的电渗析水。目前它用于去离子水的预处理。

(2) **离子交换法** 离子交换法是用阴、阳离子交换树脂中的可交换离子与水中杂质离子进行交换。离子交换树脂是一种不溶于水但能以本身的离子与溶液中的同性离子进行交换的有机高分子聚合物。含有酸性基团并能与溶液中阳离子交换的树脂称为阳离子交换树脂,如本实验所用强酸型阳离子交换树脂用 R—SO_3H 表示。含有碱性基团并能与溶液中阴离子交换的树脂称为阴离子交换树脂,如本实验所用强碱型阴离子交换树脂用 R—$N(CH_3)_3$OH 表示。其中 R 表示树脂中不变的组成部分。

当原水从阳离子交换柱顶部流入并由底部流出时,水中杂质阳离子与离子交换树脂进行下述交换反应:

$$2R—SO_3H + Ca^{2+} \rightleftharpoons (R—SO_3)_2Ca + 2H^+$$

$$R—SO_3H + Na^+ \rightleftharpoons R—SO_3Na + H^+$$

原水中的阳离子如 Ca^{2+}、Mg^{2+}、Na^+、NH_4^+ 等固定在阳离子交换树脂上,树脂上的 H^+ 进入水中。经阳离子交换后的水由阴离子交换柱顶部流入时,水中的杂质阴离子与树脂上的 OH^- 发生下列交换反应:

$$2R—N(CH_3)_3OH + SO_4^{2-} \rightleftharpoons [R—N(CH_3)_3]_2SO_4 + 2OH^-$$

$$R—N(CH_3)_3OH + Cl^- \rightleftharpoons R—N(CH_3)_3Cl + OH^-$$

交换产生的 H^+ 和 OH^- 结合成 H_2O。

为进一步提高水质,一般很少单独使用阳(阴)离子交换柱,而是将它们与阴、阳离子交换树脂混合柱串联使用。常用的交换系统流程如图 9-2 所示。

由于水中含 CO_3^{2-}、HCO_3^-,当水经过阳离子交换后产生的 H^+,有一部分会与 CO_3^{2-}、HCO_3^- 结合形成 H_2CO_3。pH<4 时,H_2CO_3 分解出 CO_2。如 CO_2 进入阴离子交换柱,则影响交换容积的充分利用,故在制备去离子水时,当含盐量大于 50 mg·L^{-1} 时,均需设置 CO_2 脱气塔。

交换树脂使用一段时间后,交换树脂将达到饱和,丧失交换能力,需用稀 NaOH 和稀 HCl 溶液分别进行化学处理,使其"再生",恢复交换能力,以便继续使用。

如阳离子交换树脂用 5%~8%HCl 溶液进行再生处理:

$$R—SO_3Na + HCl \rightleftharpoons R—SO_3H + NaCl$$

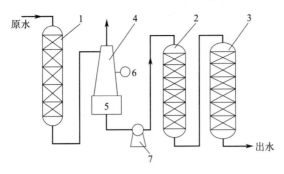

图 9-2 离子交换混合床系统

1—阳离子交换柱；2—阴离子交换柱；3—混合离子交换柱；4—CO_2 脱气塔；
5—中间水箱；6—鼓风机；7—水泵

阴离子交换树脂用 5%～10%NaOH 溶液进行再生处理：

$$R-N(CH_3)_3Cl + NaOH \rightleftharpoons R-N(CH_3)_3OH + NaCl$$

再生后的树脂用去离子水将其中残留的酸碱冲洗干净，就可再次使用。

用离子交换法制备的去离子水，纯度较高，可以满足电子工业等各种技术要求。

2. 水质检测原理

工业用水一般用含盐量来表示水的纯度。但由于直接测定水中的含盐量手续比较烦琐，所以目前常用电导率（κ）或电导（G）间接表示。水中含盐量越高导电性越好，电导率越大；反之，水的纯度越高，电导率越小。各种水样的电导率如表 9-1 所示。

表 9-1 各种水样的电导率

水　样	使用电极	电导率 $\kappa/S\cdot cm^{-1}$
绝对水（理论上最小电导）	光亮铂电极	5.5×10^{-8}
二十八次蒸馏水（石英）	光亮铂电极	6.7×10^{-7}
一次蒸馏水（玻璃）	铂黑电极	2.8×10^{-6}
去离子水	铂黑电极	$8.0\times10^{-7}\sim1.0\times10^{-5}$
自来水	铂黑电极	$5.0\times10^{-4}\sim5.0\times10^{-3}$

$AgNO_3$ 和 $BaCl_2$ 溶液分别用于检验水中的 Cl^- 和 SO_4^{2-} 的存在，而铬黑 T（EBT）和钙指示剂可分别检验 Mg^{2+} 和 Ca^{2+} 的存在。在 pH=8～11 的溶液中，铬黑 T 能与 Mg^{2+} 作用显示红色，在 pH>12 的溶液中，钙指示剂能与 Ca^{2+} 作用显红色，在此 pH 值下，Mg^{2+} 的存在不干扰 Ca^{2+} 的检验。因为这时 Mg^{2+} 以 $Mg(OH)_2$ 沉淀析出。

3. 水的总硬度测定原理

水的总硬度主要是由钙盐和镁盐的含量所确定的，所以可用水中钙盐和镁盐（均以 $CaCO_3$ 计）的总含量来表征水的硬度的大小。本实验采用配位滴定法测定水的总硬度和钙离子、镁离子的含量。所用的配位剂为 EDTA（H_2Y^{2-}），它可与 Ca^{2+}、Mg^{2+} 形成 1∶1 的易溶于水的配合物。

测定总硬度是在 pH=10 的水溶液中进行的。加入铬黑 T 指示剂（HIn^{2-}）后，它与水中 Mg^{2+} 的反应为

$$\underset{\text{纯蓝色}}{Mg^{2+} + HIn^{2-}} \rightleftharpoons \underset{\text{酒红色}}{[MgIn]^- + H^+}$$

当滴入 EDTA 溶液时,它首先与游离的 Ca^{2+}、Mg^{2+} 配位,反应如下:

$$Ca^{2+} + H_2Y^{2-} \rightleftharpoons [CaY]^{2-} + 2H^+$$
　　　无色　　　　　　　无色

$$Mg^{2+} + H_2Y^{2-} \rightleftharpoons [MgY]^{2-} + 2H^+$$
　　　无色　　　　　　　无色

由于 $[CaY]^{2-}$、$[MgY]^{2-}$ 的稳定性大于 $[MgIn]^-$,当水中 Mg^{2+}、Ca^{2+} 完全被配位后,继续加入的 EDTA 夺取 $[MgIn]^-$ 中的金属离子,使指示剂 HIn^{2-} 游离出来,溶液由酒红色变为纯蓝色,反应即达终点,反应式为

$$[MgIn]^- + [H_2Y]^{2-} \rightleftharpoons [MgY]^{2-} + HIn^{2-} + H^+$$
　酒红色　　　无色　　　　　　无色　　　纯蓝色

根据 EDTA 标准溶液的用量即可计算出水的总硬度。

计算:

总硬度以 $CaCO_3$ 的质量浓度 ρ_{CaCO_3}(单位:$g \cdot L^{-1}$)表示。

$$\rho_{CaCO_3} = \frac{M_{CaCO_3} c V_1}{V_{H_2O}}$$

式中,M_{CaCO_3} 为 $CaCO_3$ 的摩尔质量;c 为 EDTA 标准溶液的摩尔浓度;V_1 为测定总硬度时消耗 EDTA 标准溶液的体积;V_{H_2O} 为测定水样的体积。

由于水中钙盐、镁盐含量较少,所以水的总硬度常以 $mg \cdot L^{-1}$ 表示。

三、实验仪器与试剂

1. 仪器

电渗析器,阳离子交换柱,阴离子交换柱,混合离子交换柱,取样瓶,DDS-11A/C 型电导率仪,铂黑电极,烧杯(50 mL、100 mL),碱式滴定管,锥形瓶(250 mL),移液管(25 mL),量筒(50 mL、10 mL),试管。

2. 试剂

2 $mol \cdot L^{-1}$ $NH_3 \cdot H_2O$,0.1 $mol \cdot L^{-1}$ $AgNO_3$,1 $mol \cdot L^{-1}$ $BaCl_2$,NH_3-NH_4Cl 缓冲溶液(pH=10,称取 20 g NH_4Cl 加入 500 mL 蒸馏水,再加分析纯浓氨水 100 mL,用水稀释至 1 L),铬黑 T,钙指示剂,1 $mol \cdot L^{-1}$ HNO_3,6 $mol \cdot L^{-1}$ NaOH,0.01 $mol \cdot L^{-1}$ EDTA 标准溶液。

四、实验步骤

1. 水的净化

打开自来水开关,调节极水室、浓水及淡水的流量,待电渗析器充满水后,再接通电源。开始时电流较大,待电流降至稳定后,分别取淡水、极室水和浓水于取样瓶内,以备进行有关项目的检测。然后将淡水管连接在离子交换器顶部的进水管口,当水流稳定后,用取样瓶取其水样,准备进行有关项目的检测。

2. 水质检测

(1) 自来水、去离子水中 Ca^{2+}、Mg^{2+}、Cl^-、SO_4^{2-} 等的检验

Ca^{2+} 的检验　取 2 支洗净的试管分别加入自来水和去离子水(在装去离子水前必须用去离子水冲洗三次)各 1 mL,再各加 8 滴 2 $mol \cdot L^{-1}$ 氨水和少量钙指示剂,振动试管,观察溶液颜色。

Mg^{2+} 的检验　取 2 支试管分别加入 1 mL 自来水和去离子水，再加入 2 mol·L^{-1} 氨水 1 滴、NH_3-NH_4Cl 缓冲溶液 10 滴及铬黑 T 少许，观察溶液颜色。

Cl^- 的检验　取 2 支试管分别加入 1 mL 自来水和去离子水，再各加 1 滴 1 mol·L^{-1} HNO_3 使之酸化，然后各加入 1 滴 0.1 mol·L^{-1} 的 $AgNO_3$，观察是否出现白色浑浊。

SO_4^{2-} 的检验　取 2 支试管分别加入自来水和去离子水各 1 mL，再各加 4 滴 1 mol·L^{-1} $BaCl_2$，观察是否出现白色浑浊。

（2）自来水和去离子水电导率的测定

测定前每次用待测水样冲洗电极及烧杯 2～3 次，然后分别取各种水样约 30 mL（用烧杯直接取）于 50 mL 的烧杯中，依次测出它们的电导率，记录于表 9-2。

表 9-2　检验结果记录

序号	水样名称	检验离子(现象/有无)				电导率 κ /S·cm^{-1}
		Ca^{2+}	Mg^{2+}	Cl^-	SO_4^{2-}	

3. 水的总硬度测定

用移液管移取 25.00 mL 水样放入 250 mL 锥形瓶中，加入 NH_3-NH_4Cl 缓冲溶液 5 mL，再加入铬黑 T 指示剂约 10 mg（用牛角勺尾端取约绿豆大小），摇匀。然后用 EDTA 标准溶液滴定至由酒红色至纯蓝色，即指示达到终点。记录所用标准溶液的体积。重复操作一次。将数据记录于表 9-3。

表 9-3　测量结果

实验内容		测定总硬度	
实验次数		1	2
滴定管液面位置/mL	滴定前		
	滴定后		
EDTA 标准溶液用量/mL	滴定值		
	平均值		

思考题

1. 离子交换法处理水的原理是什么？
2. 在做去离子水中离子鉴定实验时，在取水样操作中应注意些什么问题？
3. 用电导率仪测定各水样的电导率时，操作上应注意哪些问题？
4. 下列情况对测定电导率有何影响？
（1）所测的各水样体积不相同；
（2）测定电导率时电导电极上的铂片未全部浸入待测水样；
（3）测定电导率时烧杯或电导电极洗涤不干净。
5. 为何测定总硬度时，溶液的 pH 值要控制为 10，而测定 Ca^{2+} 含量时 pH 值要调节至 12？
6. 本实验中所用到的实验基本技能有哪些？

实验 2 含铬废水的处理及铬(Ⅵ)含量的测定

一、实验目的
1. 了解工业废水处理的一般方法。
2. 了解含铬废水的电化学处理过程。
3. 学习溶液中微量铬含量的测定方法。

二、实验原理
1. 工业废水处理的一般方法

水污染是环境污染中最主要的部分。它是因人类生活和生产中排出的废污水未经处理即大量排入水体，并超过了水体的自净能力而导致的，其中主要是化学污染，污染物质可分为需氧污染物、植物营养素及难降解的有机物、无机污染物（酸、碱、盐、重金属、氟化物、氰化物）、有机有毒物、放射性污染物等。

无机污染物中的铬化合物来自电镀、制革及染料等工业废水。Cr(Ⅵ)对皮肤有刺激性，能使之溃烂，而且是一种致癌物，并能在体内积蓄。而三价铬的毒性很低。世界卫生组织规定饮用水中六价铬含量不得超过 0.05 mg·L^{-1}，因此要将六价铬处理成三价铬。

工业废水处理的方法主要有电化学处理法、离子交换法及微生物法。电化学处理法可归纳为以下四种方法。

（1）工业废水中溶解性的有害污染物，直接通过阳极氧化或阴极还原后生成无毒化合物或沉淀物，称为电极表面氧化处理过程。如含氰废水的电化学氧化：

$$CN^- + 2OH^- - 2e^- = CNO^- + H_2O$$
$$2CNO^- + 4OH^- - 6e^- = 2CO_2\uparrow + N_2\uparrow + 2H_2O$$

（2）由于铁或铝制阳极溶解，形成 $Fe(OH)_3$ 或 $Al(OH)_3$ 等不溶于水的金属氢氧化物活性凝聚体，对废水中的有机或无机污染物起抱合凝聚作用及对溶解物有吸附作用，称为电凝聚处理过程。

（3）通直流电，当电压达到水的分解电压时，所产生的氢气泡和氧气泡浮选废水中的絮凝物，称为电浮选过程。

（4）利用电极氧化或还原产物与溶于废水中的污染物反应生成不溶于水的沉淀物，称为间接氧化还原过程。

2. 铬废水的电化学处理过程

本实验是将镀铬废水中的六价铬处理成三价铬，铁板为阳极：

$$\text{阳极：} \quad Fe - 2e^- = Fe^{2+}$$
$$6Fe^{2+} + Cr_2O_7^{2-} + 14H^+ = 2Cr^{3+} + 6Fe^{3+} + 7H_2O$$
$$\text{阴极：} \quad 2H^+ + 2e^- = H_2$$

随着不断电解，溶液酸性逐渐减弱而呈碱性，促使 Fe^{3+} 和 Cr^{3+} 生成氢氧化物沉淀：

$$Cr^{3+} + 3OH^- = Cr(OH)_3\downarrow$$
$$Fe^{3+} + 3OH^- = Fe(OH)_3\downarrow$$

电化学处理的优点是可在常温常压下进行，使用的药品少，操作管理容易自动化，而且简便、故障少等。通过电化学处理前后 Cr(Ⅵ) 含量的测定，可以检验电化学处理的效果。

3. 微量铬含量的测定方法

微量的 Cr(Ⅵ) 含量的测定采用分光光度法。在微酸性溶液中 Cr(Ⅵ) 与加入的显色剂二苯碳酰二肼（$C_6H_5NHNHCNHNHC_6H_5$）反应生成紫红色的化合物，通过可见分光光度计，可以测定溶液中的 Cr(Ⅵ) 含量。但处理后废水中 Fe^{3+} 的浓度大于 $1\ mg\cdot L^{-1}$ 时能与显色剂生成黄色干扰物，为此要加入浓氨水以沉淀 Fe^{3+}，微量 Fe^{3+} 可加 H_3PO_4 使之形成配合物。

三、实验仪器与试剂

1. 仪器

721 型或 722 型分光光度计，半导体交直流稳压电源，"H"电池，移液管（10 mL、5 mL），容量瓶（50 mL），温度计，酒精灯，比色皿（1 cm），漏斗，烧杯（100 mL），吸量管（2 mL），试管，石墨电极，铁电极，三脚架，滤纸。

2. 试剂

$1\ mol\cdot L^{-1}\ H_2SO_4$，$1\ mol\cdot L^{-1}\ HCl$，85% H_3PO_4，浓氨水，$0.1\ mol\cdot L^{-1}\ KI$，15% H_2O_2，铬废水，pH 试纸。

二苯碳酰二肼溶液：称取 0.05 g 二苯碳酰二肼溶于 25 mL 95%乙醇中，再加入 1∶9 H_2SO_4 100 mL，保存于冰箱内。试剂应无色，变色后不宜使用。

铬储备液：称取经 378~383 K 烘 2 h 后的优级纯 $K_2Cr_2O_7$ 0.5656 g，用少量去离子水溶解后移入 1000 mL 容量瓶中，加去离子水至刻度，摇匀。此溶液 1 mL 含 0.20 mg Cr(Ⅵ)。

铬标准液：临用时取 5.00 mL 铬储备液稀释至 1 L，即成 1 mL 含 $1.00\ \mu g$ Cr(Ⅵ) 的标准溶液。

四、实验步骤

1. $Cr_2O_7^{2-}$ 的鉴定

取一支试管加入 1 mL 含铬废水、10 滴 $1\ mol\cdot L^{-1}\ HCl$、10 滴 $0.1\ mol\cdot L^{-1}\ KI$，振荡，观察实验现象；再加 CCl_4 10 滴，振荡后静置，观察溶液颜色的变化，写出反应式，记录现象。

2. 含铬废水的电化学处理

在"H"电池中加入含铬废水至 2/3 的体积处，铁电极作为阳极，石墨电极作为阴极，含铬废水用 H_2SO_4 酸化至 pH=2~3，控制阳极电流密度为 $0.6\ A\cdot dm^{-2}$，时间为 15~20 min，观察阳极附近溶液逐渐变为绿色。写出两极反应式。

3. 处理前后 Cr(Ⅵ) 含量的测定

（1）参比溶液的配制：取一支 25 mL 的比色管，向其中加入 1.50 mL 二苯碳酰二肼溶液，用去离子水稀至刻度，摇匀，即得参比溶液（即试剂空白溶液）。

（2）标准曲线的绘制：在 7 支 25 mL 的比色管中，按表 9-4 配制标准系列溶液。

表 9-4 Cr(Ⅵ) 标准系列溶液的配制

序 号	0	1	2	3	4	5	6
铬标准液体积/mL	0	2.00	4.00	6.00	8.00	10.00	12.00
25 mL 溶液中 Cr(Ⅵ)含量/μg	0	2.00	4.00	6.00	8.00	10.00	12.00
吸光度 A							

各比色管中分别加入 1.50 mL 二苯碳酰二肼溶液，用去离子水稀至刻度，摇匀，15 min 后在波长 540 nm 处用 1 cm 比色皿以试剂空白液作参比，测定吸光度 A，填入表中。以 A 作为纵坐标，Cr(Ⅵ) 含量作为横坐标，绘制标准曲线。

（3）处理前 Cr(Ⅵ) 含量的测定：取 10.00 mL 低浓度含铬废水于 25 mL 比色管中，加入 1.5 mL 二苯碳酰二肼溶液，加去离子水至刻度，摇匀静置后，在波长 540 nm 处测吸光度。

(4) 处理后 Cr(Ⅵ) 含量的测定：取电解处理后阳极附近溶液 10.00 mL 于 100 mL 烧杯中，边搅拌边滴加浓氨水至 pH=7～8，过滤，用少量去离子水洗涤沉淀数次（注意每次去离子水一定少量，以免总体积过量），滤液和洗液全部转移入 25 mL 比色管中，用 85% H_3PO_4 酸化至 pH=5～6，加入 1.5 mL 二苯碳酰二肼溶液，加去离子水至刻度，摇匀静置后，在波长 540 nm 处测吸光度。

将比色结果与标准曲线进行比较，计算出电解处理前、后 Cr(Ⅵ) 的含量和电化学处理效果。

思考题

1. 电化学处理废水有哪些基本方法？
2. 电解法处理含铬废水的原理是什么？
3. 分光光度法测定 Cr(Ⅵ) 含量的原理是什么？
4. 标准曲线中得到的 Cr(Ⅵ) 含量是不是所测溶液中的 Cr(Ⅵ) 含量？
5. 本实验中所用到的实验基本技能有哪些？

实验 3　食醋中总酸度的测定

一、实验目的

1. 进一步练习滴定操作，练习定容和移液操作。
2. 掌握食醋中总酸度的测定方法。
3. 进一步掌握滴定弱酸时指示剂的选择方法。

二、实验原理

在日常生活中，食醋是不可缺少的调味品，适量地食用食醋，有益于人体健康。食醋的种类有很多，如：白醋、老陈醋、糯米甜醋、自制家醋等。总酸度是食醋的一个重要指标，食醋的主要成分是醋酸，另外还含有其他有机弱酸，用 NaOH 溶液滴定时，实际测出的是总酸度，一般用醋酸的含量来表示，通常食用白醋中醋酸含量约为 3%～5%。

醋酸（有机弱酸，$K_a=1.8\times10^{-5}$）与 NaOH 的反应式为

$$CH_3COOH + NaOH = CH_3COONa + H_2O$$

滴定终点时生成 CH_3COONa，溶液呈弱碱性，滴定突跃在碱性范围内，可选用在碱性范围内变色的指示剂，通常选用酚酞作指示剂。蒸馏水中 CO_2 的存在会影响测定结果，因此应使用新煮沸并冷却的蒸馏水，或做空白实验，以消除 CO_2 的影响。

三、实验仪器与试剂

1. 仪器

50 mL 碱式滴定管，250 mL 锥形瓶，250 mL 容量瓶，25 mL 移液管，量筒，洗耳球。

2. 试剂

0.05 mol·L^{-1} NaOH 标准溶液，0.2% 酚酞乙醇溶液，食用白醋试样。

四、实验步骤

1. 用移液管准确移取食用白醋原液 25.00 mL，置于 250 mL 容量瓶中，用蒸馏水稀释至刻度，摇匀。
2. 用移液管准确移取 25.00 mL 稀释后的试液，置于 250 mL 锥形瓶中，加入酚酞指示剂 2～3 滴，用 NaOH 标准溶液滴定，近终点时要逐滴或半滴加入，直至被滴定溶液由无色变成浅红色，摇动后半分钟不褪色即为终点。记录消耗 NaOH 标准溶液的体积 V_1，并记入

下表。平行测定三次。

3. 空白实验：用蒸馏水取代步骤 2 中的试液，然后按步骤 2 同样操作，记录所消耗 NaOH 标准溶液的体积，记为 V_0。

实验数据	I	II	III
待测醋酸的体积 V/mL			
消耗 NaOH 体积 (V_1-V_0)/mL			
醋酸浓度 c(稀释后)/mol·L^{-1}			
醋酸浓度 c(稀释前)/mol·L^{-1}			
平均浓度/mol·L^{-1}			
总酸度(每 100 mL 食醋含醋酸的质量)/g			

思考题

1. 测定食醋时，为什么选用酚酞作指示剂？能否选用甲基橙或甲基红作指示剂？为什么？
2. 酚酞指示剂使溶液变红后，在空气中放置一段时间后又变为无色，为什么？
3. 为什么选用白醋为测定样品？若选用有颜色的食醋，应当如何测定？

实验 4　溶液中的离子平衡

一、实验目的

1. 加深对解离平衡、同离子效应及沉淀-溶解平衡的理解。
2. 学习缓冲溶液的配制，了解缓冲溶液的作用。
3. 掌握溶度积规则及其应用。

二、实验原理

1. 解离平衡和同离子效应

弱电解质在水溶液中部分解离，解离出的离子与未解离的分子间处于平衡状态，称为解离平衡。例如弱酸 HA 的解离平衡为：$HA \rightleftharpoons H^+ + A^-$。

解离常数为：

$$K_a = \frac{[H^+][A^-]}{[HA]}$$

若往溶液中加入 A^- 或 H^+，可使平衡向左移动，使弱酸解离度降低，这种作用称为同离子效应。

2. 缓冲溶液

由弱电解质与其共轭酸或共轭碱组成的溶液，其 pH 值能在一定范围内不因外加少量酸碱或稀释而发生显著变化，因此称为缓冲溶液。如 HAc-Ac$^-$ 溶液、NH$_3$-NH$_4^+$ 溶液等。其 $c^{eq}(H^+)$ 计算公式为：

$$c^{eq}(H^+) = K_a \frac{c_a}{c_b}$$

缓冲溶液的 pH 值计算公式为：

$$pH = pK_a(共轭酸) - \lg \frac{c_a(共轭酸)}{c_b(共轭碱)}$$

3. 沉淀-溶解平衡和溶度积规则

在难溶电解质的饱和溶液中,存在着固体和水合离子间的沉淀-溶解平衡。例如:

$$Ag_2CrO_4(s) \rightleftharpoons 2Ag^+ + CrO_4^{2-}$$

$$K_{sp}(Ag_2CrO_4) = [Ag^+]^2[CrO_4^{2-}]$$

K_{sp} 表示在一定温度下,难溶电解质的饱和溶液中,离子浓度的系数次方之积为一常数,称为溶度积。根据溶度积可判断沉淀的生成和溶解:

当 $c_{Ag^+}^2 \cdot c_{CrO_4^{2-}} > K_{sp}(Ag_2CrO_4)$ 时,为过饱和溶液,沉淀析出,直至饱和;

当 $c_{Ag^+}^2 \cdot c_{CrO_4^{2-}} = K_{sp}(Ag_2CrO_4)$ 时,为饱和溶液,无沉淀析出;

当 $c_{Ag^+}^2 \cdot c_{CrO_4^{2-}} < K_{sp}(Ag_2CrO_4)$ 时,溶液未饱和,无沉淀析出,若加入难溶电解质(Ag_2CrO_4),则继续溶解,这就是溶度积规则。

若溶液中含有几种离子,逐步加入沉淀剂可分别与溶液中的几种离子反应,先后产生沉淀,称为分步沉淀。沉淀产生的顺序可用溶度积规则来判断,谁的离子浓度的乘积先达到溶度积,谁就先沉淀出来。

对于相同类型的难溶电解质,可以根据其 K_{sp} 的相对大小判断沉淀的先后顺序,K_{sp} 小的难溶电解质先沉淀;对于不同类型的难溶电解质,要根据计算所需沉淀剂浓度的大小来判断沉淀先后顺序。

另外,还可使一种沉淀转化为另一种沉淀。一般来说,难溶的电解质易转化为更难溶的电解质,这就是沉淀转化。

沉淀能否发生转化及转化的完全程度,取决于沉淀的类型、沉淀的溶度积常数及试剂浓度。对于相同类型的难溶电解质,溶度积常数大的沉淀容易转化成溶度积小的沉淀。

三、实验仪器与试剂

1. 仪器

离心机(或沉淀离心器),离心试管,pH 计,量筒(10 mL),烧杯(50 mL),试管,台秤。

2. 试剂

(2 mol·L^{-1},6 mol·L^{-1})HAc,2 mol·L^{-1} HCl,2 mol·L^{-1} 氨水,2 mol·L^{-1} NaOH,0.1 mol·L^{-1} AgNO$_3$,0.1 mol·L^{-1} BaCl$_2$,0.1 mol·L^{-1} MgCl$_2$,0.1 mol·L^{-1} Pb(NO$_3$)$_2$,0.1 mol·L^{-1} NaAc,0.1 mol·L^{-1} Na$_2$S,1 mol·L^{-1} NaCl,0.1 mol·L^{-1} K$_2$CrO$_4$,0.1 mol·L^{-1} ZnSO$_4$,0.1 mol·L^{-1} NH$_4$Cl,饱和(NH$_4$)$_2$C$_2$O$_4$,饱和 NH$_4$Cl,NaAc(固),NH$_4$Ac(固),甲基橙指示剂,酚酞指示剂。

四、实验步骤

1. 同离子效应和缓冲溶液

取一支大试管,向其中加入蒸馏水 10 mL 和 6 mol·L^{-1} HAc 10 滴,再加入甲基橙指示剂 3 滴,摇匀,观察溶液的颜色,用 pH 计(或 pH 试纸)测定其 pH 值。然后将此溶液等分为 A 和 B 两份。

将其中的一份 A 等分于三支试管中,分别加入 2 mol·L^{-1} HCl、2 mol·L^{-1} NaOH 和蒸馏水 1 滴,比较溶液颜色的变化,用 pH 计(或 pH 试纸)测定其 pH 值。解释原因。

再向另一份溶液 B 中加入 NH$_4$Ac 固体少量(约黄豆大小),振荡后使之溶解,观察溶液颜色的变化,用 pH 计(或 pH 试纸)测定其 pH 值;将此溶液再等分于 3 支试管中,分别加入 2 mol·L^{-1} HCl、2 mol·L^{-1} NaOH 和蒸馏水 1 滴,比较溶液颜色的变化,用 pH 计

（或 pH 试纸）测定其 pH 值。解释原因，并与前面的现象进行比较。

2. 沉淀的生成和溶解

（1）取一支试管各加入 2 mL 0.1 mol·L^{-1} MgCl$_2$ 溶液（每 mL 约 20 滴），逐滴加入 2 mol·L^{-1} NH$_3$·H$_2$O 溶液至有沉淀生成，然后等分至两支试管中，在一支试管中滴加 2 mol·L^{-1} HCl 溶液，沉淀是否溶解？在另一试管中滴加饱和 NH$_4$Cl 溶液，沉淀是否溶解？为什么？写出离子方程式，并解释原因。

（2）取 1 mL 0.1 mol·L^{-1} BaCl$_2$ 溶液，滴加饱和 (NH$_4$)$_2$C$_2$O$_4$ 溶液至沉淀大量生成后，尽量弃去上清液，在沉淀物上滴加 2 mol·L^{-1} HCl 溶液，观察沉淀是否溶解。写出反应方程式，并解释原因。

3. 分步沉淀

（1）在试管中加 5 mL 去离子水，依次加入 3 滴 0.1 mol·L^{-1} AgNO$_3$ 溶液和 0.1 mol·L^{-1} Pb(NO$_3$)$_2$ 溶液，摇匀后再逐滴加入 0.1 mol·L^{-1} K$_2$CrO$_4$ 溶液（注意每加 1 滴都要充分振荡），观察沉淀颜色的变化，判断哪一种难溶物质先沉淀？通过计算解释原因。

（2）在离心试管中加入 1 mL 去离子水，再各加入 1 滴 0.1 mol·L^{-1} Na$_2$S 溶液和 2 滴 0.1 mol·L^{-1} K$_2$CrO$_4$ 溶液，摇匀，先加入 1 滴 0.1 mol·L^{-1} Pb(NO$_3$)$_2$ 溶液，摇匀，观察沉淀的颜色，离心分离沉淀，把上清液转入另一干净试管中，向清液中滴加 0.1 mol·L^{-1} Pb(NO$_3$)$_2$ 溶液，观察有什么现象发生，解释原因。

4. 沉淀的转化

（1）取一支试管加入 1 mL 0.1 mol·L^{-1} ZnSO$_4$ 溶液，滴加 0.1 mol·L^{-1} Na$_2$S 溶液，待沉淀产生后再滴加 0.1 mol·L^{-1} AgNO$_3$ 溶液并振荡片刻，观察沉淀颜色的变化，写出方程式并解释。

（2）在离心试管中加入 0.5 mL 0.1 mol·L^{-1} K$_2$CrO$_4$ 溶液，滴加 0.1 mol·L^{-1} AgNO$_3$ 溶液至沉淀生成，离心沉降，弃去清液，往沉淀中滴加 1 mol·L^{-1} NaCl 溶液，并剧烈振荡，观察沉淀颜色的变化，分析原因。

思考题

1. 缓冲溶液的 pH 值由哪些因素决定？其中主要的决定因素是什么？

2. 在实验 1 中 B 试管中加入 NH$_4$Ac 固体后形成了缓冲溶液，如果该缓冲溶液等分为 3 等份，分别加入 2 mol·L^{-1} HCl、2 mol·L^{-1} NaOH 和蒸馏水 1 滴后，溶液 pH 值变化明显，可能是什么原因造成的？

3. 沉淀形成的条件是什么？将 0.1 mol·L^{-1} Pb(NO$_3$)$_2$ 溶液和 0.02 mol·L^{-1} KI 溶液等体积混合有无沉淀生成？

4. 如果水中 Pb^{2+} 的安全极限是 0.1 μg·mL^{-1}，饮用 PbCrO$_4$ 的饱和水溶液是否安全？[K_{sp}(PbCrO$_4$) = 1.8×10^{-14}]

附：离心机使用说明

1. 离心机使用时要注意"配重"，包括位置和质量两方面。所离心的离心管要放在对称位置。对于常规离心机，处于对称位置的二者质量要大概一致；而对于高速离心机或超速离心机，对配重要求非常严格。如果不进行配重会严重损坏离心机。

2. 要注意安全。安装好离心机盖之后，方可开始离心。开启离心机时，要缓慢地增大速度，不要快速把离心速度调至很大。关闭离心机后，必须等离心机自动完全停下后，才能从中取出离心管，严禁在离心机尚未停稳时取出离心管。严禁用外力强制离心机停止转动。

实验 5 氧化还原与电化学

一、实验目的
1. 了解常见的氧化剂和还原剂的反应。
2. 掌握影响电极电势的因素及其与氧化还原反应的关系。
3. 了解原电池及电解池的组成及电极反应。

二、实验原理
氧化还原反应是指反应前后元素的氧化数发生变化的反应，其本质是氧化剂和还原剂之间发生了电子转移。将化学能转变成电能的装置叫作原电池，理论上任何一个氧化还原反应都可设计成原电池。在恒温恒压条件下，一个氧化还原反应体系对外所做的最大非体积功——电功等于该反应吉布斯自由能（函数）的降低。即

$$\Delta G = -W_e = -nFE$$

式中，n 为电池反应电子转移的物质的量；F 为法拉第常数（96485 C·mol^{-1}）；E 为电池电动势，等于电池正极电势减去负极电势，即 $E = \varphi_+ - \varphi_-$。

电极电势的大小是其相应的电对氧化态-还原态氧化还原能力的衡量，电极电势愈大，表明电对中氧化态氧化能力愈强，而还原态还原能力愈弱。反之，电对中氧化态氧化能力愈弱，而还原态还原能力愈强。较强的氧化（还原）剂可以和较强的还原（氧化）剂自发地发生氧化还原反应，即电极电势大的氧化态能氧化电极电势比它小的还原态物质。所以只有 $E>0$，即 $\varphi_+ > \varphi_-$ 才能使 $\Delta G<0$，氧化还原反应才能够正向进行。

电极电势的大小与氧化态、还原态的浓度，溶液的温度及介质酸度等因素有关。对于任意电极反应：$Ox + ne^- \Longrightarrow Red$，其 Nernst 方程为：

$$\varphi = \varphi^\ominus + \frac{0.0592 \text{ V}}{n} \lg \frac{c(Ox)}{c(Red)}$$

电流通过电解质溶液在电极上发生的化学变化叫电解。电解产物与电极电势的大小、离子浓度和电极材料等因素有关。

三、实验仪器与试剂
1. 仪器

烧杯，试管，锌片，铜片，酒精灯，盐桥，电流计等。

2. 试剂

3 mol·L^{-1} H$_2$SO$_4$，（2 mol·L^{-1}，1 mol·L^{-1}）HCl，6 mol·L^{-1} NaOH，0.1 mol·L^{-1} KI，0.1 mol·L^{-1} KBr，0.1 mol·L^{-1} FeCl$_3$，碘水，溴水，0.1 mol·L^{-1} FeSO$_4$，0.1 mol·L^{-1} K$_3$[Fe(CN)$_6$]，0.1 mol·L^{-1} K$_4$[Fe(CN)$_6$]，CCl$_4$，0.02 mol·L^{-1} KMnO$_4$，0.05 mol·L^{-1} Na$_2$C$_2$O$_4$，0.1 mol·L^{-1} K$_2$Cr$_2$O$_7$，0.1 mol·L^{-1} Na$_2$S$_2$O$_3$，0.3 mol·L^{-1} Na$_2$SO$_3$，0.1 mol·L^{-1} Na$_3$AsO$_3$，1 mol·L^{-1} CuSO$_4$，1 mol·L^{-1} ZnSO$_4$，锌片，铜片，0.5 mol·L^{-1} Na$_2$SO$_4$，酚酞，淀粉，淀粉-KI 试纸等。

四、实验步骤
1. 氧化还原反应与电极电势

（1）往试管里加入约 10 滴 0.1 mol·L^{-1} KI 溶液和 5 滴 0.1 mol·L^{-1} FeCl$_3$ 溶液，再加入 5～10 滴 CCl$_4$ 充分振荡，观察 CCl$_4$ 层的颜色有何变化。写出有关反应方程式。

用 KBr 溶液代替 KI 溶液，进行上述实验，观察反应能否发生。

(2) 二价铁的还原：取两支试管，各加入 1 mL 蒸馏水、2 滴饱和溴水和 1 滴 0.1 mol·L^{-1} K$_3$[Fe(CN)$_6$] 溶液，然后，向其中分别加入 2 滴 FeSO$_4$ 溶液和 FeCl$_3$ 溶液，振荡试管，观察现象，解释原因。

根据以上实验结果，定性比较 Br$_2$/Br$^-$、I$_2$/I$^-$ 和 Fe^{3+}/Fe^{2+} 三个电对的电极电势大小，并指出其中哪一物质是最强的氧化剂，哪一物质是最强的还原剂。

2. 几种常见的氧化剂和还原剂

(1) K$_2$Cr$_2$O$_7$ 的氧化性：取 0.1 mol·L^{-1} K$_2$Cr$_2$O$_7$ 溶液 5 滴于试管中，加 3 mol·L^{-1} H$_2$SO$_4$ 5 滴酸化，再加 0.1 mol·L^{-1} FeSO$_4$ 溶液 8 滴，观察溶液颜色的变化，写出反应方程式。

(2) KMnO$_4$ 的氧化性：在一支试管中加入 0.02 mol·L^{-1} KMnO$_4$ 溶液 5 滴、3 mol·L^{-1} H$_2$SO$_4$ 溶液 10 滴、0.05 mol·L^{-1} Na$_2$C$_2$O$_4$ 溶液 15 滴，混合均匀后，在酒精灯上微热，观察溶液颜色有何变化？写出有关离子反应方程式。本反应属于自催化反应，开始反应较慢，一旦有微量的 Mn^{2+} 生成时，它可作为催化剂加快反应的进行。

(3) H$_2$O$_2$ 的氧化还原性：在一支试管中加入 0.1 mol·L^{-1} FeSO$_4$ 溶液和 3% H$_2$O$_2$ 溶液 5 滴，观察溶液颜色变化并解释原因。然后再在另一支试管中加入 3% H$_2$O$_2$ 溶液 10 滴和 3 mol·L^{-1} H$_2$SO$_4$ 溶液 2 滴，逐滴加入 0.02 mol·L^{-1} KMnO$_4$ 溶液，边加边振荡（等第一滴 KMnO$_4$ 溶液颜色褪去后再加第二滴 KMnO$_4$），观察有什么现象发生，写出有关离子反应方程式。

(4) I$^-$ 的还原性与 I$_2$ 氧化性：在试管中加入 0.1 mol·L^{-1} KI 溶液 5 滴和 3 mol·L^{-1} H$_2$SO$_4$ 溶液 4 滴，加 10 滴蒸馏水，然后加入 2 滴 0.1 mol·L^{-1} K$_2$Cr$_2$O$_7$ 溶液和淀粉指示剂 1~3 滴，观察溶液颜色有何变化？再往试管中加入 0.1 mol·L^{-1} Na$_2$S$_2$O$_3$ 溶液数滴，观察溶液颜色又有何变化？写出有关离子反应方程式。

3. 介质的酸度对氧化还原反应的影响

(1) 介质的酸度对氧化还原产物的影响：在 3 支试管中各加入 0.02 mol·L^{-1} KMnO$_4$ 溶液 5 滴，在第一支试管中加入 3 mol·L^{-1} H$_2$SO$_4$ 溶液 2 滴，第二支试管中加入 6 mol·L^{-1} NaOH 溶液 2 滴，第三支试管中加入蒸馏水 2 滴，然后再往三支试管中各加入 0.3 mol·L^{-1} Na$_2$SO$_3$ 溶液 3 滴，观察各试管中溶液颜色的变化，并写出有关反应方程式。

(2) 介质的酸度对氧化还原方向的影响：在试管中加入 0.1 mol·L^{-1} I$_2$ 溶液 4 滴，观察溶液的颜色。逐滴加入 0.1 mol·L^{-1} Na$_3$AsO$_3$ 溶液，加入一滴即振荡试管，到溶液刚变为无色，加入淀粉指示剂 3 滴，观察溶液颜色。再加入浓 HCl 溶液 10 滴，溶液颜色又有何变化，写出有关离子反应方程式。

4. 浓度对氧化还原反应的影响：在两支试管中分别加入浓 HCl 和 1 mol·L^{-1} HCl 溶液各 1 mL，再加 0.1 mol·L^{-1} K$_2$Cr$_2$O$_7$ 溶液 4 滴，水浴加热，观察各试管中溶液颜色的变化。在发生变化的试管口用淀粉-KI 试纸检验有无氯气放出。

5. 原电池与电解池

(1) 在两个 100 mL 小烧杯中各加入 30 mL 1 mol·L^{-1} CuSO$_4$ 溶液和 1 mol·L^{-1} ZnSO$_4$ 溶液，然后在 CuSO$_4$ 溶液中插入一铜片，在 ZnSO$_4$ 溶液中插入一锌片，将这两种溶液用盐桥连接起来组成原电池，将铜片和锌片通过导线分别与电流计的正极和负极相接。观察电流计指针的偏转，并记下读数。

(2) 将上面原电池中连接锌片和铜片的铜丝的另一端插入盛有 50 mL 0.5 mol·L^{-1} Na$_2$SO$_4$ 溶液和 3 滴酚酞的小烧杯中，观察连接锌片的那根铜丝周围的硫酸钠溶液有何变化？在阳极上又有何现象发生？试写出两极上发生的化学反应方程式。

思考题

1. $KMnO_4$ 与 $Na_2C_2O_4$ 反应时，能否用 HCl 溶液作介质？为什么？
2. 试用能斯特方程解释 $K_2Cr_2O_7$ 与不同浓度的 HCl 溶液反应所得产物不同。
3. 原电池的正负极与电解池的阴阳极的电极反应本质是否相同？
4. 为什么 H_2O_2 既可作氧化剂，又可作还原剂？

实验6 金属的腐蚀与防护

一、实验目的

1. 了解常见的几种电化学腐蚀原理和形成条件。
2. 了解常见的金属防护处理方法。

二、实验原理

1. 金属的腐蚀

电化学腐蚀是由于金属表面存在许多微小的短路原电池（微电池）作用的结果。较活泼的金属为负极被氧化，即被腐蚀，而其他部分作为正极，仅传递电子，本身不发生变化，即不被腐蚀。

影响金属腐蚀的因素主要来自两方面：一是材料因素，如金属和合金的电极电势不同。二是环境因素，如腐蚀介质的 pH 值、浓度、温度、湿度、流速以及潮湿腐蚀性气体的压力等影响，使金属的电位不均匀，而引起金属的腐蚀。

2. 金属腐蚀的防护

（1）缓蚀剂法

在腐蚀性介质中，可加入少量能延缓腐蚀过程的物质，称为缓蚀剂。缓蚀剂使用方便，投放量小，见效快，成本较低。目前广泛用于石油化工、化肥、动力等部门。特别是在酸洗过程中缓蚀效果明显。例如乌洛托品（六亚甲基四胺）常用作钢铁在酸性介质中的缓蚀剂。

（2）钢铁表面发蓝处理

在钢铁表面用氧化剂进行氧化，获得致密的有一定防护性能的由蓝色到黑色的 Fe_3O_4 薄膜，工业上将这种氧化处理称为"发蓝"或"煮黑"。常用的氧化处理有碱性氧化法和酸性氧化法。这里介绍的是碱性氧化法，通常是将钢铁零件投入含有氧化剂（如 $NaNO_2$）的热浓氢氧化钠溶液中进行氧化处理，即可在钢铁表面形成蓝黑色的氧化膜。其反应可用下列反应式表示：

$$3Fe + NaNO_2 + 5NaOH = 3Na_2FeO_2 + NH_3 + H_2O$$
$$6Na_2FeO_2 + NaNO_2 + 5H_2O = 3Na_2Fe_2O_4 + NH_3 + 7NaOH$$
$$Na_2FeO_2 + Na_2Fe_2O_4 + 2H_2O = Fe_3O_4 + 4NaOH$$

氧化膜厚度一般为 $0.5 \sim 1.5\ \mu m$，外表美观，又不影响金属零件的精密度。所以一些精密仪器和光学仪器的零件，常用它作为装饰防护层。

为提高氧化膜的抗蚀性能与润滑性能，一般在氧化处理后进行补充处理。如在重铬酸钾溶液中进行钝化、浸油或浸肥皂液处理等。

（3）铝的阳极氧化法

用电化学方法在铝表面生成较致密的氧化膜的过程，称为铝的阳极氧化法。所形成的氧化膜有较高的硬度和抗蚀性能，它既可作为电的绝缘层，又可作为油漆的底层。新鲜的氧化膜能吸附多种有机染料和无机颜料，从而形成各种彩色膜，既防腐又美观，常作为防护装饰层。在硫酸电解液中，铝为阳极，铅为阴极，铝在外加电流作用下失去电子，成为 Al^{3+}，经水解形成 $Al(OH)_3$，其反应为

$$Al \Longrightarrow Al^{3+} + 3e^-$$
$$Al^{3+} + 3H_2O \Longrightarrow Al(OH)_3 + 3H^+$$

随着电解的进行，$Al(OH)_3$ 在阳极附近很快达到饱和，并在阳极表面形成致密的 $Al(OH)_3$ 薄膜。由于电解液对膜的溶解，致使膜有较多的孔隙。$Al(OH)_3$ 膜本身是电介质，电流只能经孔隙通过，并伴随有大量的热量放出，导致 $Al(OH)_3$ 脱水，形成 Al_2O_3 薄膜。

阳极氧化法形成的 Al_2O_3 膜有较高的吸附性，当腐蚀介质进入孔隙时，将会引起孔隙腐蚀。因此，在实际生产中，氧化后不论染色与否，通常都要对氧化膜进行封闭处理。经封闭处理后氧化膜的抗蚀能力可提高 15~20 倍。本实验采用沸水封闭法，它是利用 Al_2O_3 的水化作用，即

$$Al_2O_3 + H_2O \Longrightarrow Al_2O_3 \cdot H_2O$$

Al_2O_3 氧化膜水化为一水化合物（$Al_2O_3 \cdot H_2O$）时，其体积增加 33%，水化为三水化合物（$Al_2O_3 \cdot 3H_2O$）时，体积几乎增加 100%。因此，经封闭处理后氧化膜的小孔得到封闭，其抗蚀性有了有明显的提高。

三、实验仪器与试剂

1. 仪器

变压器，直流稳压电源，铅电极，电解槽，调温电炉，温度计（0~100 ℃、0~200 ℃），表面皿，烧杯（500 mL，250 mL，100 mL），试管，酒精灯，水浴锅。

2. 试剂

1 mol·L^{-1} H$_2$SO$_4$，0.1 mol·L^{-1} HCl，2 mol·L^{-1} HNO$_3$，2 mol·L^{-1} NaOH，（0.1 mol·L^{-1}，1 mol·L^{-1}）NaCl，0.1 mol·L^{-1} KI，0.1 mol·L^{-1} KBr，0.1 mol·L^{-1} FeCl$_3$，0.1 mol·L^{-1} FeSO$_4$，碘水，溴水，0.1 mol·L^{-1} K$_3$[Fe(CN)$_6$]，CCl$_4$，铝试剂，硫酸电解液（150~200 g·L^{-1}），发蓝碱洗液（NaOH：30~50 g·L^{-1}，Na$_2$CO$_3$：10~30 g·L^{-1}，Na$_2$SiO$_3$：5~10 g·L^{-1}），发蓝酸洗液（20% HCl、5% 乌洛托品），发蓝处理液（NaOH：600~650 g·L^{-1}，NaNO$_2$：100~150 g·L^{-1}），染色液（茜素黄 0.3 g·L^{-1}），20% 乌洛托品。

其他：铝片，铝丝，铜片，铜丝，铁片，不锈钢，锌片，铁钉，三脚架，砂纸，滤纸，石棉网。

四、实验步骤

1. 金属腐蚀

（1）将锌片投入盛有 2 mL 1 mol·L^{-1} H$_2$SO$_4$ 溶液的试管中，观察其反应情况。然后用一铜丝与锌片接触，观察反应有何变化？根据实验现象可得出什么结论。

（2）取两铝片用砂纸打磨并水洗后，置于表面皿上，分别滴加 2 滴 0.1 mol·L^{-1} NaCl 溶液和 0.1 mol·L^{-1} FeCl$_3$ 溶液，并各加 1 滴铝试剂，若有红色螯合物生成，说明铝被腐蚀。记录实验现象并解释原因。

2. 金属腐蚀的防护

（1）缓蚀剂法

将除锈后的两枚铁钉用自来水冲洗后缓缓投入两支试管中，向其中一支试管加入 5 滴 20% 乌洛托品溶液，然后向两支试管中各加入 2 mL 0.1 mol·L^{-1} 的 HCl 溶液和 1 滴 0.1 mol·L^{-1} K$_3$[Fe

(CN)$_6$]溶液，比较两试管中蓝色出现的快慢与颜色深浅的差异。写出反应式并解释原因。

（2）阴极保护法（外加电流法）

在 50 mL 烧杯中，加入约 30 mL 0.1 mol·L^{-1} NaCl 溶液，再加入 3 滴 0.1 mol·L^{-1} HCl 和 3 滴 0.1 mol·L^{-1} K$_3$[Fe(CN)$_6$] 溶液，振荡，并插入两个铁电极。用导线将两个电极与直流电源整流器连接，通电后，有什么现象？阴极和阳极哪个电极发生了腐蚀？

（3）金属表面防护处理

① 铝的阳极氧化

a. 氧化前的表面处理

碱洗：将铝片投入温度为 60～70 ℃ 的 2 mol·L^{-1} NaOH 溶液中，浸 1 min，取出用自来水冲洗，以除去铝片表面的油污。

酸洗：将碱洗后的铝片放入 2 mol·L^{-1} HNO$_3$ 溶液中，浸 0.5～1 min，取出用自来水冲洗，以除去表面氧化物。

b. 氧化处理 将铅电极挂在阴极，铝片挂在阳极，调节电压，使阳极电流密度在 0.8～1.0 A·dm^{-2} 之间（开始时宜用较小的电流密度，1 min 后将电流密度调节至工艺要求）。30 min 后切断电源，取出铝片，用自来水冲洗数次。

c. 氧化膜的染色 将氧化后用水洗净的铝片投入染色液中（为保证氧化膜的最大吸附能力，氧化后染色最多不能迟后半小时），控制温度 75～85 ℃，10 min 后取出铝片，在空气中停留 30 s，再用自来水洗净。

d. 氧化膜的封闭 将染色后并洗净的铝片放入煮沸的蒸馏水或去离子水中（若用中性自来水煮沸封闭时，45 min 也不易完全封闭），煮沸 30 min 即可。

② 钢铁的发蓝处理

a. 发蓝前处理 用砂纸将大铁钉表面擦净，用一根铁丝系上，并用水洗净。

碱洗：将铁钉投入温度为 60～100 ℃ 的碱洗液中，10 min 后，取出铁钉，先用热水后用自来水淋洗。

酸洗：将碱洗后的铁钉投入酸洗液中，1 min 后，取出铁钉并用水洗干净。

b. 发蓝处理 将表面处理过的铁钉投入发蓝液，煮沸约 20 min，温度控制在 130～150 ℃。取出零件用热水冲洗后，再放入温度为 60～80 ℃ 的封闭液中，10～15 min 后取出铁钉，用水洗净，观察铁钉表面的颜色。

思考题

1. 为什么纯度低的金属比纯度高的金属容易腐蚀？
2. 本实验中出现过哪几种腐蚀？如何检验它们的腐蚀产物？

实验 7　淀粉胶黏剂的制备

一、实验目的

1. 掌握用氧化剂氧化淀粉的原理和操作技术。
2. 了解玉米淀粉胶黏剂的合成工艺。

二、实验原理

淀粉是不溶于水的多糖类碳水化合物，其受热糊化，黏度变大，流动性变差，若直接用作黏合剂则黏结性能较差，但可以通过多种方法对其进行改性处理，经过改性后的淀粉可替代传统的成膜物质聚乙烯醇,这不但是科学技术发展的结果,也是环境保护的需要。本实验是用氧化剂氧化的方法,使大分子氧化裂解,改变分子结构,使淀粉分子中部分还原性端基(2,4,6 碳位上的羟基—OH)氧化成羧基(—COOH),玉米淀粉经氧化处理后,成为含有醛基羟基为主,同时含有部分羧基的分子量大小不等的变性淀粉,此氧化改性的淀粉胶黏剂具有流动性好、水溶性好、稳定性好、黏结强度高等优点。

三、实验仪器与试剂

1. 仪器

调速搅拌器,恒温水浴,温度计,滴液漏斗,真空泵,抽滤瓶+漏斗,玻璃棒,滴管,烧杯,量筒。

2. 试剂

玉米淀粉,氢氧化钠,高锰酸钾,浓硫酸,去离子水,亚硫酸氢钠。

四、实验步骤

1. 实验装置

实验装置如图 9-3 所示。

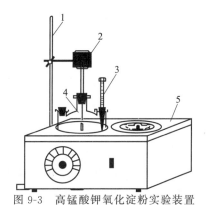

图 9-3 高锰酸钾氧化淀粉实验装置
1—铁架台;2—搅拌器;3—温度计;4—三口烧瓶;5—恒温水浴锅

2. 工艺流程

粗淀粉→精制→干燥→过筛→调浆→氧化→糊化→配位→产品

3. 试剂配制

配制 10%NaOH 溶液,10%H_2SO_4 溶液,4.0%$KMnO_4$ 溶液,2%$NaHSO_3$ 溶液。

4. 操作流程

(1) 在 250 mL 烧杯中加入 30 mL 去离子水,开动搅拌器,在搅拌下慢慢加入淀粉 17 g,打成乳状。

(2) 加入 10%NaOH 溶液适量,调节 pH 值为 11,反应 1 h 以除去酯类。

(3) 预处理完成后,再用滴管加入适量的 10%NaOH 溶液,调节乳液的 pH 值在 11 左右,并置于恒温水浴中加热,控制水浴温度在 55~65 ℃ 之间。同时从滴液漏斗中滴加 4.0%$KMnO_4$ 溶液 10 mL,约 1 h 滴加完毕。在此过程中,注意随时测定反应液的 pH 值,控制 pH=11。如果不足 11,要滴加 10%NaOH 溶液进行调节。滴加完毕后,继续反应片刻,当氧化反应液的色泽逐渐变白时,可以停止氧化反应。

(4) 在上述反应中用滴管滴加 10%H_2SO_4 溶液,调节 pH 值在 3~4,再搅拌 0.5 h 使之充分酸化,此时溶液颜色变淡。

(5) 在搅拌下，向酸化后的反应液中一次性加入 2‰ $NaHSO_3$ 溶液约 30 mL，使生成的副产物二氧化锰转化成可溶性盐（$MnSO_4$），这一步也叫褪色反应，反应时间约 1 h，反应现象为反应液由土黄色逐渐变白，同时有难闻气味放出。反应完成后，放置、沉淀，除去上部的水，用蒸馏水洗涤 3 次，使 pH 值为 7～8 或无异味时，然后用真空抽滤脱水，处理完毕。

(6) 淀粉的干燥。取上述抽滤脱水后的淀粉饼，将其平铺在盘中在室内风干（或者放置于恒温干燥箱中干燥），约 30 min，得淀粉胶黏剂样品。

5. 黏结能力测试

取以上样品少量调成糊状，用纸板测试黏结能力。

思考题

1. 在操作流程（1）中配制样品时，需控制好淀粉与水的比例，一般水量为淀粉量的 2～3 倍，若配置样品过稀，对样品的黏度会产生什么影响？

2. 一般情况下，氧化程度稍高，胶液性能相对较好，但是不是氧化程度越高越好？

实验 8　蔬菜中维生素 C 含量的测定

一、实验目的

1. 理解用碘量法测定蔬菜中维生素 C 的原理。
2. 了解从蔬菜中提取维生素 C 的方法。
3. 学习 I_2 标准溶液的配制和标定方法。
4. 初步学会蔬菜中维生素 C 含量的测定方法。

二、实验原理

维生素 C 又叫抗坏血酸，分子式为 $C_6H_8O_6$，广泛存在于植物组织中，新鲜水果、蔬菜，尤其是枣、辣椒、苦瓜、柿子叶、猕猴桃、柑橘等食品中含量尤其丰富。辣椒中维生素 C 含量在 60～150 mg·100 g^{-1} 之间，是橙子的 3～5 倍。纯净的维生素 C 为白色或淡黄色结晶或结晶粉末，无臭、味酸，还原性强，在空气中极易被氧化，尤其在碱性介质中反应更甚。氧化产物脱氢抗坏血酸仍保留维生素 C 的生物活性。由于维生素 C 分子中的烯二醇具有还原性，能被 I_2 定量氧化成二酮基，反应式如下：

$$C_6H_8O_6 + I_2 \xrightleftharpoons{HAc} C_6H_6O_6 + 2HI$$

根据 I_2 标准溶液的浓度和体积，可计算出试样中维生素 C 的含量。用直接碘量法可测定蔬菜、水果、药片中维生素 C 的含量。

由于维生素 C 的还原能力很强，在空气中易被氧化，尤其在碱性介质中更为突出，测定时加入 HAc 使溶液呈弱酸性，以减少维生素 C 发生副反应。

三、实验仪器与试剂

1. 仪器

100 mL 烧杯，250 mL 容量瓶，25 mL 移液管，250 mL 锥形瓶，50 mL 滴定管，多功能粉碎机。

2. 试剂

0.100 mol·L^{-1} $Na_2S_2O_3$ 标准溶液，2 mol·L^{-1} 醋酸，0.05 mol·L^{-1} I_2 溶液，0.5% 的淀粉溶液（称取 0.5 g 可溶性淀粉，用少量水搅匀后，加入 100 mL 沸水中，搅匀。如需久

置，则加入少量的 HgI_2，硼酸为防腐剂），柿子椒、白萝卜等富含维生素 C 的蔬菜。

四、实验步骤

1. 制备蔬菜组织提取液

选取一种蔬菜 200 g，放入多功能粉碎机中，另取 50 mL 蒸馏水，先加入 40 mL，进行粉碎，留 10 mL 蒸馏水用于冲洗粉碎机，冲洗液并入粉碎液一起过滤。然后用尼龙纱布过滤，收集滤液于烧杯中，并加入 2 mol·L^{-1} HAc 溶液将 pH 值调至 3 左右。

2. I_2 标准溶液的配制和标定

称取 3.3 g I_2 和 5 g KI 置于研钵中，在通风橱中操作，加入少量水研磨，待 I_2 全部溶解后，将溶液转入棕色试剂瓶中，加水稀释至 250 mL，充分摇匀，置于暗处存放。

吸取 $Na_2S_2O_3$ 标准溶液 25.00 mL 3 份，分别置于 250 mL 锥形瓶中，加水 50 mL、淀粉指示剂 2 mL，用 I_2 标准溶液滴定至呈稳定的蓝色，30 s 内不褪色即为终点。计算 I_2 溶液的浓度。

3. 测定蔬菜组织提取液中维生素 C 的含量

取 1/2 过滤后的蔬菜组织提取液，置于 250 mL 锥形瓶中，加新煮沸过的冷却蒸馏水 100 mL，淀粉指示剂 2 mL，立即用 I_2 标准溶液滴定至呈稳定的蓝色。平行测定 3 份，按下式计算维生素 C 的含量。

$$100 \text{ g 样品中维生素 C 总含量(mg)} = c(I_2) \times V(I_2) \times M(C_6H_8O_6)$$

思考题

1. 维生素 C 的测定溶液中，为什么要加入醋酸？
2. 维生素 C 的试样溶解后，为什么要加入新煮沸的冷蒸馏水？

附 录

附录1 我国法定计量单位

表1 国际单位制（SI）的基本单位

量的名称	单位名称	单位符号
长度	米	m
质量	千克（公斤）	kg
时间	秒	s
电流	安[培]	A
热力学温度	开[尔文]	K
物质的量	摩[尔]	mol
发光强度	坎[德拉]	cd

表2 包括SI辅助单位在内的具有专门名称的SI导出单位

量的名称	SI导出单位 名称	SI导出单位 符号	用SI基本单位和SI导出单位表示
[平面]角	弧度	rad	$1\ \text{rad} = 1\ \text{m/m} = 1$
立体角	球面度	sr	$1\ \text{sr} = 1\ \text{m}^2/\text{m}^2 = 1$
频率	赫[兹]	Hz	$1\ \text{Hz} = 1\ \text{s}^{-1}$
力	牛[顿]	N	$1\ \text{N} = 1\ \text{kg} \cdot \text{m/s}^2$
压力,压强,应力	帕[斯卡]	Pa	$1\ \text{Pa} = 1\ \text{N/m}^2$
能[量],功,热量	焦[耳]	J	$1\ \text{J} = 1\ \text{N} \cdot \text{m}$
功率,辐[射能]通量	瓦[特]	W	$1\ \text{W} = 1\ \text{J/s}$
电荷[量]	库[仑]	C	$1\ \text{C} = 1\ \text{A} \cdot \text{s}$
电压,电动势,电位(电势)	伏[特]	V	$1\ \text{V} = 1\ \text{W/A}$
电容	法[拉]	F	$1\ \text{F} = 1\ \text{C/V}$
电阻	欧[姆]	Ω	$1\ \Omega = 1\ \text{V/A}$
电导	西[门子]	S	$1\ \text{S} = 1\ \Omega^{-1}$
磁通[量]	韦[伯]	Wb	$1\ \text{Wb} = 1\ \text{V} \cdot \text{s}$
磁通[量]密度,磁感应强度	特[斯拉]	T	$1\ \text{T} = 1\ \text{Wb/m}^2$
电感	亨[利]	H	$1\ \text{H} = 1\ \text{Wb/A}$
摄氏温度	摄氏度	℃	$1\ ℃ = 1\ \text{K}$
光通量	流[明]	lm	$1\ \text{lm} = 1\ \text{cd} \cdot \text{sr}$
[光照度]	勒[克斯]	lx	$1\ \text{lx} = 1\ \text{lm/m}^2$

表3 可与国际单位制单位并用的我国法定计量单位

量的名称	单位名称	单位符号	与SI单位的关系
时间	分	min	$1\ \text{min} = 60\ \text{s}$
	[小]时	h	$1\ \text{h} = 60\ \text{min} = 3600\ \text{s}$
	日,(天)	d	$1\ \text{d} = 24\ \text{h} = 86400\ \text{s}$
[平面]角	度	°	$1° = (\pi/180)\ \text{rad}$
	[角]分	′	$1' = (1/60)° = (\pi/10800)\ \text{rad}$
	[角]秒	″	$1'' = (1/60)' = (\pi/648000)\ \text{rad}$
体积	升	l, L	$1\ \text{L} = 1\ \text{dm}^3 = 10^{-3}\ \text{m}^3$
质量	吨	t	$1\ \text{t} = 10^3\ \text{kg}$
	原子质量单位	u	$1\ \text{u} \approx 1.660540 \times 10^{-27}\ \text{kg}$

续表

量的名称	单位名称	单位符号	与 SI 单位的关系
旋转速度	转每分	r/min	1 r/min=(1/60)s^{-1}
长度	海里	n mile	1 n mile=1852 m(只适用于航程)
速度	节	kn	1 kn=1n mile/h=(1852/3600)m/s（只适用于航程）
能	电子伏	eV	1 eV≈1.602177×10^{-19} J
级差	分贝	dB	
线密度	特[克斯]	tex	1 tex=10^{-6} kg/m
面积	公顷	hm^2	1 hm^2=10^4 m^2

注：1. 平面角单位度、分、秒的符号，在组合单位中应采用（°）、（′）、（″）的形式，例如，不用°/s 而用（°）/s。
2. 升的两个符号属同等地位，可任意选用。
3. 公顷的国际通用符号为 ha。

表 4 SI 词头

因素	词头名称		符号
	英文	中文	
10^{24}	yotta	尧[它]	Y
10^{21}	zetta	泽[它]	Z
10^{18}	exa	艾[可萨]	E
10^{15}	peta	拍[它]	P
10^{12}	tera	太[拉]	T
10^{9}	giga	吉[咖]	G
10^{6}	mega	兆	M
10^{3}	kilo	千	k
10^{2}	hecto	百	h
10^{1}	deca	十	da
10^{-1}	deci	分	d
10^{-2}	centi	厘	c
10^{-3}	milli	毫	m
10^{-6}	micro	微	μ
10^{-9}	nano	纳[诺]	n
10^{-12}	pico	皮[可]	p
10^{-15}	femto	飞[母托]	f
10^{-18}	atto	阿[托]	a
10^{-21}	zepto	仄[普托]	z
10^{-24}	yocto	幺[科托]	y

附录 2 一些基本物理常数

物理量	符号	数值
真空中的光速	c	2.99792458×10^8 m·s^{-1}
电子电荷	e	1.60217733×10^{-19} C
质子质量	m_p	1.6726231×10^{-27} kg
电子质量	m_e	9.1093897×10^{-31} kg
原子质量单位	u	1.6605402×10^{-27} kg
摩尔气体常数	R	8.314501 J·mol^{-1}·K^{-1}
阿伏伽德罗（Avogadro）常数	N_A	6.0221367×10^{23} mol^{-1}
里德伯（Rydberg）常数	R_∞	1.0973731534×10^7 m^{-1}

续表

物理量	符号	数值
普朗克(Planck)常数	h	$6.6260755 \times 10^{-34}$ J·s
法拉第(Faraday)常数	F	9.6485309×10^4 C·mol^{-1}
玻尔兹曼(Boltzmann)常数	k	1.380658×10^{-23} J·K^{-1}
电子伏	eV	$1.60217733 \times 10^{-19}$ J

附录3　一些物质的标准摩尔生成焓、标准摩尔生成吉布斯函数和标准摩尔熵数据

物质	$\dfrac{\Delta_f H_m^\ominus (298.15 \text{ K})}{\text{kJ·mol}^{-1}}$	$\dfrac{\Delta_f G_m^\ominus (298.15 \text{ K})}{\text{kJ·mol}^{-1}}$	$\dfrac{S_m^\ominus (298.15 \text{ K})}{\text{J·mol}^{-1}\cdot\text{K}^{-1}}$
Ag(s)	0	0	42.55
AgCl(s)	−127.07	−109.80	96.2
AgI(s)	−61.84	−66.19	115.5
Al(s)	0	0	28.33
AlCl$_3$(s)	−740.2	−628.9	110.66
Al$_2$O$_3$(s,α,刚玉)	−1675.7	−1582.4	50.92
Br$_2$(l)	0	0	152.23
(g)	30.91	3.142	245.35
C(s,金刚石)	1.8966	2.8995	2.377
(s,石墨)	0	0	5.740
CCl$_4$(l)	−135.44	−65.27	216.40
CO(g)	−110.52	−137.15	197.56
CO$_2$(g)	−393.50	−394.36	213.64
Ca(s)	0	0	41.42
CaCO$_3$(s,方解石)	−1206.92	−1128.84	92.9
CaO(s)	−635.09	−604.04	39.75
Ca(OH)$_2$(s)	−986.09	−898.56	83.39
CaSO$_4$(s)	−1434.11	−1321.85	106.7
CaSO$_4$·2H$_2$O(s)	−2022.63	−1797.45	194.1
Cl$_2$(g)	0	0	222.96
Co(s,α)	0	0	30.04
CoCl$_2$(s)	−312.05	−269.9	109.16
Cr(s)	0	0	23.77
Cr$_2$O$_3$(s)	−1139.7	−1058.1	81.2
Cu(s)	0	0	33.15
CuCl$_2$(s)	−220.1	−175.7	108.07
CuO(s)	−157.3	−129.7	42.63
Cu$_2$O(s)	−168.6	−146.0	93.14
CuS(s)	−53.1	−53.6	66.5
F$_2$(g)	0	0	202.67
Fe(s,α)	0	0	27.28
FeO(s)	−272.0	—	—
Fe$_2$O$_3$(s,赤铁矿)	−824.2	−742.2	87.40
Fe$_3$O$_4$(s,磁铁矿)	−1118.4	−1015.5	146.4
Fe(OH)$_2$(s)	−569.0	−486.6	88
H$_2$(g)	0	0	130.574
H$_2$CO$_3$(aq)	−699.65	−623.16	187.4

续表

物质	$\Delta_f H_m^\ominus$(298.15 K) / kJ·mol^{-1}	$\Delta_f G_m^\ominus$(298.15 K) / kJ·mol^{-1}	$S_m^\ominus$(298.15 K) / J·mol^{-1}·K^{-1}
HCl(g)	−92.307	−95.299	186.80
HF(g)	−271.1	−273.2	173.67
HNO$_3$(l)	−174.10	−80.79	155.60
H$_2$O(g)	−241.82	−228.59	188.72
(l)	−285.83	−237.18	69.91
H$_2$O$_2$(l)	−187.78	−120.42	—
H$_2$S(g)	−20.63	−33.56	205.69
Hg(g)	61.317	31.853	174.85
(l)	0	0	76.02
HgO(s,红色)	−90.83	−58.555	70.29
I$_2$(g)	62.438	19.359	260.58
(s)	0	0	116.14
K(s)	0	0	64.18
KCl(s)	−436.747	−409.15	82.59
Mg(s)	0	0	32.68
MgCl$_2$(s)	−641.32	−591.83	89.62
MgO(s)	−601.70	−569.44	26.94
Mg(OH)$_2$(s)	−924.54	−835.58	63.18
Mn(s,α)	0	0	32.01
MnO(s)	−385.22	−362.92	59.71
N$_2$(g)	0	0	191.50
NH$_3$(g)	−46.11	−16.48	192.34
NH$_3$(aq)	−80.29	−26.57	111.3
N$_2$H$_4$(l)	50.63	149.24	121.21
NH$_4$Cl(s)	−314.43	−202.97	94.6
NO(g)	90.25	86.57	210.65
NO$_2$(g)	33.18	51.30	239.95
Na(s)	0	0	51.21
NaCl(s)	−411.15	−384.15	72.13
Na$_2$O(s)	−414.22	−375.47	75.06
NaOH(s)	−425.609	−379.526	64.45
Ni(s)	0	0	29.87
NiO(s)	−239.7	−211.7	37.99
O$_2$(g)	0	0	205.03
O$_3$(g)	142.7	163.2	238.82
P(s,白)	0	0	41.09
Pb(s)	0	0	64.81
PbCl$_2$(s)	−359.40	−317.90	136.0
PbO(s,黄)	−215.33	−187.90	68.70
S(s,正交)	0	0	31.80
SO$_2$(g)	−296.83	−300.19	248.11
SO$_3$(g)	−395.72	−371.08	256.65
Si(s)	0	0	18.83
SiO$_2$(s,α,石英)	−910.94	−856.67	41.84
Sn(s,白)	0	0	51.55
SnO$_2$(s)	−580.7	−519.7	52.3
Ti(s)	0	0	30.63
TiO$_2$(s,金刚石)	−944.7	−889.5	50.33
Zn(s)	0	0	41.63

续表

物质	$\Delta_f H_m^\ominus(298.15\text{ K})$ / kJ·mol^{-1}	$\Delta_f G_m^\ominus(298.15\text{ K})$ / kJ·mol^{-1}	$S_m^\ominus(298.15\text{K})$ / J·mol^{-1}·K^{-1}
ZnO(s)	−348.28	−318.32	43.64
CH$_4$(g)	−74.85	−50.6	186.27
C$_2$H$_2$(g)	226.73	209.20	200.83
C$_2$H$_4$(g)	52.30	68.24	219.20
C$_2$H$_6$(g)	−83.68	−31.80	229.12
C$_6$H$_6$(g)	82.93	129.66	269.20
(l)	48.99	124.35	173.26
CH$_3$OH(l)	−239.03	−166.82	127.24
C$_2$H$_5$OH(l)	−277.98	−174.18	161.04
C$_6$H$_5$COOH(l)	−385.05	−245.27	167.57
C$_{12}$H$_{22}$O$_{11}$(s)	−2225.5	−1544.6	360.2

附录 4 一些水合离子的标准摩尔生成焓、标准摩尔生成吉布斯函数和标准摩尔熵数据

水合离子	$\Delta_f H_m^\ominus(298.15\text{ K})$ / kJ·mol^{-1}	$\Delta_f G_m^\ominus(298.15\text{ K})$ / kJ·mol^{-1}	$S_m^\ominus(298.15\text{K})$ / J·mol^{-1}·K^{-1}
H$^+$(aq)	0.00	0.00	0.00
Na$^+$(aq)	−240.12	−261.89	59.0
K$^+$(aq)	−252.38	−283.26	102.5
Ag$^+$(aq)	105.58	77.21	72.68
NH$_4^+$(aq)	−132.51	−79.37	113.4
Ba^{2+}(aq)	−537.64	−560.74	9.6
Ca^{2+}(aq)	−542.83	−553.54	−53.1
Mg^{2+}(aq)	−466.85	−454.8	−138.1
Fe^{2+}(aq)	−89.1	−78.87	−137.7
Fe^{3+}(aq)	−48.5	−4.6	−315.9
Cu^{2+}(aq)	64.77	65.52	−99.6
Zn^{2+}(aq)	−153.89	−147.03	−112.1
Pb^{2+}(aq)	−1.7	−24.39	10.5
Mn^{2+}(aq)	−220.75	−228.0	−73.6
Al^{3+}(aq)	−531	−485	−321.7
OH$^-$(aq)	−229.99	−157.29	−10.75
F$^-$(aq)	−332.63	−278.82	−13.8
Cl$^-$(aq)	−167.16	−131.26	56.5
Br$^-$(aq)	−121.54	−103.97	82.4
I$^-$(aq)	−55.19	−51.59	111.3
HS$^-$(aq)	−17.6	12.05	62.8
HCO$_3^-$(aq)	−691.99	−586.85	91.2
NO$_3^-$(aq)	−207.36	−111.34	−146.4
AlO$_2^-$(aq)	−918.8	−823.0	−21
S^{2-}(aq)	33.1	85.8	−14.6
SO$_4^{2-}$(aq)	−909.27	−744.63	20.1
CO$_3^{2-}$(aq)	−677.14	−527.90	−56.9

附录5 一些弱电解质在水溶液中的解离常数

酸	温度/℃	K_a	pK_a
亚硫酸 H_2SO_3	18	$(K_1)1.54\times10^{-2}$	1.81
	18	$(K_2)1.02\times10^{-1}$	6.91
磷酸 H_3PO_4	25	$(K_{a1})7.52\times10^{-3}$	2.12
	25	$(K_{a2})6.23\times10^{-8}$	7.21
	18	$(K_{a3})2.2\times10^{-13}$	12.67
亚硝酸 HNO_2	12.5	4.6×10^{-4}	3.37
氟化氢 HF	25	3.53×10^{-4}	3.45
甲酸 HCOOH	20	1.77×10^{-4}	3.75
乙酸 CH_3COOH	25	1.76×10^{-5}	4.75
碳酸 H_2CO_3	25	$(K_{a1})4.30\times10^{-7}$*	6.37
	25	$(K_{a2})5.61\times10^{-11}$	10.26
硫化氢 H_2S	18	$(K_{a1})9.1\times10^{-5}$	7.04
	18	$(K_{a2})1.1\times10^{-12}$	11.96
次氯酸 HClO	18	2.95×10^{-8}	7.53
硼酸 H_3BO_3	20	$(K_{a1})7.3\times10^{-10}$	9.14
氰化氢 HCN	25	4.93×10^{-10}	9.31
碱	温度/℃	K_b	pK_b
氨 NH_3	25	1.77×10^{-5}	4.75

附录6 一些共轭酸碱的解离常数

酸	K_a	碱	K_b
HNO_2	4.6×10^{-4}	NO_2^-	2.2×10^{-1}
HF	3.53×10^{-4}	F^-	2.83×10^{-1}
HAc	1.76×10^{-5}	Ac^-	5.68×10^{-10}
H_2CO_3	4.3×10^{-7}	HCO_3^-	2.3×10^{-8}
H_2S	9.1×10^{-8}	HS^-	1.1×10^{-7}
$H_2PO_4^-$	6.23×10^{-8}	HPO_4^{2-}	1.61×10^{-7}
NH_4^+	5.65×10^{-10}	NH_3	1.77×10^{-5}
HCN	4.93×10^{-10}	CN^-	2.03×10^{-3}
HCO_3^-	5.61×10^{-1}	CO_3^{2-}	1.78×10^{-4}
HS^-	1.1×10^{-1}	S^{2-}	9.1×10^{-3}
HPO_4^{2-}	2.2×10^{-13}	PO_4^{3-}	4.5×10^{-2}

附录7 一些配离子的稳定常数和不稳定常数

配离子	K_f	$\lg K_f$	K_i	$\lg K_i$
$[AgBr_2]^-$	2.14×10^7	7.33	4.67×10^{-8}	−7.33
$[Ag(CN)_2]^-$	1.26×10^{21}	21.1	7.94×10^{-22}	−21.1
$[AgCl_2]^-$	1.10×10^5	5.04	9.09×10^{-6}	−5.04
$[AgI_2]^-$	5.5×10^{11}	11.74	1.82×10^{-12}	−11.74
$[Ag(NH_3)_2]^+$	1.12×10^7	7.05	8.93×10^{-8}	−7.05
$[Ag(S_2O_3)_2]^{3-}$	2.89×10^{13}	13.46	3.46×10^{-14}	−13.46
$[Co(NH_3)_6]^{2+}$	1.29×10^5	5.11	7.75×10^{-6}	−5.11
$[Cu(CN)_2]^-$	1×10^{24}	24.0	1×10^{-24}	−24.0

续表

配离子	K_f	$\lg K_f$	K_i	$\lg K_i$
$[Cu(NH_3)_2]^+$	7.24×10^{10}	10.86	1.38×10^{-11}	-10.86
$[Cu(NH_3)_4]^{2+}$	2.09×10^{13}	13.32	4.78×10^{-14}	-13.32
$[Cu(P_2O_7)_2]^{6-}$	1×10^9	9.0	1×10^{-9}	-9.0
$[Cu(SCN)_2]^-$	1.52×10^5	5.18	6.58×10^{-6}	-5.18
$[Fe(CN)_5]^{3-}$	1×10^{42}	42.0	1×10^{-42}	-42.0
$[HgBr_4]^{2-}$	1×10^{21}	21.0	1×10^{-21}	-21.0
$[Hg(CN)_4]^{2-}$	2.51×10^{41}	41.4	3.98×10^{-42}	-41.4
$[HgCl_4]^{2-}$	1.17×10^{15}	15.07	8.55×10^{-16}	-15.07
$[HgI_4]^{2-}$	6.76×10^{26}	29.83	1.48×10^{-30}	-29.83
$[Ni(NH_3)_6]^{2+}$	5.50×10^8	8.74	1.82×10^{-9}	-8.74
$[Ni(en)_3]^{2+}$	2.14×10^{18}	18.33	4.67×10^{-19}	-18.33
$[Zn(CN)_4]^{2-}$	5.0×10^{16}	16.7	2.0×10^{-17}	-16.7
$[Zn(NH_3)_4]^{2+}$	2.87×10^9	9.46	3.48×10^{-10}	-9.46
$[Zn(en)_2]^{2+}$	6.76×10^{10}	10.83	1.48×10^{-11}	-10.83

附录8 一些物质的溶度积(25 ℃)

难溶物质	化学式	溶度积
溴化银	AgBr	5.35×10^{-13}
氯化银	AgCl	1.77×10^{-10}
铬酸银	Ag_2CrO_4	1.12×10^{-12}
碘化银	AgI	8.51×10^{-17}
硫化银	Ag_2S	6.69×10^{-50}(α 型)
		1.09×10^{-49}(β 型)
硫酸银	Ag_2SO_4	1.20×10^{-5}
碳酸钡	$BaCO_3$	2.58×10^{-9}
铬酸钡	$BaCrO_4$	1.17×10^{-10}
硫酸钡	$BaSO_4$	1.07×10^{-10}
碳酸钙	$CaCO_3$	4.96×10^{-9}
氟化钙	CaF_2	1.46×10^{-10}
磷酸钙	$Ca_3(PO_4)_2$	2.07×10^{-33}
硫酸钙	$CaSO_4$	7.10×10^{-5}
硫化镉	CdS	1.40×10^{-29}
氢氧化镉	$Cd(OH)_2$	5.27×10^{-15}
硫化铜	CuS	1.27×10^{-36}
氢氧化亚铁	$Fe(OH)_2$	4.87×10^{-17}
氢氧化铁	$Fe(OH)_3$	2.64×10^{-39}
硫化亚铁	FeS	1.59×10^{-19}
硫化汞	HgS	6.44×10^{-53}(黑)
		2.00×10^{-53}(红)
碳酸镁	$MgCO_3$	6.82×10^{-6}
氢氧化镁	$Mg(OH)_2$	5.61×10^{-12}
氢氧化锰	$Mn(OH)_2$	2.06×10^{-13}
硫化亚锰	MnS	4.65×10^{-14}
碳酸铅	$PbCO_3$	1.46×10^{-13}
氯化铅	$PbCl_2$	1.17×10^{-5}
碘化铅	PbI_2	8.49×10^{-9}
硫化铅	PbS	9.04×10^{-29}

续表

难溶物质	化学式	溶度积
碳酸锌	$ZnCO_3$	1.19×10^{-10}
硫化锌	ZnS	2.93×10^{-25}

附录9　标准电极电势（酸性介质）

电对（氧化态/还原态）	电极反应（氧化态 + e^- ⇌ 还原态）	标准电极电势 $\varphi^{\ominus}/V$
Li^+/Li	$Li^+(aq)+e^- \rightleftharpoons Li(s)$	-3.0401
K^+/K	$K^+(aq)+e^- \rightleftharpoons K(s)$	-2.931
Ca^{2+}/Ca	$Ca^{2+}(aq)+2e^- \rightleftharpoons Ca(s)$	-2.868
Na^+/Na	$Na^+(aq)+e^- \rightleftharpoons Na(s)$	-2.71
Mg^{2+}/Mg	$Mg^{2+}(aq)+2e^- \rightleftharpoons Mg(s)$	-2.372
Al^{3+}/Al	$Al^{3+}(aq)+3e^- \rightleftharpoons Al(s)$ (0.1 mol/L NaOH)	-1.662
Mn^{2+}/Mn	$Mn^{2+}(aq)+2e^- \rightleftharpoons Mn(s)$	-1.185
Zn^{2+}/Zn	$Zn^{2+}(aq)+2e^- \rightleftharpoons Zn(s)$	-0.7618
Fe^{2+}/Fe	$Fe^{2+}(aq)+2e^- \rightleftharpoons Fe(s)$	-0.447
Cd^{2+}/Cd	$Cd^{2+}(aq)+2e^- \rightleftharpoons Cd(s)$	-0.4030
Co^{2+}/Co	$Co^{2+}(aq)+2e^- \rightleftharpoons Co(s)$	-0.28
Ni^{2+}/Ni	$Ni^{2+}(aq)+2e^- \rightleftharpoons Ni(s)$	-0.257
Sn^{2+}/Sn	$Sn^{2+}(aq)+2e^- \rightleftharpoons Sn(s)$	-0.1375
Pb^{2+}/Pb	$Pb^{2+}(aq)+2e^- \rightleftharpoons Pb(s)$	-0.1262
H^+/H_2	$H^+(aq)+e^- \rightleftharpoons \frac{1}{2}H_2(g)$	0.0000
$S_4O_6^{2-}/S_2O_3^{2-}$	$S_4O_6^{2-}(aq)+2e^- \rightleftharpoons 2S_2O_3^{2-}(aq)$	0.08
S/H_2S	$S(s)+2H^+(aq)+2e^- \rightleftharpoons H_2S(aq)$	$+0.142$
Sn^{4+}/Sn^{2+}	$Sn^{4+}(aq)+2e^- \rightleftharpoons Sn^{2+}(aq)$	$+0.151$
SO_4^{2-}/H_2SO_3	$SO_4^{2-}(aq)+4H^+(aq)+2e^- \rightleftharpoons H_2SO_3(aq)+H_2O$	$+0.172$
Hg_2Cl_2/Hg	$Hg_2Cl_2(s)+2e^- \rightleftharpoons 2Hg(aq)+2Cl^-(aq)$	$+0.26808$
Cu^{2+}/Cu	$Cu^{2+}(aq)+2e^- \rightleftharpoons Cu(s)$	$+0.3419$
O_2/OH^-	$\frac{1}{2}O_2(g)+2H_2O+2e^- \rightleftharpoons 2OH^-(aq)$	$+0.401$
Cu^+/Cu	$Cu^+(aq)+e^- \rightleftharpoons Cu(s)$	$+0.521$
I_2/I^-	$I_2(s)+2e^- \rightleftharpoons 2I^-(aq)$	$+0.5355$
O_2/H_2O_2	$O_2(g)+2H^+(aq)+2e^- \rightleftharpoons H_2O_2$	$+0.695$
Fe^{3+}/Fe^{2+}	$Fe^{3+}(aq)+e^- \rightleftharpoons Fe^{2+}(aq)$	$+0.771$
Hg^+/Hg	$\frac{1}{2}Hg_2^{2+}(aq)+e^- \rightleftharpoons Hg(l)$	$+0.7973$
Ag^+/Ag	$Ag^+(aq)+e^- \rightleftharpoons Ag(s)$	$+0.7990$
Hg^{2+}/Hg	$Hg^{2+}(aq)+2e^- \rightleftharpoons Hg(e)$	$+0.851$
NO_3^-/NO	$NO_3^-(aq)+4H^+(aq)+3e^- \rightleftharpoons NO(g)+2H_2O$	$+0.957$
HNO_2/NO	$HNO_2(aq)+H^+(aq)+e^- \rightleftharpoons NO(g)+H_2O$	$+0.983$
Br_2/Br^-	$Br_2(l)+2e^- \rightleftharpoons 2Br^-(aq)$	$+1.066$
MnO_2/Mn^{2+}	$MnO_2(s)+4H^+(aq)+2e^- \rightleftharpoons Mn^{2+}(aq)+2H_2O$	$+1.224$
O_2/H_2O	$O_2(g)+4H^+(aq)+2e^- \rightleftharpoons 2H_2O$	$+1.229$
$Cr_2O_7^{2-}/Cr^{3+}$	$Cr_2O_7^{2-}(aq)+14H^+(aq)+6e^- \rightleftharpoons 2Cr^{3+}(aq)+7H_2O$	$+1.33$
Cl_2/Cl^-	$Cl_2(g)+2e^- \rightleftharpoons 2Cl^-(aq)$	$+1.35827$
MnO_4^-/Mn^{2+}	$MnO_4^-(aq)+8H^+(aq)+5e^- \rightleftharpoons Mn^{2+}(aq)+4H_2O$	$+1.507$
H_2O_2/H_2O	$H_2O_2(aq)+2H^+(aq)+2e^- \rightleftharpoons 2H_2O$	$+1.776$
$S_2O_8^{2-}/SO_4^{2-}$	$S_2O_8^{2-}(aq)+2e^- \rightleftharpoons 2SO_4^{2-}(aq)$	$+2.010$
F_2/F^-	$F_2(g)+2e^- \rightleftharpoons 2F^-(aq)$	$+2.866$

附录 10　标准电极电势（碱性介质）

电对 （氧化态/还原态）	电极反应 （氧化态 + e⁻ ⇌ 还原态）	标准电极电势 $\varphi^{\ominus}/V$
$Ba(OH)_2/Ba$	$Ba(OH)_2(s) + 2e^- \rightleftharpoons Ba(s) + 2OH^-(aq)$	-2.99
$Sr(OH)_2/Sr$	$Sr(OH)_2(s) + 2e^- \rightleftharpoons Sr(s) + 2OH^-(aq)$	-2.88
$Mg(OH)_2/Mg$	$Mg(OH)_2(s) + 2e^- \rightleftharpoons Mg(s) + 2OH^-(aq)$	-2.690
$Mn(OH)_2/Mn$	$Mn(OH)_2(s) + 2e^- \rightleftharpoons Mn(s) + 2OH^-(aq)$	-1.56
$Cr(OH)_3/Cr$	$Cr(OH)_3(s) + 3e^- \rightleftharpoons Cr(s) + 3OH^-(aq)$	-1.48
ZnO_2^{2-}/Zn	$ZnO_2^{2-}(aq) + 2H_2O + 2e^- \rightleftharpoons Zn(s) + 4OH^-(aq)$	-1.215
CrO_2/Cr	$CrO_2(aq) + 2H_2O + 3e^- \rightleftharpoons Cr(s) + 4OH^-(aq)$	-1.2
H_2O/H_2	$2H_2O(s) + 2e^- \rightleftharpoons H_2(g) + 2OH^-(aq)$	-0.8277
$Ni(OH)_2/Ni$	$Ni(OH)_2(s) + 2e^- \rightleftharpoons Ni + 2OH^-(aq)$	-0.72
$Cu(OH)_2/Cu$	$Cu(OH)_2(s) + 2e^- \rightleftharpoons Cu(s) + 2OH^-(aq)$	-0.222
O_2/H_2O_2	$O_2(g) + 2H_2O + 2e^- \rightleftharpoons H_2O_2(aq) + 2OH^-(aq)$	-0.146
O_2/OH^-	$\frac{1}{2}O_2(g) + H_2O + 2e^- \rightleftharpoons 2OH^-(aq)$	$+0.401$

参考文献

[1] 浙江大学普通化学教研组. 普通化学. 6版. 北京：高等教育出版社，2011.
[2] 陈林根. 工程化学基础. 3版. 北京：高等教育出版社，2010.
[3] Lucy Pryde Eubanks, Catherine H. Middlecamp. 化学与社会. 5版. 北京：化学工业出版社，2008.
[4] 周伟红，曲保中. 新大学化学. 4版. 北京：科学出版社，2018.
[5] 李强，崔爱莉，寇会忠，沈光球. 现代化学基础. 3版. 北京：清华大学出版社，2018.
[6] 杨秋华，曲建强. 大学化学. 3版. 天津：天津大学出版社，2009.
[7] 王放，王显伦. 食品营养保健原理及技术. 北京：中国轻工业出版社，1997.
[8] 吴旦. 化学与现代社会. 北京：科学出版社，2002.
[9] 何强，井文涌，王翊亭. 环境学导论. 3版. 北京：清华大学出版社，2004.
[10] 古国榜. 大学化学教程. 2版. 北京：化学工业出版社，2004.
[11] 孙宝国. 食品添加剂. 3版. 北京：化学工业出版社，2021.
[12] 周家华. 食品添加剂安全使用指南. 北京：化学工业出版社，2011.
[13] 强亮生，徐崇泉. 工科大学化学. 3版. 北京：高等教育出版社，2023.
[14] Martin Silberberg. Chemistry: The Molecular Nature of Matter and Change. 5th Ed. New York: Mc Graw Hill Company, 2009.
[15] 王海棠，时清亮. 大学化学. 2版. 西安：西北工业大学出版社，2005.
[16] 卢学实、王桂英、王吉清. 大学化学. 2版. 北京：化学工业出版社，2019.
[17] 金继红. 大学化学. 2版. 北京：化学工业出版社，2020.
[18] 张炜. 大学化学. 北京：化学工业出版社，2019.
[19] 武汉大学，吉林大学等校. 无机化学：上册. 3版. 北京：高等教育出版社，1992.
[20] 袁亚莉，周德凤. 无机化学. 武汉：华中科技大学出版社，2007.
[21] 孙挺，张霞. 无机化学. 北京：冶金工业出版社，2011.
[22] 铁步荣，贾桂芝. 无机化学. 北京：中国中医药出版社，2005.
[23] 冯传启，杨水金，刘浩文，黄文平. 无机化学. 北京：科学出版社，2010.
[24] 苏小云，臧祥生. 工科无机化学. 3版. 上海：华东理工大学出版社，2004.
[25] 司学芝. 无机化学. 郑州：郑州大学出版社，2007.
[26] 仝克勤，张长水. 大学基础化学. 北京：化学工业出版社，2009.
[27] 李业梅，吴云，程亚梅. 无机化学. 武汉：华中科技大学出版社，2010.
[28] 宋克让，周建庆，于昆. 无机化学. 武汉：华中科技大学出版社，2012.
[29] 史文权. 无机化学. 武汉：武汉大学出版社，2011.
[30] 北京师范大学，华中师范大学，南京师范大学无机化学教研室编. 无机化学：上册. 2版. 北京：高等教育出版社，1981.
[31] 王艳玲. 无机化学. 北京：石油工业出版社，2008.
[32] 杨作新，张霖霖. 无机化学. 广州：广东高等教育出版社，2000.
[33] 北京师范大学无机化学教研室. 无机化学：上册. 北京：高等教育出版社，2002.
[34] 古国榜，展树中，李朴. 无机化学. 北京：化学工业出版社，2010.
[35] 刘旦初. 化学与人类. 3版. 上海：复旦大学出版社，2007.
[36] 王彦广，吕萍. 化学与人类发明. 3版. 杭州：浙江大学出版社，2016.
[37] 彭淑鸽. 简明无机化学. 北京：化学工业出版社，2017.
[38] 华彤文，王颖霞，卞江等. 普通化学原理. 4版. 北京：北京大学出版社，2013.
[39] 仝克勤，张长水. 大学化学. 北京：化学工业出版社，2015.
[40] 谢克难. 大学化学教程. 北京：科学出版社，2006.
[41] 曹敏惠，王运. 大学化学. 北京：高等教育出版社，2022.

元素周期表